21世纪高等职业教育信息技术类规划教材
21 Shiji Gaodeng Zhiye Jiaoyu Xinxi Jishulei Guihua Jiaocai

Windows Server 2003 网络操作系统

Windows Server 2003 WANGLUO CAOZUO XITONG

杨云 平寒 编著

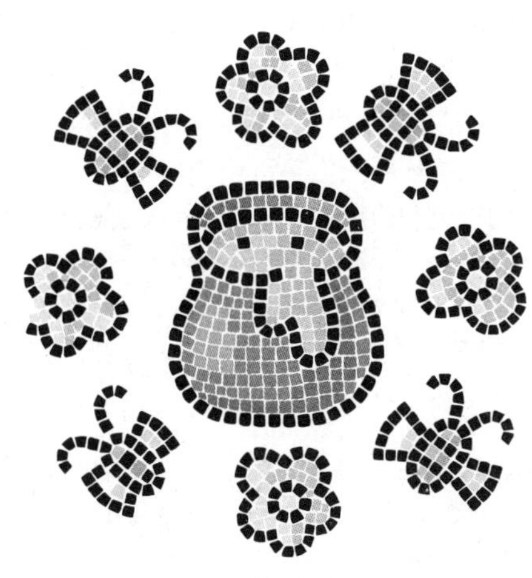

人 民 邮 电 出 版 社
北 京

图书在版编目（C I P）数据

Windows Server 2003网络操作系统 / 杨云，平寒编著.
北京：人民邮电出版社，2009.4
21世纪高等职业教育信息技术类规划教材
ISBN 978-7-115-19278-3

I. W… II. ①杨…②平… III. 服务器－操作系统（软件），Windows Server 2003－高等学校：技术学校－教材 IV. TP316.86

中国版本图书馆CIP数据核字（2009）第000055号

内 容 提 要

本书内容安排以学生能够完成中小企业建网、管网的任务为出发点，以工程实践为基础，注重工程实训，由浅入深、系统全面地介绍了 Windows Server 2003 的安装、使用和各种网络功能的实现。

本书内容共分为五篇：系统安装与环境设置篇、系统管理篇、网络服务篇、网络安全与维护篇和实训篇。其中，系统安装与环境设置篇包括 4 章内容：网络操作系统的基本概念，Windows Server 2003 的规划与安装，系统基本设置，域和活动目录管理；系统管理篇包括 4 章内容：用户账户和组的管理，文件系统管理与资源共享，存储管理，打印服务器的配置与管理；网络服务篇包括 DNS 服务，WINS 服务，DHCP 服务，Web 服务，FTP 服务，终端服务，路由和远程访问；网络安全与维护篇包括 2 章内容：系统监测与性能优化，系统安全管理；实训篇包括 Windows Server 2003 的安装与配置等 12 个实训。

本书可作为高职高专院校计算机网络技术专业的教材，也可供从事计算机网络工程设计、管理和维护的工程技术人员使用。

21 世纪高等职业教育信息技术类规划教材

Windows Server 2003 网络操作系统

◆ 编　　著　杨　云　平　寒
　责任编辑　潘春燕
　执行编辑　赵慧君

◆ 人民邮电出版社出版发行　　北京市崇文区夕照寺街 14 号
　邮编　100061　　电子函件　315@ptpress.com.cn
　网址　http://www.ptpress.com.cn
　北京鑫正大印刷有限公司印刷

◆ 开本：787×1092　1/16
　印张：19
　字数：463 千字　　　　2009 年 4 月第 1 版
　印数：1 – 3 000 册　　　2009 年 4 月北京第 1 次印刷

ISBN 978-7-115-19278-3/TP

定价：32.00 元

读者服务热线：(010)67170985　印装质量热线：(010)67129223
反盗版热线：(010)67171154

前　言

Windows Server 2003 作为网络操作系统，具有性能高、可靠性高和安全性高等特点，是企业应用和 Internet 应用的基础平台。为使读者能更好地掌握 Windows Server 2003 的操作、管理和维护技能，本书通过尽可能多的实例来解释和阐述知识点，强化对读者操作技能的培养。本书以工程实践为基础，从中小企业建网与管网的角度，深入浅出地介绍Windows Server 2003 的概念及实现方法，具有以下特点。

（1）本书从构建网络的实际应用和管理的需要出发，从高等职业教育的实际情况和培养学生实用技能的角度出发，遵循“理论够用、注重实践”的原则，由浅入深、系统全面地介绍了 Windows Server 2003 的安装、使用和各种网络功能的实现。

（2）提供丰富的教学资源，方便教师教学与学生自学。

- 开通课程学习网站：http://windows.jnrp.cn，提供电子教案、实验视频、课堂实录、学习论坛、电子文档参考资料等教学资源。其中电子文档参考资料包括虚拟机与 VMware、活动目录的高级恢复、Internet 打印、Web 共享、证书服务应用实例、在活动目录上发布资源等。
- 提供习题答案、测试试卷及答案。

本书由杨云、平寒编著，杨云编写了第 1～8 章、第 10 章、第 12～13 章、第 15～16 章及实训，平寒编写了第 9、11、14 章，闫丽君和王春身参加了第 16 章部分内容的编写。

由于作者水平有限，书中难免存在错误和不妥之处，敬请广大读者批评指正。

作者的 E-mail：yangyun@jn.gov.cn，darlene 119@163.com。

作　者

2008 年 11 月

目　　录

第一篇　系统安装与环境设置

第 1 章　网络操作系统导论

本章学习要点

- 网络操作系统概述
- 网络操作系统的功能与特性
- 典型的网络操作系统
- 网络操作系统的选用原则

1.1　网络操作系统概述

操作系统（Operating System，OS）是计算机系统中负责提供应用程序运行环境以及用户操作环境的系统软件，同时也是计算机系统的核心与基石。它的职责包括对硬件的直接监管、对各种计算资源（如内存、处理器时间等）的管理、以及提供诸如作业管理之类的面向应用程序的服务等。

网络操作系统（Network Operating System，NOS）除了实现单机操作系统的全部功能外，还具备管理网络中的共享资源，实现用户通信以及方便用户使用网络等功能，是网络的心脏和灵魂，所以，网络操作系统可以理解为是网络用户与计算机网络之间的接口，是计算机网络中管理一台或多台主机的软硬件资源、支持网络通信、提供网络服务的程序集合。

通常，计算机的操作系统上会安装很多网络软件，包括网络协议软件、通信软件和网络操作系统等。网络协议软件主要是指物理层和链路层的一些接口约定，网络通信软件管理各计算机之间的信息传输。

计算机网络依据 ISO（国际标准化组织）的 OSI（开放系统互连）参考模型可以分成 7 个层次，用户的数据首先按应用类别打包成应用层的协议数据，接着该协议数据包根据需要和协议组合成表示层的协议数据包，然后依次成为会话层、传输层、网络层的协议数据包，再封装成数据链路层的帧，并在发送端最终形成物理层的比特流，最后通过物理传输媒介进行传输。至此，整个网络数据通信工作只完成了三分之一。在目的地，和发送端相似的是，需将经过网络传输的比特流逆向解释成协议数据包，逐层向上传递解释为各层对应原协议数据单元，最终还原成网络用户所需的，并能够为最终网络用户所理解的数据。而在这些数据抵达目的地之前，它们还需在网络中进行几上几下的解释和封装。

可想而知，一个网络用户若要处理如此复杂的细节问题的话，所谓的计算机网络也大概只能呆在实验室里，根本不可能像现在这样无处不在。为了方便用户，使网络用户真正用得上网络，计算机需要一个能够提供直观、简单，屏蔽了所有通信处理细节，具有抽象功能的环境，这就是我们所说的网络操作系统。

1.2 网络操作系统的功能与特性

操作系统功能通常包括处理器管理、存储器管理、设备管理、文件系统管理以及为方便用户使用操作系统而向用户提供的用户接口。网络操作系统除了提供上述资源管理功能和用户接口外，还提供网络环境下的通信、网络资源管理、网络应用等特定功能。它能够协调网络中各种设备的动作，向客户提供尽量多的网络资源，包括文件和打印机、传真机等外围设备，并确保网络中数据和设备的安全性。

1.2.1 网络操作系统的功能

1. 共享资源管理

网络操作系统能够对网络中的共享资源（硬件和软件）实施有效的管理，能够协调用户对共享资源的使用，并能够保证共享数据的安全性和一致性。

2. 网络通信

网络通信是网络最基本的功能，其任务是在源主机和目标主机之间实现无差错的数据传输，为此，网络操作系统采用标准的网络通信协议完成以下主要功能。

- 建立和拆除通信链路：这是为通信双方建立的一条暂时性的通信链路。
- 传输控制：对传输过程中的传输进行必要的控制。
- 差错控制：对传输过程中的数据进行差错检测和纠正。
- 流量控制：控制传输过程中的数据流量。
- 路由选择：为所传输的数据选择一条适当的传输路径。

3. 网络服务

网络操作系统在前两个功能的基础上为用户提供多种有效的网络服务，例如，电子邮件服务、文件传输、存取和管理服务（WWW、FTP 服务）、共享硬盘服务和共享打印服务。

4. 网络管理

网络管理最主要的任务是安全管理，一般通过存取控制来确保存取数据的安全性，以及通过容错技术来保证系统发生故障时，数据能够安全恢复。此外，网络操作系统还能对网络性能进行监视，并对使用情况进行统计，以便为提高网络性能、进行网络维护和计费等提供必要的信息。

5. 互操作能力

在客户/服务器模式的 LAN 环境下的互操作是指连接在服务器上的多种客户机不仅能与服务器通信，而且还能以透明的方式访问服务器上的文件系统；在互连网络环境下的互操作，是指不同网络间的客户机不仅能通信，而且能以透明的方法访问其他网络的文件服务器。

1.2.2 网络操作系统的特性

1. 客户/服务器模式

客户/服务器（Client/Server，C/S）模式是近年来流行的应用模式，它把应用划分为客户端和服务器端，客户端把服务请求提交给服务器端，服务器端负责处理请求，并把处理结果返回至客户端。例如 Web 服务、大型数据库服务等都是典型的客户/服务器模式。

基于标准浏览器访问数据库时，中间往往还需加入 Web 服务器，运行 ASP 或 Java 平台，通常称为三层模式，也称为 B/S（Browser/Server 或 Web/Server）模式，它是客户/服务器模式的特例，只是客户端基于标准浏览器，无须安装特殊软件。

2. 32 位操作系统

32 位操作系统采用 32 位内核进行系统调度和内存管理，支持 32 位设备驱动器，使得操作系统和设备间的通信更为迅速。随着 64 位处理器的诞生，许多厂家已推出了支持 64 位处理器的网络操作系统。

3. 抢先式多任务

网络操作系统一般采用微内核类型结构设计。微内核始终保持对系统的控制，并给应用程序分配时间段，使其运行。在指定的时间结束时，微内核抢先运行进程并将控制移交给下一个进程。以微内核为基础，可以引入大量的特征和服务，如集成安全子系统、抽象的虚拟化硬件接口、多协议网络支持，以及集成化的图形界面管理工具等。

4. 支持多种文件系统

有些网络操作系统还支持多文件系统，具有良好的兼容性，以实现对系统升级的平滑过渡，例如 Windows Server 2003 支持 FAT、HPFS 及其本身的文件系统 NTFS。NTFS 是 Windows 自己的文件系统，它支持文件的多属性连接以及长文件名到短文件名的自动映射，使得 Windows Server 2003 支持大容量的硬盘空间，增加了安全性，便于管理。

5. Internet 支持

今天，Internet 已经成为网络的一个总称，网络的范围性（局域网/广域网）与专用性越来越模糊，专用网络与 Internet 网络标准日趋统一。因此，各品牌网络操作系统都集成了许多标准化应用，如 Web 服务、FTP 服务、网络管理服务等，甚至是 E-mail。各种类型的网络几乎都连接到了 Internet 上，对内对外均按 Internet 标准提供服务。

6. 并行性

有的网络操作系统支持群集系统，可以实现在网络的每个节点为用户建立虚拟处理器，各节点机作业并行执行。一个用户的作业被分配到不同节点机上，网络操作系统管理这些节点机协作完成用户的作业。

7. 开放性

随着 Internet 的产生与发展，不同结构、不同操作系统的网络需要实现互连，因此，网络操作系统必须支持标准化的通信协议（如 TCP/IP、NetBEUI 等）和应用协议（如 HTTP、SMTP、SNMP 等），支持与多种客户端操作系统平台的连接。只有保证系统的开放性和标准性，使系统具有良好的兼容性、迁移性、可升级性、可维护性等才能保证厂家在激烈的市场竞争中生存，并最大限度地保障用户的投资。

8. 可移植性

目前，网络操作系统一般都支持广泛的硬件产品，不仅支持 Intel 系列处理器，而且可运行在 RISC 芯片上（如 DEC Alpha、MIPSR4400、Motorola PowerPC 等）。网络操作系统往往还支持多处理器技术，如支持对称多处理技术 SMP，支持处理器个数从 1～32 个不等，或者更多，这使得系统具有很好的伸缩性。

9. 高可靠性

网络操作系统是运行在网络核心设备（如服务器）上的，管理网络并提供服务的关键软件。它必须具有高可靠性，能够保证系统 365 天每天 24 小时不间断地工作。如果由于某些原因（如访问过载）而总是导致系统的崩溃或服务停止，用户是无法忍受的，因此，网络操作系统必须具有良好的稳定性。

10. 安全性

为了保证系统和系统资源的安全性、可用性，网络操作系统往往集成用户权限管理、资源管理等功能。例如，为每种资源都定义自己的存取控制表（Access Control List，ACL），定义各个用户对某个资源的存取权限，且使用用户标识 SID 唯一区别用户。

11. 容错性

网络操作系统能提供多级系统容错能力，包括日志式的容错特征列表、可恢复文件系统、磁盘镜像、磁盘扇区备用以及对不间断电源（UPS）的支持。强大的容错性是系统可靠运行（可靠性）的保障。

12. 图形化界面（GUI）

目前，网络操作系统的研发者非常注重系统的图形界面开发，良好的图形界面可以为用户提供直观、美观、便捷的操作接口。

1.3 典型的网络操作系统

网络操作系统是用于网络管理的核心软件，目前得到广泛应用的网络操作系统有 UNIX、Linux、NetWare、Windows NT Server、Windows 2000 Server 和 Windows Server 2003 等，下面分别介绍这些网络操作系统各自的特点与应用。

1.3.1 UNIX

UNIX 操作系统是一个通用的、交互作用的分时系统，最早版本是由美国电报电话公司（AT&T）贝尔实验室的 K.Thompson 和 M.Ritchie 共同研制的，目的是在贝尔实验室内创造一种进行程序设计研究和开发的良好环境。

1969～1970 年期间，K.Thompson 首先在 PDP-7 机器上实现了 UNIX 系统。最初的 UNIX 版本是用汇编语言写的，不久，K.Thompson 用一种较高级的 B 语言重写了该系统。1973 年，M.Ritchie 又用 C 语言对 UNIX 进行了重写。

目前使用较多的是 1992 年发布的 UNIX SVR 4.2 版本。值得说明的是，UNIX 进入各大学及研究机构后，在第 6 版本和第 7 版本的基础上进行了改进，从而在 1978 年形成了 BSD UNIX 版本；1982 年推出了 4BSD UNIX 版本，后来是 4.1 BSD 及 4.2 BSD；1986 年发表了 4.3 BSD；1993 年 6 月推出了 4.4 BSD 版本。UNIX 自正式问世以来，影响日益扩大，并广泛用于操作系统的教学中。

UNIX 是为多用户环境设计的，即所谓的多用户操作系统，其内建 TCP/IP 支持，该协议已经成为互联网中通信的事实标准。UNIX 发展历史悠久，具有分时操作、稳定、健壮、安全等优秀的特性，适用于几乎所有的大型机、中型机、小型机，也可用于工作组级服务器。在中国，一些特殊行业，尤其是拥有大型机、中型机、小型机的企业一直沿用 UNIX 操作系统。

UNIX 操作系统的主要特性如下。

- 模块化的系统设计。
- 逻辑化文件系统。
- 开放式系统：遵循国际标准。
- 优秀的网络功能：其定义的 TCP/IP 已成为 Internet 的网络协议标准。
- 优秀的安全性：其设计有多级别、完整的安全性能，UNIX 很少被病毒侵扰。
- 良好的移植性。
- 可以运行在任何档次的计算机上，从笔记本电脑到超级计算机。

1.3.2 Linux

Linux 是一种在 PC 上执行的、类似 UNIX 的操作系统。1991 年，第一个 Linux 由芬兰赫尔辛基大学的年轻学生 Linus B.Torvalds 发表，它是一个完全免费的操作系统。在遵守自由软件联盟协议下，用户可以自由地获取程序及其源代码，并能自由地使用它们，包括修改和复制等。Linux 提供了一个稳定、完整、多用户、多任务和多进程的运行环境。Linux 是网络时代的产物，在互联网上经过了众多技术人员的测试和除错，并不断被扩充。

Linux 具有如下特点。

- 完全遵循 POSLX 标准，并扩展支持所有 AT&T 和 BSD UNIX 特性的网络操作系统。
- 真正的多任务、多用户系统，内置网络支持，能与 NetWare、Windows Server、OS/2、UNIX 等无缝连接，网络效能在各种 UNIX 测试评比中速度最快，同时支持 FAT16、FAT32、NTFS、Ext2FS、ISO9600 等多种文件系统。
- 可运行于多种硬件平台，包括 Alpha、Sun Sparc、Powe/PC、MIPS 等处理器，对各种新型外围硬件，可以从分布于全球的众多程序员那里迅速得到支持。
- 对硬件要求较低，可在较低档的机器上获得很好的性能，特别值得一提的是 Linux 出色的稳定性，其运行时间往往可以以“年”计算。
- 有广泛的应用程序支持。
- 设备独立性。Linux 是具有设备独立性的操作系统，由于用户可以免费得到 Linux 的内核源代码，因此，可以修改内核源代码，以适应新增加的外围设备。
- 安全性。Linux 采取了许多安全技术措施，包括对读、写进行权限控制、带保护的子系统、审计跟踪、核心授权等，这为网络多用户环境中的用户提供了必要的安全保障。
- 良好的可移植性。Linux 是一种可移植的操作系统，能够在微型计算机到大型计算机的任何环境和任何平台上运行。
- 具有庞大且素质较高的用户群，其中不乏优秀的编程人员和发烧级的“hacker”（黑客），他们提供商业支持之外的广泛的技术支持。

正是因为以上这些特点，Linux 在个人和商业领域中的应用都获得了飞速的发展。Linux 也提供了图形界面的 X-Window，在增加配置时很少停机。

1.3.3 NetWare

NetWare 最初是为 Novell S-Net 网络开发的服务器操作系统。1998 年，Novell 公司发布了 NetWare 5 版本，2001 年，Novell 公司发布 NetWare 6 版本。

下面介绍 Novell 的 NetWare 6 的性能，使读者了解该操作系统的主要特性。

- NetWare 6 提供简化的资源访问和管理。
- NetWare 6 确保企业数据资源的完整性和可用性。
- NetWare 6 以实时方式支持在中心位置进行关键性商业信息的备份与恢复。
- NetWare 6 支持企业网络的高可扩展性。
- NetWare 6 包含开放标准及文件协议。

1.3.4 Windows Server

Windows 操作系统是由微软公司开发的，微软公司的 Windows 不仅在个人操作系统中占有绝对优势，在网络操作系统中也具有非常强劲的势头。Windows 网络操作系统在中小型局域网配置中是最常见的，但由于它对服务器的硬件要求较高，且稳定性能不是很高，所以一般只用在中低档服务器中。高端服务器通常采用 UNIX、Linux 或 Solairs 等操作系统。

在局域网中，微软的网络操作系统主要有 Windows NT Server、Windows 2000 Server 以及最新的 Windows Server 2003 等。

1. Windows NT Server

在整个 Windows 网络操作系统中，Windows NT Server 从一开始就几乎成为中小型企业局域网的标准操作系统。一方面是由于它继承了 Windows 家族统一的界面，使用户学习、使用起来更加容易；另一方面是由于它的强大功能，基本上能满足中小型企业的各项网络需求。而且 Windows NT Server 对服务器的硬件配置要求较低，可以更大程度上适合中小企业的 PC 服务器配置需求。

Windows NT Server 可以说是发展最快的一种操作系统，它采用多任务、多流程操作及多处理器系统（SMP）。在 SMP 系统中，工作量比较均匀地分布在各个 CPU 上，提供了极佳的系统性能。Windows NT Server 系列从 3.1 版、3.50 版、3.51 版，已发展到 4.0 版。

2. Windows 2000 Server

常用的网络操作系统 Windows 2000 Server 有如下 3 个版本。

- Windows 2000 Server：用于工作组和部门服务器等中小型网络。
- Windows 2000 Advanced Server：用于应用程序服务器和功能更强的部门服务器。
- Windows 2000 Datacenter Server：用于运行数据中心服务器等大型网络系统。

3. Windows Server 2003

Windows Server 2003 操作系统是微软公司在 Windows 2000 Server 基础上于 2003 年 4 月正式推出的新一代网络服务器操作系统，用于在网络上构建各种网络服务。本书后面的内容主要介绍 Windows Server 2003 的配置与管理。

1.4 网络操作系统的选用原则

网络操作系统对于网络的应用、性能有着至关重要的影响，选择一个合适的网络操作系统，既能实现建设网络的目标，又能省钱、省力，提高系统的效率。

网络操作系统的选择要从网络应用出发，分析所设计的网络到底需要提供什么服务，然后分析各种操作系统提供这些服务的性能与特点，最后确定使用何种网络操作系统。网络操作系统的选择遵循以下一般原则。

1. 标准化

网络操作系统的设计、提供的服务应符合国际标准，尽量减少使用企业专用标准，这有利于系统的升级和应用的迁移，最大限度、最长时间保护用户投资。采用符合国际标准开发的网络操作系统，可以保证异构网络的兼容性，即在一个网络中存在多个操作系统时，能够充分实现资源的共享和服务的互容。

2. 可靠性

网络操作系统是保护网络核心设备服务器正常运行，提供关键任务服务的软件系统，它应具有健壮、可靠、容错性高等特点，能提供 365 天 24 小时全天服务。因此，选择技术先进、产品成熟、应用广泛的网络操作系统，可以保证其具有良好的可靠性。

微软公司的网络操作系统，一般只用在中低档服务器中，因为其在稳定性和可靠性的方面比 UNIX 要逊色很多，而 UNIX 主要用于大、中、小型机上，其特点是稳定性及可靠性高。

3. 安全性

网络环境更加易于病毒的传播和黑客攻击，为保证网络操作系统不易受到侵扰，应选择健壮的、并能提供各种级别的安全管理（如用户管理、文件权限管理、审核管理等）的网络操作系统。

各个网络操作系统都自带安全服务，例如，UNIX、Linux 网络操作系统提供了用户账号、文件系统权限和系统日志文件；NetWare 提供了 4 级的安全系统，登录安全、权限安全、属性安全和服务安全；Windows NT Server、Windows 2000 Server 和 Windows Server 2003 提供了用户账号、文件系统权限、Registry 保护、审核、性能监视等基本安全机制。

从网络安全性来看，Novell NetWare 网络操作系统的安全保护机制较为完善和科学，UNIX 的安全性也是有口皆碑的，Windows NT Server、Windows 2000 Server 和 Windows Server 2003 则存在着安全漏洞，主要包括服务器/工作站安全漏洞和网络浏览器安全漏洞两部分，当然微软公司也在不断推出补丁来逐步解决这个问题。微软底层软件对用户的可访问性，一方面使得在其上开发高性能的应用成为可能，另一方面也为非法访问入侵开了方便之门。

4. 网络应用服务的支持

网络操作系统应能提供全面的网络应用服务，例如 Web 服务，FTP 服务，DNS 服务等，并能良好地支持第三方应用系统，从而保证提供完整的网络应用。

5. 易用性

用户在选择网络操作系统时，应选择易管理、易操作的网络操作系统，提高管理效率，简化管理复杂性。

现在有些用户对新技术十分敏感和好奇，在网络建设过程中，往往忽略实际应用要求，盲目追求新产品、新技术。计算机技术发展之快，十年以后计算机、网络技术会发展成什么样，谁都无法预测。面对今天越来越热的网络市场，不要盲目追求新技术、新产品，一定要从自己的实际需要出发，建立一套既能真正适合当前实际应用需要，又能保证今后顺利升级的网络。

在实际的网络建设中，我们在选择网络操作系统时还应考虑以下因素。

- 首先要考虑的是成本因素。成本因素是选择网络操作系统的一个主要因素，如果用户拥有强大的财力和雄厚的技术支持，当然可以选择安全性更高的网络操作系统。但如果不具备这些条件，就应从实际出发，根据现有的财力、技术维护力量，选择经济适用的系统。

同时，考虑到成本因素，选择网络操作系统时，也要和现有的网络硬件环境相结合，在财力有限的情况下，尽量不购买需要花费更大人力和财力进行硬件升级的操作系统。

在软件的购买成本上，免费的 Linux 当然更有优势；NetWare 由于适应性较差，仅能在 Intel 等少数几种处理器硬件系统上运行，对硬件的要求较高，可能会引起很大的硬件扩充费用。但对于一个网络来说，购买网络操作系统的费用只是整个成本的一小部分，网络管理的大部分费用是技术维护的费用，人员费用在运行一个网络操作系统的花费中占到 70%。所以网络操作系统越容易管理和配置，其运行成本越低。一般来说，Windows NT Server、Windows 2000 Server 和 Windows Server 2003 比较简单易用，适合于技术维护力量较薄的网络环境，而 UNIX 由于其命令比较难懂，易用性则稍差一些。

- 其次，要考虑网络操作系统的可集成性因素。可集成性就是操作系统对硬件及软件的容纳能力，因为平台无关性对操作系统来说非常重要。一般在构建网络时，很多用户具有不同的硬件及软件环境，而网络操作系统作为这些不同环境集成的管理者，应该尽可能多地管理各种软硬件资料。例如，NetWare 硬件适应性较差，所以其可集成性就比较差，UNIX 系统一般都是针对自己的专用服务器和工作站进行优化，其兼容性也较差，而 Linux 对 CPU 的支持比 Windows NT Server、Windows 2000 Server 和 Windows Server 2003 要好得多。
- 可扩展性是选择网络操作系统时要考虑的另外一个因素。可扩展性就是对现有系统的扩充能力。当用户的应用需求增大时，网络处理能力也要随之增加、扩展，这样可以保证用户早期的投资不至于浪费，也为用户网络以后的发展打好基础。对于 SMP（Symmetric Multi-Processing，对称多处理）的支持表明系统可以在有多个处理器的系统中运行，这是拓展现有网络能力所必需的。

当然，购买时最重要的还是要和自己的网络环境结合起来。如中小型企业在网站建设中，多选用 Windows NT Server、Windows 2000 Server 或 Windows Server 2003；做网站的服务器和邮件服务器时多选用 Linux；而在工业控制、生产企业、证券系统的环境中，多选用 Novell NetWare；在安全性要求很高的情况下，如金融、银行、军事及大型企业网络上，则推荐选用 UNIX。

总之，选择操作系统时要充分考虑其自身的可靠性、易用性、安全性及网络应用的需要。

1.5 习　　题

一、填空题

（1）操作系统是________与计算机之间的接口，网络操作系统可以理解为是________与计算机网络之间的接口。

（2）网络通信是网络最基本的功能，其任务是在________和________之间实现无差错的数据传输。

（3）Web 服务、大型数据库服务等都是典型的________模式。

二、简答题

（1）网络操作系统有哪些基本的功能与特性？

（2）常用的网络操作系统有哪几种？各自的特点是什么？

（3）选择网络操作系统构建计算机网络环境应考虑哪些问题？

第 2 章

Windows Server 2003 规划与安装

本章学习要点

- Windows Server 2003 简介
- Windows Server 2003 的安装
- 构建安全的系统

2.1 Windows Server 2003 简介

基于微软 NT 技术构建的操作系统现在已经发展了 3 代：Windows NT Server、Windows 2000 Server 和 Windows Server 2003。Windows Server 2003 继承了微软产品一贯的易用性。

2.1.1 Windows Server 2003 的版本

下面介绍 Windows Server 2003 的 4 个版本。

1. Web 服务器版

Web 版是专为用作 Web 服务器而构建的操作系统，主要目的是作为 IIS 6.0 服务器使用，用于生成并承载 Web 应用程序、Web 页和 XML Web 服务。虽然安装了 Windows Server 2003 Web 版的服务器可以作为 Active Directory 域的成员服务器，但 Web 服务器上却无法运行活动目录（Active Directory），也无法进行集群。所谓集群是几台服务器共同负责原来一台服务器的工作。集群可以提供负载平衡，同时可以防止服务器单点故障的产生，也使网络更易于扩展。通常 Web 服务器软件不单独销售，一般通过指定的合作伙伴获得。Web 服务器支持最大 2 GB 的内存，支持 2 路的对称多处理器（SMP）。

2. Windows Server 2003 标准版

标准版是为小型企业和部门使用而设计的，其可靠性、可伸缩性和安全性能满足小型局域网构建的要求，基本功能包括文件共享、打印共享和 Internet 共享等。标准服务器支持最大 4 GB 的内存，支持 4 路的对称多处理器，但是不支持服务器的集群。

3. Windows Server 2003 企业版

企业版是为满足大中型企业的需要而设计的，有 32 位和 64 位两个版本。企业服务器除了包括标准服务器的全部功能外，还有更强大的功能，支持 8 路的对称多处理器。32 位和 64 位两个版本都支持 64 GB 的内存，还支持服务器的集群。企业服务器的高可靠性和高性能，使得它特别适合于企业的应用，例如 Web 服务器和数据库服务器等。

4. Windows Server 2003 数据中心（Data Center）版

数据中心版是功能最强大的版本，是应企业需要运行大负载、关键性应用而设计的，具有非常强的可伸缩性、可用性和高度的可靠性，也有 32 位和 64 位两个版本。数据中心版支持 32 路的对称多处理器，支持 8 个节点的服务器集群。32 位版支持 64 GB 内存，64 位版支持 128 GB 内存。和 Web 版类似，数据中心版一般也不单独销售，而是和合作伙伴进行 OEM。

2.1.2 Windows Server 2003 新特性

相对于 Windows 2000 Server 操作系统，Windows Server 2003 提供了许多新功能，其中一部分是在已有功能的基础上做的改进，还有一些是全新设计的功能。下面将对 Windows Server 2003 的新功能做总体的介绍，这些新功能的详细使用将在本书其他章节中具体描述。

1. 新的远程管理工具

Windows Server 2003 提供了几种工具，使用户可以更容易地远程管理各种服务。用户可以从自己的工作站来查看、修改服务器和域的设置，或者对服务器进行监测。此外，还可以将任务委派给 IT 部门的其他成员，并让他们从自己的工作站管理授权的资源。

新的远程管理工具主要有以下几种，后面将逐一介绍。

- 远程安装服务（RIS）。
- 远程桌面。
- 远程协助。

2. “管理您的服务器”向导

Windows Server 2003 增加了服务器角色的概念。所谓服务器角色是指 Windows Server 2003 能够提供某种网络服务的能力。与 Windows 2000 Server 有所不同，出于安全的考虑，默认情况下大部分 Windows Server 2003 的网络服务是未安装的，只有添加了某个服务器角色之后，该服务才能工作。

“配置您的服务器”向导提供一个中心位置，可供用户安装或删除运行 Windows Server 2003 的服务器上可用的服务器角色。

常用的服务器角色包括：文件服务器角色、打印服务器角色、应用程序服务器角色、邮件服务器角色、终端服务器角色、远程访问/VPN 服务器角色、域控制器角色、DNS 服务器角色、DHCP 服务器角色、流式媒体服务器角色和 WINS 服务器角色。

3. 新的 Active Directory 功能

Windows Server 2003 向 Active Directory 和组策略编辑器增加了很多特性和新功能。Windows Server 2003 改进了搜索功能，所以，现在查找并操纵 Active Directory 对象变得更容易了。可以通过从一个已存在的域控制器中恢复备份的方式来建立域控制器。这是一种极为有效的配置域的方式。

4. 可用性和可靠性的改进

Window Server 2003 引入了一些新工具。

- 自动系统恢复（Automated System Recovery，ASR）。
- 程序兼容性。在 Windows Server 2003 中，所有的可执行文件在“属性”对话框中都有一个新的“兼容性”选项卡，可以用其中的选项来调整兼容模式、视频设置和安全设置。
- 策略的结果集。Windows Server 2003 包含一个很好的工具，这个工具称为策略的结果集（Resultant Set of Polices，RSoP），它可以使你看到策略在计算机和用户上设置的效果。

2.1.3　Windows Server 2003 安装前准备

在安装之前，首先需要确认计算机满足安装的最低要求，否则安装程序将无法安装成功。另外，对于很多服务器产品来说，它们都使用自己的磁盘阵列产品，所以要准备针对该服务器磁盘阵列的专用驱动程序，否则安装过程也将无法继续。一般情况下，服务器产品通常会自备一个辅助安装的可引导光盘（如 HP 公司的 SmartStart），用它来执行 Windows 的安装将会变得更方便快捷。表 2-1 是微软官方提供的最低安装配置数据。

表 2-1　　Windows Serve 2003 最低硬件需求

	Web 版	标　准　版	企　业　版	数据中心版
最小处理器速度（X86）	133MHz 推荐 550MHz	133MHz 推荐 550MHz	133MHz 推荐 550MHz	133MHz 推荐 550MHz
最小处理器速度（Itanium）			1G MHz	1G MHz
支持的处理器数目	2	4	8	32（32 位） 64（64 位）
最小 RAM	128 MB 推荐 256 MB	128 MB 推荐 256 MB	128 MB 推荐 256 MB	128 MB 推荐 256 MB
磁盘空间	1.25 GB～2 GB			

在实际安装 Windows Server 2003 之前，还需要确认硬件是否与 Windows Server 2003 家族产品兼容。Microsoft 的硬件兼容性列表（Hardware Compatibility List，HCL）提供了许多厂商产品的列表，包括系统、集群、磁盘控制器和存储区域网络（Storage Area Network，SAN）设备。可以通过从安装盘上运行预安装兼容性检查或通过检查 Microsoft 提供的硬件兼容性信息进行确认。

① 从安装 CD 盘上运行预安装兼容性检查有两种方法。

● 可以从安装 CD 进行硬件和软件兼容性检查。兼容性检查不需要实际进行升级或安装。要进行检查，请将安装 CD 放入 CD-ROM 驱动器中，显示出内容时，按照提示检查系统兼容性。

● 另一个运行兼容性检查的方法是，将安装 CD 放入 CD-ROM 驱动器中，打开命令提示符并输入命令：

```
g:\i386\winnt32 /checkupgradeonly
```

② 要获得 Windows 操作系统所支持的硬件和软件的综合列表，也可以参阅以下网址提供的信息：http://www.microsoft.com/Windows/catalog/Server/

2.1.4　制订安装配置计划

为了保证网络的稳定运行，在将计算机安装或升级到 Windows Server 2003 之前，需要在实验环境下全面测试操作系统，并且要有一个清晰、文档化的过程。这个文档化的过程就是配置计划。

首先是关于目前的基础设施和环境的信息、公司组织的方式和网络详细描述，包括协议、寻址和到外部网络的连接（例如，局域网之间的连接和 Internet 的连接）。此外，配置计划应该标识出在你的环境下使用的，但可能受 Windows Server 2003 的引入而受到影响的应用程序。这些程序包括多层应用程序、基于 Web 的应用程序和将要运行在 Windows Server 2003 计算机上的所有组件。一旦确定需要的各个组件，配置计划就应该记录安装的具体特征，包括测试环境的规格说明、将要被配置的服务器的数目和实施顺序等。

最后作为应急预案，配置计划还应该包括发生错误时需要采取的步骤。制定偶然事件处理方案来对付潜在的配置问题是计划阶段最重要的方面之一。很多 IT 公司都有维护灾难恢复计划，这个计划标识了具体步骤，以备在将来的自然灾害事件中恢复服务器，并且这是存放当前的硬件平台、应用程序版本相关信息的好地方，也是重要商业数据存放的地方。

2.1.5 Windows Server 2003 的安装方式

Windows Server 2003 有多种不同的安装方式，主要是根据安装程序所在的位置、原有的操作系统等进行分类的。

1. 从 CD-ROM 启动开始全新的安装

这种安装方式是最常见的。如果计算机上没有安装 Windows Server 2003 以前版本的 Windows 操作系统（例如 Windows 2000 Server 等），或者需要把原有的操作系统删除时，这种方式很合适。

2. 在运行 Windows 98/NT/2000/XP 的计算机上安装

如果计算机上已经安装了 Windows Server 2003 以前版本的 Windows 操作系统，再安装 Windows Server 2003 可以实现双启动。通常用于需要 Windows Server 2003 和原有的系统并存的情形。

3. 从网络进行安装

这种安装方式是安装程序不在本地的计算机上，事先在网络服务器上把 CD-ROM 共享或者把 CD-ROM 的 i386 目录复制到服务器上再共享，然后使用共享文件夹下的 winnt32.exe 开始安装。这种方式适合于需要在网络中安装多台 Windows Server 2003 的场合。

4. 通过远程安装服务器进行安装

远程安装需要一台远程安装服务器，该服务器要进行适当的配置。可以把一台安装好 Windows Server 2003 和各种应用程序，并且做好了各种配置的计算机上的系统做成一个映像文件，把文件放在远程安装服务器（RIS）上。把客户机通过网卡和软盘启动，从 RIS 上开始安装。这种方式非常适合于有多台计算机要安装 Windows Server 2003，并且这些计算机上的配置、Windows Server 2003 的配置以及应用程序的设置等都非常类似的场合。

5. 无人值守安装

在安装 Windows Server 2003 的过程中，通常要回答 Windows Server 2003 的各种信息，例如计算机名、文件系统分区类型等，管理员不得不在计算机前等待。无人值守安装是事先配置一个应答文件，在文件中保存了安装过程中需要输入的信息，让安装程序从应答文件中读取所需的信息，这样管理员就无须在计算机前等待着输入各种信息。

6. 升级安装

如果原来的计算机已经安装了 Windows Server 2003 以前的 Windows Server 软件，可以在不破坏以前的各种设置和已经安装的各种应用程序的前提下对系统进行升级。这样可以大大减少重新配置系统的工作量，同时可保证系统过渡的连续性。

如果 Windows 2000 服务器早先是从 Windows NT 4.0 升级来的，就应该考虑全新安装。因为每个升级都保留先前的操作系统的组件，而这些组件可能对 Windows Server 2003 安装的性能和稳定性有反作用。

2.2　安装 Windows Server 2003

2.2.1　使用光盘安装 Windows Server 2003

使用 Windows Server 2003 的引导光盘进行安装是最简单的安装方式。在安装过程中，需要用户干预的地方不多，只需掌握几个关键点即可顺利完成安装。需要注意的是如果当前服务器没有安装 SCSI 设备或者 RAID 卡，则可以略过相应步骤。安装过程可以分为字符界面安装和图形界面安装两大部分，具体步骤如下。

① 设置光盘引导。重新启动系统并把光盘驱动器设置为第一启动设备，保存设置。

② 从光盘引导。将 Windows Server 2003 安装光盘放入光驱并重新启动。如果硬盘内没有安装任何操作系统，计算机会直接从光盘启动到安装界面；如果硬盘内安装有其他操作系统，计算机就会显示“Press any key to boot from CD…”的提示信息，此时在键盘上按任意键，才从 CD-ROM 启动。

③ 准备安装 SCSI 设备。从光盘启动后，便会出现“Windows Setup”蓝色界面。安装程序会先检测计算机中的各硬件设备，如果服务器安装有 Windows Server 2003 不支持的 RAID 卡或 SCSI 存储设备，当安装程序界面底部显示“Press F6 if you need to install a third party SCSI or RAID driver…”提示信息时，必须按F6键，准备为该 RAID 卡或 SCSI 设备提供驱动程序。如果服务器中没有安装 RAID 卡或 SCSI 设备，则无须按F6键，而是直接进入 Windows 安装界面。

磁盘的损坏不仅将直接导致系统瘫痪和网络服务失败，而且还将导致宝贵的存储数据丢失，所造成的损失往往是难以估量的。为了提高系统的稳定性和数据安全性，服务器通常都采用 RAID 卡实现磁盘冗余，既保证了系统和数据的安全，同时，又提高了数据的读取速率和数据的存储容量。

④ 安装 SCSI 设备。当按下F6键后，根据提示安装特殊的 SCSI 设备。若没有安装，则不执行该步操作。

⑤ Windows 安装界面。光盘自启动后，便会出现“Windows Setup”蓝色界面，如图 2-1 所示。这时即开始了字符界面的安装。如果全新安装 Windows Server 2003，只需要按Enter键即可。

⑥ 许可协议。如图 2-2 所示，对于许可协议用户并没有选择的余地，按F8键接受许可协议。

⑦ 分区及文件系统。如图 2-3 所示，用↑或↓方向键选择安装 Windows Server 2003 系统所用的分区。选择好分区后按 Enter 键，安装程序将检查所选分区的空间以及所选分区上是否安装过操作系统。如果所选分区上已安装了操作系统，安装程序会提出警告信息，要求用户确认。确认完成后，会出现分区格式化界面，如图 2-4 所示。

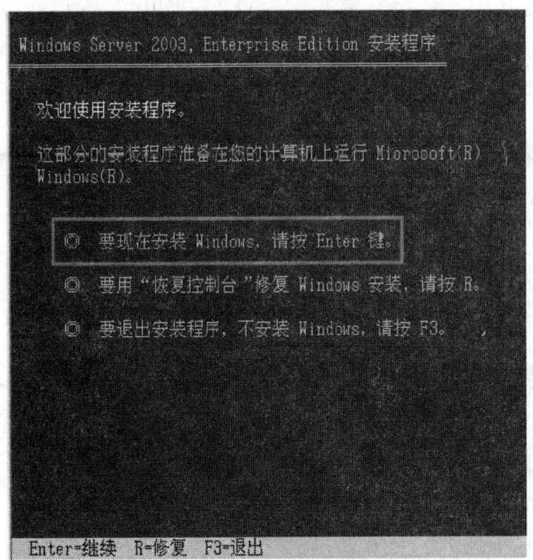

图 2-1 Windows Server 2003 安装界面

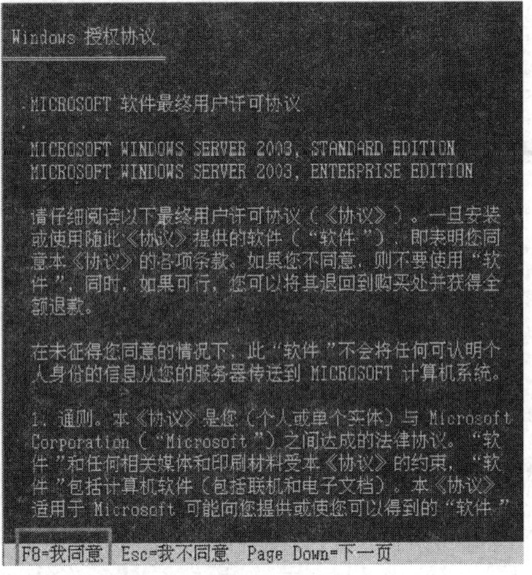

图 2-2 许可协议选择

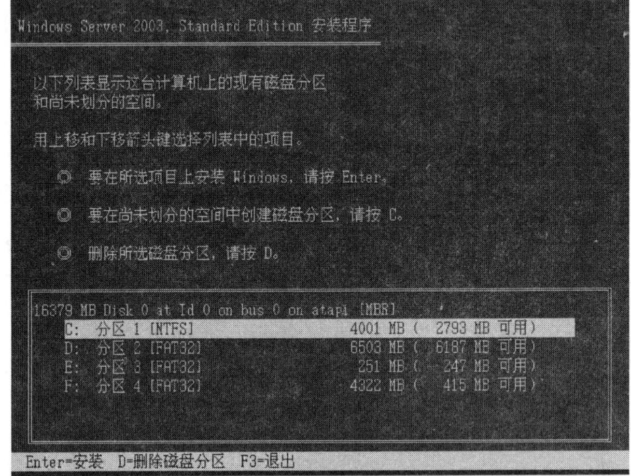

图 2-3 分区选择

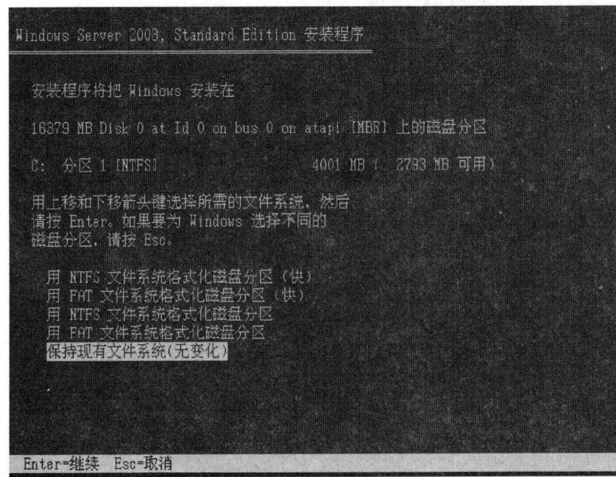

图 2-4 分区格式化

⑧ 格式化硬盘。图 2-4 的最下方提供了 5 个对所选分区进行操作的选项，其中“保持现有文件系统（无变化）”的选项不含格式化操作，其他都含有对分区进行格式化的操作。选择格式化选项时一定要格外注意，以免损坏数据。

⑨ 复制文件。格式化分区完成后，安装程序会创建要复制的文件列表，然后开始复制系统文件到临时分区。

⑩ 首次启动。计算机第一次重新启动后，会自动检测计算机硬件配置。该过程可能会需要几分钟，请耐心等待，检测完成后就开始安装系统，如图 2-5 所示。

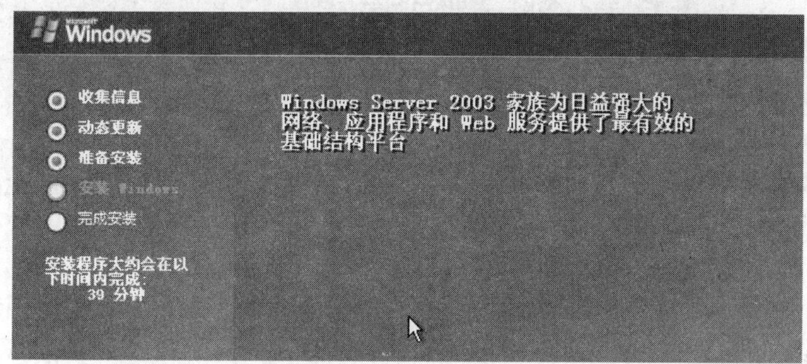

图 2-5　图形界面安装过程

⑪ 区域和语言选项。安装程序检测完硬件后，提示用户进行区域和语言设置。区域和语言设置选用默认值就可以了，以后可以在控制面板中进行修改。

⑫ 自定义软件及产品密钥。如图 2-6 所示，输入用户姓名和单位，然后单击“下一步”按钮，打开如图 2-7 所示的“您的产品密钥”对话框。在这里输入安装序列号。

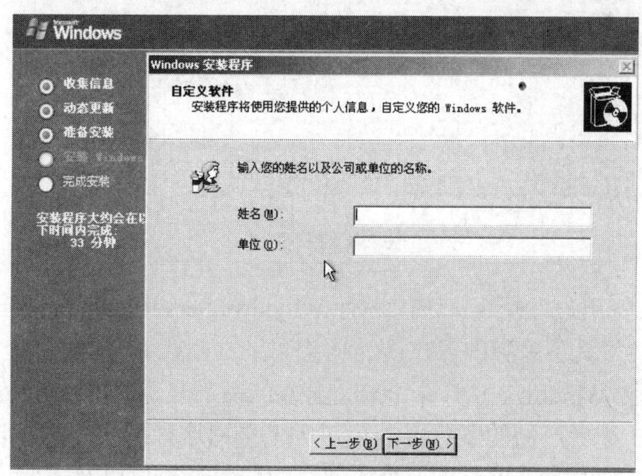

图 2-6　输入姓名和单位

⑬ 授权模式。如图 2-8 所示。

微软公司对其服务器产品提供有两种授权模式：“每服务器”模式和“每设备或每用户”模式。

● “每服务器”模式：每服务器许可证是指每个与此服务器的并发连接都需要一个单独的客户端访问许可证（CAL）。换句话说，此服务器在任何时间都可以支持固定数量的连接。

例如，如果用户购买了 5 个许可证的“每服务器”授权，那么该服务器可以一次具有 5 个并发连接（如果每一个客户端需要一个连接，那么一次允许存在 5 个客户端）。使用这些连接的客户端不需要任何其他许可证。

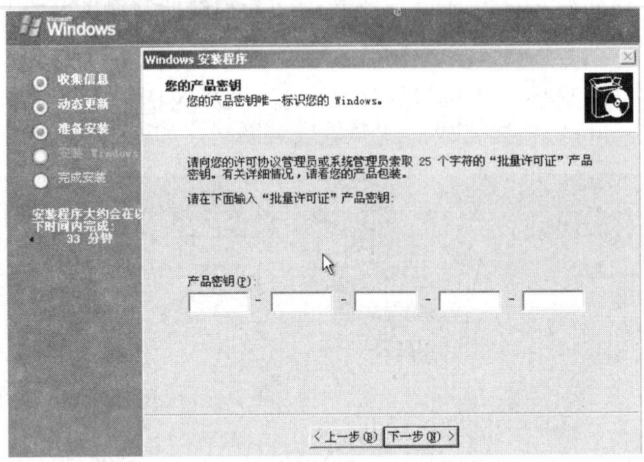

图 2-7 “您的产品密钥”对话框

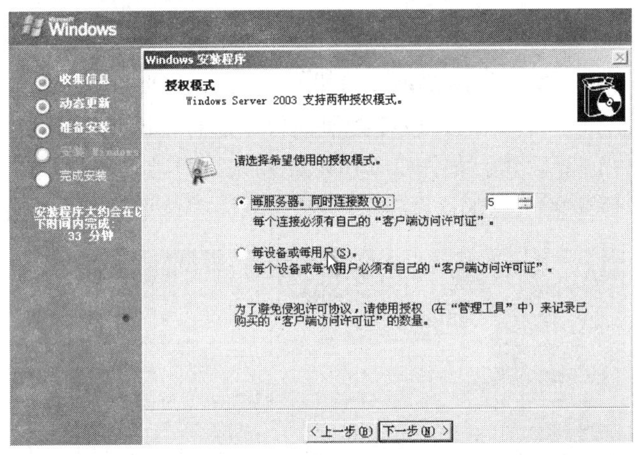

图 2-8 授权模式

● “每设备或每用户”模式：访问运行 Windows Server 2003 家族产品的服务器的每台设备或每个用户都必须具备单独的客户端访问许可证（CAL）。通过一个 CAL，特定设备或用户可以连接到运行 Windows Server 2003 家族产品的任意数量的服务器。拥有多台运行 Windows Server 2003 家族产品的服务器的公司大多采用这种授权方法。

具体选择何种授权模式，应取决于企业拥有的服务器数量以及需要访问服务器的客户机的数量。

⑭ 计算机名称和管理员密码。此处用来为该服务器指定一个计算机名和管理员密码。安装程序自动为系统创建一个计算机名称，但是用户也可以自己更改这个名称。这个名称最好具有实际意义，并且简单易记。还需要输入两次系统管理员 Administrator 密码。出于安全的考虑，当密码长度少于 6 个字符时系统会出现提示信息，要求用户设置一个具有一定复杂性的密码。

计算机名既要在网络中独一无二，同时又要能标识该服务器的身份。另外，在这里输入的管理员密码必须牢记，否则将无法登录系统。

对于管理员密码，Windows Server 2003 的要求非常严格，管理员密码要求必须符合以下条件中的前两个，并且至少要符合 3 个条件。

- 至少 6 个字符。
- 不包含“Administrator”或“admin”。
- 包含大写字母（A, B, C 等）。
- 包含小写字母（a, b, c 等）。
- 包含数字（0, 1, 2 等）。
- 包含非字母数字字符（#，&，～等）。

如果输入的密码不符合要求，将显示提示对话框，建议用户进行修改。

⑮ 日期和时间设置。设置相应的日期和时间。

⑯ 网络设置。如果对网络连接没有特殊要求，可选择“典型设置”单选项，如图 2-9 所示。如果对网络有特殊要求，如设置 IP 地址、安装网络协议等，请选择“自定义设置”单选项。

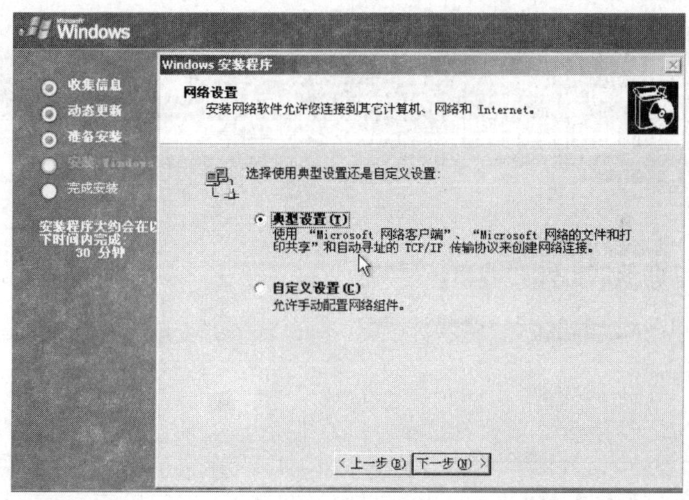

图 2-9　网络设置

⑰ 工作组或计算机域。如图 2-10 所示，如果网络中只有这一台服务器，或者网络中没有域控制器，应当选择“不，此计算机不在网络上，或者在没有域的网络上。把此计算机作为下面工作组的一个成员”单选项；否则，应当选中“是，把计算机作为下面域的成员”单选项，并在其下面的文本框中输入该计算机所在工作组或域的名称。也可以在安装完成后再将计算机加入到域中。

⑱ 安装完成，重新登录系统。至此，所有的设置都已完成。安装程序会添加用户选择的各个组件，并保存设置，删除安装过程中使用的临时文件，最后系统会自动重新启动。启动完成后，就可以看到 Windows Server 2003 的登录界面了。在登录界面上按 Ctrl+Alt+Delete 组合键就可以进行登录。

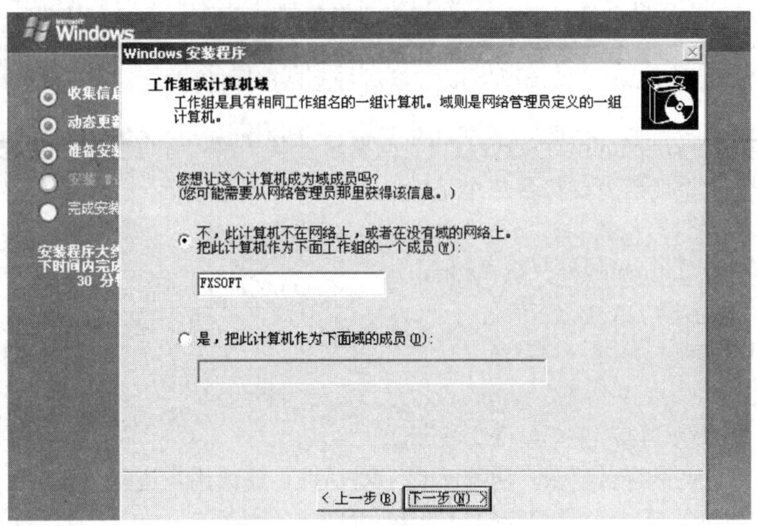

图 2-10　设置工作组和计算机域

⑲ “管理您的服务器”对话框。第一次登录到 Windows Server 2003，会自动运行“管理您的服务器”对话框，如图 2-11 所示。

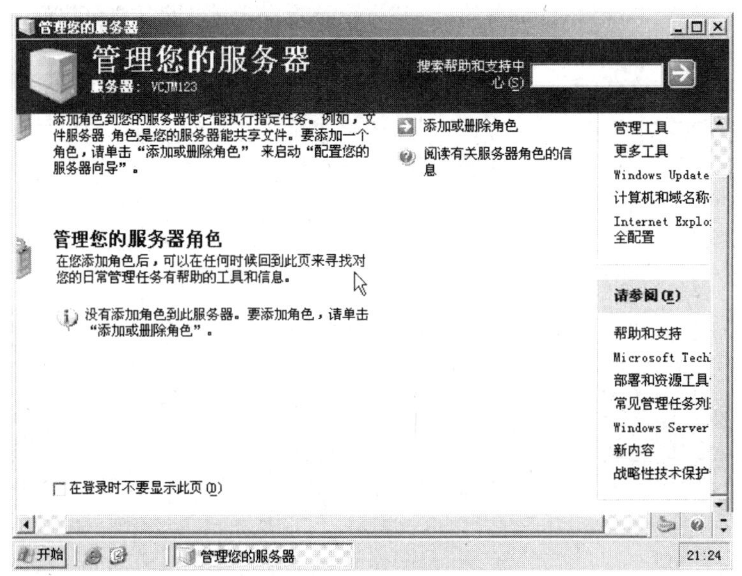

图 2-11　“管理您的服务器”对话框

如果不想每次启动都出现这个对话框，可以选择“在登录时不要显示此页”复选框，然后关闭对话框。

基于安全的考虑，Windows Server 2003 默认安装了 Internet Explorer 增强的安全设置，默认关闭了声音，默认没有开启显示和声音的硬件加速。这样用户上网时大部分网站不能打开，无法播放声音。同时默认开启了关机事件跟踪，用户关闭系统时需要填写关机事件报告。

2.2.2　在运行 Windows 的环境中安装

如果安装了 Windows Server 2003 以前版本的 Windows 操作系统，并且已经启动，可以在 Windows 下开始 Windows Server 2003 的安装，安装完毕后可以实现双启动。安装是利用安装光盘中的 i386 目录下的 winnt32.exe 文件进行的。

1. 不带参数运行的 winnt32.exe

找到安装光盘中的 i386\winnt32.exe，双击运行该文件。选择安装类型：全新安装或升级安装（不是所有的 Windows 都可以升级到 Windows Server 2003），单击“下一步”按钮。选择接受协议，单击“下一步”按钮。输入产品密钥。

紧接着是安装选项，采用默认选项即可。下一步是选择是否对原有的文件系统进行升级。如果该计算机还需要存在 Windows 95/98，则应该保留原有的文件系统，否则推荐把文件系统升级到 NTFS，单击“下一步”按钮。如果计算机已经连接到 Internet，可以选择下载更新的安装程序，否则选择跳过这一步，单击“下一步”按钮继续安装。安装程序开始将 i386 目录下的文件复制到硬盘上的一个临时目录下。复制完毕后，计算机自动重新启动。重新启动后，选择“Windows Server 2003，Enterprise 安装程序”选项，随后的安装步骤与 2.2.1 节中介绍的基本相同，不再赘述。

2. 带参数运行的 winnt32.exe

在运行 winnt32.exe 时，可以用参数控制安装过程中的一些选项。执行“开始”→“运行”命令，在打开的“运行”对话框中输入“cmd”，进入到 DOS 提示符下；切换目录到安装光盘的 i386 目录下，执行 winnt32.exe 命令。winnt32.exe 可以有很多参数，可用“winnt32.exe /?”获得。这里介绍常用的几个。

常用的安装参数如下。

Winnt32 /checkupgradeonly：仅检查计算机是否与 Windows Server 2003 产品兼容，不执行安装。如果在使用该选项时使用了/unattend，则不需要用户进行输入。否则，结果将显示在屏幕上，可以指定文件名保存它们。默认的保存位置是 systemroot 文件夹，默认的文件名是 Upgrade.txt。

Winnt32 [/s:sourcepath][/tempdrive:drive_letter]：指明 sourcepath 目录为安装文件的源路径，安装文件将把临时文件放置在 drive_letter 所指的盘上。

Winnt32 /unattend[num]:[answer_file]：在无人值守安装模式下执行新安装。所指定的 answer_file 为“安装”提供了自定义规范，即应答文件。Num 是“安装”完成复制文件和重新启动计算机之间的间隔秒数。

Winnt32 /noreboot：指示安装程序在文件复制完成后不要重新启动计算机。

Windows Server 2003 提供了两个安装命令：winnt.exe 和 winnt32.exe，这两个命令位于安装光盘的 i386 目录中，分别用于 16 位环境（如 DOS）和 32 位环境（Windows）中。从旧的 Windows 系统基础上安装 Windows Server 2003，必须使用 winnt32.exe 程序。

2.2.3　从网络安装

从网络安装适用于局域网已经存在的场合。通常把 Windows Server 2003 安装光盘的 i386

目录复制在网络中的一台服务器上，并把该目录共享出来，或者直接把光盘共享出来。然后在要安装 Windows Server 2003 的计算机上通过网上邻居找到该共享，运行 i386 目录下的 winnt32.exe。也可以在“开始”→“运行”对话框中，直接输入\\servername\sharename\winnt32。这里的 servername 是存放有 i386 目录的计算机名，sharename 是 i386 目录的共享名。其余步骤与 2.2.2 节介绍的一样，不再赘述。

2.2.4 无人值守安装

在安装 Windows 操作系统时，安装过程会要求用户回答一个又一个问题，用户也可以采用系统自动安装的方法，即所谓的无人值守安装（unattend）。无人值守安装，实际上是把 Windows Server 2003 安装过程中要回答的问题保存在一个称为应答文件的文件中，安装文件从该文件中读取所需的内容。管理员在启动安装程序后，就可以去做其他事情。

1. 修改默认无人值守应答文件样本

在安装光盘的 i386 目录下有一个 unattend.txt 文件，该文件是无人值守应答文件的样本，可以对该文件进行适当的修改。注意以“;”开头的为注释行，文件内容如下（加下划线的是修改过的内容）。

```
; Microsoft Windows
; (c) 1994 - 2001 Microsoft Corporation. All rights reserved.
;
; 无人值守安装应答文件示例
;
; 此文件包含如何自动安装或升级 Windows 的信息，这样安装程序的运行就不需要用户的输入。
; 可以在 CD:\support\tools\deploy.cab 中的 ref.chm 文件中获得更多信息
;
[Unattended]
   Unattendmode = FullUnattended
   OemPreinstall = NO
   TargetPath = *
   Filesystem = LeaveAlone

[GuiUnattended]
   ;设置时区为中国
   ;设置管理员密码为 Pa$$word
   ;设置 AutoLogon 为 ON 并登录
   TimeZone="210"
   AdminPassword=Pa$$word
   AutoLogon=Yes
   AutoLogonCount=1

[LicenseFilePrintData]
   ;用于 Server 安装，授权模式为每服务器模式，用户数为 10 个
   AutoMode="PerServer"
   AutoUsers="10"

[GuiRunOnce]
   ; 列出当第一次登录计算机时将启动的程序
[Display]
```

```
    BitsPerPel = 16
    XResolution = 800
    YResolution = 600
    VRefresh = 70

[Networking]

[Identification]
    ;为工作组模式，工作组名为 Railway-Comp
    JoinWorkgroup=Railway-Comp

[UserData]
    ;用户的姓名，单位
    ;计算机名为 Win2003Server
    ;产品密钥
    FullName="杨云"
    OrgName="济南铁道职业技术学院"
    ComputerName=Win2003Server
    ProductKey="JB88F-WT2Q3-DPXTT-Y8GHG-7YYQY"

[WindowsFirewall]
    Profiles=WindowsFirewall.EMSUnattended

[WindowsFirewall.EMSUnattended]
    Type = 3
    Mode = 1
    Exceptions = 1
    Services = WindowsFirewall.RemoteDesktop

[WindowsFirewall.RemoteDesktop]
    Type = 2
    Mode = 1
    Scope = 0
[TerminalServices]
    AllowConnections=1
```

修改好应答文件后，保存在软盘或者其他介质上，然后运行 winnt32.exe 文件。

例如：winnt32 /s:G:\i386 /unattend:a:\unattend.txt

其中，/s:G:\i386 表示安装源在 G 盘的 i386 目录；unattend:a:\unattend.txt 表示进行无人值守安装，应答文件为 A 盘上的 unattend.txt。

2. 利用"安装管理器"创建应答文件

可以使用"安装管理器"来创建应答文件。该工具位于 Windows Server 2003 安装光盘的 support\tools\deploy.cab 文件中。将 deploy.cab 解压缩后，可以找到 setupmgr.exe 文件，运行该文件就可以打开安装管理器。

创建应答文件的基本步骤如下。

① 运行 setupmgr.exe 文件，启动安装管理器向导。单击"下一步"按钮，开始设置，如图 2-12 所示。首先需要确定是创建新的应答文件，还是修改原有的应答文件。选择后单击"下一步"按钮继续。

② 接下来需要设置应答文件支持的安装类型。安装管理器可以为无人值守安装、Sysprep 安装和远程安装服务（RIS）这 3 种安装类型提供应答文件。

本处以无人值守安装为例介绍，如图 2-13 所示。

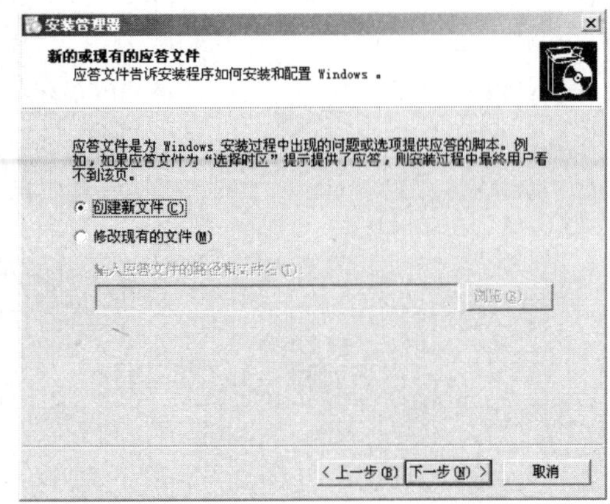

图 2-12 创建应答文件

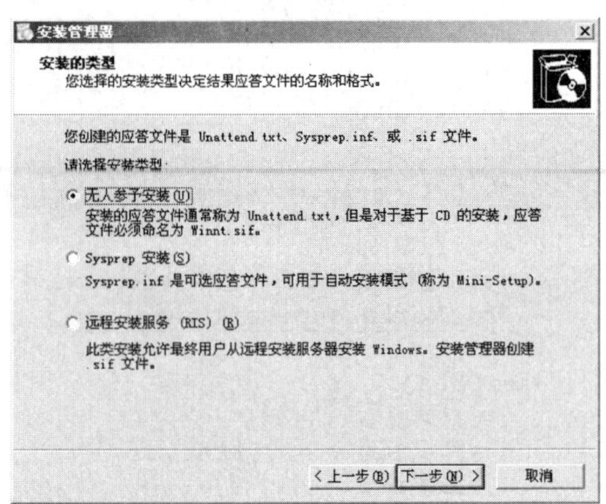

图 2-13 选择应答文件类型

③ 所建立的无人值守安装应答文件可以用来安装 Windows XP 和 Windows Server 2003 系统，如图 2-14 所示。选择合适的系统，单击“下一步”按钮继续。

④ 还需要设置无人值守安装的用户交互级别，如图 2-15 所示，安装管理器提供了 5 种交互级别。选择一个合适的级别，单击“下一步”按钮继续。

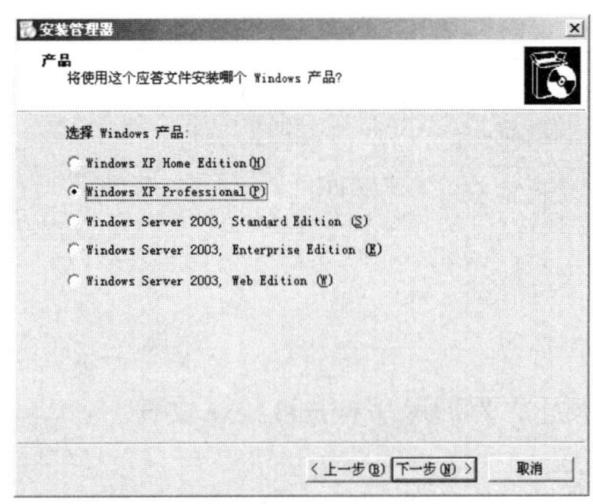

图 2-14 无人值守安装支持的产品

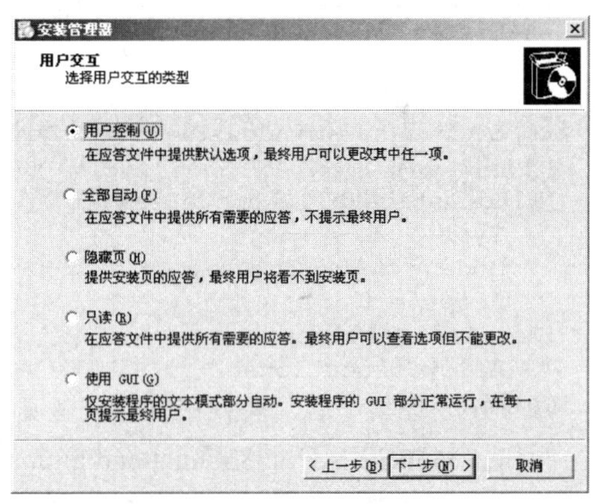

图 2-15 用户交互

⑤ 接下来设置安装源，如图 2-16 所示。可用的安装源包括网络共享和 CD。对于本地硬盘上的安装文件，等同于从 CD 安装。选择合适的选项，单击“下一步”按钮继续。

⑥ 与实际安装过程相似，还需要接受 Microsoft 许可协议。接受协议后，单击“下一步”按钮继续，可以看到如图 2-17 所示的对话框。在该对话框中逐项输入实际安装过程中需要提供的各项信息。输入完成后，安装管理器会提示用户保存文件。通常会建立 2 个文件。

- unattent.txt：应答文件。

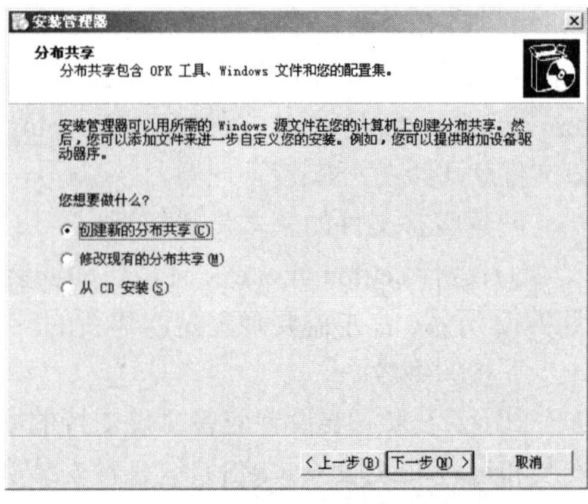

图 2-16 设置安装源

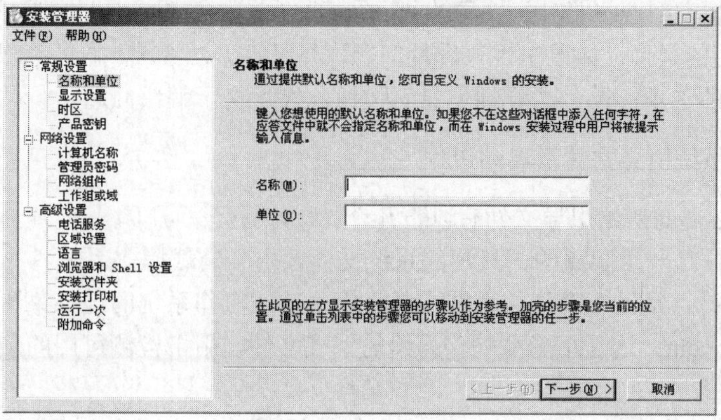

图 2-17　设置安装信息

- unattend.bat：启动安装过程的批处理文件。

安装过程的批处理文件内容如下所示：

```
@rem SetupMgrTag
@echo off

rem
rem;这是由安装管理器生成的示例批处理脚本
rem;如果此脚本是从它所生成的地址移入，它可能需要修改
rem

set AnswerFile=.\unattend.txt
set SetupFiles=G:\i386

G:\i386\winnt32 /s:%SetupFiles% /unattend:%AnswerFile% /copysource:lang
```

有时可能需要修改批处理文件中的部分设置，如安装源文件的位置等。

Unattend.bat 文件利用 winnt32.exe 程序安装 Windows 操作系统。在命令提示符状态下输入 unattend.bat 命令，安装程序会自动完成 Windows Server 2003 系统的安装，无须用户进行干预。

2.2.5　升级安装

只有 Windows NT 4.0 Server 和 Windows 2000 Server 才能升级到 Windows Server 2003，Windows 98/NT 4.0 Workstation/2000 Professional 无法升级到 Windows Server 2003。如果是 Windows NT 4.0 Server，则还必须安装 Service Pack 5。

升级到 Windows Server 2003 可以保留原有系统的各种配置，例如用户名和密码、文件权限、原有的应用程序等，因此通常升级会比安装全新的 Windows Server 2003 后再重新设置少了很多的工作量。如果能够通过升级来安装 Windows Server 2003，还是尽量采用升级的办法。可能有一些硬件和软件无法在 Windows Server 2003 下使用，所以在升级前要做兼容性检查。升级可能会对系统造成破坏，所以在升级之前最好对原有系统做完整的备份，备份应包括各种配置文件、系统分区和启动分区等。

要升级到 Windows Server 2003，首先启动原有的系统（Windows NT 4.0 Server 或者 Windows 2000 Server），将 Windows Server 2003 安装光盘放入光驱中，选择安装 Windows

Server 2003；安装类型选择“升级（推荐）”单选项，单击“下一步”按钮开始安装，其余步骤与 2.2.1 节介绍的类似。如果出现兼容性问题，升级将无法继续，打开“报告系统兼容”对话框，选择相应的选项，单击“详细信息”按钮，根据提示解决问题。

2.2.6 NT 系统引导文件及启动过程

NT 启动所必需的初始引导文件有以下几个。

- Ntldr：这是一个隐藏的，只读的系统文件，用于装载操作系统。
- Boot.ini：这是一个只读的系统文件，用于装载操作系统的选择菜单。
- Ntdetect.com：这是个隐藏的，只读的系统文件，用于检测可用的硬件并建立一个硬件列表。
- Bootsect.dos：这是个隐藏的系统文件，如果另外的操作系统被选择，则被 Ntldr 装载到内存。
- Ntbootddd.sys：这个文件仅被从 SCSI 磁盘启动的系统使用。

其他需要的文件包括：

- Ntoskrnl.exe：Windows NT 的内核文件。
- Hal.dll：硬件抽象层软件 。

Boot.ini 文件被 Ntldr 使用，用于确定引导过程中操作系统选项的显示，可以通过“系统”属性中的高级选项进行修改，建议初级用户不要手工修改该文件。

下面是一个典型的 Boot.ini 文件：

```
[boot loader]
timeout=30
default=multi (0) disk (0) rdisk (0) partition (1) \WINDOWS
[operating systems]
multi (0) disk (0) rdisk (0) partition (1) \WINDOWS="Windows Server 2003, Enterprise" /noexecute=optout /fastdetect
```

在选择默认的操作系统之前，Timeout 指定了 Windows NT 的等待时间。

Default 行指定了默认的操作系统。

ARC 命名是 Windows NT 系统用来定位其引导分区所在的路径的方式，也就是利用它指明引导分区在哪一个磁盘控制器，哪一个硬盘，哪一个分区内。ARC 命名可分为两大类，以 scsi 为首或以 multi 为首，现分别说明如下。

scsi（x）disk（y）rdisk（0）partition（z）：以 scsi 为首，表明该磁盘控制器为 SCSI 卡，并且该卡上的 BIOS 被设置为禁用（disable）。

- scsi（x）：表示第几个控制卡，x 以 0 为起始数字。
- disk（y）：表示该控制卡下的第几块物理磁盘，y 以 0 为起始数字。
- partition（z）：表示该物理磁盘上的第几个分区，z 以 1 为起始数字。

以 scsi 为首的 ARC 命名的 rdisk 项总是 rdisk（0）。

multi（x）disk（0）rdisk（y）partition（z）：以 multi 为首，表明该磁盘控制器是 IDE，ESDI，或是 BIOS 允许使用（enable）的 SCSI 卡。

- multi（x）：表示第几个控制卡，x 以 0 为起始数字。

- rdisk（y）：表示该控制卡下的第几块物理磁盘，y 以 0 为起始数字。
- partition（z）：表示该物理磁盘上的第几个分区，z 以 1 为起始数字。

以 multi 为首的 ARC 命名的 disk 项总是 disk（0）。

基本的 NT 启动过程如下。

① 计算机通电，开始 POST 过程。

② 主引导记录被装入内存并执行，将活动分区的引导扇区装入内存。

③ Ntldr 从引导扇区被装入并初始化，将处理器的实模式改为 32 位平滑内存模式，开始运行适当的小文件系统驱动程序。小文件系统驱动程序是建立在 Ntldr 内部的，它能读取 FAT 或 NTFS。

④ Ntldr 读取 boot.ini 文件，显示操作系统菜单供用户选择。如果选择 Windows NT，Ntldr 将运行 Ntdetect.com。如果选择其他的操作系统，Ntldr 会将引导控制权转交给它，NT 引导过程结束。

⑤ Ntdetect.com 程序搜索计算机硬件并将列表传送给 Ntldr，Ntldr 会将这些信息写进注册表中。

⑥ Ntldr 装载 Ntoskrnl.exe 和 Hal.dll，把控制权交给 Ntoskrnl.exe。启动程序结束，装载阶段开始。

2.3 构建安全的系统

操作系统的庞大性决定了 Windows 并非无懈可击，于是微软会不定时地发布一些更新或补丁程序，以增强操作系统的功能，弥补漏洞。自动更新和系统补丁是打造安全 PC 的两大“杀手锏”。

1. 自动更新的设置与实现

自动更新是 Windows 使用最新的更新和增强功能来保障系统性能的一种策略。启用自动更新后，用户无需搜索关键的更新信息，系统能够自动识别并从 Windows Update 网站搜索下载，并将它们直接发送到本地计算机。

① 打开“控制面板”对话框，双击“系统”图标，打开“系统属性”对话框，选择“自动更新”选项卡。要执行此操作，必须是本地计算机中 Administrators 组的成员。

② 选择“保持我的计算机最新。启用此设置后，在应用任何其他更新之前，Windows Update 软件可能被自动地更新”复选框，然后在“设置”选项组中选择一种设置方式即可。

2. 手动更新系统补丁

除了采用自动更新方式升级系统补丁外，还可以在一些重要安全补丁发布后，直接到微软的官方网站（http://www.microsoft.com/china）下载最新补丁程序。实践证明，从系统补丁发布到受到恶意攻击的时间越来越短，现在大致只有十几天的样子。“冲击波”和“震荡波”等病毒之所以能够肆虐，原因就在于很多用户没有及时下载和更新安全补丁。

一定要到微软官方网站下载补丁程序，因为有些黑客会制作一些“假”的、植入木马的程序在网上发布，借此达到入侵对方计算机的目的。在微软网站上发布的补丁程序都经过了微软的数字签名，安全性有保障。

3. Service Pack

与其他 Windows 版本一样，Windows Server 2003 也发布了自己的 Service Pack。Service Pack 将此前发布的所有系统补丁打包在一起，并加入了一些新的应用程序或重要功能。因此，在 Service Pack 发布后，应当立即下载并安装，以最大限度地保护服务器的安全，并免费获取额外的功能支持。

安装 Windows Server 2003 后，应该下载 Service Pack 3 并安装。

2.4 获取帮助和支持

2.4.1 帮助和支持中心

在“开始”菜单中选择“帮助和支持”，可以进入 Windows Server 2003 的帮助和支持中心。帮助和支持中心提供了比以往 Windows 系统的联机帮助更为详细和有效的支持。

该工具由“帮助内容”和“支持任务”两部分组成。“帮助内容”提供类似于旧版 Windows 系统联机帮助的内容；“支持任务”提供更广泛的支持功能，这些支持功能包括 Windows Update、远程协助、错误和事件日志消息以及一系列系统信息扫描工具。

在“帮助和支持中心”页面的顶部，可以看到一个搜索工具。搜索对象既包括帮助内容，也包括微软网站的知识库（Knowledge Base）文章，因此可以提供更详细更准确的帮助信息。

微软官方网站的“客户帮助与支持”栏目提供了更多帮助内容和支持服务，该栏目的网址是 http://support.microsoft.com。

2.4.2 技术社区

Internet 的普及，不仅改变了人们生产、生活的方式，也改变了人们获取知识的方式。通过 Internet，人们可以随时随地获取需要的知识。其中技术社区往往能够提供及时的专业帮助。

以下是几个技术社区的网址，希望能够帮助用户学习 Windows 系列产品。

微软中文社区：http://www.microsoft.com/china/community/default.mspx

中国软件网专家门诊：http://Expert.csdn.net

中国电脑报天极网论坛：http://BBS.yesky.com

微软中文杂志社区：http://www.winmag.com.cn

开发者俱乐部：http://www.dev-club.com

2.5 习 题

一、填空题

（1）Windows Server 2003 的 4 个版本是________、________、________、________。

（2）Windows Server 2003 所支持的文件系统包括________、________、________。推荐 Windows Server 2003 系统安装在________文件系统分区。

（3）某企业规划有两台 Windows Server 2003 和 50 台 Windows 2000 Professioal，每台服务器最多只有 15 人能同时访问，最好采用________授权模式。

（4）安装 Windows Server 2003 时，内存至少不低于________，硬盘的可用空间不低于________。

（5）无人值守安装的命令格式是________。使用________可以自动产生无人值守安装的应答文件。

二、选择题

（1）有一台服务器的操作系统是 Windows 2000 Server，文件系统是 NTFS，无任何分区，现要求对该服务器进行 Windows Server 的安装，保留原数据，但不保留操作系统，应使用下列（　　）种方法进行安装才能满足需求。

A．在安装过程中进行全新安装并格式化硬盘
B．做成双引导，不格式化硬盘
C．对原操作系统进行升级安装，不格式化硬盘
D．重新分区并进行全新安装

（2）现要在一台装有 Windows 2000 Server 操作系统的机器上安装 Windows Server 2003，并做成双引导系统。此计算机硬盘的大小是 10.4 GB，有两个分区：C 盘 4 GB，文件系统是 FAT；D 盘 6.4 GB，文件系统是 NTFS。为使计算机成为双引导系统，下列哪个选项是最好的方法？（　　）

A．安装时选择升级选项，并且选择 D 盘用为安装盘
B．全新安装，选择 C 盘上与 Windows 相同目录作为 Windows Server 2003 的安装目录
C．升级安装，选择 C 盘上与 Windows 不同目录作为 Windows Server 2003 的安装目录
D．全新安装，且选择 D 盘作为安装盘

（3）某公司计划建设网络系统，有两台服务器，安装 Windows Server 2003 操作系统；40 台工作站，安装 Windows XP，则服务器的许可协议应选择何种模式较合理？（　　）

A．每服务器模式　B．每客户模式　　C．混合模式　　　D．忽略该选项

三、简答题

（1）简述 Windows Server 2003 各版本的特点。
（2）简述如何构建一个安全的 Windows Server 2003 系统。

第 3 章

Windows Server 2003 基本设置

本章学习要点

- Windows Server 2003 的桌面、控制面板与网络连接
- Windows Server 2003 的系统属性
- Windows Server 2003 的硬件管理
- Windows Server 2003 的管理控制台

3.1 桌面、控制面板与网络连接

3.1.1 桌面

刚安装好的 Windows Server 2003 的桌面上只有“回收站”图标，要在桌面上显示“我的电脑”等图标，步骤如下。

① 在桌面空白处右击，然后在弹出的快捷菜单中选择“属性”选项，打开“显示属性”对话框。

② 选择“桌面”选项卡，单击“自定义桌面”按钮，打开“桌面项目”对话框。

③ 在“常规”选项卡中，选择要在桌面显示的图标，如“我的电脑”、“网上邻居”等，单击“确定”按钮即可。

3.1.2 文件夹选项

文件夹选项控制着资源管理器中的文件与文件夹的显示，用户可以根据习惯进行设置。设置文件夹选项步骤如下。

① 打开“我的电脑”对话框，执行“工具”→“文件夹选项”命令，打开“文件夹选项”对话框。

② 在“常规”选项卡的“任务”选项区域中，选择“使用 Windows 传统风格的文件夹”单选项时，文件夹将以传统风格显示。如果选择“在文件夹中显示常见任务”单选项，则资源管理器窗口在显示文件或文件夹的同时，会在窗口的左侧显示系统任务和文件或文件夹的常见任务。

③ 在“文件夹选项”对话框的“浏览文件夹”选项区域中，如果选择“在同一窗口中打开每个文件夹”单选项，则在资源管理器中打开不同的文件夹时，文件夹会出现在同一窗口中；如果选择“在不同窗口中打开不同的文件夹”单选项，则每打开一个文件夹就会显示相应的新的窗口，这样设置方便移动或复制文件。

④ 在“文件夹选项”对话框的“打开项目的方式”选项区域中，如果选择“通过单击打开项目（指向时选定）”单选项，资源管理器中的图标将以超文本的方式显示，单击图标就能打开文件、文件夹或者应用程序。图标的下划线何时加上由与该选项关联的两个按钮来控制。如果选择“通过双击打开项目（单击时选定）”单选项，则打开文件、文件夹和应用程序的方法与 Windows 传统的使用方法一样。

⑤ 在“文件夹选项”对话框的“查看”选项卡中，可以设置文件或文件夹在资源管理器中的显示属性，如图 3-1 所示。单击“文件夹视图”选项区域中的“应用到所有文件夹”按钮时，会把当前设置的文件夹视图应用到所有文件夹。单击“重置所有文件夹”按钮时，会使得系统恢复文件夹的视图为默认值。

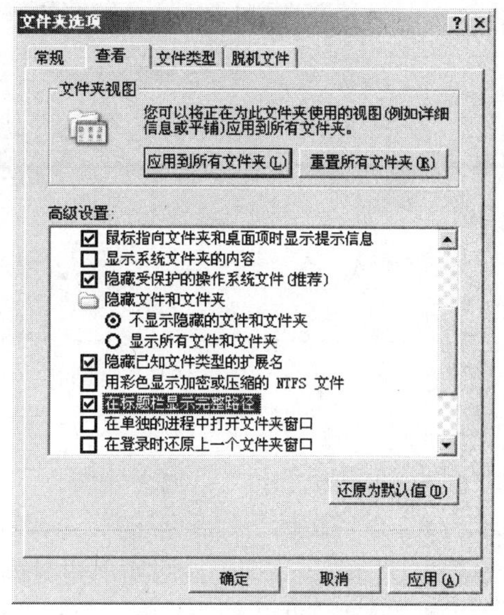

图 3-1　“查看”选项卡

⑥ 在“高级设置”选项区域中，有许多关于文件和文件夹视图的设置，如图 3-1 所示。选择“鼠标指向文件夹和桌面项时显示提示信息”复选框时，当鼠标指针移动到文件或者文件夹时，会显示文件类型、修改日期、大小等信息。选择“隐藏受保护的操作系统文件（推荐）”复选框时，会隐藏 C 盘下的 IO.SYS、MSDOS.SYS、ntldr 等系统文件，以免被误操作或删除。选择“不显示隐藏的文件和文件夹”单选项，会使得带隐藏属性的文件和文件夹不显示出来；有些病毒会产生一些隐藏文件，这时可以选择“显示所有文件和文件夹”单选项，查找这些文件。选中“隐藏已知文件类型的扩展名”复选框时，在资源管理器中显示出的文件名将不包含文件的扩展名，这样可以增强安全性，却也常常会造成文件名的误会。选中“在标题栏显示完整路径”复选框时，可以方便判断当前窗口显示的是哪个文件夹的内容，特别在不同文件夹中有相同内容的时候。“在地址栏中显示完整路径”和“在标题栏显示完整路径”的功能类似。选择“在我的电脑上显示控制面板”复选框，则与传统的 Windows 一样，在打开“我的电脑”窗口时会显示“控制面板”图标。

3.1.3　控制面板

1. 控制面板简介

Windows Server 2003 要管理很多软件和硬件，这些管理大多是通过控制面板来完成的。如果在“文件夹选项”对话框的“查看”选项卡中选中了“在我的电脑上显示控制面板”复选框，则在“我的电脑”窗口中，双击“控制面板”图标就可以打开“控制面板”窗口。控制面板中有许多图标用来管理系统。

- Internet 选项：用于设置 IE 浏览器。
- 存储的用户名和密码：在局域网中或 Internet 上有的服务器不能提供匿名访问，必须使用特定的用户名和密码，这时可以创建登录到该服务器的用户名和密码。单击图 3-2（a）中的“添加”按钮，打开图 3-2（b）所示的登录信息属性对话框，可以从中添加登录到指定服务器的用户名和密码，也可以修改用户名和密码。

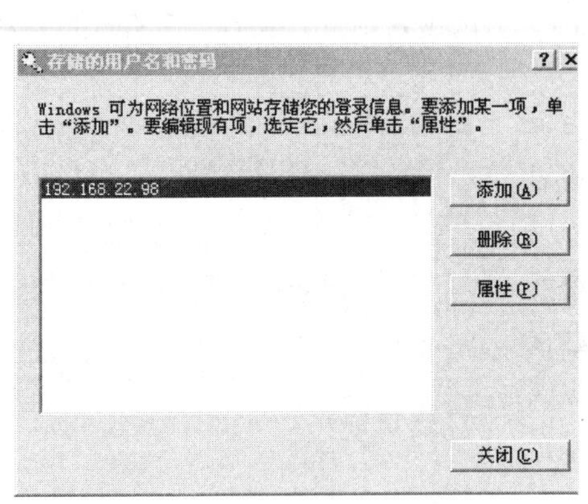

(a)

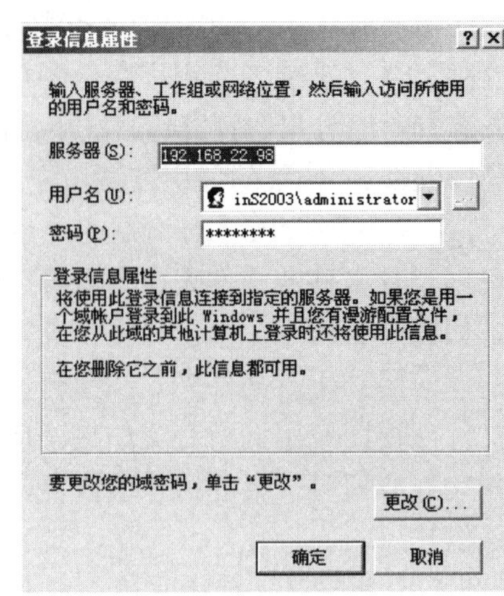

(b)

图 3-2 存储的用户名和密码

- 打印机和传真：用于安装打印机和传真机。
- 电话和调制解调器选项：当 Windows Server 2003 通过拨号上网时，利用该选项可以设置电话的拨号规则、使用哪个调制解调器等。
- 电源选项：用于设置计算机的节能配置。
- 辅助功能选项：主要针对于有身体障碍的用户，用于设置键盘、鼠标和颜色等的特殊用法。
- 管理工具：是计算机上各种管理工具的集合。
- 键盘：用于设置键盘的属性。
- 区域和语言选项：用于设置计算机使用的语言、数字、货币、日期和时间的显示属性。
- 任务计划：用于定义自动执行的任务。
- 日期和时间：用于设置计算机使用的日期、时间和时区等信息。
- 扫描仪和照相机：用于在计算机上配置扫描仪和照相机等设备。
- 声音和音频设备：用于设置计算机的声音方案和使用的音频设备。
- 授权：用于更改 Windows Server 2003 的客户端授权模式。
- 鼠标：用于设置鼠标的使用参数。
- 添加或删除程序：用于添加或删除计算机上的程序，如 Windows Server 2003 的组件、用户应用程序等。
- 添加硬件：用于启动硬件安装向导，在计算机上安装新的硬件。
- 网络连接：用于建立、删除和设置网络连接。
- 文件夹选项：功能详见 3.1.2 节。
- 系统：用于对计算机系统的信息进行设置。
- 显示：用于对计算机的显示属性进行设置。
- 游戏控制器：用于在计算机上安装和使用游戏控制器。
- 语音：用于设置文本信息通过什么语音设备进行转换。

- 字体：用于在计算机中安装新的字体或者删除字体。

2. 管理工具

在“控制面板”窗口中双击“管理工具”图标，可以打开“管理工具”对话框。对话框中显示了许多管理工具，这些工具根据所安装的 Windows 程序和服务的不同而不同。利用这些管理工具可以对计算机进行配置。

3. 服务的管理

Windows Server 2003 为用户提供了多种多样的网络服务，例如消息服务、DHCP 服务、DNS 服务等。可以使用“管理工具”的“服务”工具对系统的服务器进行管理，其步骤如下。

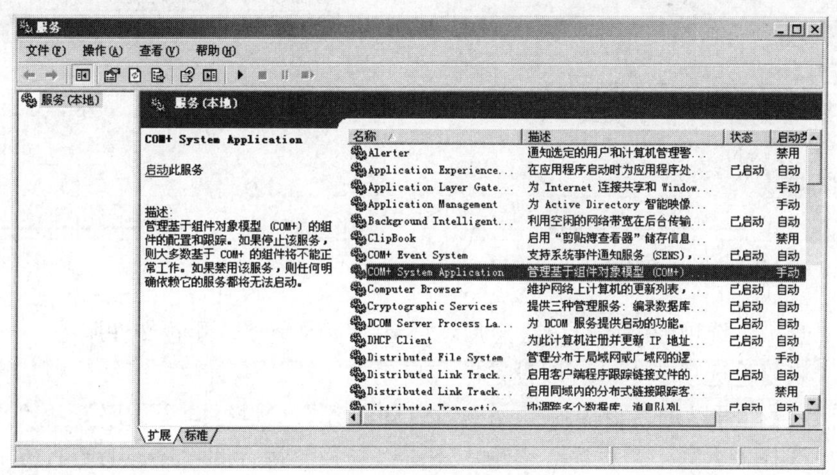

图 3-3 “服务”对话框

① 双击“管理工具”对话框中的“服务”图标，打开“服务”对话框，如图 3-3 所示。对话框的左部显示的是哪台计算机上的服务，对话框的中部显示的是本地计算机上的服务，对话框的右部显示的是各种不同服务的名称以及服务的描述。也可以执行“操作”→“连接到另一台计算机”命令，对远程计算机上的服务进行管理。

② 在对话框的下部有“扩展”和“标准”两个标签。选择“扩展”标签后，在对话框上会显示服务的描述。

③ 要管理某一系统服务，直接双击“服务”图标，打开服务的属性对话框。以 Messenger 服务为例，如图 3-4 所示，在“可执行文件的路径”文本框中显示的是为提供服务而执行的文件。“启动类型”下拉列表框用于显示 Windows Server 2003 系统启动时是否自动启动该服务等，“自动”表示服务随同 Windows 系统的启动而启动；“手动”表示服务不随系统的启动而启动，而是管理员手动启动；“禁止”则表示不允许启动该服务。

④ “服务状态”选项区域显示的是该服务的状态，可以通过“服务状态”下面的按钮来控制服务的启动、停止等。“启动参数”文本框中显示的是启动服务时使用的参数。例如要启动 Messenger 服务，如果启动类型为“禁止”，把启动类型改为“手动”后单击“启动”按钮即可。

⑤ 在服务属性窗口中的“登录”选项卡中可以设定服务是以何种登录身份运行的，默认时是“本地系统账户”，如图 3-5 所示。如果要为服务指定登录身份，选择“此账户”单选项，然后单击“浏览”按钮，打开“选择用户”对话框，选择一个登录用户后，单击“确定”

按钮，然后输入账户的密码。

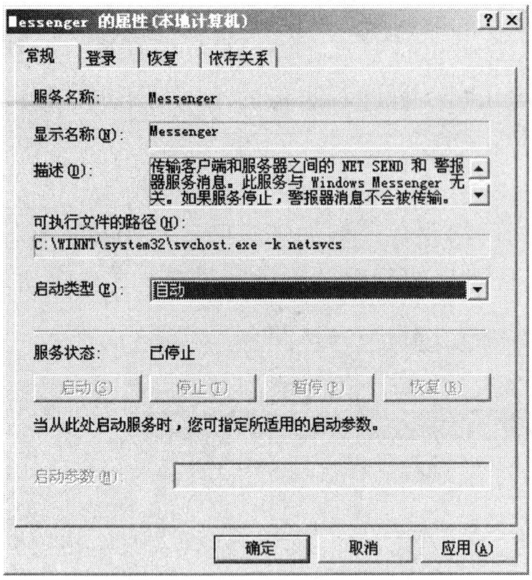

图 3-4 Messenger 服务属性窗口

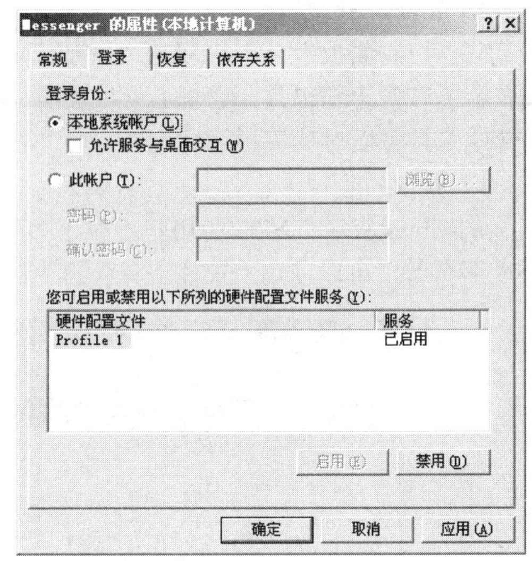

图 3-5 “登录”选项卡

⑥ 在“登录”选项卡中还可以指定启动或者禁止哪个硬件配置文件服务。

⑦ 在“恢复”选项卡中，可以设定服务启动第 1 次、第 2 次、后续失败后系统应采取的相应操作。操作可以是“不操作”、“重新启动服务”、“运行一个程序”和“重新启动计算机”。如果选择“运行一个程序”选项，还可以选择要运行的程序、命令行参数以及程序在何时启动；如果选择“重新启动计算机”选项，可以单击“重新启动计算机选项”按钮，打开“重新启动计算机选项”对话框，设置在几分钟后启动计算机以及是否向管理员发送消息。

⑧ 在“依存关系”选项卡中可以显示该服务依赖其他哪些服务，以及有哪些服务依赖于它。如果停止某一服务，可能会导致依赖于它的其他服务不能正常工作。

3.1.4 网络连接

对于网络操作系统来说，连接属性的设置是至关重要的。设置步骤如下。

① 执行“开始”→“控制面板”→“网络连接”→“本地连接”命令，打开“本地连接状态”对话框。在“常规”选项卡中，可以看到当前的连接状态、发送和接收的数据包等信息。单击“属性”按钮可以对该连接的属性进行设置（稍后介绍），单击“禁用”按钮则可禁止该连接。

② 在“支持”选项卡中，可以看到 Internet 协议的基本信息；单击“详细信息”按钮可以得到更加详细的信息。

③ 在“常规”选项卡中单击“属性”按钮，可以打开“本地连接 属性”对话框，如图 3-6 所示。在“连接时使用”文本框中显示的是该连接的网卡；单击“配置”按钮可以对网卡进行属性配置，如图 3-7 所示。

④ 在网卡属性对话框的“高级”选项卡中，如图 3-8 所示，可以设置网卡的工作速率、双工模式等，也可以设置网卡的 MAC 地址，不过要按十六进制格式输入。

⑤ 在如图 3-6 所示的“本地连接 属性”对话框中列出了此连接使用的项目。单击“安装”按钮可以添加新的网络组件，如新的网络协议，如图 3-9 所示；在图 3-6 中单击“卸载”按钮可以删除所选中的项目。

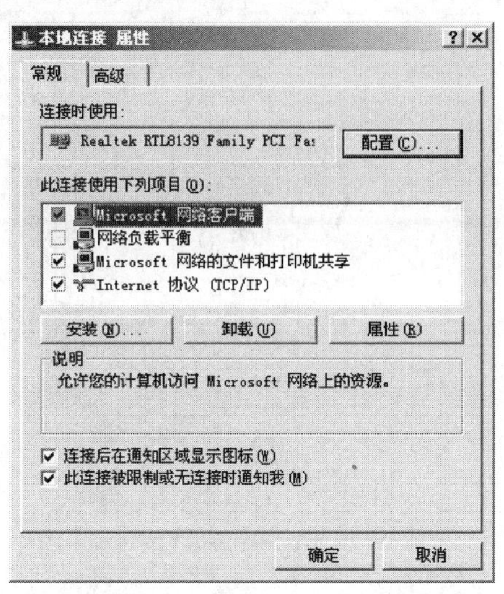

图 3-6　“本地连接属性”对话框

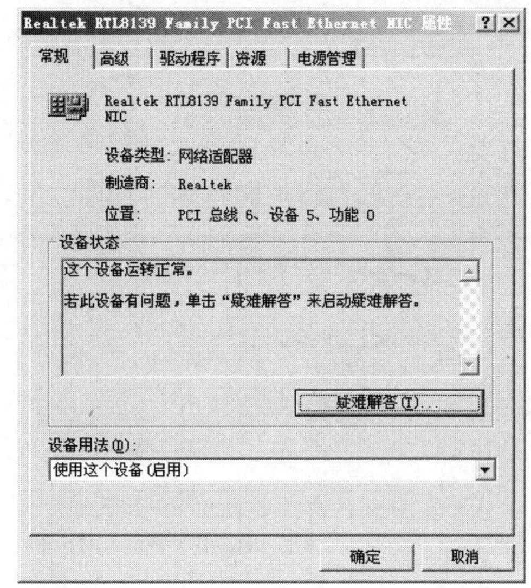

图 3-7　网卡属性对话框

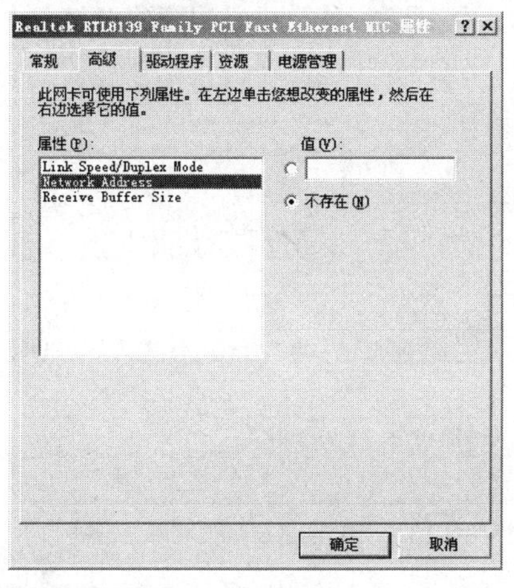

图 3-8　网卡属性对话框中的“高级”选项卡

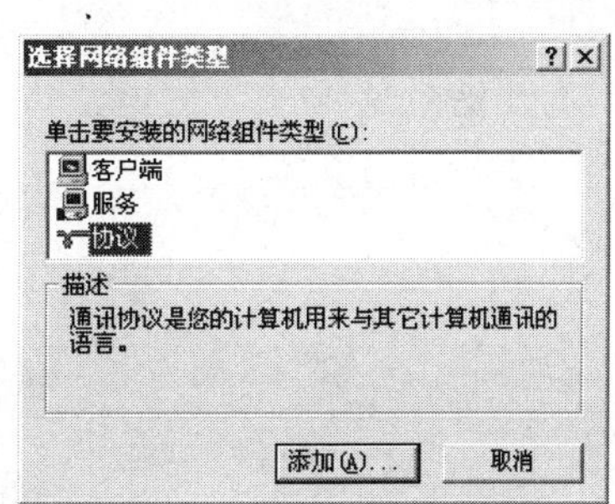

图 3-9　添加新的网络组件

⑥ 在所有的项目中，“Internet 协议（TCP/IP）”是最常用的，直接在图 3-6 中双击它可以打开“Internet 协议（TCP/IP）属性”对话框，如图 3-10 所示；在“常规”选项卡中可以设置网络的 IP 地址和 DNS 服务器地址。

⑦ 单击图 3-10 中的“高级”按钮，可以打开“高级 TCP/IP 设置”对话框，如图 3-11 所示，从中可以设置多个 IP 地址、多个网关、WINS 服务器的地址等。

⑧ 在“本地连接 属性”对话框的“高级”选项卡（如图 3-12 所示）中可以设置 Windows Server 2003 系统中集成的 Windows 防火墙。防火墙可以阻止网络中的其他计算机对本地计算机的主动访问，而不妨碍本地计算机对其他计算机的主动访问。如图 3-12 所示，单击“设置”

按钮，打开“Windows 防火墙”对话框，如图 3-13 所示，在“常规”选项卡中选择“启用”单选项可以启用 Windows 防火墙；在“例外”选项卡中添加例外可以进一步选择允许其他计算机对该计算机的哪些服务进行访问。

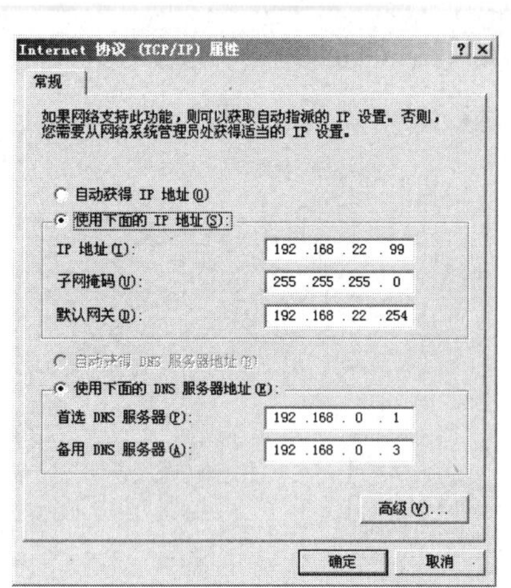

图 3-10 “Internet 协议（TCP/IP）属性”对话框

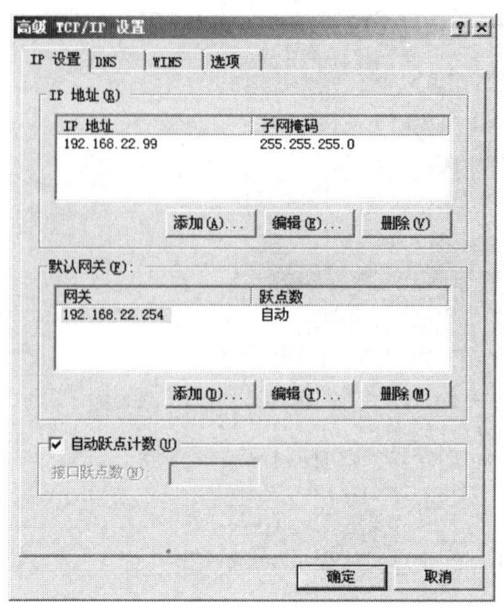

图 3-11 “高级 TCP/IP 设置”对话框

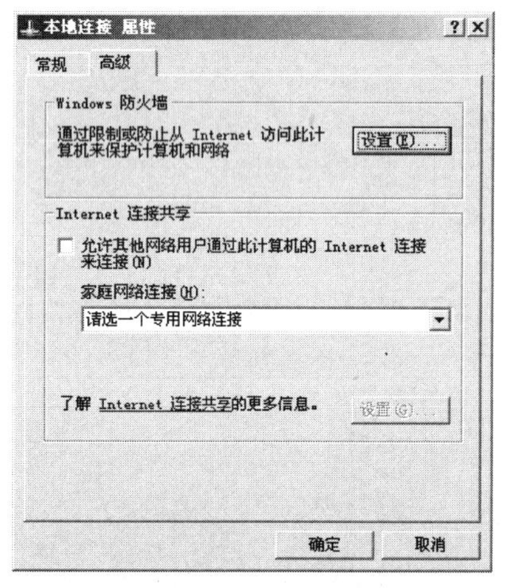

图 3-12 “高级”选项卡

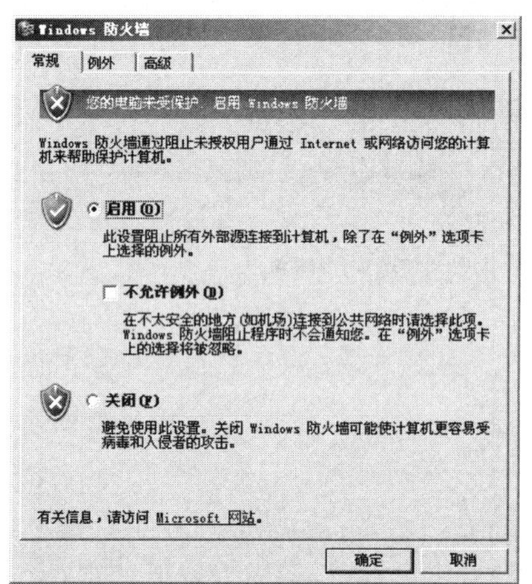

图 3-13 “Windows 防火墙”对话框

3.2 系统属性

系统属性中包含计算机名、性能优化等各种设置，对计算机能否优化地运行有着重要的影响。执行“开始”→“控制面板”→“系统”命令可以打开“系统属性”对话框。

1. “常规”选项卡

显示计算机的 Windows 版本、软件序列号、计算机 CPU 的频率、内存大小等信息。

2. “计算机名”选项卡

在“系统属性”对话框的“计算机名”选项卡中，可以对计算机进行描述。要更改计算机的名字，则单击“更改”按钮，打开“计算机名称更改”对话框，输入新的计算机名，单击“确定”按钮。新的计算机名要等系统重新启动后才能生效。

3.“高级”选项卡

在“系统属性”对话框的“高级”选项卡中，可以对系统的性能等进行调整。这些操作可能会严重影响系统的运行，需要系统管理员才能设置。

（1）性能

① 在“系统属性”对话框的“高级”选项卡中，单击“性能”选项区域中的“设置”按钮即可打开“性能选项”对话框的“视觉效果”选项卡，如图 3-14 所示。

② 为了增强外观，Windows 采取了一系列方法，例如滑动打开组合框、在菜单中显示阴影等，但这些措施会增加系统的负担，降低系统的运行性能。在“视觉效果”选项卡中可以选择如何平衡 Windows 外观和系统性能之间的矛盾。

③ 在如图 3-15 所示的“性能选项”对话框的“高级”选项卡中，如果选择“处理器计划”选项区域中的“程序”单选项，系统会分配更多的 CPU 时间给在前台运行的应用程序，这样系统对用户的响应会较快；如果选择“后台服务”单选项，则系统会分配更多的 CPU 时间给后台服务器，如 Web 服务、FTP 服务等，这样在前台运行程序的用户可能得不到计算机的及时响应。

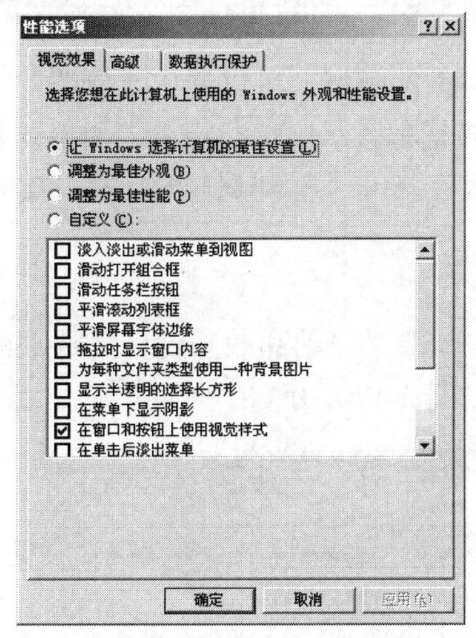

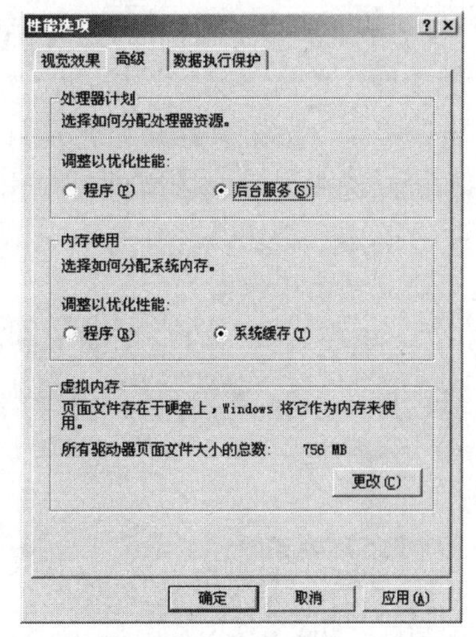

图 3-14 “性能选项”对话框的“视觉效果”选项卡　　图 3-15 “性能选项”对话框中的“高级”选项卡

④ 和“处理器计划”类似，选择“内存使用”选项区域中的“程序”单选项，系统会分配更多的内存给应用程序；选择“系统缓存”单选项，系统则会分配更多的内存作为缓存。

⑤ 在 Windows 中，如果内存不够，系统会把内存中暂时不用的一些数据写到磁盘上以腾出内存空间给别的应用程序使用，当系统需要这些数据时再重新把数据从磁盘读回内存中。用来临时存放内存数据的磁盘空间称为虚拟内存。建议将虚拟内存的大小设为实际内存的 1.5 倍，虚拟内存太小会导致系统没有足够的内存运行程序，特别是当实际的内存不大时。在图 3-15 中的“高级”选项卡中，单击“虚拟内存”选项区域中的“更改”按钮，打开“虚拟内存”对话框，从中可以设置虚拟内存的大小。要设置某一驱动器上的虚拟内存的大小，在驱动器列表中选中该驱动器，输入页面文件（即虚拟内存）大小后，单击“设置”按钮即可。

虚拟内存可以分布在不同的驱动器中，总的虚拟内存等于各个驱动器上的虚拟内存之和。如果计算机上有多个物理磁盘，建议把虚拟内存放在不同的磁盘上以增加虚拟内存的读写性能。虚拟内存的大小可以自定义，即管理员手动指定，或者由系统自行决定。页面文件所使用的文件名是根目录下的pagefile.sys，不要轻易删除该文件，否则可能会导致系统的崩溃。

（2）用户配置文件

所谓用户配置文件其实是一个文件夹，这个文件夹位于\Documents and Settings下，以用户名来命名。该文件夹是用来存放用户的工作环境的，如桌面背景、快捷方式等。当用户注销时，系统会把当前用户的这些设置保存到用户配置文件中，下次用户在该计算机登录时，会加载该配置文件，用户的工作环境又会恢复到上次注销时的样子。用户配置文件有3种：本地配置文件、漫游配置文件和强制配置文件。下面介绍本地配置文件。

① 在“系统属性”对话框的“高级”选项卡中，单击“用户配置文件”选项区域中的“设置”按钮，打开“用户配置文件”对话框，如图3-16所示。

② 在列表框中列出了本机已经存储的配置文件，如果要删除某个配置文件，可以选中要删除的文件，单击“删除”按钮。如果要更改配置文件的类型，可以选中要更改的文件，单击“更改类型”按钮，打开“更改配置文件类型”’对话框，从中进行更改。如果要复制配置文件，可以选中要复制的文件，单击“复制到”按钮，打开“复制到”对话框，选择目录后，单击“确定”按钮。

（3）启动和故障恢复

① 在“系统属性”对话框的“高级”选项卡中，单击“启动和故障恢复”选项区域中的“设置”按钮，打开“启动和故障恢复”对话框，如图3-17所示。

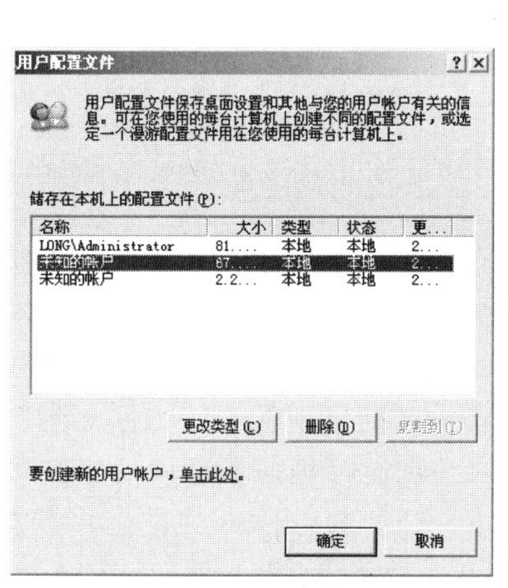

图3-16 “用户配置文件”对话框

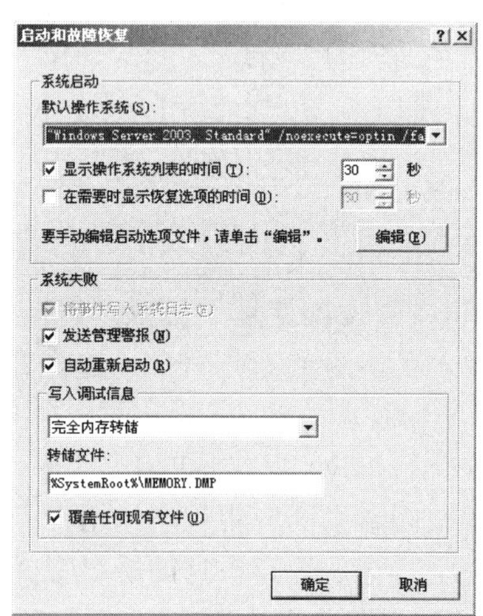

图3-17 “启动和故障恢复”对话框

② Windows 支持多系统引导，要指定计算机启动时引导到哪个操作系统，在“系统启动”选项区域的“默认操作系统”下拉列表框中选择即可。

③ 如果有多个操作系统存在，则系统在启动时会等待用户选择操作系统，等待时间为

在“显示操作系统列表的时间”中输入的值，单位为秒；如果不选择“显示操作系统列表的时间”复选框，则系统会直接进入默认的操作系统而不会给予用户选择的权利。

④ 系统管理员也可以通过手工修改启动选项文件 boot.ini 来设置启动选项，单击图 3-17 中的“编辑”按钮，打开“boot.ini-记事本”对话框，编辑后存盘即可。

⑤ 虽然管理员精心管理，但是系统也有可能崩溃，在图 3-17 的“系统失败”选项区域中可以设置系统在失败时如何处理。选择“自动重新启动”复选框，系统失败后会重新引导系统，这对系统管理员不是 24 小时值守，而系统需要 24 小时运行时十分有用，然而系统管理员可能因此而看不到系统故障时的状态。

⑥ 系统故障的原因常常难以一下子查找清楚，可以让系统在失败时把内存中的数据全部或者部分写到文件中，以便事后进行详细的分析（这需要非常专业的水平）。要保存的内存数据可以在“写入调试信息”选项区域中进行设置。可以选择“（无）”、“小内存转储（64 KB）”、“核心内存转储”或“完全内存转储”选项，转储的文件名在图 3-17 的“转储文件”文本框中输入。

（4）环境变量

环境变量是操作系统或者应用程序运行时所需要的一些数据，不少应用程序依赖于它们来控制应用程序的运行。环境变量中有用户变量和系统变量之分，用户变量是某一用户登录时可以使用的变量，系统变量是系统启动后所有用户都可以使用的变量，通常用户变量会覆盖系统变量中同名的变量。设置环境变量的步骤如下。

① 在“系统属性”对话框中的“高级”选项卡中，单击“环境变量”按钮，可以打开“环境变量”对话框，如图 3-18 所示。

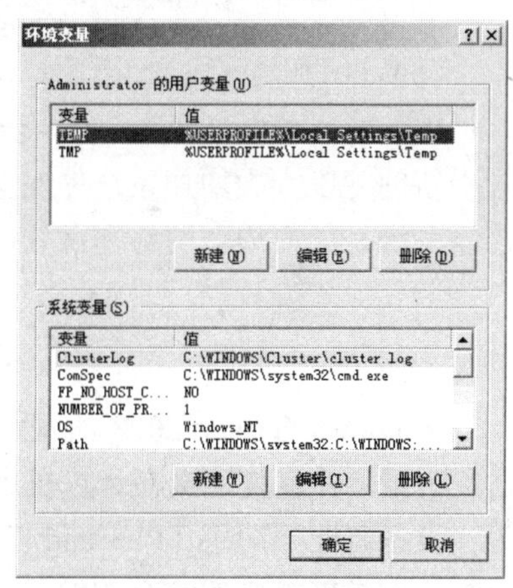

图 3-18 “环境变量”对话框

② 在 2 个列表框中分别列出了当前已经设置的环境变量名和变量的值。需要添加新的变量时，单击“Administrator 的用户变量”选项区域中或者“系统变量”选项区域中的“新建”按钮，打开新建变量对话框，输入变量名和变量的值，单击“确定”按钮即可。

③ 在系统变量中，Path 变量定义了系统搜索可执行文件的路径，Windir 定义了 Windows 的目录。不是所有的变量都可以在“环境变量”对话框中设定，有的系统变量因为不能更改而不在对话框中列出。要查看所有的环境变量，可以执行“开始”→“运行”命令，打开“运行”对话框，输入“cmd”，打开命令提示符对话框，输入“set”查看。“set”命令不仅可以显示当前的环境变量，也可以删除和修改变量，具体的使用方法用 help set 命令获取。

（5）错误报告

这是 Windows Server 2003 新增加的功能，即在系统错误或程序错误时通过网络向微软报告错误，从而提高软件的产品质量。设定的步骤如下。

① 在“系统属性”对话框中的“高级”选项卡中，单击“错误报告”按钮，打开“错误报告”对话框，如图 3-19 所示。

② 如果选择“禁用错误报告”单选项，则系统不会产生错误报告，但是如果同时选中

“但在发生严重错误时通知我”复选框，系统在产生错误时，仍会通知系统管理员；如果选择“启用错误报告”单选项，则可以控制是否对“Windows 操作系统”、“未计划的计算机关闭”或者“程序”的错误进行报告。对于程序的错误报告，可以指定具体的程序。在图 3-19 中单击“选择程序”按钮，打开如图 3-20 所示的对话框，可以选择是为所有的程序报告错误，还是为 Microsoft 提供的程序或 Windows 组件报告错误，或者单击“添加”按钮添加需要报告错误的程序。

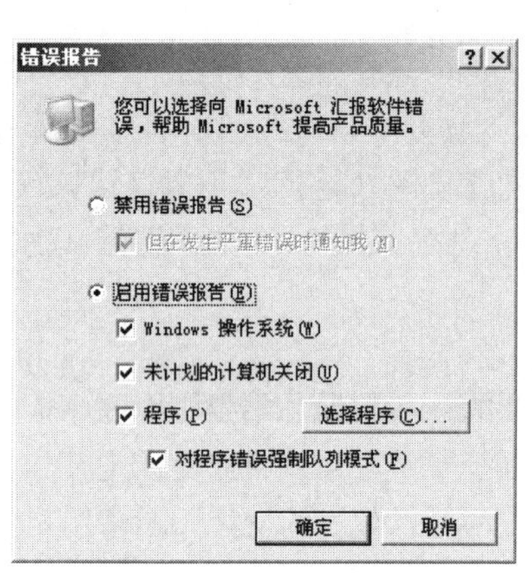

图 3-19　“错误报告”对话框

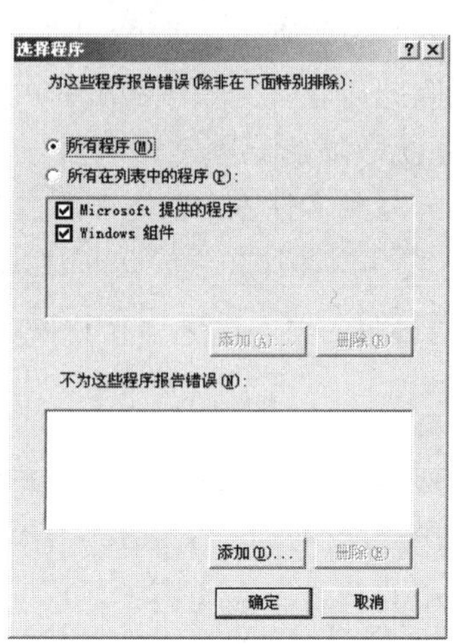

图 3-20　“选择程序”对话框

（6）自动更新

Windows 总是在不断地发展着，微软几乎每个月都会有 Windows 的补丁出现，保持系统是最新的可以大大增加系统的安全性。在“系统属性”对话框的“自动更新”选项卡中可以控制系统是如何通过网络和微软的网站连接并自动下载补丁的。

3.3　硬 件 管 理

Windows Server 2003 在硬件管理方面有了很大的改进，它简化了与硬件相关的管理界面。所谓硬件就是连接在计算机上并由计算机的 CPU 控制的所有设备，如光驱、网卡、声卡等。设备有即插即用（Plus and Play，P&P）和非即插即用两种。有的设备（如网卡）是插在计算机的扩展槽中的，有的设备（如打印机）是连接在计算机的外部接口上的。所有的设备要想在 Windows 中正常工作，必须安装设备驱动程序。Windows Server 2003 提供了大量的目前流行的硬件设备驱动程序，同时大多数硬件厂商也会提供 Windows 上的驱动程序。安装一个新的设备通常需要 3 个步骤。

① 把设备连接在计算机上。

② 安装适当的设备驱动程序。

③ 配置设备的属性。

3.3.1　设备管理器

在“系统属性”对话框的“硬件”选项卡中可以对硬件进行管理。单击“设备管理器”按钮，可以打开“设备管理器”对话框，如图 3-21 所示。

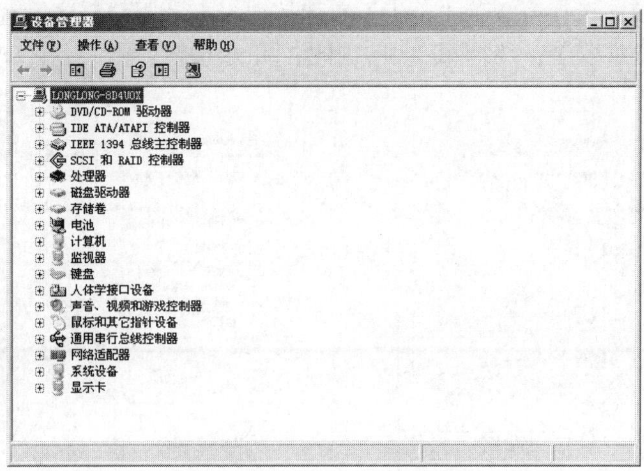

图 3-21　“设备管理器”对话框

在“设备管理器”对话框中列出了系统所有的硬件设备。如果需要查看隐藏的设备，可以执行“查看”→“显示隐藏的设备”命令。默认状态下设备是按照类型进行排序的，利用“查看”菜单可以改变设备的排序方式，如按连接排序设备或者按类型排序资源等。

1. 设备启停和属性

（1）启用设备

在“设备管理器”对话框中右击要启用的设备，在弹出的快捷菜单中，选择“启用”选项。

（2）禁用设备和卸载

在“设备管理器”对话框中右击要禁用的设备，在弹出的快捷菜单中，选择“禁用”或者“卸载”选项。被禁用的设备上会有“×”符号。

（3）设备属性

在“设备管理器”对话框中双击设备的图标，可以打开设备的属性对话框。如图 3-22 所示，在“常规”选项卡中，显示了设备的类型、设备的位置和设备的状态，在“设备用法”下拉列表框中可以启用或禁用设备。

计算机的硬件会使用计算机的某些资源，这些资源包括直接内存访问通道（DMA）、中断请求号（IRQ）、输入/输出（I/O）地址、内存地址。必须保证所有设备的资源不互相冲突，否则设备会无法正常工作。如果存在设备的冲突，会在“冲突设备列表”列表框中显示。万一资源发生冲突，需要对资源进行修改，选择“资源”选项卡，如图 3-23 所示，取消选中“使用自动设置”复选框后，双击要修改的资源，输入资源值后确定即可。由即插即用资源控制的设备的资源管理员无法修改。资源的设置错误可能会导致硬件无法使用，因此要慎重进行。

2. 驱动程序信息

驱动程序是设备在 Windows 下能够正常工作的保证，设备的生产商通常都会提供 Windows 下的驱动程序。为了保证这些驱动程序一定和 Windows 兼容，微软会对被他认可的驱动程序进行数字签名。对于那些没有获得微软签名的驱动程序，微软不推荐使用。执行“开始”→“控制面板”→“系统”→“硬件”命令，在“硬件”选项卡中，单击“驱动程序签名”按钮，打开“驱动程序签名选项”对话框，从中可以设置 Windows 安装驱动程序时对没有微软签名的驱动程序是如何处理的。选择第 1 项“忽略”单选按钮，表示对没有微软签名的驱动程序照样安装；选择第 2 项“警告”单选按钮，表示驱动程序没有微软签名时，系统会提示管理员是否继续安装；选择第 3 项“阻止”单选按钮，则不允许安装没有微软签名的驱动程序。

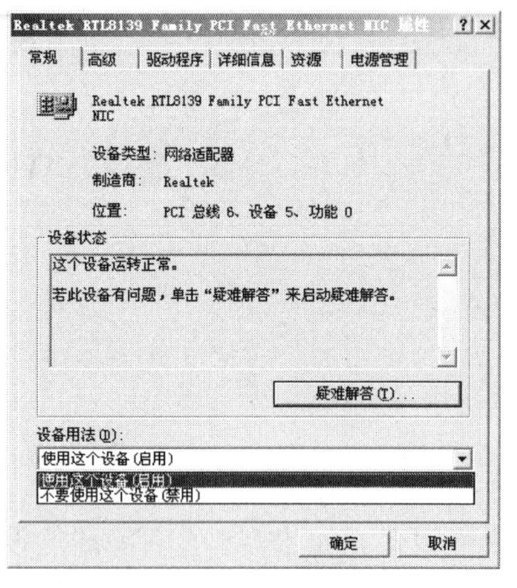

图 3-22 “常规”选项卡

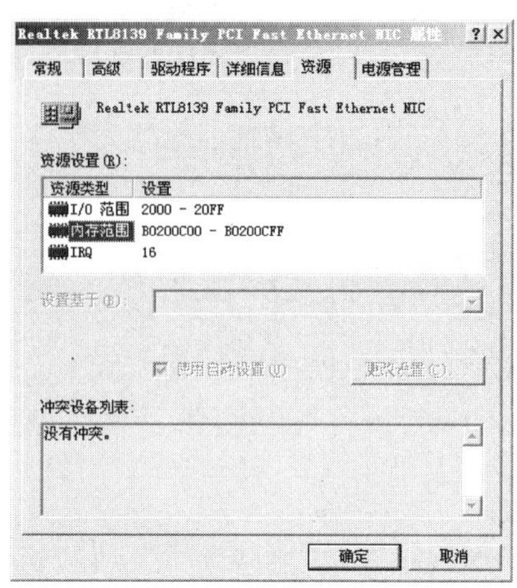

图 3-23 “资源”选项卡

已经安装了的设备的驱动程序的详细信息，可以在设备的属性对话框中获得，步骤为：在“设备管理器”中双击设备，打开设备的属性对话框，选择“驱动程序”选项卡，单击“驱动程序详细信息”按钮，打开的对话框中列出驱动程序的文件名、版本、版权、数字签名等信息。

3.3.2 添加硬件向导

添加硬件的步骤如下。

① 当安装了新的硬件后开机，系统将会自动查找并安装驱动程序，如果找不到驱动程序则会打开“添加硬件向导”对话框。也可以执行“开始”→“控制面板”→“添加硬件”命令，打开“添加硬件向导”对话框。

② 单击“下一步”按钮，系统开始搜索新的硬件设备。如果设备是即插即用型的，系统会自动安装驱动程序，用户可以立即使用。如果是非即插即用设备，需要手动添加，系统会要求确认硬件是否已经连接。选择后单击“下一步”按钮。

③ 如图 3-24 所示，如果需要对某个已经安装的设备的驱动程序进行更新，可以在列表框中选择设备；如果要添加新的硬件，则在列表框中选择“添加新的硬件设备”选项。选择后单击“下一步”按钮。

④ 在图 3-25 中，如果选择“搜索并自动安装硬件（推荐）”单选项，系统将自动安装驱动程序；如果选择“安装我手动从列表选择的硬件（高级）”单选项，则需要选择要安装的硬件类型。单击“下一步”按钮，打开“选择要安装的硬件类型”对话框，如图 3-26 所示。选择一种硬件类型，单击“下一步”按钮，打开如图 3-27 所示的对话框，从列表框中选择不同厂商的不同型号的硬件设备。

⑤ 在列表中没有列出的硬件设备，需要从软盘或者光盘上进行安装。在图 3-27 中单击“从磁盘安装”按钮，打开“从磁盘安装”对话框，单击“浏览”按钮，在“浏览”对话框中

找到设备驱动程序所在的目录，单击“确定”按钮即可进行安装。

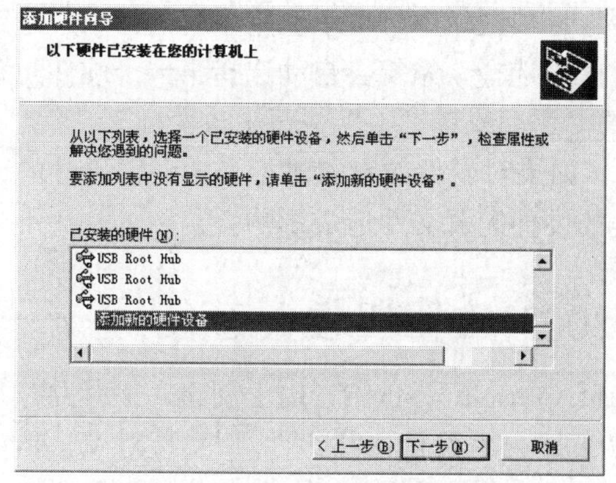

图 3-24　选择添加新的硬件设备

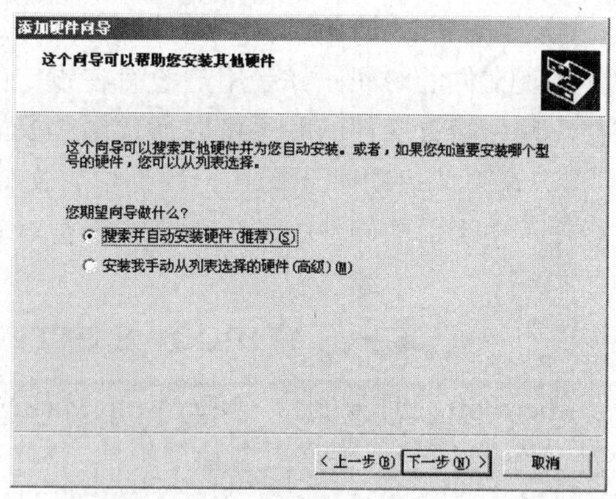

图 3-25　搜索并自动安装

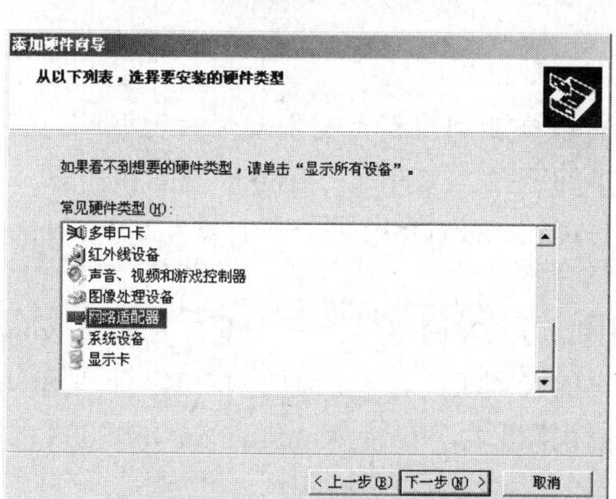

图 3-26　选择要安装的硬件类型

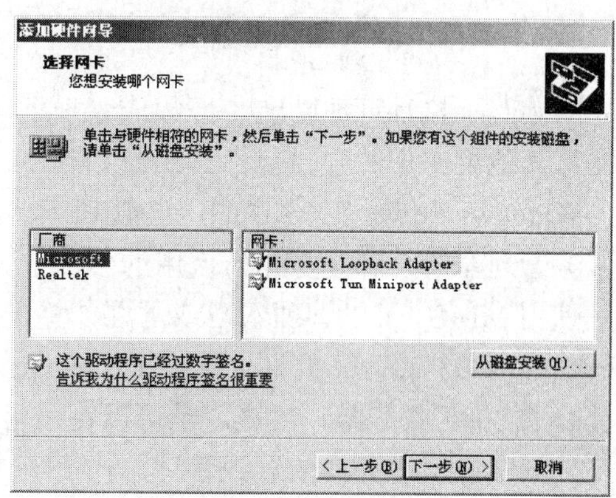

图 3-27　选择硬件型号

3.3.3　硬件配置文件

计算机有多种多样的硬件，有时需要启用一些硬件而禁用另一些硬件，有时又需要禁用不同的硬件。这种情况下可以使用硬件配置文件，硬件配置文件记录了各种硬件设备的资源、驱动程序、启用或者禁用的状态等。可以针对工作需要建立不同的硬件配置文件，当系统启动时选择预先设置好的硬件配置文件即可。设置步骤如下。

① 执行“开始”→“控制面板”→“系统”→“硬件”命令，单击“硬件配置文件”按钮，打开“硬件配置文件”对话框，如图 3-28 所示。

② 在“可用的硬件配置文件”列表框中列出了系统中存在的硬件配置文件。选择要删除的硬件配置文件，单击“删除”按钮，可以删除该硬件配置文件。

③ 选择要复制的硬件配置文件，单击“复制”按钮，输入目标配置文件名，单击“确定”按钮，可以复制该硬件配置文件。

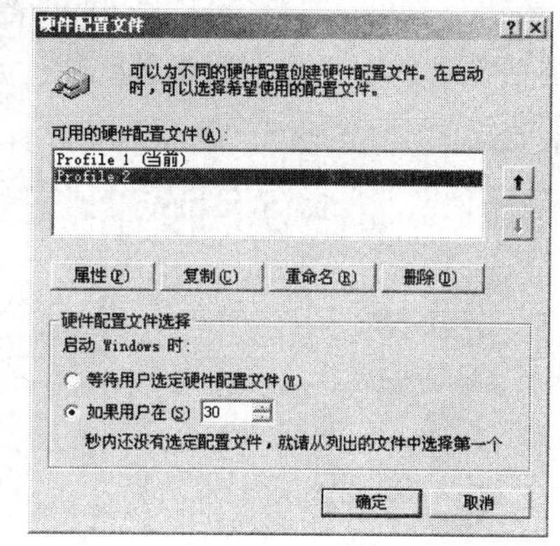

图 3-28　“硬件配置文件”对话框

有了多个硬件配置文件后，系统在启动时会出现硬件配置文件选择列表。

④ 如图 3-28 所示，在“硬件配置文件选择”选项区域中，可以设定系统等待用户选定硬件配置文件的时间。如果用户没有在设定的时间内选择，系统会自动选择第一个硬件配置文件。硬件配置文件的顺序可以通过图 3-28 中的“↑”或者“↓”按钮来改变。

⑤ 在系统启动时选择某一硬件配置文件后，如果对硬件的设置进行了改动，硬件的设置会保存在当前的硬件配置文件中，不会对其他的硬件配置文件造成影响。

3.4 Windows Server 2003 的管理控制台

Microsoft 管理控制台（Microsoft Management Console，MMC）用于创建、保存并打开管理工具。这些管理工具用来管理硬件、软件和 Windows 系统的网络组件，以实现对 Windows Server 2003 全方位的管理。

3.4.1 Microsoft 管理控制台

MMC 不执行管理功能，但集成管理工具。可以添加到控制台的主要工具类型称为管理单元，其他可添加的项目包括 ActiveX 控件、网页的链接、文件夹、任务板视图和任务。

Windows Server 2003 中的一些管理工具，如 Active Directory 用户和计算机、Internet 信息服务管理器等，都是 MMC 使用的一部分。

使用 MMC，可以管理本地或远程计算机。例如，可以在网络中的一台没有安装 Microsoft Exchange 2003 的计算机上，安装 Exchange 2003 的管理工具，然后通过 MMC 管理远程的 Exchange 2003 服务器。当然，也可以在一台普通计算机上，安装 Windows Server 2003 的管理工具，实现对服务器的远程管理。

MMC 有着统一的管理界面。MMC 控制台对话框由 2 个窗格组成，如图 3-29 所示，左窗格为控制台树，显示控制台中可以使用的项目；右窗格显示左侧项目的详细信息和有关功能，包括网页、图形、图表、表格和列。每个控制台都有自己的菜单和工具栏，与主 MMC 窗口的菜单和工具栏分开，从而有利于用户执行任务。

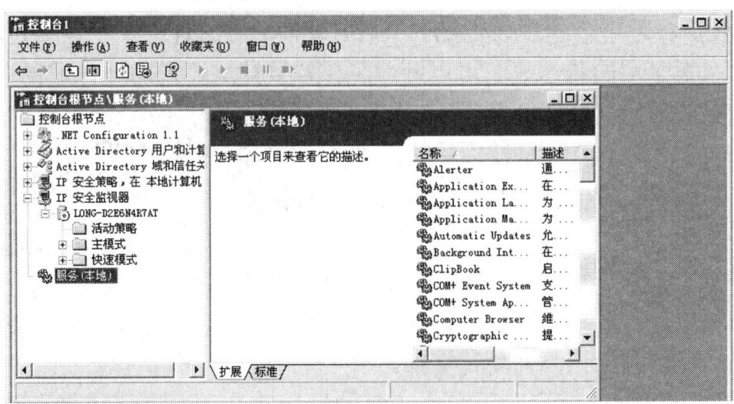

图 3-29 MMC 控制台对话框

每一个管理工具都是一个“精简”的 MMC，即使不使用系统自带的管理工具，通过 MMC，也可以添加所有的管理工具。例如，“管理工具”只列出了一些最常用的命令（或管理工具），要使用其他的管理工具管理非本地的计算机，就需要使用 MMC 来添加这些管理工具。

在 MMC 中，每一个单独的管理工具称为一个管理单元，每一个管理单元完成一个任务。在一个 MMC 中，可以同时添加许多管理单元。

3.4.2　使用 MMC 控制台

使用 MMC 控制台管理本地或远程计算机时，需要有管理相应服务的权限。使用 MMC 插件并不能管理远程计算机上的所有服务，有些服务只能在本地计算机上进行管理。

1. MMC 控制台的使用

使用 MMC 控制台，可以管理本地或远程计算机的一些服务或应用，但在要管理的计算机上必须有相关程序。例如，使用 MMC 控制台中的 Exchange 插件可以管理 Exchange 服务器，但如果远程计算机上没有安装 Exchange，那么使用 MMC 的 Exchange 插件是没有意义的。

在使用 MMC 控制台进行管理之前，需要添加相应的管理插件，其主要步骤如下。

① 执行“开始”→“运行”命令，在“运行”对话框中输入“MMC”，单击“确定”按钮，打开 MMC 管理控制台对话框。

② 执行“文件”→“添加/删除管理单击”命令，或者按 Ctrl+M 组合键，打开“添加/删除管理单元”对话框，如图 3-30 所示。

③ 单击“添加”按钮，打开“添加独立管理单元”对话框，如图 3-31 所示，在该对话框中列出了当前计算机中安装的所有 MMC 插件。选择一个插件，单击“添加”按钮，即可将其添加到 MMC 控制台中。如果添加的插件是针对本地计算机的，管理插件会自动添加到 MMC 控制台；如果添加的插件也可以管理远程计算机，将打开选择管理对象的对话框，如图 3-32 所示。

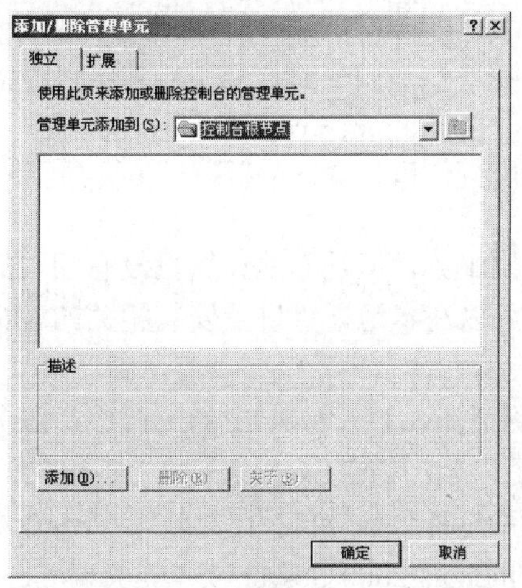

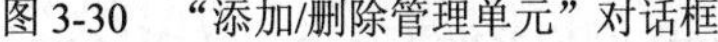
图 3-30　“添加/删除管理单元”对话框

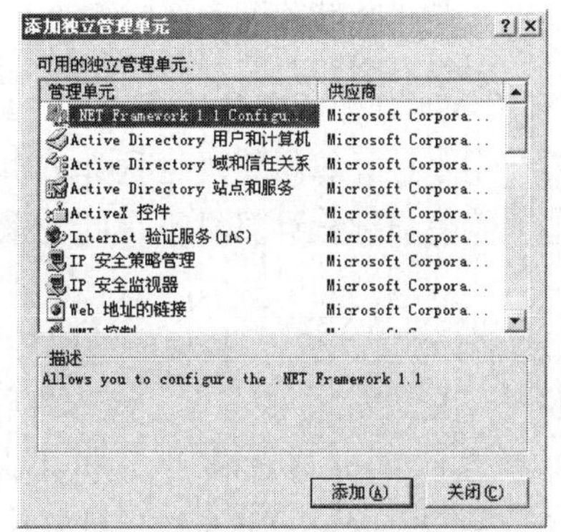

图 3-31　选择 MMC 管理插件

若是直接在被管理的服务器上安装 MMC，可以选择“本地计算机（运行此控制台的计算机）”单选项，将只能管理本地计算机。若要实现对远程计算机的管理，则选中“另一台计算机”单选项，并输入另一台计算机的名称。

④ 添加完毕后，单击“关闭”按钮，再单击“确定”按钮，新添加的管理单元将出现在控制台树中。

⑤ 执行“文件”→“保存”或者“另存为”命令可以保存控制台。下次双击控制文件打开控制台时，原先添加的管理单元仍会存在，可以方便进行计算机管理。

2. 使用 MMC 管理远程服务

使用 MMC，还可以管理网络上的远程服务器。实现远程管理的前提是：

- 拥有管理该计算机的相应权限；
- 在本地计算机上有相应的 MMC 插件。

① 运行 MMC 控制台，添加独立管理单元。选择“另一台计算机”单选项，输入要管理的计算机的 IP 地址。

② 双击新添加的管理单元，在“选择计算机”对话框中选中“以下计算机”单选项，输入要管理的计算机的地址。之后，即可像管理本地计算机一样管理远程计算机。

在管理远程计算机时，如果出现“拒绝访问”或“没有访问远程计算机的权限”警告框，说明当前登录的账号没有管理远程计算机的权限。此时，可以保存当前的控制台为“远程计算机管理”，关闭 MMC 控制台。然后在“管理工具”对话框中右击“远程计算机管理”图标，从弹出的快捷菜单中选择“运行方式”选项。打开“运行身份”对话框，如图 3-33 所示，输入有权管理远程计算机的用户名和密码。再次进入 MMC 控制台，就可以管理远程计算机了。

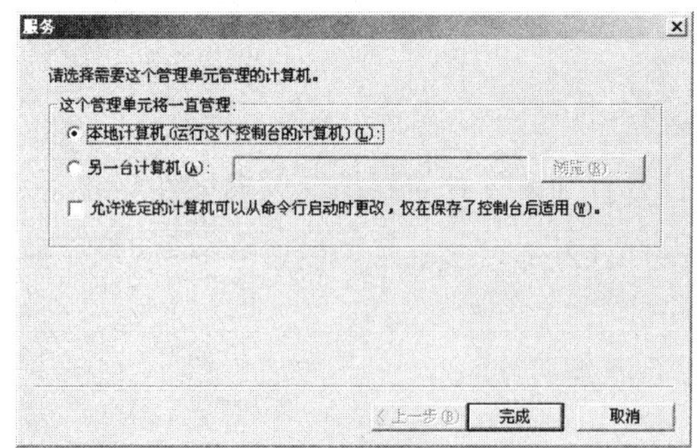

图 3-32　选择管理对象的对话框

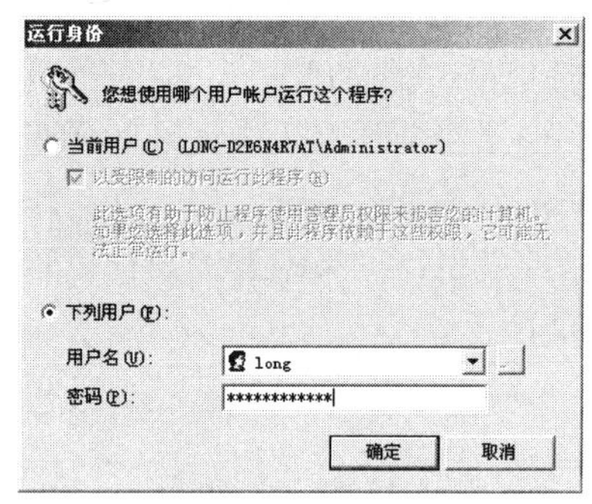

图 3-33　“运行身份”对话框

3. 使用 MMC 管理其他服务器

若要使用本地计算机管理远程计算机上的相关服务，但是本地计算机没有相关的组件，或者本地计算机与远程计算机不是同种系统时，可以在本地计算机上安装相关的 MMC 管理组件。

- 当前计算机没有安装相应的服务。例如用 Active Directory 中的一台成员服务器管理网络中的一台 Exchange 服务器，可以在该成员服务器上安装 Exchange 的管理组件。
- 本地计算机与远程计算机不是同种系统时，例如使用安装了 Windows 2000 Professional 或 Windows XP 系统的计算机管理 Windows 2000 Server 或 Windows Server 2003 的 Active Directory 用户和计算机，就需要在 Windows 2000 Professional 或 Windows XP 的计算机上安装计算机管理组件。

在 Windows 2000 Professional/XP 中安装 Windows Server 2003 管理工具的方法如下。

将 Windows Server 2003 的安装光盘放入光驱中，运行安装光盘\i386 目录下的“adminpak.msi”文件，即可打开 Windows Server 2003 管理工具包安装向导。安装完成后，该台计算机的 MMC 管理控制台将拥有全部的 Windows Server 2003 管理工具。

这样，就可以在 MMC 中添加所有的管理工具，然后保存。在行使管理权限时，按照管理远程服务的方式，在"运行身份"对话框中输入管理员账号和密码，即可管理远程 Windows Server 2003 服务器。

3.4.3 MMC 模式

控制台有两种模式：作者模式和用户模式。如果控制台为作者模式，用户既可以往控制台中添加、删除管理单元，也可以在控制台中创建新的窗口、改变视图等。在用户模式下，用户具有以下 3 种访问权限。

- 完全访问：用户不能添加、删除管理单元或属性，但是可以完全访问。
- 受限访问，多窗口：仅允许用户访问在保存控制台时可见的控制台树的区域，可以创建新的窗口，但是不能关闭已有的窗口。
- 受限访问，单窗口：仅允许用户访问在保存控制台时可见的控制台树的区域，可以创建新的窗口，阻止用户打开新的窗口。

在控制台窗口中单击“文件”→“选项”，打开如图 3-34 所示的“选项”对话框，可以设置控制台模式。

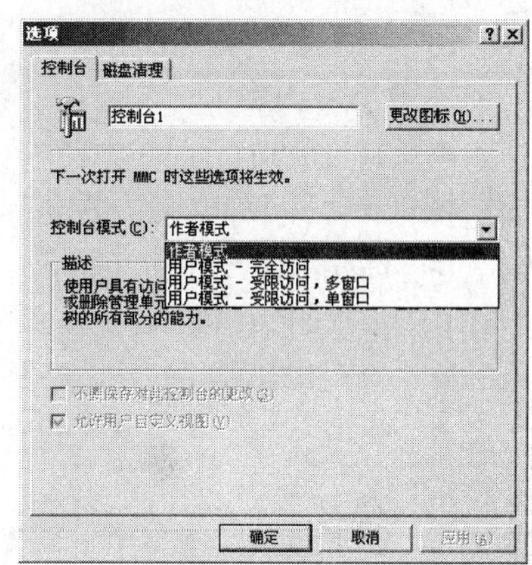

图 3-34 “选项”对话框

3.5 习 题

一、填空题

（1）被禁用的设备上会显示________符号。
（2）对于虚拟内存的大小，建议为实际内存的________。
（3）环境变量分为________和________。
（4）MMC 有________和________模式。

二、简答题

（1）安装一个新的设备通常需几个步骤？
（2）Windows Server 2003 中集成的防火墙有什么用处？
（3）为什么要有驱动程序的数字签名？
（4）用户配置文件和硬件配置文件各有何作用？用在什么场合？

第 4 章 域与活动目录

本章学习要点

- 域与活动目录的概念
- 活动目录的创建与配置
- 活动目录的备份与恢复
- 管理组织单元
- 管理信任关系
- 管理复制

4.1 域与活动目录

Active Directory 又称活动目录，是 Windows 2000 Server 和 Windows Server 2003 系统中非常重要的目录服务。Active Directory 用于存储网络上各种对象的有关信息，包括用户账户、组、打印机、共享文件夹等，并把这些数据存储在目录服务数据库中，便于管理员和用户查询及使用。活动目录具有安全性、可扩展性、可伸缩性的特点，与 DNS 集成在一起，可基于策略进行管理。

4.1.1 活动目录

活动目录是指 Windows 网络中的目录服务。所谓目录服务，有两方面内容，目录和与目录相关的服务。

这里所说的目录其实是一个目录数据库，是存储整个 Windows 网络的用户账户、组、打印机、共享文件夹等各种对象的一个物理上的容器。从静态的角度来理解活动目录，与我们以前所认识的“目录”和“文件夹”没有本质区别，仅仅是一个对象，是一个实体。目录数据库集中存储整个 Windows 网络的配置信息，使管理员在管理网络时可以集中管理而不是分散管理。

目录服务是使目录中所有信息和资源发挥作用的服务。目录数据库存储的信息都是经过事先整理的信息。这使得用户可以非常方便、快速地找到他所需要的数据，也可以方便地对活动目录中的数据执行添加、删除、修改、查询等操作。从这方面来理解，活动目录更是一种服务。

总之，活动目录是一个分布式的目录服务，信息可以分散在多台不同的计算机上，保证用户能够快速访问。因为多台计算机上有相同的信息，所以在信息容错方面具有很强的控制能力，既提高了管理效率，又使网络应用更加方便。

4.1.2　域和域控制器

域是在Windows NT/2000/2003网络环境中组建客户机/服务器网络的实现方式。所谓域，是由网络管理员定义的一组计算机的集合，实际上就是一个网络。在这个网络中，至少有一台称为域控制器的计算机，充当服务器角色。在域控制器中保存着整个网络的用户账号及目录数据库，即活动目录。管理员可以通过修改活动目录的配置来实现对网络的管理和控制。例如，管理员可以在活动目录中为每个用户创建域用户账号，使他们能够登录域并访问域的资源；也可以控制所有网络用户的行为，如控制用户能否登录、在什么时间登录、登录后能执行哪些操作等。而域中的客户计算机必须先加入域，通过管理员为其创建的域用户账号进行登录，才能访问域资源，同时，还必须接受管理员的控制和管理。构建域后，管理员可以对整个网络实施集中控制和管理。

4.1.3　域目录树

当要配置一个包含多个域的网络时，应该将网络配置成域目录树结构，如图4-1所示。

在图4-1所示的域目录树中，最上层的域名为China.com，是这个域目录树的根域，也称为父域。下面两个域Jinan.China.com和Beijing.China.com是China.com域的子域，3个域共同构成了这个域目录树。

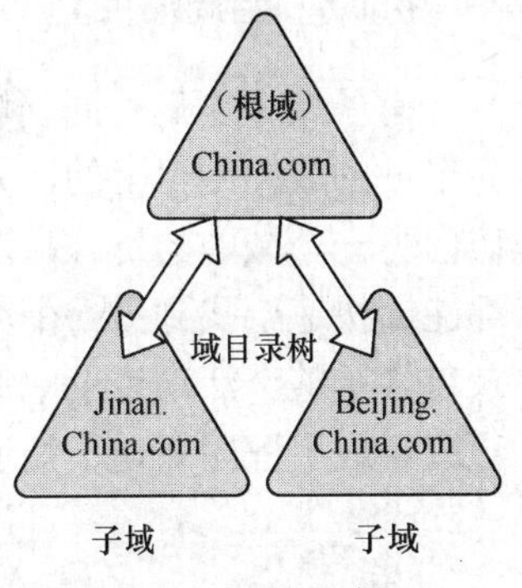

图4-1　域目录树

活动目录的域名仍然采用DNS域名的命名规则进行命名。例如在图4-1所示的域目录树中，两个子域的域名Jinan.China.com和Beijing.China.com中仍包含父域的域名China.com，因此，它们的名称空间是连续的。这是判断两个域是否属于同一个域目录树的重要条件。

在整个域目录树中，所有域共享同一个活动目录，即整个域目录树中只有一个活动目录。只不过这个活动目录分散地存储在不同的域中（每个域只负责存储和本域有关的数据），整体上形成一个大的分布式的活动目录数据库。在配置一个较大规模的企业网络时，可以配置为域目录树结构，比如将企业总部的网络配置为根域，各分支机构的网络配置为子域，整体上形成一个域目录树，以实现集中管理。

4.1.4　域目录林

如果网络的规模比前面提到的域目录树还要大，甚至包含了多个域目录树，这时可以将网络配置为域目录林（也称森林）结构。域目录林由一个或多个域目录树组成，如图4-2所示。域目录林中的每个域目录树都有唯一的命名空间，它们之间并不是连续的，这一点从图中的两个目录树中可以看到。

在整个域目录林中也存在着一个根域，这个根域是域目录林中最先安装的域。在图4-2所示的域目录林中，China.com是最先安装的，则这个域是域目录林的根域。

在创建域目录林时，组成域目录林的两个域目录树的树根之间会自动创建相互的、可传递的信任关系。由于有了双向的信任关系，使域目录林中的每个域中的用户都可以访问其他域的资源，也可以从其他域登录到本域中。

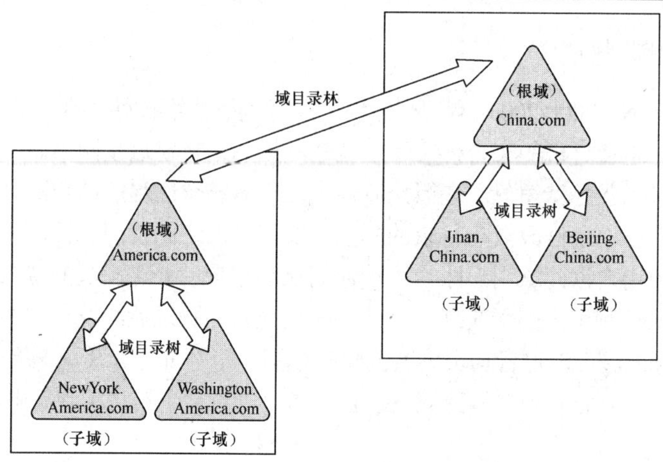

图 4-2 域目录林

4.1.5 全局编录

有了域林之后，同一域林中的域控制器共享一个活动目录，这个活动目录是分散存放在各个域的域控制器上的，每个域中的域控制器存有该域的对象的信息。如果一个域的用户要访问另一个域中的资源，这个用户要能够查找到另一个域中的资源才行。为了让每一个用户都能够快速查找到另一个域内的对象，微软设计了全局编录（Global Catalog，GC）。全局编录包含了整个活动目录中每一个对象的最重要的属性（即部分属性，而不是全部），这使得用户或者应用程序即使不知道对象位于哪个域内，也可以迅速找到被访问的对象。

4.2 活动目录的创建与配置

本节以图 4-3 所示的拓扑为样本，介绍活动目录的创建与配置。该拓扑的域林有两个域树：long.com 和 smile.com，其中 long.com 域树下有 china.long.com 子域，在 long.com 域中有两个域控制器 win2003-1 与 win2003-2；在 china.long.com 域中除了有一个域控制器 win2003-3 外，还有一个成员服务器 win2003-5。smile.com 域中只有一个域控制器 win2003-4。下面先创建 long.com 域树，然后再创建 smile.com 域树并将它加入到林中。

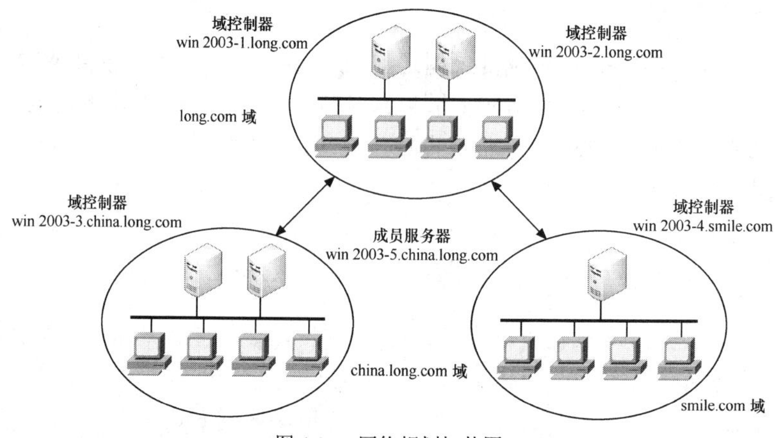

图 4-3 网络规划拓扑图

4.2.1　创建第一个域

创建域的一个方法是把一台已经安装了 Windows Server 2003 的独立服务器升级为域控制器。由于域控制器所使用的活动目录和 DNS 有着非常密切的关系，因此网络中要求有 DNS 服务器存在，并且 DNS 服务器要支持动态更新。如果没有 DNS 服务器存在，可以在创建域时一起把 DNS 安装上。这里假设图 4-3 所示的 win2003-1 服务器未安装 DNS，并且是该域林中的第 1 台域控制器。把 win2003-1 提升为域林中的第 1 台域控制器的步骤如下。

① 首先确认“Internet 协议（TCP/IP）属性”对话框中首选 DNS 服务器指向了自己（本例定为 192.168.22.98）。

② 把服务器提升为域控制器就是在服务器上安装活动目录。想要安装 Active Directory，可以执行“开始”→“程序”→“管理工具”→“管理您的服务器向导”命令，打开“管理您的服务器”对话框，然后选择“添加或删除角色”选项，打开“配置您的服务器向导”对话框。在“服务器角色”对话框中，选择“域控制器（Active Directory）”，打开“Active Directory 安装向导”对话框。也可以直接在“运行”对话框中输入“dcpromo”，打开“Active Directory 安装向导”对话框。

③ 在“域控制器类型”对话框中，选择“新域的域控制器”单选项，如图 4-4 所示。

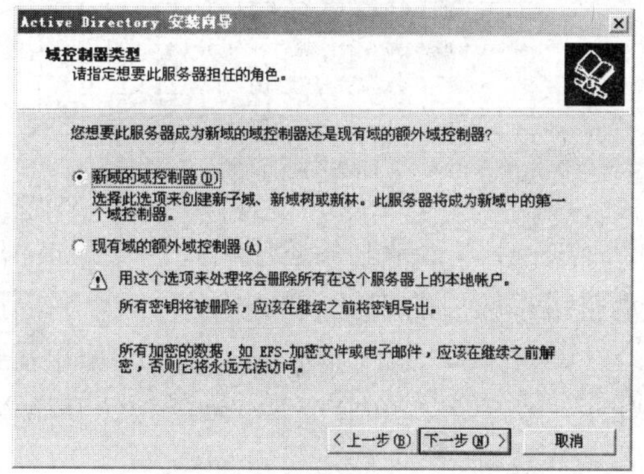

图 4-4　“域控制器类型”对话框

④ 在“创建一个新域”对话框中，选择“在新林中的域”单选项，如图 4-5 所示。

⑤ 单击“下一步”按钮，如果在“Internet 协议（TCP/IP）属性”对话框中没有配置首选 DNS 服务器，将打开如图 4-6 所示的对话框；如果已经设置了首选 DNS 服务器，可以跳过此步骤。这里选择“否，只在这台计算机上安装并配置 DNS”单选项。这样在安装活动目录时可以一同安装 DNS，并且把首选 DNS 服务器指向自己（即 192.168.22.98）。单击“下一步”按钮。

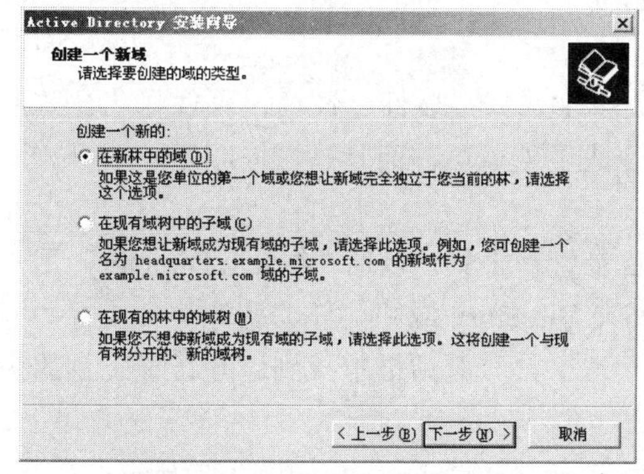

图 4-5　“创建一个新域”对话框

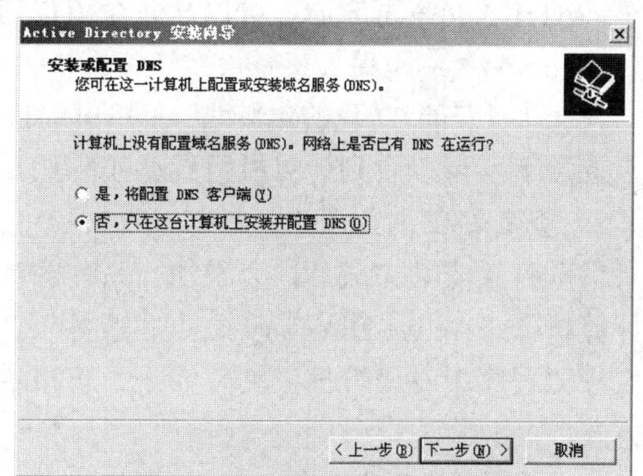

图 4-6　“安装或配置 DNS”对话框

⑥ 在新的域名对话框中，输入新域的完整域名（FQDN）。本例输入 long.com，单击“下一步”按钮。

⑦ 在“NetBIOS 域名”对话框中确认 NetBIOS 名（不是 FQDN）。

⑧ 单击“下一步”按钮，可以改变活动目录数据库以及日志存放的路径。如果有多个硬盘，建议数据库和日志分别存放在不同的硬盘上，以提高安全性和性能。单击“下一步”按钮；指定 SYSVOL 文件夹的位置，采用默认值即可。单击“下一步”按钮，如图 4-7 所示，在“DNS 注册诊断”对话框中，选择第 2 个单选项即可。单击“下一步”按钮。

⑨ 如图 4-8 所示，在“权限”对话框中，选择一个权限选项（取决于将要访问该域控制器的客户端的 Windows 版本）。若网络中有 NT 系统的域控制器，选择第 1 项；若网络中全部是 Windows 2000/2003 系统的域控制器，选择第 2 项。

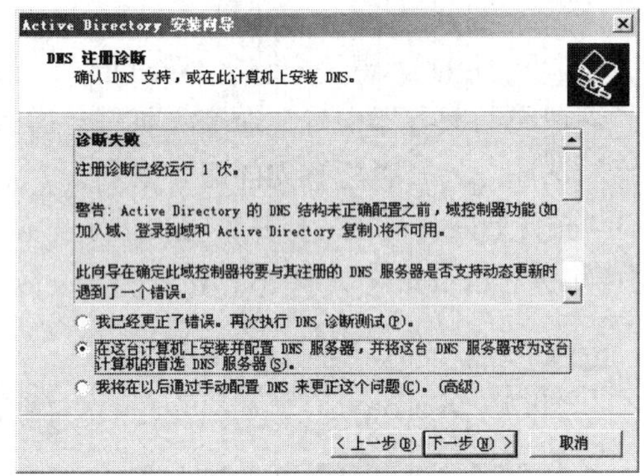

图 4-7　“DNS 注册诊断”对话框

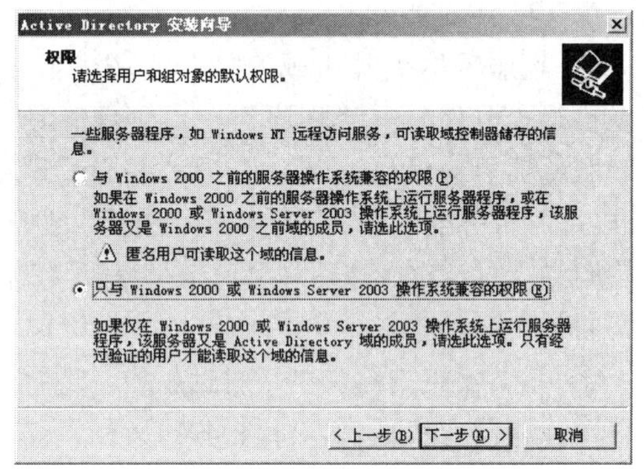

图 4-8　“权限”对话框

⑩ 在“目录服务还原模式的管理员密码”对话框中，设置一个密码。这个密码用于活动目录损坏后的恢复。单击“下一步”按钮。

⑪ 最后，系统显示安装摘要。如果需要修改某些地方，单击“上一步”按钮重新配置。如果一切正常，单击“下一步”按钮开始安装。所有文件都被复制到硬盘驱动器之后，重新启动计算机。

4.2.2　安装后检查

活动目录安装完成后，可以从各个方面进行验证。

1. 查看计算机名

在桌面上右击“我的电脑”，在弹出的快捷菜单中选择“属性”选项，再选择“计算机名”选项卡，可以看到计算机已经由工作组成员变成了域成员，而且是域控制器。

2. 查看管理工具

活动目录安装完成后，会添加一系列的活动目录管理工具，包括“Active Directory 用户和计算机”、“Active Directory 站点和服务”、“Active Directory 域和信任关系”等。执行“开始”→“程序”→“管理工具”命令，可以在“管理工具”对话框中找到这些管理工具的快捷方式。

3. 查看活动目录对象

双击“Active Directory 用户和计算机”图标，可以看到如图 4-9 所示的对话框。

在图 4-9 所示的窗口中，可以看到企业的域名。单击该域图标，右窗格中会显示域中的各个容器。其中包括一些内置容器，主要有以下几种。

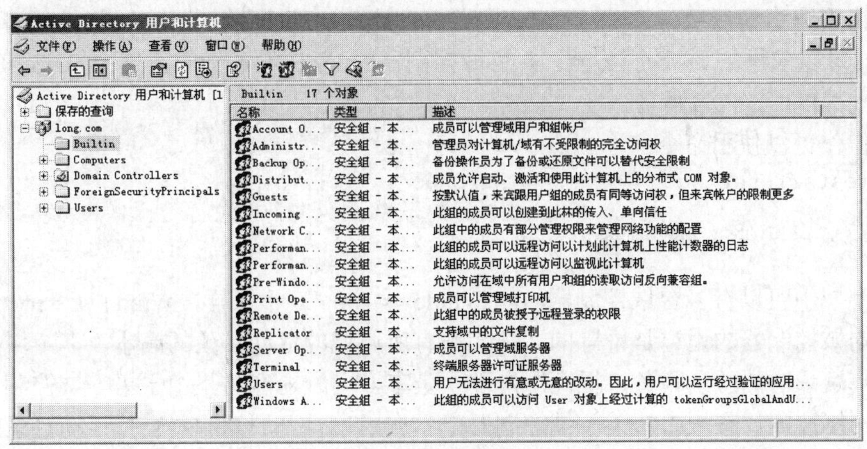

图 4-9　活动目录用户和计算机

- Builtin：存放活动目录域中的内置组账户。
- Computers：存放活动目录域中的计算机账户。
- Users：存放活动目录域中的一部分用户和组账户。

另外还有一些容器称为组织单元（OU），例如 Domain Controllers，是存放域控制器的计算机账户。

4．查看 Active Directory 数据库

Active Directory 数据库文件保存在 %SystemRoot%\Ntds 文件夹中，主要的文件有以下几种。

- Ntds.dit：数据库文件。
- Edb.log：日志文件。
- Edb.chk：检查点文件。
- Res1.log、Res2.log：保留的日志文件。
- Temp.edb：临时文件。

5．查看 DNS 记录

活动目录的正常工作，需要 DNS 服务器的支持。活动目录安装完成后，重新启动时会向指定的 DNS 服务器上注册 SRV 记录。一个注册了 SRV 记录的 DNS 服务器如图 4-10 所示。

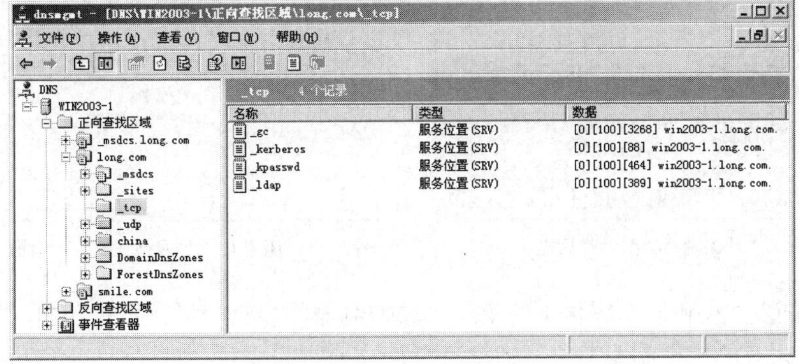

图 4-10　注册 SRV 记录

有时由于网络连接或者 DNS 配置的问题，会造成未能正常注册 SRV 记录的情况。对于这种情况，可以先维护 DNS 服务器，并将域控制器的 DNS 设置指向正确的 DNS 服务器，然后重新启动 NETLOGON 服务。

具体操作可以使用命令：

```
net restart netlogon
```

4.2.3 安装额外的域控制器

在一个域中可以有多台域控制器，和 Windows NT 4.0 不一样，Windows Server 2003 的域中不同的域控制器的地位是平等的，它们都有所属域的活动目录的副本，多个域控制器可以分担用户登录时的验证任务，提高用户登录效率，同时还能防止由于单一域控制器的失败而导致的网络瘫痪。在域中的某一域控制器上添加用户时，域控制器会把活动目录的变化复制到域中其他的域控制器上。在域中安装额外的域控制器，需要把活动目录从原有的域控制器复制到新的服务器上。

下面以图 4-3 中的 win2003-2 服务器为例说明添加的过程。

① 首先要在 win2003-2 服务器上检查“本地连接属性”，确认 win2003-2 服务器和现在的域控制器 win2003-1 能够正常通信，更为关键的是要确认“属性”中 TCP/IP 的首选 DNS 地址指向了原有域中支持活动目录的 DNS 服务器，本例中是 win2003-1，其 IP 地址为 192.168.22.98（win2003-1 既是域控制器，又是 DNS 服务器）。

② 运行“Active Directory 安装向导”。若要从备份中复制活动目录数据库，可以直接在“运行”对话框中输入“dcpromo /adv”。

③ 在如图 4-11 所示的“域控制器类型”对话框中，选择“现有域的额外域控制器”单选项，将该计算机设置为现有域的额外域控制器。

④ 在如图 4-12 所示的“网络凭据”对话框中，输入拥有将该计算机升级为域控制器权力的用户名和密码。该用户名必须隶属于目的域的 Domain Admins 组、Enterprise Admins 组，或者是其他授权用户。本例中域为 long.com，用户可以是 administrator。

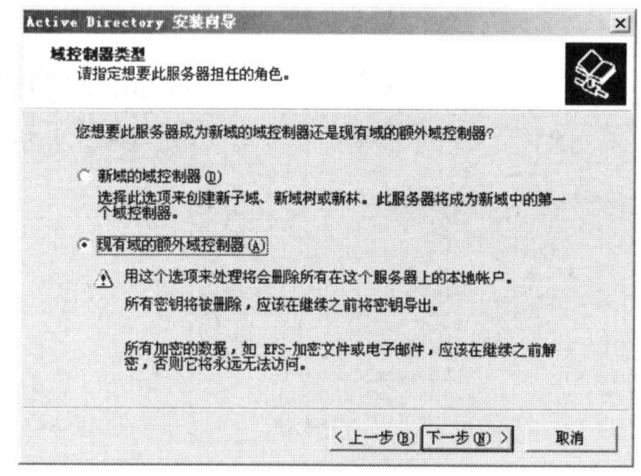

图 4-11 “域控制器类型”对话框

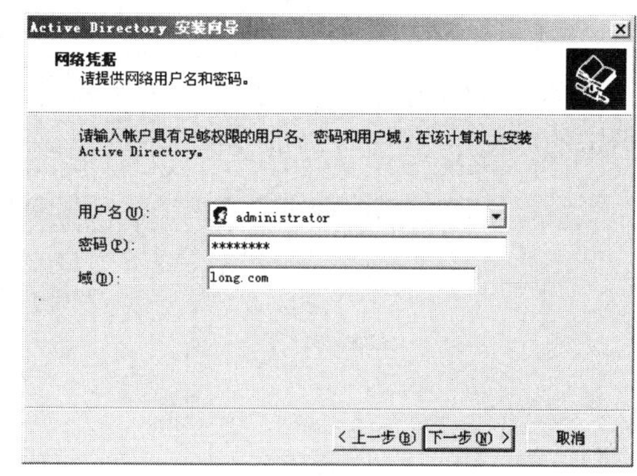

图 4-12 “网络凭据”对话框

⑤ 其他安装过程和创建域林中的第一个域控制器的步骤一样，不再赘述。依次确定后，安装向导将从原有的域控制器上复制活动目录，这通常需要几分钟，时间长短取决于网络的快慢、域的大小等因素。完成安装后，重新启动计算机。

4.2.4　创建子域

同样，创建子域要先安装一台独立服务器，然后将这台服务器提升为子域的域控制器。下面以图 4-3 中的 china.long.com 子域为例说明创建步骤。

① 在要升级为域控制器的独立服务器上，设置“本地连接属性”中的 TCP/IP，把首选 DNS 地址指向用来支持父域 long.com 的 DNS 服务器，在这里为 192.168.22.98，即 long.com 域控制器的 IP 地址。该步骤很重要，这样才能保证服务器找到父域域控制器，同时在建立新的子域后，把自己登记到 DNS 服务器上，以便其他计算机能够通过 DNS 服务器找到新的子域域控制器。

② 执行“开始”→“运行”命令，在“运行”对话框中，输入“dcpromo”，打开活动目录安装向导；在安装向导欢迎对话框和操作系统兼容性提示对话框中，直接单击“下一步”按钮。

③ 在如图 4-13 所示的对话框中，选择“新域的域控制器”单选项，单击“下一步”按钮。在如图 4-14 所示的对话框中，选择“在现有域树中的子域”单选项，单击“下一步”按钮。

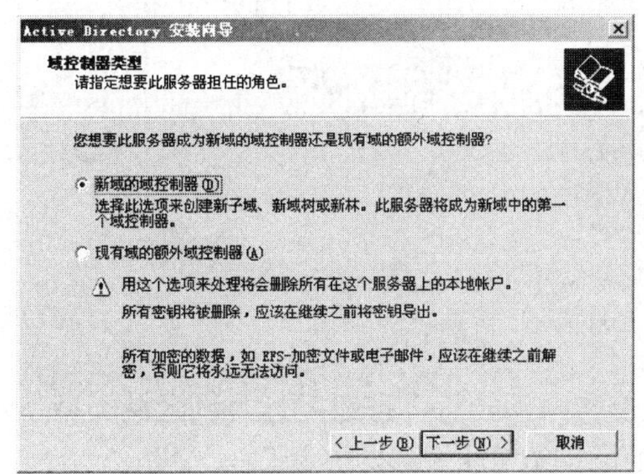

图 4-13　创建新域的域控制器

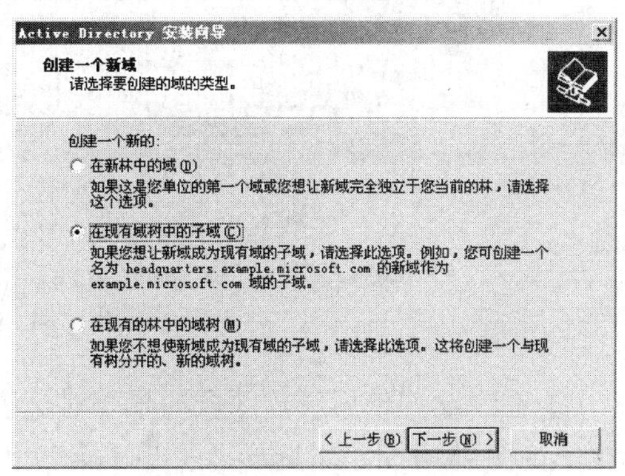

图 4-14　在现有域树中的子域创建新域

④ 在如图 4-15 所示的对话框中，输入父域的域名以及管理员的账户、密码等，单击“下一步”按钮。在如图 4-16 所示的对话框中，输入父域的域名和新的子域的域名，注意子域的域名不需要包括父域域名，单击“下一步”按钮。

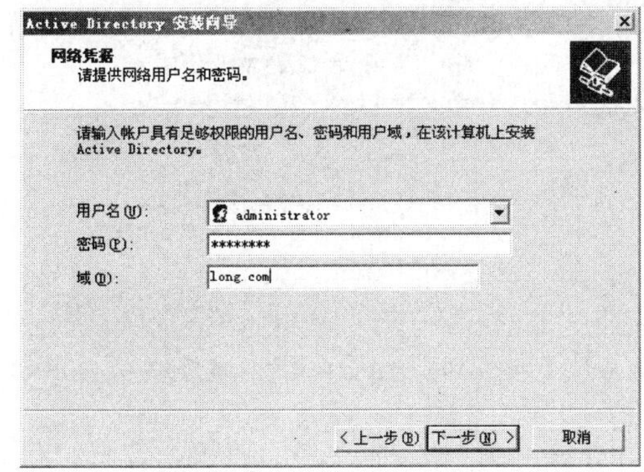

图 4-15　输入用户名、密码和域名

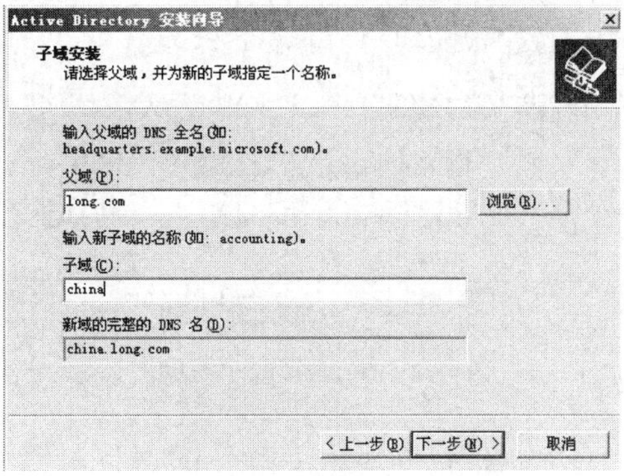

图 4-16　输入父域和子域的名称

⑤ 接着输入子域的 NetBIOS 名，单击“下一步”按钮。之后的步骤和创建域林中的第一个域控制器的步骤相同，不再赘述。

⑥ 重新启动计算机，用管理员账户登录到域中。执行“开始”→“管理工具”→“Active Directory 用户和计算机”命令，打开“Active Directory 用户和计算机”对话框，可以看到 long.com 下有 china.long.com 子域了。

4.2.5 创建域林中的第二棵域树

1. 创建 DNS 域 smile.com

在域林中安装第二棵域树时，DNS 服务器要做一定的设置，详细的设置过程请参见第 9 章。这里仅作简单介绍，仍以图 4-3 为例，在 long.com 域树中的 DNS 服务器为 win2003-1.long.com，IP 为 192.168.22.98，仍然使用该 DNS 服务器作为 smile.com 域的 DNS 服务器，创建新的 DNS 域 smile.com 的步骤如下。

① 执行“开始”→“管理工具”→“DNS 命令”，打开 DNS 管理对话框，如图 4-17 所示。如图展开左窗格中的列表，右击“正向查找区域”图标，选择“新建区域”选项。

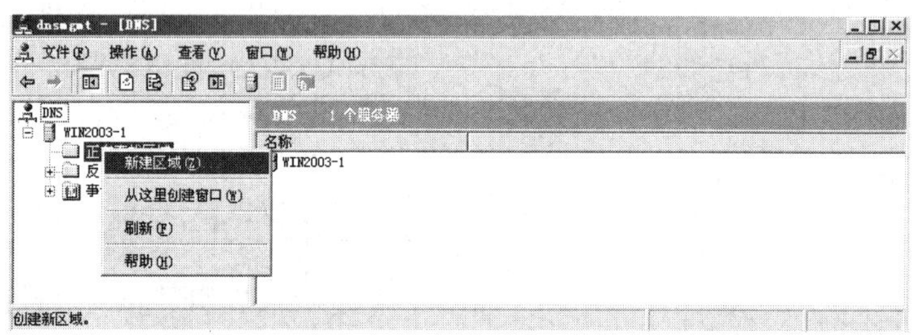

图 4-17 新建 DNS 区域

② 在“欢迎使用新建区域向导”对话框中单击“下一步”按钮，打开“区域类型”对话框，如图 4-18 所示。选择“主要区域”单选项，单击“下一步”按钮。

③ 如图 4-19 所示，根据需要选择如何复制 DNS 区域数据，这里选择第 2 项，单击“下一步”按钮。

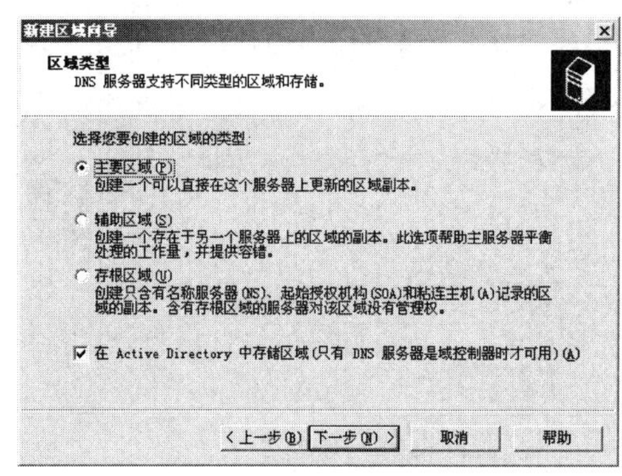

图 4-18 “区域类型”对话框

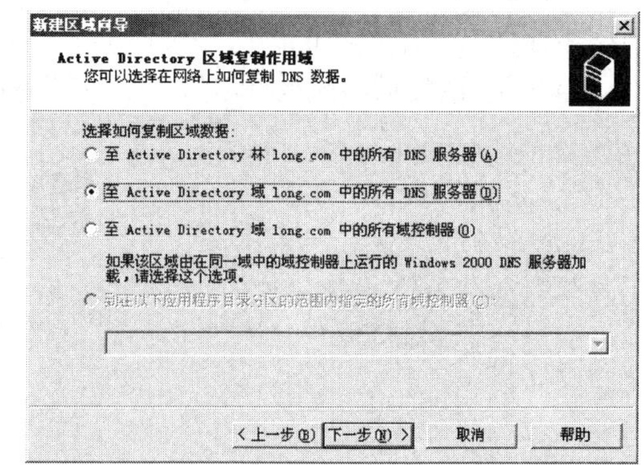

图 4-19 选择如何复制区域数据

④ 如图 4-20 所示，输入 DNS 区域名称 smile.com，单击“下一步”按钮。选择“只允许安全的动态更新”或者“允许非安全和安全动态更新”单选项中的任一个，不要选择“不

允许动态更新”单选项，单击“下一步”按钮。

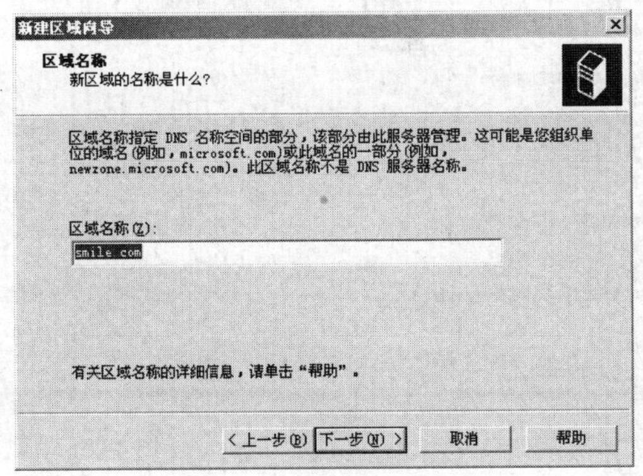

图 4-20　“区域名称”对话框

⑤ 单击“完成”按钮。在如图 4-21 所示的 DNS 管理窗口中，可以看到新建的 DNS 域 smile.com。

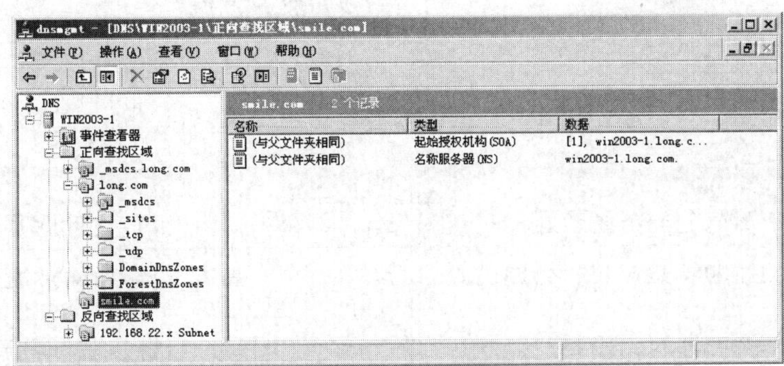

图 4-21　smile.com DNS 域已经创建

本例中还可以继续建立 smile.com 的反向查找区域，后面第 9 章将详细介绍。

2. 安装 smile.com 域树的域控制器

设置好 DNS 服务器后，下一步将 win2003-3 服务器提升为 smile.com 域树的域控制器。

① 确认 win2003-4 服务器上“本地连接属性”中的 TCP/IP 的首选 DNS 地址指向了 win2003-1.long. com，即 192.168.22.98。

② 执行“开始”→“运行”命令，打开“运行”对话框，在“打开”文本框中输入“dcpromo”，打开活动目录安装向导，在安装向导欢迎对话框和操作系统兼容性提示对话框中，单击“下一步”按钮。

③ 如图 4-22 所示，选择“新域的域控制器”单选项，单击“下一步”按钮；如图 4-23 所示，选择“在现有的林中的域树”单选项，单击“下一步”按钮。

④ 如图 4-24 所示，输入已有域树的根域的域名和管理员的账户、密码，这里已有域树的根域的域名，单击“下一步”按钮。如图 4-25 所示，输入新域树根域的 DNS 名，这里应为 smile.com，单击“下一步”按钮。

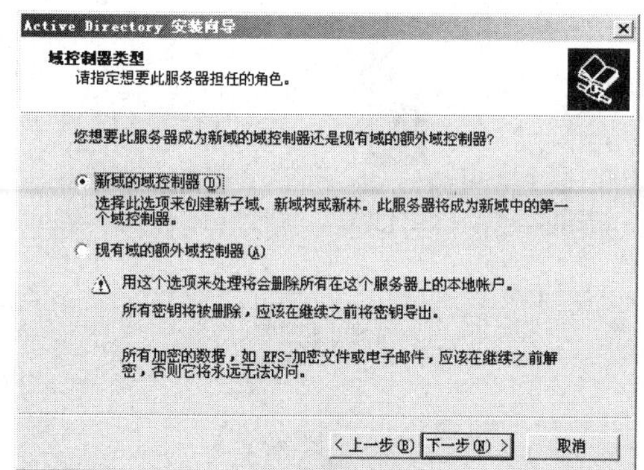

图 4-22 新域的域控制器

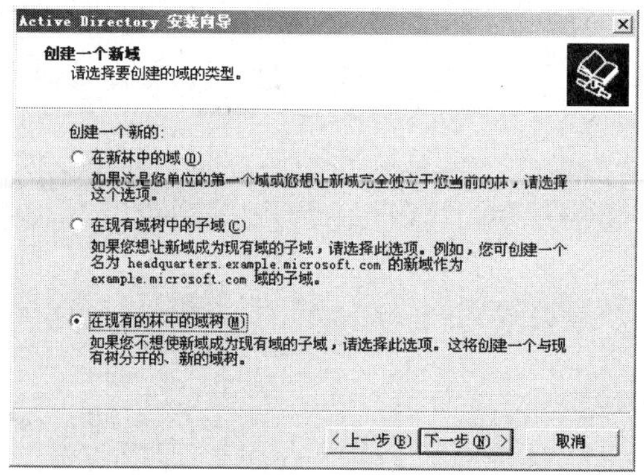

图 4-23 在现有的林中的域树

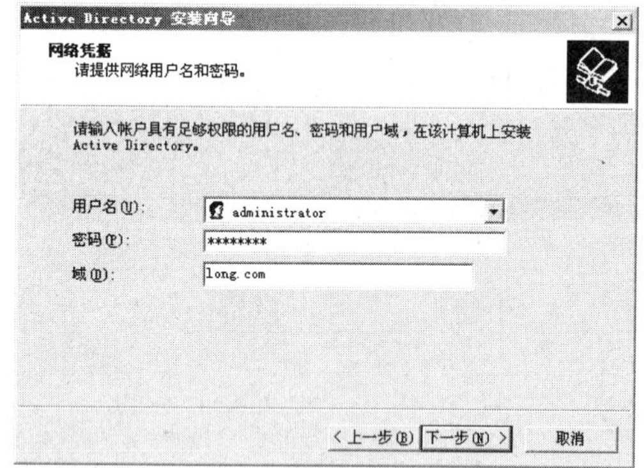

图 4-24 原有域树的根域域名、用户名和密码

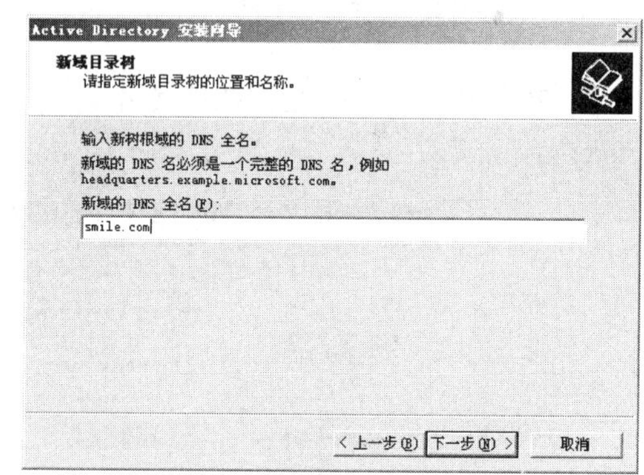

图 4-25 新域的 DNS 全名

⑤ 接着输入新域的 NetBIOS 名，单击“下一步”按钮。后继步骤和创建域林中的第一个域控制器的步骤类似，不再赘述。依次确定后，完成安装过程。

⑥ 重新启动计算机，用管理员账户登录，执行“开始”→“管理工具”→“Active Directory 域和信任关系”命令，打开如图 4-26 所示的对话框，可以看到 smile.com 域已经存在了。

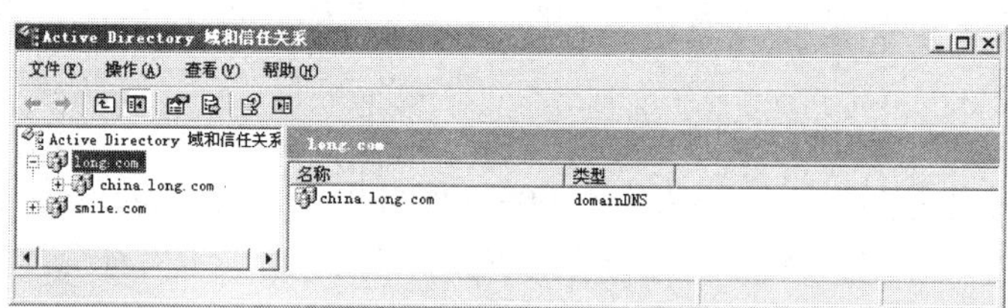

图 4-26 smile.com 域已经创建

4.2.6 成员服务器和独立服务器

Windows Server 2003 服务器在域中可以有 3 种角色：域控制器、成员服务器和独立服务器。一台 Windows Server 2003 成员服务器如果安装了活动目录，就成为了域控制器，可以对用户的登录等进行验证；如果仅仅加入到域中，而不安装活动目录，这时服务器的主要目的是为了提供网络资源，这样的服务器称为成员服务器。严格说来，独立服务器和域没有什么关系，如果服务器不加入到域中也不安装活动目录，服务器就称为独立服务器。服务器的这

3 个角色的变换关系如图 4-27 所示。

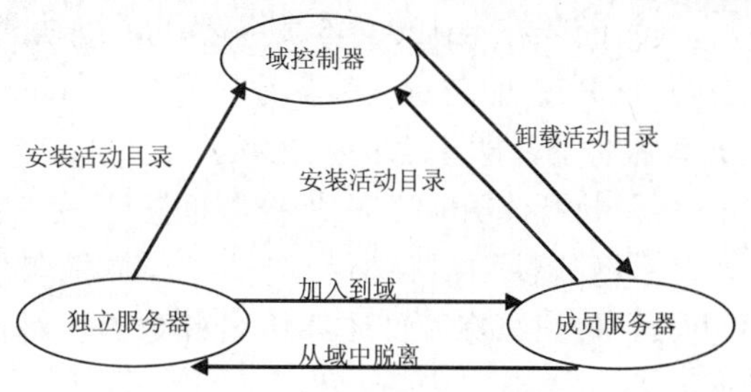

图 4-27　服务器角色的变换关系

1. 域控制器降级为成员服务器

在域控制器上把活动目录删除，服务器就降级为成员服务器了。下面以图 4-3 中的 win2003-2.long.com 降级为例，介绍具体步骤。

（1）删除活动目录注意要点

用户删除活动目录也就是将服务器降级。降级时要注意以下 3 点。

① 如果该域内还有其他域控制器，则该域控制器会被降级为该域的成员服务器。

② 如果这台域控制器是该域的最后一个域控制器，则被降级后，该域内就不存在任何域控制器了。因此，该域被删除，而该域控制器被降级为独立服务器。

③ 如果这台域控制器是“全局编录”，则将其降级后，它将不再担当“全局编录”的角色，因此要先确定网络上是否还有其他的“全局编录”域控制器。如果没有，则要先指派一台域控制器来担当“全局编录”的角色，否则将影响用户的登录操作。指派时可以执行“开始”→“管理工具”→“Active Directory 站点和服务”→“Sites”→“Default-First-Site-Name”→“Servers”命令，右击要担当“全局编录”角色的服务器名称，在弹出的快捷菜单中选择“属性”，在打开的“NTDS Settings 属性”对话框中选中“全局编录”复选框。

（2）删除活动目录

① 执行“开始”→“运行”命令，在“运行”对话框中输入“dcpromo”，打开 Active Directory 删除向导。如果该域控制器是“全局编录”服务器，就会打开如图 4-28 所示的对话框。

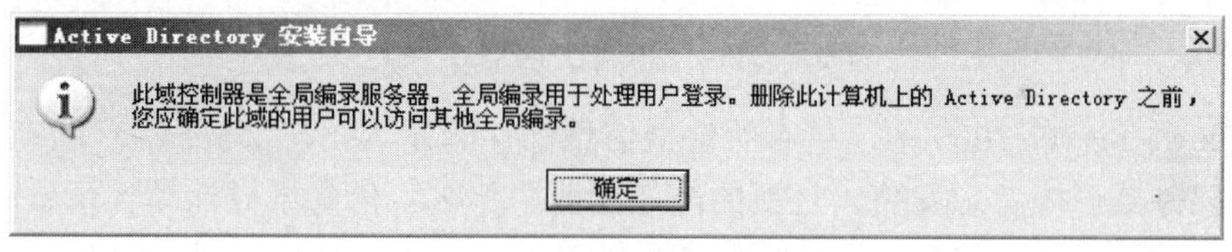

图 4-28　删除 AD 对话框

② 如图 4-29 所示，若该计算机是域中的最后一台域控制器，请选中“这个服务器是域中的最后一个域控制器”复选框，则降级后变为独立服务器，此处由于 long.com 还有一个域控制器 win2003-1.long.com，所以不选中复选框。单击“下一步”按钮。

③ 输入新的管理员密码，单击“下一步”按钮。确认从服务器上删除活动目录后，服务器将成为 long.com 域上的一台成员服务器。确定后，安装向导从该计算机删除活动目录。删除完毕后重新启动计算机，这样就把域控制器降级为成员服务器了。

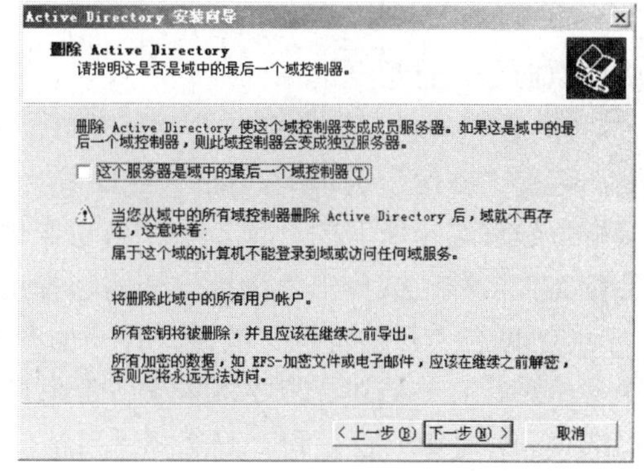

图 4-29　指明是否是域中的最后一个域控制器

2. 独立服务器提升为成员服务器

下面以图 4-3 中的 win2003-5 服务器加入到 china.long.com 域为例介绍将独立服务器提升为成员服务器的步骤。

① 首先在win2003-5服务器上，确认“本地连接属性”中的TCP/IP的首选DNS地址指向了china.long.com域的DNS服务器，即192.168.22.98。

② 执行“开始”→“控制面板”→“系统”命令，打开“系统属性”对话框，选择“计算机名”选项卡，单击“更改”按钮，打开“计算机名称更改”对话框，如图4-30所示。

③ 在“隶属于”选项区域中，选择“域”单选项，并输入要加入的域的名字china.long.com，单击“确认”按钮。接着输入要加入的域的管理员账户和密码，确定后重新启动计算机。

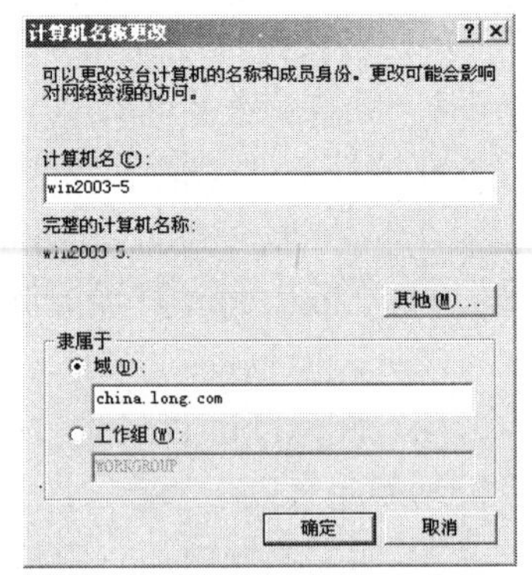

图4-30 “计算机名称更改”对话框

提示 Windows 2000的计算机要加入到域中的步骤和Windows Server 2003加入到域中的步骤是一样的。

3. 成员服务器降级为独立服务器

单击“开始”→“控制面板”→“系统”，打开“系统属性”对话框，选择“计算机名”选项卡，单击“更改”项，打开“计算机名称更改”对话框。在“隶属于”选项区域中，选择“工作组”单选项，并输入从域中脱离后要加入的工作组的名字，单击“确定”按钮。输入要脱离的域的管理员账户和密码，确定后重新启动计算机。

4.3 活动目录的备份与恢复

在Windows Server 2003中，所有的安全信息都存储在Active Directory中，如果网络中只有一台域控制器，或者想安装一台新的域控制器，那么备份与恢复活动目录就成为一项非常重要的工作。需要注意的是，不能单独备份活动目录，而只能将活动目录作为系统状态数据的一部分进行备份。系统状态数据包括注册表、系统启动文件、类注册数据库、证书服务数据、文件复制服务、群集服务、域名服务和活动目录等8个部分。

1. 活动目录的备份

（1）Windows备份

① 执行“开始”→“程序”→“附件”→“系统工具”→“备份”命令，打开“备份或还原向导”对话框。

② 在“备份或还原向导”对话框中，单击“高级模式”按钮，打开“备份工具”对话框。选择“备份”选项卡，如图4-31所示。在左窗格中选择“System State”列表项，在右窗格中建议选择所有的选项。在“备份媒体或文件名”文本框中输入存放备份文件的路径及备份文件名称，或单击“浏览”按钮选择用于保存该备份文件的文件夹。

③ 单击“开始备份”按钮，打开如图4-32所示的“备份作业信息”对话框，用来对本次备份进行一些描述。若要将本次备份附加到原来的备份中，可以选择“将备份附加到媒体”单选项。若是第一次备份，则选择“用备份替换媒体上的数据”单选项。若数据库不是很大，建议采用“用备份替换媒体上的数据”方式。

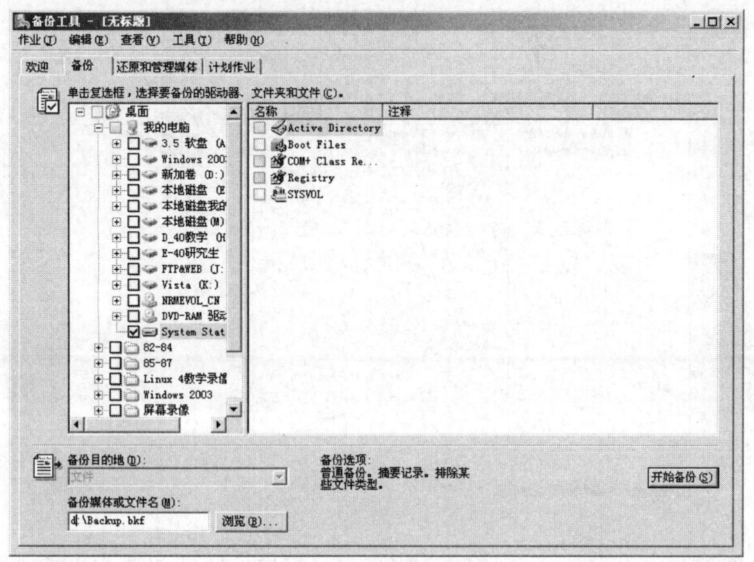

图 4-31　“备份工具”对话框

（2）命令行备份

若要将活动目录以“backup.bkf”为文件名备份到“D:\backup.bkf”文件夹下，可以在命令提示符下输入：

```
ntbackup backup systemstate /J "Backup Job 1" /F "D:\backup.bkf"
```

备份过程与 Windows 状态下备份活动目录一样。

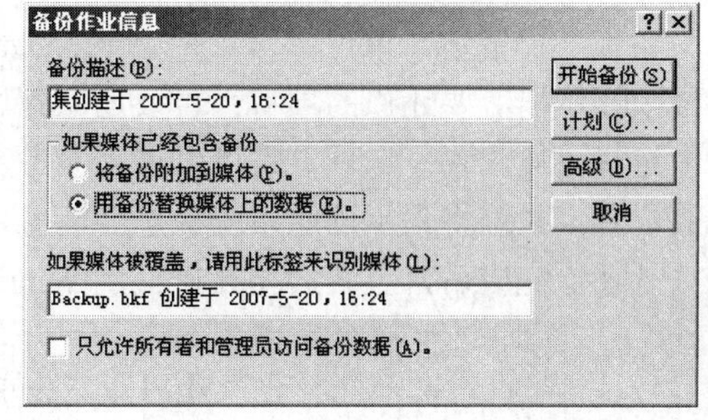

图 4-32　“备份作业信息”对话框

2. 活动目录的恢复

活动目录的恢复应用在下面的 3 种情况中。

① 如果网络中只有一台域控制器，那么在重新安装系统后，就必须利用备份文件恢复活动目录。

② 如果服务器发生故障，导致活动目录设置丢失，也可以借助于备份文件恢复。

③ 利用备份的数据，可以快速安装新的额外的域外控制器。

在还原时要保证备份后重新启动过计算机，否则系统将提示当前系统状态在 Active Directory 服务运行时不能还原，需要重新启动并进入“目录还原模式”状态下才能还原。

重新启动计算机，在启动过程中按 F8 键，打开“Windows 高级选项菜单”对话框。选择“目录服务还原模式”选项，按 Enter 键，进入安全模式。在登录系统时，需要输入安装时设置的“目录服务还原模式”密码才能进入。当 Windows 完全启动后，执行“开始”→“程序”→“附件”→“系统工具”→“备份”命令，打开“备份或还原向导”对话框。单击“高级模式”按钮，打开“备份工具”对话框。选择“还原和管理媒体”选项卡，如图 4-33 所示。

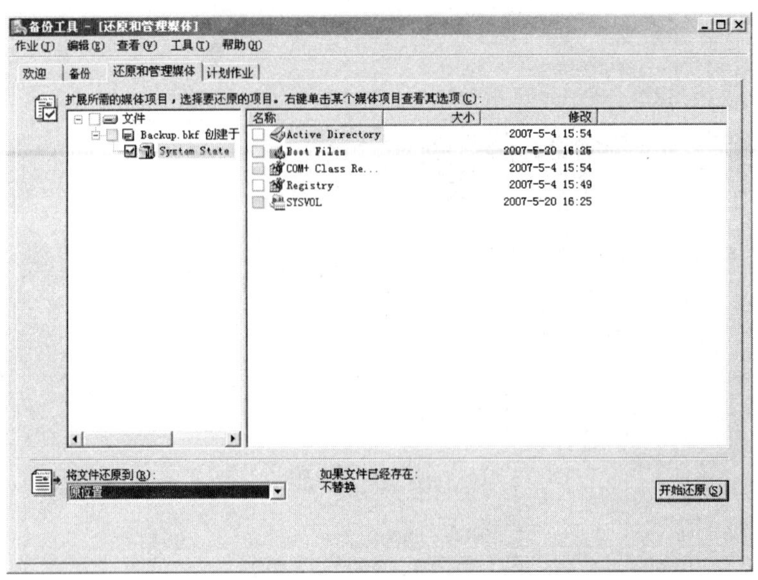

图 4-33 “还原和管理媒体”对话框

在左窗格中，通过单击“+”号依次展开列表项，选择“System State”复选框，在右窗格中显示出所要还原的项目；若要还原到原来的系统状态，可在“将文件还原到”下拉列表中选择“原位置”选项，也可以选择“备用位置”或“单个文件夹”选项。如果选择还原到原位置，系统将提示还原系统状态会覆盖目录的系统状态。

还原完成后，重新启动计算机到 Windows 正常状态，即可恢复活动目录数据库。

4.4 活动目录的管理

4.4.1 在活动目录中使用 OU

OU（组织单元）在活动目录（Active Directory，AD）中扮演特殊的角色，它是一个当普通边界不能满足要求时创建的边界。OU 把域中的对象组织成逻辑管理组，而不是安全组或代表地理实体的组。OU 是可以应用组策略和委派责任的最小单位。

1. 组织单元

组织单元是包含在活动目录中的容器对象。创建组织单元的目的是对活动目录对象进行分类。例如管理员可以按照公司的部门创建不同的组织单元，如财务部组织单元、市场部组织单元、策划部组织单元等，并将不同部门的用户账号建立在相应的组织单元中，这样管理员就可以很方便地查找某一个用户账号并进行修改，或是对某一个部门的用户账号进行操作。除此之外，管理员还可以针对某个组织单元设置组策略，实现对该组织单元内所有对象的管理和控制。

总之，创建组织单元有以下几个优点。

（1）可以分类组织对象，使所有对象结构更清晰。

（2）可以对某些对象配置组策略，实现对这些对象的管理和控制。

（3）可以委派管理控制权，如管理员可以给不同部门的网络主管授权，让他们管理本部门的账号。

2. 使用 OU 的注意要点

- 谨慎添加 OU：只在必要的时候才添加 OU，不要创建太多的 OU，建议不要为个别用户创建 OU。
- 保持层次简单：不要一开始就创建多层 OU，也不要使 OU 的层次太深。
- OU 与组的区别：真正的差别在于安全模型-组策略与权限。如果一组用户或计算机需要对任务应用限制，并且使用组策略可以满足该需求，那么可以创建一个 OU。如果一组用户或计算机需要文件夹的特定权限，以便运行应用程序或操纵数据，那么应该创建一个组。

3. OU 的创建

要创建 OU，首先执行“开始”→“管理工具”→“Active Directory 用户和计算机”命令，打开“Active Directory 用户和计算机”对话框，并按以下步骤操作。

① 在左窗格中右击该 OU 的父对象。如果是第一个 OU，域将是父对象。

② 从快捷菜单中选择“新建”→“组织单位”选项，打开“新建对象-组织单位”对话框。

③ 为新 OU 输入名称。

④ 单击“确定”按钮完成 OU 创建。

可以向 OU 中添加用户、计算机、组或者其他 OU。好的规划需要经过认真思考，应该结合自己公司的组织情况计划这个问题。管理员可以采用以下方式建立 OU 结构。

- 按照企业的组织结构。
- 按照企业的地理位置布局。
- 按照企业各部分的职能。
- 综合上述各个因素。

例如，如果公司倾向于以部门的形式处理组织关系，采用的对象应该主要与部门相关。通常，如果部门是物理分布的（一层楼或一栋楼），并且每个部门运行在同一个局域网或子网上，把计算机组织到代表部门的 OU 中可能是最好的方案。

想要移动一个现有的对象，例如将名为“LongOne”的计算机移到 OU 中，请右击该对象（或按下 Ctrl 键选择多个对象），从快捷菜单中选择“移动”。在“移动”对话框中，选择目标 OU。

4.4.2　委派 OU 的管理

很多管理员创建 OU 就是为了委派管理企业的工作。他们组织自己的 OU 是为了匹配公司的组织方式，并在逻辑上把管理任务委派给 IT 部门的成员。例如，如果公司按照楼层组织，受委派的管理员将分布在适当的楼层。

1. 操作步骤

① 要委派 OU 的控制，可以在左窗格中右击 OU 对象，并从弹出的快捷菜单中选择“委派控制”选项。打开“控制委派向导”对话框，单击“下一步”按钮。

② 在接下来的对话框中，单击“添加”按钮，打开“选择用户、计算机或组”对话框。使用对话框中的选项选择委派对象的对象类型（通常是一个用户；如果已经创建了一组具备管理权限的用户，可以选择组）和位置（通常是域）。如果想借助筛选条件查询目标名称，单击“高级”按钮。如果已经知道了想要委派该 OU 权限的用户或组的名称，可以不查询，直

接输入名称。如图 4-34 所示。当委派对象全部选完之后，单击“下一步”按钮。

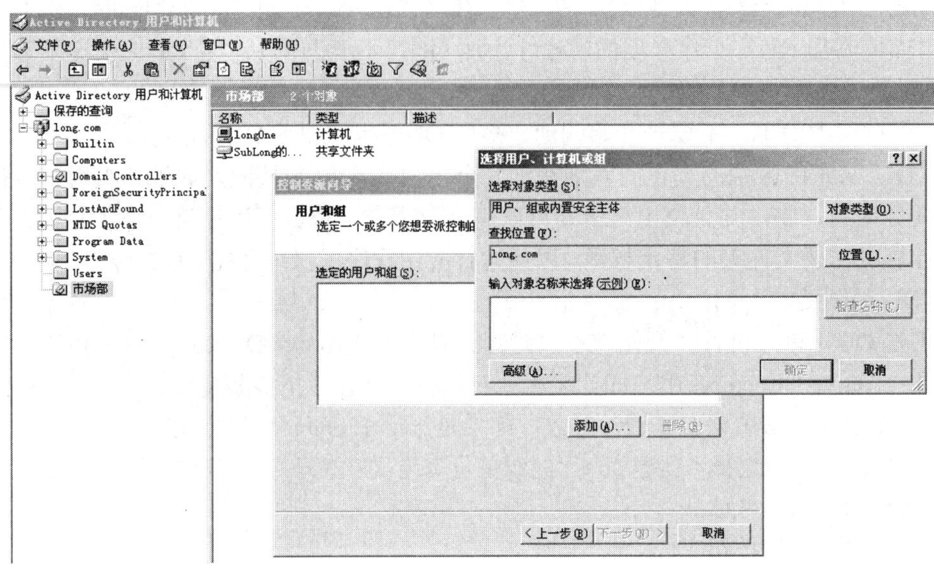

图 4-34 “选择用户、计算机或组”对话框

③ 在接下来的对话框中，选择想要委派的任务，如图 4-35 所示。如果受委派的用户接受过专门训练，能够正确完成任务，可以委派更多的任务，这样委派管理的效率就越高。选择完毕之后，单击“下一步”按钮。

不一定只指定一个受委派管理员，可以为一个 OU 指定多个管理员。

2. 查看 OU 的安全属性

① 想要在“Active Directory 用户和计算机”对话框中看到“安全”选项卡，应该在“Active Directory 用户和计算机”的菜单栏中选择“查看”→“高级功能”选项。

② 启用了“高级功能”之后，右击某个 OU，在弹出的快捷菜单中选择“属性”选项，就可以看见“安全”选项卡了。图 4-36 所示为“市场部”的 OU 的安全选项卡。可以看到，

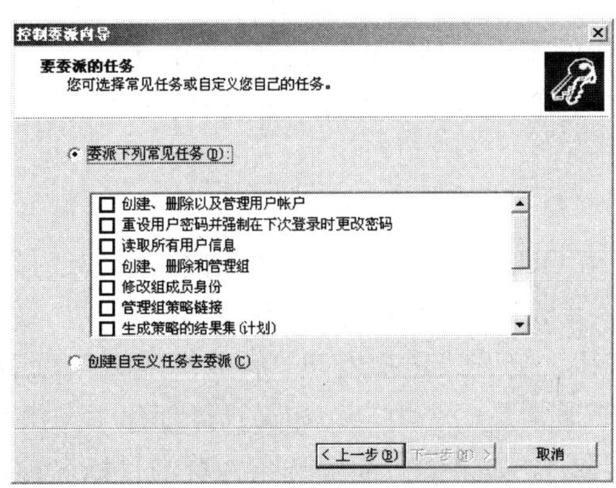

图 4-35 控制委派向导

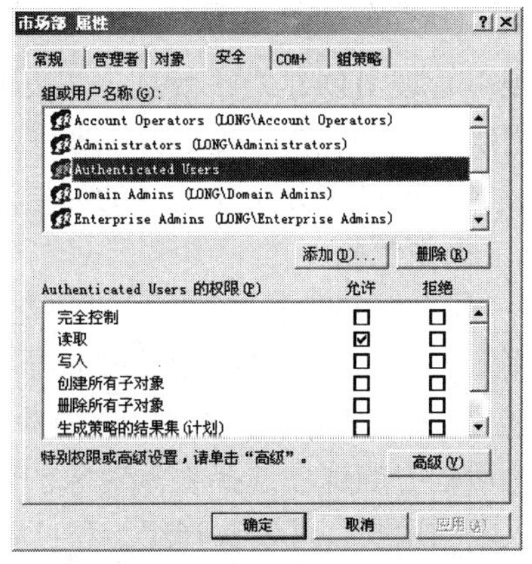

图 4-36 OU 的安全属性

出现在“组或用户名称”列表中的用户对该 OU 拥有权限。如果管理员创建过的组也出现在权限列表中，说明可能曾经把管理委派给该用户。默认情况下，系统只为默认的组分配权限。

4.4.3　活动目录域和信任关系

任何一个网络中都可能存在两台甚至多台域控制器，域间的访问安全自然就成了主要问题，Windows Server 2003 的 AD 为用户提供了信任关系功能，可以很好地解决这些问题。

1. 信任关系

信任关系是网络中不同域之间的一种内在联系。只有在两个域之间创建了信任关系，这两个域才可以相互访问。在通过 Windows Server 2003 系统创建域目录树和域目录林时，域目录树的根域和子域之间，域目录林的不同树根之间都会自动创建双向的、传递的信任关系，有了信任关系，根域与子域之间、域目录林中的不同树之间就可以互相访问，并可以从其他域登录到本域。

如果希望两个无关域之间可以相互访问或从对方域登录到自己所在的域，也可以手工创建域之间的信任关系。例如在一个 Windows NT 域和一个 Windows 2000/2003 域之间手工创建信任关系后，就可以使两个域相互访问。

2. 域林中的信任

子域和父域的双向、可传递的信任关系是在安装域控制器时就自动建立的，同时由于域林中的信任关系是可传递的，因此同一域林中的所有域都显式或者隐式地相互信任。

① 执行“开始”→“管理工具”→“Active Directory 域和信任关系”命令，打开“Active Directory 域和信任关系”对话框，可以对域之间的信任关系进行管理，如图 4-37 所示。

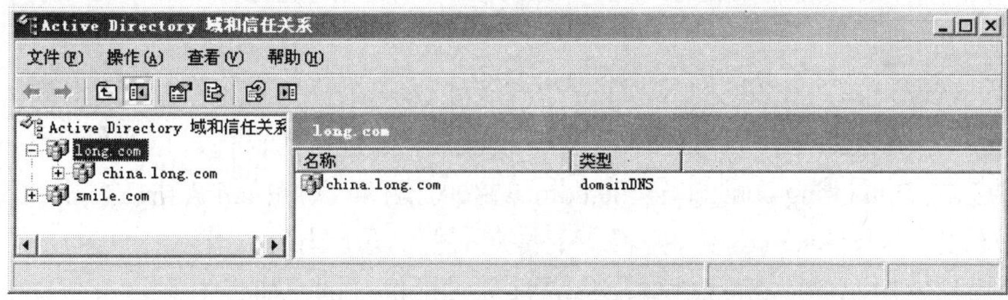

图 4-37　“Active Directory 域和信任关系”对话框

② 在图 4-37 中的左窗格中，右击 long.com，在弹出的快捷菜单中选择“属性”选项，可以打开“long.com 属性”对话框，选择“信任”选项卡，如图 4-38 所示，可以看到 long.com 和其他域的信任关系。对话框的上部列出的是 long.com 所信任的域，表明 long.com 信任其子域 china.long.com 和另一域树中的根域 smile.com；下部列出的是信任 long.com 的域，表明其子域 china.long.com 和另一域树中的根域 smile.com 都信任它。也就是说 long.com 和 smile.com、china.long.com 有双向信任关系。

③ 在图 4-38 中选择 china.long.com 域，可以查看其信任关系，如图 4-39 所示。该域只是显式地信任其父域 long.com，而和另一域树中的根域 smile.com 并无显式的信任关系。可以直接创建它们之间的信任关系以减少信任的路径。

3. 创建新的信任关系

下面以图 4-3 的拓扑中 china.long.com 和 smile.com 之间创建双向快捷信任关系为例，来介绍信任关系的建立步骤（china.long.com 和 smile.com 之间实际上已经存在了隐式的双向信任关系）。先讨论 china.long.com 单向信任 smile.com 的关系，如图 4-40 所示。

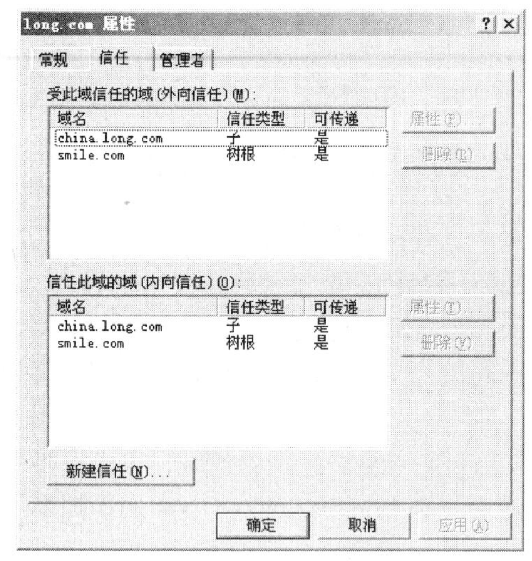

图 4-38 long.com 的信任关系

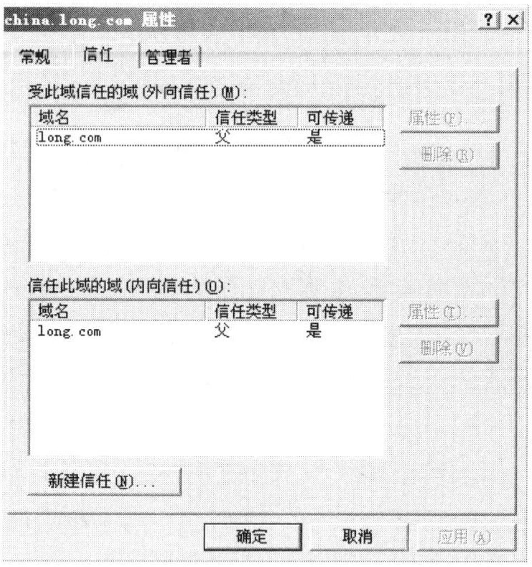

图 4-39 china.long.com 的信任关系

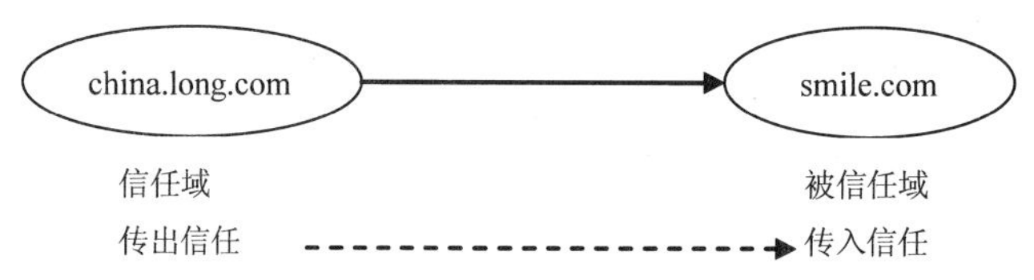

图 4-40 信任关系说明

china.long.com 信任 smile.com。要建立信任关系必须在 china.long.com 域中创建一个传出信任，用来信任 smile.com；同时还要在 smile.com 中创建传入信任，用来被 china.long.com 信任。若要创建 china.long.com 和 smile.com 的双向信任，则在 china.long.com 和 smile.com 两个域都必须分别创建一个传出信任和一个传入信任。步骤如下。

① 在图 4-39 所示的“china.long.com 属性”对话框中的“信任”选项卡中，单击“新建信任”按钮；打开“新建信任向导”对话框，单击“下一步”按钮；如图 4-41 所示，输入域的名称 smile.com，单击“下一步”按钮。

② 如图 4-42 所示，选择信任关系的方向，可以是“双向”、“单向：内传”或“单向：外传”。双向的信任关系实际上是由两个单向的信任关系组成的，因此也可以通过分别建立两个单向的信任关系建立双向信任关系。这里选择“双向”单选项，单击“下一步”按钮。

③ 如图 4-43 所示，由于信任关系要在一方建立传入，在另一方建立传出，为了方便，选择“这个域和指定的域”单选项，同时创建传入和传出信任，单击“下一步”按钮。否则必须在 smile.com 域上重复以上的步骤。

④ 输入 smile.com 域上的管理员账户和密码，单击“下一步”按钮。

⑤ 信任关系成功创建，单击“下一步”按钮；如图 4-44 所示，选择“是，确认传出信任”单选项，即确认 china.long.com 信任 smile.com，单击“下一步”按钮。

⑥ 如图 4-45 所示，选择“是，确认传入信任”单选项，即确认 smile.com 信任

china.long.com；单击“下一步”按钮，信任关系成功创建，如图 4-46 所示。

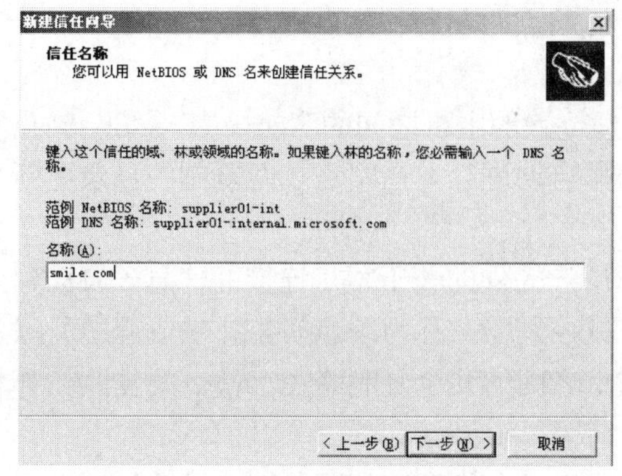

图 4-41　“信任名称”对话框

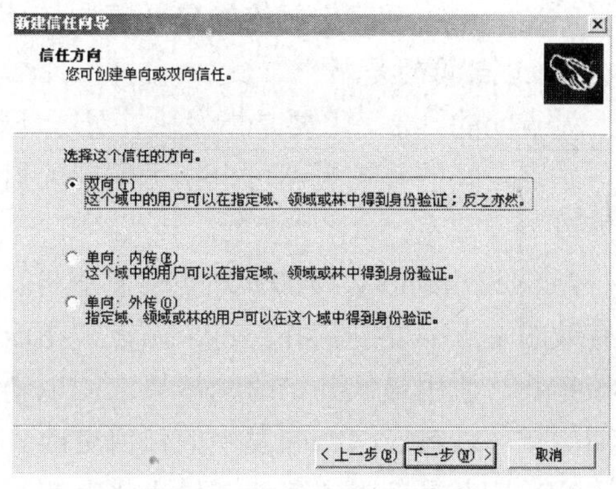

图 4-42　“信任方向”对话框

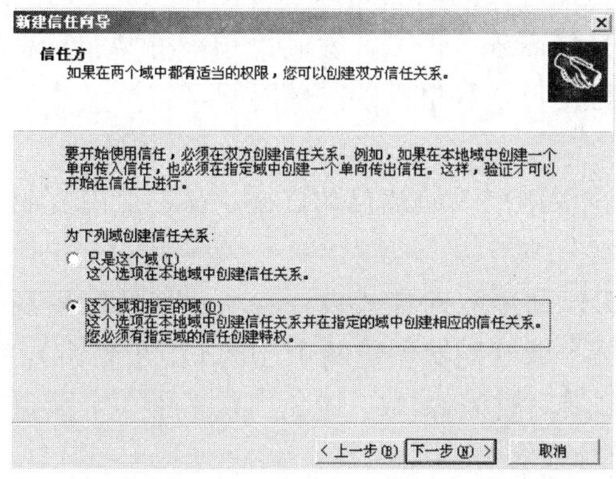

图 4-43　“信任方”对话框

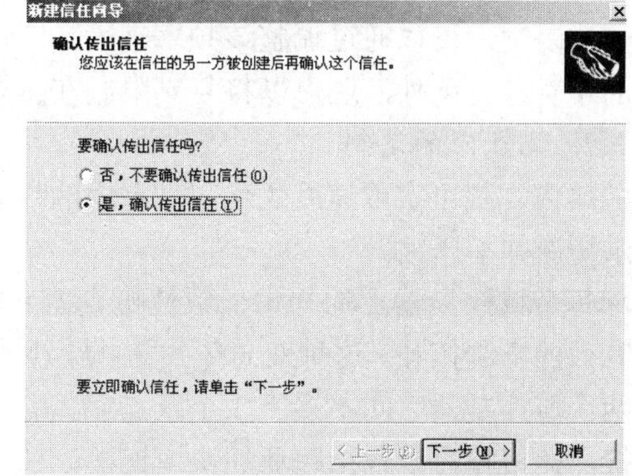

图 4-44　“确认传出信任”对话框

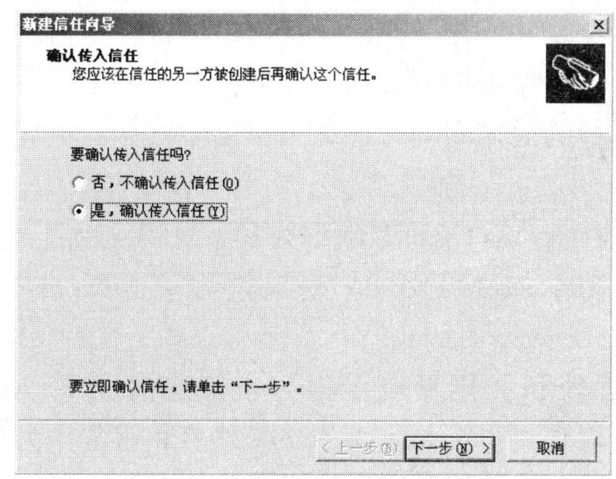

图 4-45　“确认传入信任”对话框

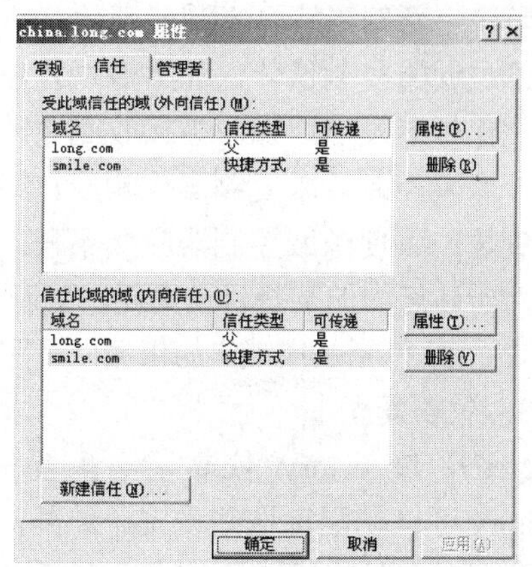

图 4-46　新创建的信任关系

4.4.4　活动目录站点复制服务

活动目录站点复制服务，就是将同一 Active Directory 站点的数据内容，保存在网络中不同的位置，以便于所有用户都能够快速调用，同时还可以起到备份的目的。Active Directory 站点复制服务使用的是多主机复制模型，允许在任何域控制器上（而不只是委派的主域控制器上）更改目录。Active Directory 依靠站点概念来保持复制的效率，并依靠知识一致性检查器（KCC）来自动确定网络的最佳复制拓扑。分为站点间复制和站点内复制。

1. 站点间的复制

站点间的复制，主要是指发生在处于不同地理位置的主机之间的 Active Directory 站点复制。站点之间的目录更新可根据可配置的日程安排自动进行。在站点之间复制的目录更新被压缩以节省带宽。

Active Directory（AD）站点复制服务，使用用户提供的关于站点连接的信息，自动建立最有效的站点间复制拓扑。每个站点被指派一个域控制器（称为站点间拓扑生成程序）以建立该拓扑，使用最低开销跨越树算法，以消除站点之间的冗余复制路径。站点间复制拓扑将定期更新，以响应网络中发生的任何更改。

AD 站点复制服务，通过最小化复制的频率，以及允许安排站点复制链接的可用性，来节省站点之间的带宽。在默认情况下，跨越每个站点链接的站点间每 180 分钟（3 小时）进行一次复制，可以通过调整该频率来满足自己的具体需求。但是，提高此频率将增加复制所用的带宽量。此外，还可以将复制限制在每周的特定日子和每天的具体时间。

2. 站点内的复制

站内复制可实现速度优化，站点内的目录更新根据更改通知自动进行。在站点内复制的目录更新并不压缩。

每个域控制器上的知识一致性检查器（KCC），使用双向环式设计自动建立站内复制的最有效的复制拓扑。这种双向环式拓扑至少将为每个域控制器创建两个连接（用于容错），任意两个域控制器之间不多于 3 个跃点（以减少复制滞后时间）。为了避免出现多于 3 个跃点的连接，此拓扑可以包括跨环的快捷连接。

KCC 定期更新复制拓扑，站点内的复制根据更改通知而自动进行。当在某个域控制器上执行目录更新时，站内复制就开始了。默认情况下，源域控制器等待 15 秒，然后将更新通知发送给最近的复制伙伴。如果源域控制器有多个复制伙伴，在默认情况下将以 3 秒为间隔向每个伙伴相继发出通知。当接收到更改通知后，伙伴域控制器将向源域控制器发送目录更新请求，源域控制器以复制操作响应该请求。3 秒的通知间隔可避免来自复制伙伴的更新请求同时到达，而使源域控制器应接不暇。

对于站点内的某些目录更新，复制会立即发生。这种立即复制称为紧急复制，应用于重要的目录更新，包括账户锁定的指派以及账户锁定策略、域密码策略或域控制器账户上密码的更改。

3. 管理复制

Active Directory 依靠站点配置信息来管理和优化复制过程。在某些情况下 Active Directory 可自动配置这些设置。此外，用户可以使用“Active Directory 站点和服务”为自己的网络配置与站点相关的信息，包括站点链接、站点链接桥和桥头服务器的设置等。

4.5 习　题

一、填空题

（1）在 Windows Server 2003 中安装活动目录的命令是________。活动目录存放在________中。

（2）在 Windows Server 2003 系统中安装了________后，计算机即成为一台域控制器。

（3）同一个域中的域控制器的地位是________。域树中子域和父域的信任关系是________、________。独立服务器上安装了________就升级为域控制器。

（4）Windows Server 2003 服务器的 3 种角色是________、________、________。

二、判断题

（1）在一台 Windows Server 2003 计算机上安装 AD 后，计算机就成了域控制器。（　　）

（2）客户机在加入域时，需要正确设置首选 DNS 服务器地址，否则无法加入。（　　）

（3）在一个域中，至少有一个域控制器（服务器），也可以有多个域控制器。（　　）

（4）管理员只能在服务器上对整个网络实施管理。（　　）

（5）域中所有账户信息都存储于域控制器中。（　　）

（6）OU 是可以应用组策略和委派责任的最小单位。（　　）

（7）一个 OU 只指定一个受委派管理员，不能为一个 OU 指定多个管理员。（　　）

（8）同一域林中的所有域都显式或者隐式地相互信任。（　　）

三、简答题

（1）为什么要安装额外的域控制器？什么时候需要安装多个域树？

（2）简述什么是活动目录、域、活动目录树和活动目录林。

（3）简述什么是信任关系。

（4）为什么在域中常常需要 DNS 服务器？

（5）活动目录中存放了什么信息？

（6）如果源域控制器有多个复制伙伴，在默认情况下将以 3 秒为间隔向每个伙伴相继发出通知。为什么？

（7）什么是紧急复制？紧急复制主要用在什么场合？

第二篇　系统管理

第 5 章

用户账户与组的管理

本章学习要点

- 管理本地用户
- 管理本地组
- 管理域用户和组

5.1　管理本地用户

安装完操作系统并完成操作系统的环境配置后，管理员应规划一个安全的网络环境，为用户提供有效的资源访问服务。Windows Serer 2003 通过建立账户（包括用户账户和组账户）并赋予账户合适的权限来保证使用网络和计算机资源的合法性，以确保数据访问、存储和交换服从安全需要。保证 Windows Server 2003 安全性的主要方法有以下 4 点。

① 严格定义各种账户权限，阻止用户可能进行具有危害性的网络操作。

② 使用组规划用户权限，简化账户权限的管理。

③ 禁止非法计算机连入网络。

④ 应用本地安全策略和组策略制定更详细的安全规则。

5.1.1　用户账户的概述

用户账户是计算机的基本安全组件，计算机通过用户账户来辨别用户身份，让有使用权限的人登录计算机，访问本地计算机资源或从网络访问这台计算机的共享资源。指派不同用户不同的权限，可以让用户执行不同的计算机管理任务。所以每台运行 Windows Server 2003 的计算机，都需要用户账户才能登录计算机。在登录过程中，当计算机验证用户输入的账户和密码与本地安全数据库中的用户信息一致时，才能让用户登录到本地计算机或从网络上获取对资源的访问权限。用户登录时，本地计算机验证用户账户的有效性，如用户提供了正确的用户名和密码，则本地计算机分配给用户一个访问令牌（Access Token），该令牌定义了用户在本地计算机上的访问权限，资源所在的计算机负责对该令牌进行鉴别，以保证用户只能在管理员定义的权限范围内使用本地计算机上的资源。对访问令牌的分配和鉴别是由本地计算机的本地安全权限（LSA）负责的。

Windows Server 2003 支持两种用户账户，域账户和本地账户。域账户可以登录到域上，并获得访问该网络的权限；本地账户则只能登录到一台特定的计算机上并访问其资源。

5.1.2　本地用户账户

本地用户账户仅允许用户登录并访问创建该账户的计算机。当创建本地用户账户时，Windows Server 2003 仅在%Systemroot%\system32\config 文件夹下的安全数据库（SAM）中创建该账户。例如 C:\Windows\system32\config\sam。

Windows Server 2003 默认只有 Administrator 账户和 Guest 账户。Administrator 账户可以执行计算机管理的所有操作；而 Guest 账户是为临时访问用户而设置的，默认是禁用的。

Windows Server 2003 为每个账户提供了名称，如 Administrator、Guest 等，这些名称是为了方便用户记忆、输入和使用的。在本地计算机中的用户账户是不允许相同的。而系统内部则使用安全标识符（Security Identifier，SID）来识别用户身份，每个用户账户都对应一个唯一的安全标识符，这个安全标识符在用户创建时由系统自动产生。系统指派权利、授权资源访问权限等都需要使用安全标识符。当删除一个用户账户后，重新创建名称相同的账户并不能获得先前账户的权利。用户登录后，可以在命令提示符状态下输入“whoami/logonid”命令查询当前用户账户的安全标识符。下面介绍系统内置账户。

- Administrator：使用内置 Administrator 账户可以对整台计算机或域配置进行管理，如创建修改用户账户和组、管理安全策略、创建打印机、分配允许用户访问资源的权限等。作为管理员，应该创建一个普通用户账户，在执行非管理任务时使用该用户账户，仅在执行管理任务时才使用 Administrator 账户。Administrator 账户可以更名，但不可以删除。
- Guest：一般的临时用户可以使用它进行登录并访问资源。为保证系统的安全，Guest 账户默认是禁用的，但若安全性要求不高，可以使用它且常常分配给它一个口令。

5.1.3　本地用户账户的创建

1. 规划新的用户账户

遵循以下的规则和约定可以简化账户创建后的管理工作。

（1）命名约定

- 账户名必须唯一：本地账户必须在本地计算机上唯一。
- 账户名不能包含以下字符：* ; ? / \ [ ] : | = , + < > ”
- 账户名最长不能超过 20 个字符。

（2）密码原则

- 一定要给 Administrator 账户指定一个密码，以防止他人随便使用该账户。
- 确定是管理员还是用户拥有密码的控制权。用户可以给每个用户账户指定一个唯一的密码，并防止其他用户对其进行更改，也可以允许用户在第一次登录时输入自己的密码。一般情况下，用户应该可以控制自己的密码。
- 密码不能太简单，应该不容易让他人猜出。
- 密码最多可由 128 个字符组成，推荐最小长度为 8 个字符。
- 密码应由大小写字母、数字以及合法的非字母数字的字符混合组成，如“P@$$word”。

2. 创建本地用户账户

用户可以用“计算机管理”中的“本地用户和组”管理单元来创建本地用户账户，而且

用户必须拥有管理员权限。创建的步骤如下。

① 执行“开始”→“管理工具”→“计算机管理”命令，打开“计算机管理”对话框。

② 在“计算机管理”对话框中，展开“本地用户和组”，在“用户”目录上右击，在弹出的快捷菜单中选择“新用户”选项，如图 5-1 所示。

③ 打开“新用户”对话框后，输入用户名、全名和描述，并且输入密码，如图 5-2 所示。可以设置密码选项，包括“用户下次登录时必须更改密码”、“用户不能更改密码”、“密码永不过期”、“账户已禁用”等，设置完成后，单击“创建”按钮新增用户账户。创建完用户后，单击“关闭”按钮返回到“计算机管理”对话框。

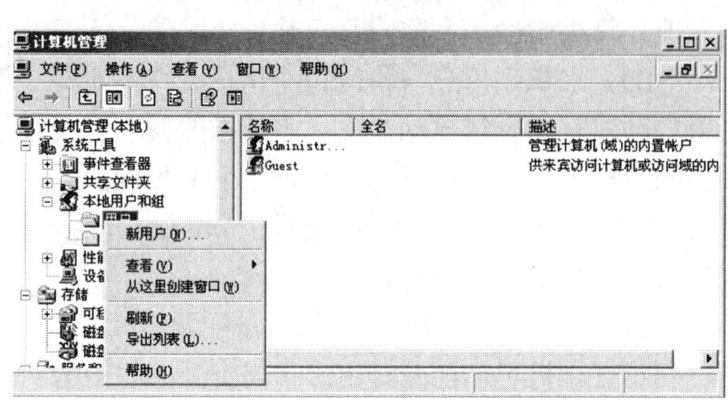

图 5-1 选择“新用户”选项

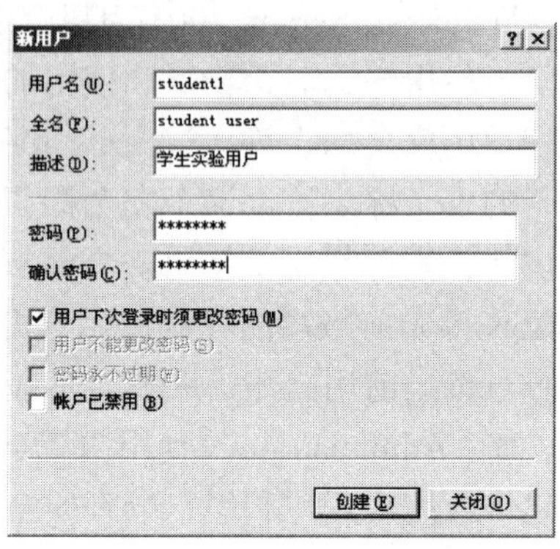

图 5-2 “新用户”对话框

有关密码的选项描述如下。

- 密码：要求用户输入密码，系统用“*”显示；
- 确认密码：要求用户再次输入密码以确认输入正确与否；
- 用户下次登录时必须更改密码：要求用户下次登录时必须修改该密码；
- 用户不能更改密码：通常用于多个用户共用一个用户账户，如 Guest 等；
- 密码永不过期：通常用于 Windows Server 2003 的服务账户或应用程序所使用的用户账户；
- 账户已禁用：禁用用户账户。

5.1.4 设置本地用户账户的属性

用户账户不只包括用户名和密码等信息，为了管理和使用的方便，一个用户还包括其他的一些属性，如用户隶属的用户组、用户配置文件、用户的拨入权限、终端用户设置等。

在“本地用户和组”的右窗格中，双击某用户，将打开如图 5-3 所示“用户属性”对话框。

1. “常规”选项卡

可以设置与账户有关的一些描述信息，包括全名、描述、账户选项等。管理员可以设置密码选项或禁用账户，如果账户已经被系统锁定，管理员可以解除锁定。

2. “隶属于”选项卡

在“隶属于”选项卡中，可以设置将该账户加入到其他的本地组中。为了管理的方便，通常都需要对用户组进行权限的分配与设置，用户属于哪个组，就具有该用户组的权限。新增的用户账户默认加入到 users 组，users 组的用户一般不具备一些特殊权限，如安装应用程序、修改系统设置等。所以当要分配给这个用户一些权限时，可以将该用户账户加入到其他的组，也可以单击“删除”按钮将用户从一个或几个用户组中删除。“隶属于”选项卡如图 5-4 所示。例如，将“student1”添加到管理员组的操作步骤如下。

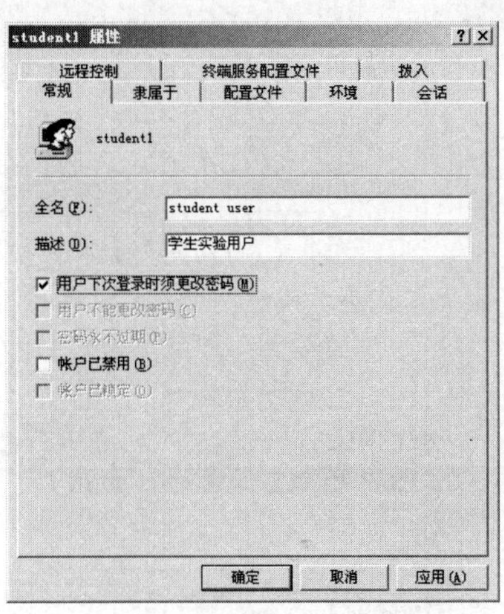

图 5-3　“用户属性”对话框

单击图 5-4 中的“添加”按钮，在如图 5-5 所示的对话框中直接输入组的名称，例如管理员组的名称“Administrator”、高级用户组名称“Power users”。输入组名称后，如需要检查名称是否正确，则单击“检查名称”按钮，名称会改变为“WIN2003-1\Administrators”。前面部分表示本地计算机名称，后面部分为组名称。如果输入了错误的组名称，检查时，系统将提示找不到该名称。

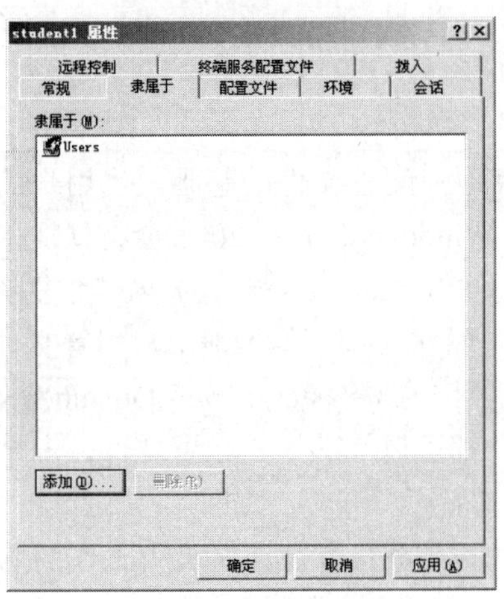

图 5-4　“隶属于”选项卡

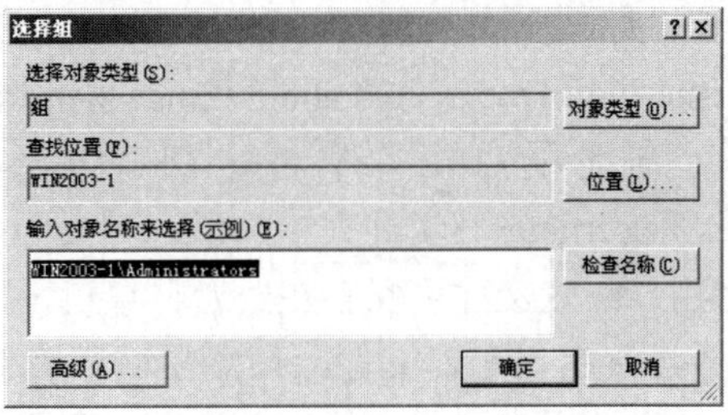

图 5-5　“选择组”对话框

如果不希望手动输入组名称，也可以单击“高级”按钮，再单击“立即查找”按钮，从列表中选择一个或多个组。如图 5-6 所示。

3. “配置文件”选项卡

在“配置文件”选项卡中可以设置用户账户的配置文件路径、登录脚本和主文件夹路径。本地用户账户的配置文件，都保存在本地磁盘%userprofile%文件夹中。“配置文件”选项卡如图 5-7 所示。

用户配置文件是存储当前桌面环境、应用程序设置以及个人数据的文件夹和数据的集合，还包括所有登录到该台计算机上所建立的网络连接。由于用户配置文件提供的桌面环境与用户最近一次登录到该计算机上所用的桌面相同，因此就保持了用户桌面环境及其他设置的一致性。

当用户第一次登录到某台计算机上时，Windows Server 2003 自动创建一个用户配置文件并将其保存在该计算机上。

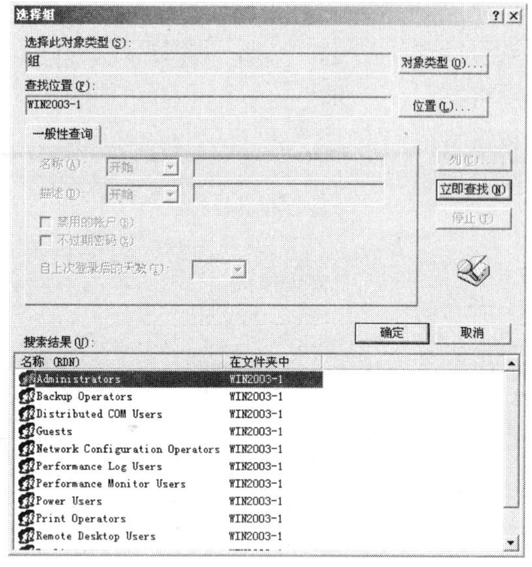

图 5-6 查找可用的组

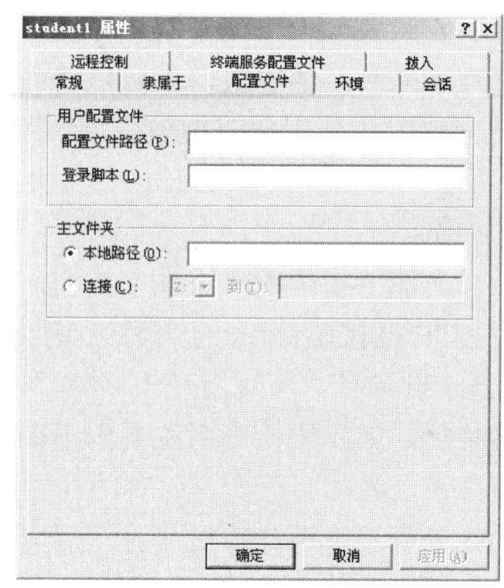

图 5-7 “配置文件”选项卡

（1）用户配置文件

用户配置文件有以下几种类型：

① 默认用户配置文件。默认用户配置文件是所有用户配置文件的基础。当用户第一次登录到一台运行 Windows Server 2003 的计算机上时，Windows Server 2003 会将默认用户配置文件夹 %Systemdrive%Documents and Settings\%Default User% 的内容复制到 %Systemdrive%Documents and Settings\%username%中，以作为初始的本地用户配置文件。

② 本地用户配置文件。保存在本地计算机上的%Systemdrive%Documents and Scttings\%uscrname%文件夹中，所有对桌面设置的改动都可以修改用户配置文件。多个不同的本地用户配置文件可保存在一台计算机上。

③ 漫游用户配置文件。只能在域环境下实现。为了支持在多台计算机上工作的用户，可以设置漫游用户配置文件。漫游用户配置文件可以保存在某个网络服务器上，且只能由系统管理员创建。用户无论从哪台计算机登录，均可获得这一配置文件。用户登录时，Windows Server 2003 会将该漫游用户配置文件从网络服务器复制到该用户当前所用的 Windows Server 2003 机器上。因此，用户总是能得到自己的桌面环境设置和网络连接设置。

在第一次登录时，Windows Server 2003 将所有的用户配置文件都复制到本地计算机上。此后，当用户再次登录时，Windows Server 2003 只需比较本地储存的用户配置文件和漫游用户配置文件。这时，系统只复制用户最后一次登录并使用这台计算机时被修改的文件，因此缩短了登录时间。当用户注销时，Windows Server 2003 会把对漫游用户配置文件本地备份所做的修改复制到存储该漫游用户配置文件的服务器上。

关于漫游用户配置文件的创建过程，可参阅 Windows Server 2003 帮助。

④ 强制用户配置文件。强制用户配置文件是一个只读的用户配置文件。当用户注销时，Windows Server 2003 不保存用户在会话期内所做的任何改变。可以为需要同样桌面环境的多个用户定义一份强制用户配置文件。

配置文件中，隐藏文件 Ntuser.dat（位于%Systemdrive%Documents and Settings\

%username%文件夹）包含了应用于单个用户账户的 Windows Server 2003 的部分系统设置和用户环境设置，管理员可以将其重命名为 Ntuser.man，从而把该文件变成只读型，即创建了强制用户配置文件。

（2）用户主文件夹

除了“My Documents”文件夹外，Windows Server 2003 还为用户提供了用于存放个人文档的主文件夹。主文件夹可以保存在客户机上，也可以保存在一个文件服务器的共享文件夹里。用户可以将所有的用户主文件夹都定位在某个网络服务器的中心位置上。

管理员在为用户实现主文件夹时，应考虑以下因素，用户可以通过网络中任意一台连网的计算机访问其主文件夹。在实现对用户文件的集中备份和管理时，基于安全性考虑，应将用户主文件夹存放在 NTFS 卷中，可以利用 NTFS 的权限来保护用户文件（放在 FAT 卷中只能通过共享文件夹权限来限制用户对主目录的访问）。

（3）登录脚本

登录脚本是用户登录计算机时自动运行的脚本文件，脚本文件的扩展名可以是 VBS、BAT 或 CMD。

其他选项卡（如拨入、远程控制选项卡）请参考 Windows Server 2003 的帮助文件。

5.1.5 删除本地用户账户

当用户不再需要使用某个用户账户时，可以将其删除。删除用户账户会导致与该账户有关的所有信息的遗失，所以在删除之前，最好确认其必要性或者考虑用其他的方法，例如禁用该账户。许多企业给临时员工设置了 Windows 账户，当临时员工离开企业时将账户禁用，而新来的临时员工需要用该账户时，只需改名即可。

在“计算机管理”控制台中，右击要删除的用户账户，可以执行删除功能，但是系统内置账户如 Administrator、Guest 等无法删除。

在前面提到，每个用户都有一个名称之外的唯一标识符 SID 号，SID 号在新增账户时由系统自动产生，不同账户的 SID 不会相同。由于系统在设置用户的权限、访问控制列表中的资源访问能力信息时，内部都使用 SID 号，所以一旦用户账户被删除，这些信息也就跟着消失了。重新创建一个名称相同的用户账户，也不能获得原先用户账户的权限。

5.1.6 使用命令行创建用户

也可以使用命令行方式创建一个新用户，命令格式如下：

net user username password /add

例如要建立一个名为 mike，密码为 123ABC 的用户，可以使用命令

```
net user mike 123ABC /add
```

要修改旧账户的密码，可以按如下步骤操作。

① 打开“计算机管理”对话框。

② 在对话框中，单击“本地用户和组”。

③ 右击要为其重置密码的用户账户，然后在弹出的快捷菜单中选择“设置密码”选项。

④ 阅读警告消息，如果要继续，请单击“继续”按钮。

⑤ 在“新密码”和“确认密码”中，输入新密码，然后单击“确定”按钮。

或者使用命令行方式：

net user username password

例如要将用户 mike 的密码设置为 456ABC，可以运行命令

```
net user mike 456ABC
```

5.2 管理本地组

5.2.1 本地组概述

对用户进行分组管理可以更加有效并且灵活的进行权限的分配设置，以方便管理员对 Windows Server 2003 的具体管理。如果 Windows Server 2003 计算机被安装为成员服务器（而不是域控制器），将自动创建一些本地组。如果将特定角色添加到计算机，还将创建额外的组，用户可以执行与该组角色相对应的任务。例如，如果计算机被配置成 DHCP 服务器，将创建管理和使用 DHCP 服务的本地组。

可以在“计算机管理”管理单元的“本地用户和组”下的“组”文件夹中查看默认组。常用的默认组包括以下几种。

- Administrators：其成员拥有没有限制的、在本地或远程操纵和管理计算机的权利。默认情况下，本地 Administrator 和 Domain Admins 组的所有成员都是该组的成员。
- Backup Operators：其成员可以本地或者远程登录，备份和还原文件夹和文件，关闭计算机。注意，该组的成员在自己本身没有访问权限的情况下也能够备份和还原文件夹和文件，这是因为 Backup Operators 组权限的优先级要高于成员本身的权限。默认情况下，该组没有成员。
- Guests：只有 Guest 账户是该组的成员，但 Windows Server 2003 中的 Guest 账户默认被禁用。该组的成员没有默认的权利或权限。如果 Guest 账户被启用，当该组成员登录到计算机时，将创建一个临时配置文件；在注销时，该配置文件将被删除。
- Power Users：该组的成员可以创建用户账户，并可以操纵这些账户。他们可以创建本地组，然后在已创建的本地组中添加或删除用户。还可以在 Power Users 组、Users 组和 Guests 组中添加或删除用户。默认该组没有成员。
- Print Operators：该组的成员可以管理打印机和打印队列。默认该组没有成员。
- Remote Desktop Users：该组的成员可以远程登录服务器。
- Users：该组的成员可以执行一些常见任务，例如运行应用程序、使用打印机。组成员不能创建共享或打印机（但他们可以连接到网络打印机并远程安装打印机）。在域中创建的任何用户账户都将成为该组的成员。

除了上述默认组以及管理员自己创建的组外，系统中还有一些特殊身份的组。这些组的成员是临时和瞬间的，管理员无法通过配置改变这些组中的成员。有以下几种特殊组：

- Anonymous Logon：代表不使用账户名、密码或域名而通过网络访问计算机及其资源的用户和服务。在运行 Windows NT 及其以前版本的计算机上，Anonymous Logon 组是 Everyone 组的默认成员。在运行 Windows Server 2003（和 Windows 2000）的计算机上，Anonymous Logon 组不是 Everyone 组的成员。
- Everyone：代表所有当前网络的用户，包括来自其他域的来宾和用户。所有登录到

网络的用户都将自动成为 Everyone 组的成员。

- Network：代表当前通过网络访问给定资源的用户（不是通过从本地登录到资源所在的计算机来访问资源的用户）。通过网络访问资源的任何用户都将自动成为 Network 组的成员。
- Interactive：代表当前登录到特定计算机上并且访问该计算机上给定资源的所有用户（不是通过网络访问资源的用户）。访问当前登录的计算机上资源的所有用户都将自动成为 Interactive 组的成员。

5.2.2 创建本地组

Windows Server 2003 计算机在运行某些特殊功能或应用程序时，可能需要特定的权限。为这些任务创建一个组，并将相应的成员添加到组中是一个很好的解决方案。对于计算机被指定的大多数角色来说，系统都会自动创建一个组来管理该角色。例如，如果计算机被指定为 DHCP 服务器，相应的组就会添加到计算机中。

要创建一个新组，首先打开“计算机管理”对话框。右击“组”文件夹，在弹出的快捷菜单中选择“新建组”选项。在“新建组”对话框中，输入组名和描述，然后单击“添加”按钮向组中添加成员，如图 5-8 所示。

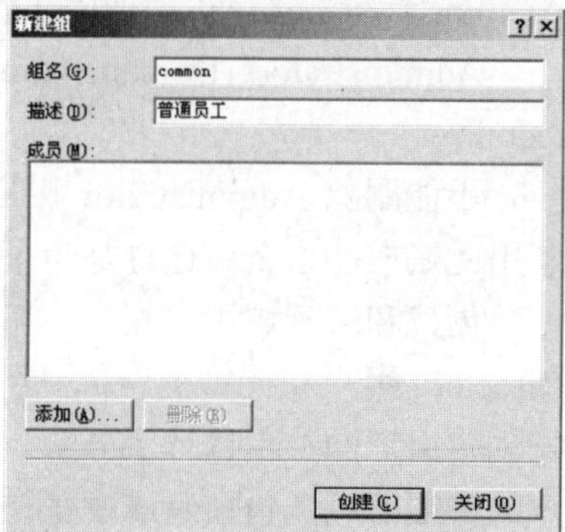

图 5-8 新建组

另外也可以使用命令行方式创建一个组，命令格式为：

net localgroup groupname /add

例如要添加一个名为 sales 的组，可以输入命令：

```
net localgroup sales /add
```

5.2.3 为本地组添加成员

可以将对象添加到任何组。在域中，这些对象可以是本地用户、域用户，甚至是其他本地组或域组。但是在工作组环境中，本地组的成员只能是用户账户。

为了将成员添加到本地组，可以执行以下操作。

① 右击“我的电脑”，在弹出的快捷菜单中选择“管理”，打开“计算机管理”对话框。

② 在左窗格中展开“本地用户和组”对象；选择“组”对象，在右窗格中显示本地组。

③ 双击要添加成员的组，打开组的“属性”对话框。

④ 单击“添加”按钮，选择要加入的用户即可。

使用命令行的话，可以使用命令：

net localgroup groupname username /add

例如要将用户 mike 加入到 administrators 组中，可以使用命令：

```
net localgroup administrators mike /add
```

5.3 管理域用户和组

5.3.1 管理域用户和计算机账户

域用户账户用来使用户能够登录到域或其他计算机中，从而获得对网络资源的访问权。

经常访问网络的用户都应拥有网络唯一的用户账户。如果网络中有多个域控制器，可以在任何域控制器上创建新的用户账户，因为这些域控制器都是对等的。当在一个域控制器上创建新的用户账户时，这个域控制器会把信息复制到其他域控制器，从而确保该用户可以登录并访问任何一个域控制器。

1. 域用户账户

安装完活动目录，就已经添加了一些内置域账户，它们位于 Users 容器中，如 Administrator、Guest，这些内置账户是在创建域的时候自动创建的。每个内置账户都有各自的权限。

Administrator 账户具有对域的完全控制权，并可以为其他域用户指派权限。默认情况下，Administrator 账户是以下组的成员：

Administrators、Domain Admins、Enterprise Admins、Group Policy Creator Owners 和 Schema Admins。

不能删除 Administrator 账户，也不能从 Administrators 组中删除它。但是可以重命名或禁用此账户，这么做通过是为了增加恶意用户尝试非法登录的难度。

创建和管理域用户账户，可以使用“Active Directory 用户和计算机”工具。在“Active Directory 用户和计算机”中，展开需要的域。与 Windows NT 有所不同，Windows Server 2003 把创建用户的过程进行了分解。首先创建用户和相应的密码，然后在另外一个步骤中配置用户的详细信息，包括组成员身份。

① 要创建一个新的域用户，右击 Users 容器，在弹出的快捷菜单中选择“新建”→“用户”选项，打开“新建对象-用户”对话框，如图 5-9 所示，在其中输入姓、名，系统可以自动填充完整的姓名。

② 输入用户登录名。域中的用户账户是唯一的。通常情况下，账户采用用户姓和名的第一个声母。如果只使用姓名的声母导致账户重复，则可以使用名的全拼，或者采用其他方式。这样既使用户间能够相互区别，又便于用户记忆。

③ 接下来设置用户密码，如图 5-10 所示。默认情况下，Windows Server 2003 强制用户下次登录时必须更改密码。这意味着可以为每个新用户指定公司的标准密码，然后，当用户第一次登录时让他们创建自己的密码。用户的初始密码应当采用英文大小写、数字和其他符号的组合。同时，密码与用户名既不要相同也不要相关，以保证账户的访问安全。

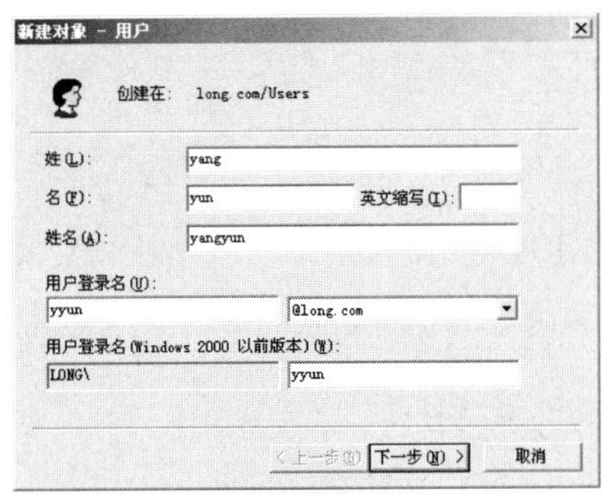

图 5-9 新建用户

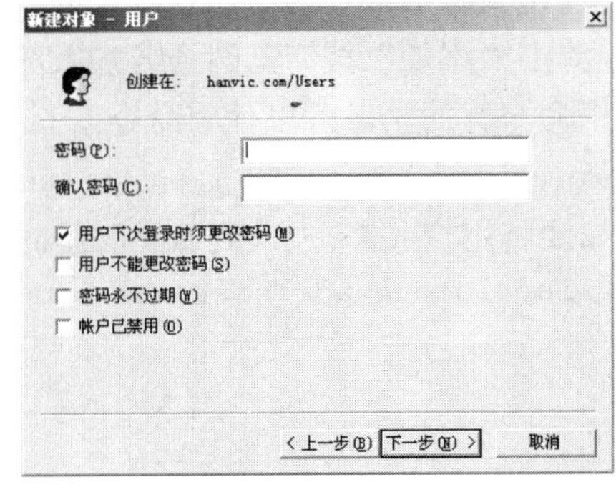

图 5-10 设置用户密码

- 用户下次登录时须更改密码。强制用户下次登录网络时更改密码，当希望该用户成为唯一知道其密码的人时，应当使用该选项。

- 用户不能更改密码。阻止用户更改其密码，当希望保留对用户账户（如来宾或临时账户）的控制权时，或者该账户是由多个用户使用时，应当使用该选项。此时，“用户下次登录时须更改密码”复选框必须清空。
- 密码永不过期。防止用户密码过期。建议“服务”账户启用该选项，并且应使用强密码。
- 账户已禁用。防止用户使用选定的账户登录，当用户暂时离开企业时，可以使用该选项，以便日后迅速启用。也可以禁用一个可能有威胁的账户，当排除问题之后，再重新启用该账户。许多管理员将禁用的账户用做公用用户账户的模板。以后拟再使用该账户时，可以在该账户上右击，并在弹出的快捷菜单中选择“启用账户”选项即可。

弱密码会使得攻击者易于访问计算机和网络，而强密码则难以破解，即使使用密码破解软件也难以办到。密码破解软件使用下面 3 种方法之一：巧妙猜测、词典攻击和自动尝试字符的各种可能的组合。只要有足够时间，这种自动方法可以破解任何密码。即便如此，破解强密码也远比破解弱密码困难得多。因为安全的计算机需要对所有用户账户都使用强密码。强密码具有以下特征。

- 长度至少有 7 个字符。
- 不包含用户名、真实姓名或公司名称。
- 不包含完整的字典词汇。
- 包含全部下列 4 组字符类型：大写字母（A, B, C…）、小写字母（a, b, c…）、数字（0, 1, 2, 3, 4, 5, 6, 7, 8, 9）、键盘上的符号（键盘上所有未定义为字母和数字的字符，如`～!@#$%^&（）*_ + - {}[]|\/?:”;’<>,.）。

④ 选择想要实行的密码选项，单击“下一步”按钮查看总结，然后单击“完成”按钮，在 Active Directory 中创建新用户。配置域用户的更多选项，需要在用户账户属性中进行设置。要为域用户配置或修改属性，请选择左窗格中的 Users 容器，这样，右窗格将显示用户列表。然后，双击想要配置的用户。如图 5-11 所示，可以进行多类属性的配置。

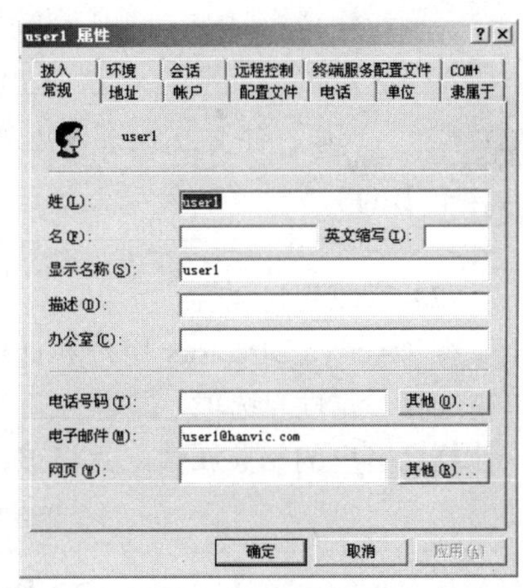

图 5-11　用户属性

⑤ 当添加多个用户账号时，可以以一个设置好的用户账号作为模板。右击要作为模板的账号，并在弹出的快捷菜单中选择“复制”选项，即可复制该模板账号的所有属性，而不必再一一设置，从而提高账号添加效率。

域用户账户提供了比本地用户账户更多的属性，例如登录时间和登录到哪台计算机的限制等。在“用户属性”对话框中选择相应的选项卡即可进行修改。

2. 计算机账户

在域中，每台运行 Windows 2000/XP/2003 的计算机都拥有一个计算机账户。在向域中添加新的计算机时，必须在“Active Directory 用户和计算机”中创建一个新的计算机账户。计算机账户创建后，每个使用该计算机的用户都可以使用该账户登录。用户可以根据系统管理员赋予该计算机账户的权限访问网络。需要注意的是，不能将计算机账户指派给运行 Windows

98/Me 的计算机，因此，当用户使用 Windows 98/Me 计算机时，只能使用用户账户登录到域。

（1）添加计算机账户

打开“Active Directory 用户和计算机”对话框，展开左窗格中的控制台目录树，右击目录树中的“Users”选项，或者选择“Users”选项并在右窗格的空白处右击，在弹出的快捷菜单中选择“新建”→“计算机”选项，均可打开“新建对象-计算机”对话框，如图 5-12 所示。在“计算机名”文本框中输入该计算机账户的计算机名，“计算机名（Windows 2000 以前版本）”文本框中可采用默认值。

单击“下一步”按钮，打开“管理”对话框，如图 5-13 所示。若要管理该计算机，选中“这是一台被管理的计算机”复选框，然后在“计算机唯一 ID”文本框内输入该计算机的 GUID（Globally Unique Identifier，全球唯一标识符）。

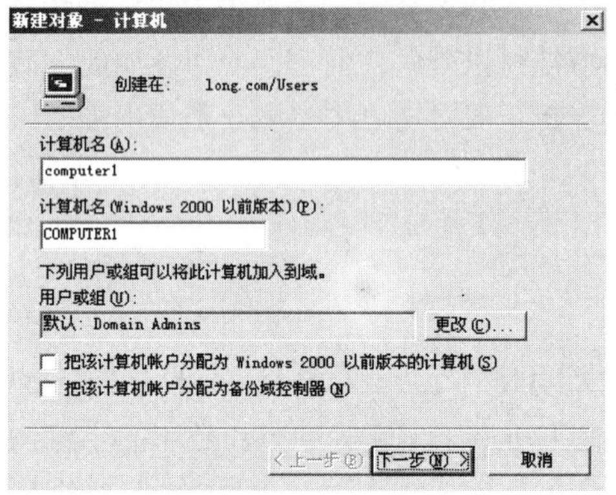

图 5-12 “新建对象- 计算机”对话框

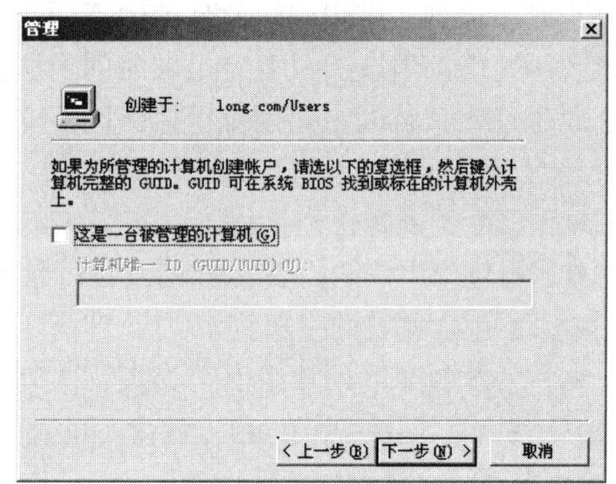

图 5-13 “管理”对话框

提示 每台计算机都有一个与之相连的全球唯一标识符 GUID。GUID 可以在系统 BIOS 或计算机外壳上找到。当然，只有品牌机才有该 GUID，而兼容机是没有的。

（2）修改用户属性

在“Active Directory 用户和计算机”对话框中，右击窗口的计算机名，在弹出的快捷菜单中选择“属性”选项，即可打开“计算机用户属性”对话框，如图 5-14 所示。在其中修改该计算机用户的相关属性，并将该计算机添加至用户组。

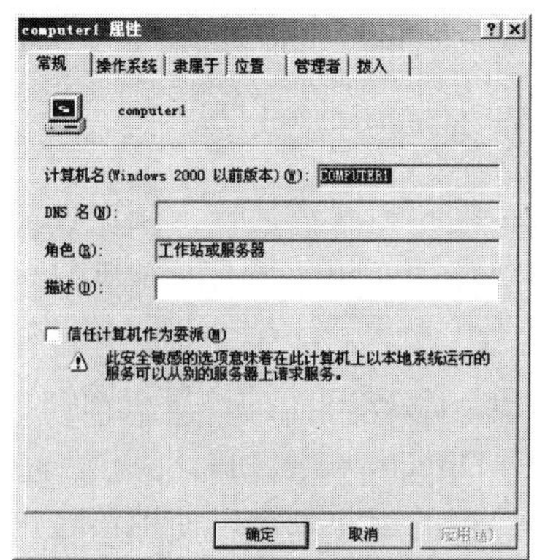

图 5-14 “计算机用户属性”对话框

5.3.2　管理域中的组账户

根据服务器的工作模式，组分为本地组和域组。5.2 节已经介绍了本地组，下面介绍域组。

1. 创建组

用户和组都可以在 Active Directory 中添加，但必须以 AD 中 Account Operators 组、Domain Admins 组或 Enterprise Admins 组成员的方式登录 Windows，或者必须有管理该活动目录的权限。除可以添加用户和组外，还可以添加联系人、打印机及共享文件夹等。

① 打开“Active Directory 用户和计算机”对话框，展开左窗格中的控制台目录树，右击目录树中的“Users”选项，或者选择“Users”选项并在右窗格的空白处右击，在弹出的快捷菜单中选择“新建”→“组”选项，或者直接单击工具栏中的“添加组”图标，均可打开“新建对象-组”对话框，如图 5-15 所示。

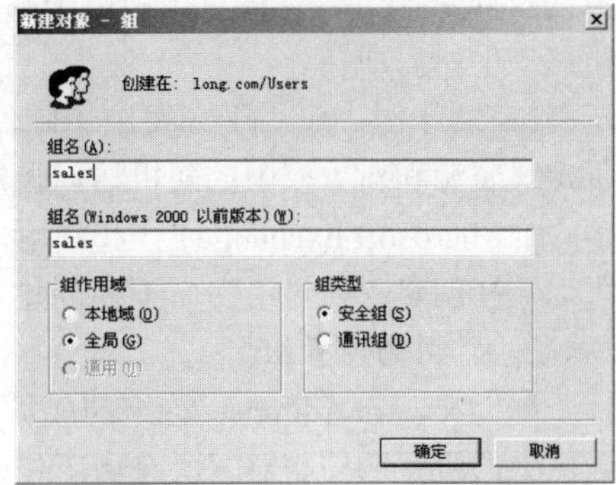

图 5-15　“新建对象-组”对话框

② 在“组名”文本框中输入该计算机账户的计算机名，“组名（Windows 2000 以前版本）”文本框可采用默认值。

③ 在“组作用域”选项组中选择组的作用域，即该组可以在网络上的哪些地方使用。本地域组只能在其所属域内使用，只能访问域内的资源；通用组则可以在所有的域内（如果网络内有两个以上的域，并且域之间建立了信任关系）使用，可以访问每一个域内的资源。组作用域有 3 个选项。

a. 本地域组。本地域组的概念是在 Windows 2000 中引入的。本地域组主要用于指定其所属域内的访问权限，以便访问该域内的资源。对于只拥有一个域的企业而言，建议选择“本地域组”选项。它的特征如下。

● 本地域组内的成员可以是任何一个域内的用户、通用组与全局组，也可以是同一个域内的本地域组，但不能是其他域内的域本地组。

● 域本地组只能访问同一个域内的资源，无法访问其他不同域内的资源。也就是说，当在某台计算机上设置权限时，可以设置同一域内的本地域组的权限，但无法设置其他域内的本地域组的权限。

b. 全局组。全局组主要用于组织用户，即可以将多个被赋予相同权限的用户账户加入到同一个全局组内。其特征如下。

● 全局组内的成员，只能包含所属域内的用户与全局组，即只能将同一个域内的用户或其他全局组加入到全局组内。

● 全局组可以访问任何一个域内的资源，即可以在任何一个域内设置全局组的使用权限，无论该全局组是否在同一个域内。

c. 通用组。通用组可以设置在所有域内的访问权限，以便访问所有域资源。其特征如下。

● 通用组成员可以包括整个域林（多个域）中任何一个域内的用户，但无法包含任何一个域内的本地域组。

● 通用组可以访问任何一个域内的资源，也就是说，可以在任何一个域内设置通用组的权限，无论该通用组是否在同一个域内。

这意味着，一旦将适当的成员添加到通用组，并赋予通用组执行任务的权利和赋予成员适当的访问资源权限，成员就可以管理整个企业。管理企业最有效的方式就是使用通用组，而不必使用其他类型的组。

④ 在“组类型”选项中选择组的类型，包括两个选项。

a．安全组。可以列在随机访问控制列表（DACL）中的组，该列表用于定义对资源和对象的权限。“安全组”也可用做电子邮件实体，给这种组发送电子邮件的同时也会将该邮件发给组中的所有成员。

b．通讯组。仅用于分发电子邮件并且没有启用安全性的组。不能将“通讯组”列在用于定义资源和对象权限的随机访问控制列表（DACL）中。“通讯组”只能与电子邮件应用程序（如 Microsoft Exchange）一起使用，以便将电子邮件发送到用户集合。如果仅仅为了安全，可以选择创建“通讯组”而不要创建“安全组”。

2. 常用的内置组

- Domain Admins：该组的成员具有对该域的完全控制权。默认情况下，该组是加入到该域中的所有域控制器、所有域工作站和所有域成员服务器上的 Administrators 组的成员。Administrator 账户是该组的成员，除非其他用户具备经验和专业知识，否则不要将他们添加到该组。
- Domain Computers：该组包含加入到此域的所有工作站和服务器。
- Domain Controllers：该组包含此域中的所有域控制器。
- Domain Guests 该组包含所有域来宾。
- Domain Users：该组包含所有域用户，即域中创建的所有用户账户都是该组成员。
- Enterprise Admins：该组只出现在林根域中。该组的成员具有对林中所有域的完全控制作用，并且该组是林中所有域控制器上 Administrators 组的成员。默认情况下，Administrator 账户是该组的成员。除非用户是企业网络问题专家，否则不要将他们添加到该组。
- Group Policy Creator Owners：该组的成员可修改此域中的组策略。默认情况下，Administrator 账户是该组的成员。除非用户了解组策略的功能和应用之后的后果，否则不要将他们添加到该组。
- Schema Admins：该组只出现在林根域中。该组的成员可以修改 Active Directory 架构。默认情况下，Administrator 账户是该组的成员。修改活动目录架构是对活动目录的重大修改，除非用户具备 Active Directory 方面的专业知识，否则不要将他们添加到该组。

3. 为组指定成员

用户组创建完成后，还需要向该组中添加组成员。组成员可以包括用户账户、联系人、其他组和计算机。例如，可以将一台计算机加入某组，使该计算机有权访问另一台计算机上的共享资源。

当新建一个用户组之后，可以为组指定成员，向该组中添加用户和计算机。

① 打开“Actvive Directoy 用户和计算机”对话框，展开左窗格中的控制台目录树，选择“Users”选项，在右窗格中右击要添加组成员的组，在弹出的快捷菜单中选择“属性”选项，打开组属性对话框，选择“成员”选项卡，如图 5-16 所示。

② 单击“添加”按钮，打开“选择用户、联系人或计算机”对话框，如图 5-17 所示。

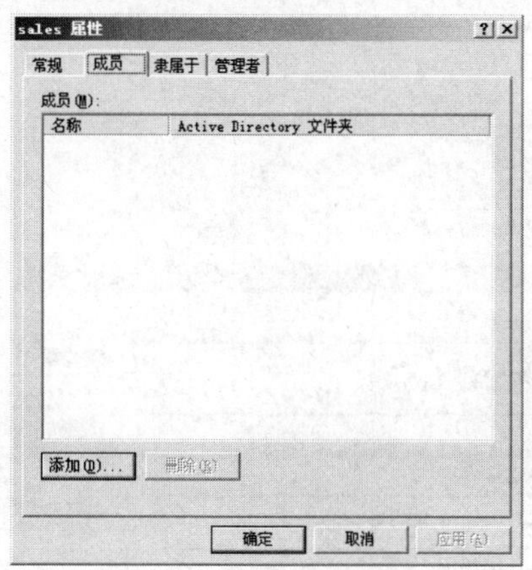

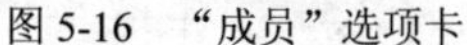
图 5-16　“成员”选项卡

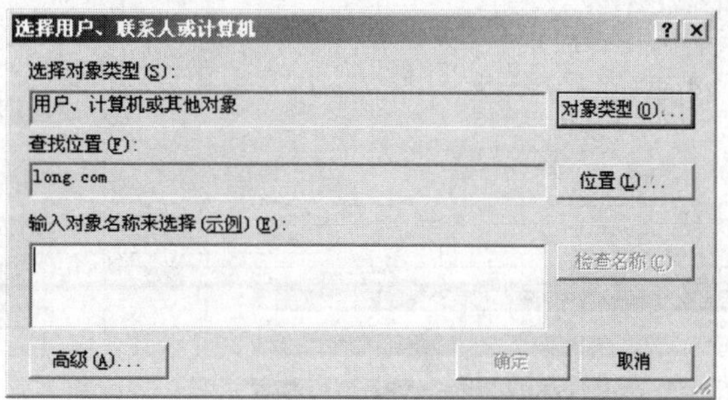

图 5-17　“选择用户、联系人或计算机”对话框

③ 单击“对象类型”按钮，打开“对象类型”对话框，如图 5-18 所示，选择“计算机”和“用户”复选框，单击“确定”按钮返回。

④ 单击“位置”按钮，打开“位置”对话框，在域名下选择“users”文件夹，如图 5-19 所示，单击“确定”按钮返回。

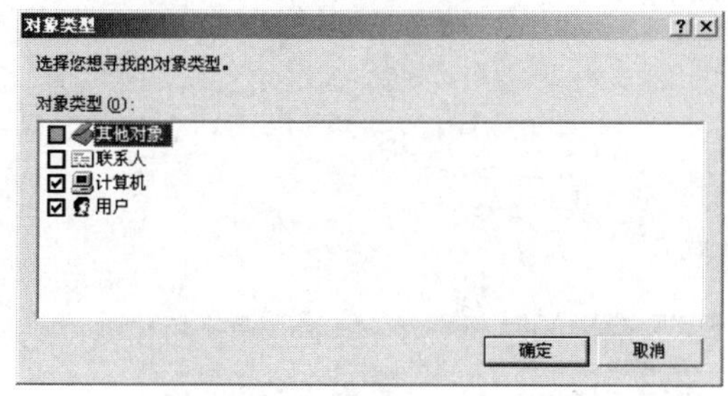

图 5-18　“对象类型”对话框

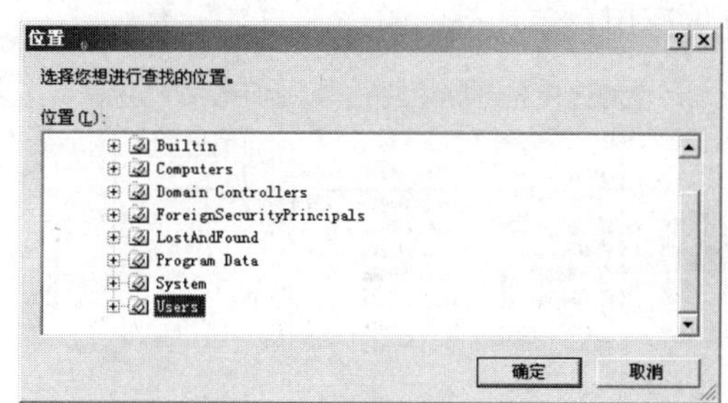

图 5-19　“位置”对话框

⑤ 单击“高级”按钮，打开“选择用户、联系人或计算机”对话框，如图 5-20 所示，单击“立即查找”按钮，列出所有用户和计算机账户。

⑥ 单击“确定”按钮，所选择的计算机和用户账户将被添加至该组，并显示在“输入对象名称来选择（示例）(E)”列表框中，如图 5-21 所示。当然，也可以直接在“输入对象名称来选择”列表框中直接输入要添加至该组的用户，用户之间用“;”分隔。

⑦ 单击“确定”按钮，返回至“组属性”对话框，所有被选择的计算机和用户账户被添加至该组，如图 5-22 所示。

4. 将用户添加至组

新建一个用户之后，可以将该用户添加至某个或某几个组。

① 在“Active Directory 用户和计算机”对话框中，展开左窗格中的控制台目录树，选择“Users”选项，在右窗格中右击要添加至用户组的用户名，在弹出的快捷菜单中选择“添加到组”选项，即可打开“选择组”对话框，可修改该计算机用户的相关属性，将该计算机添加至用户组。

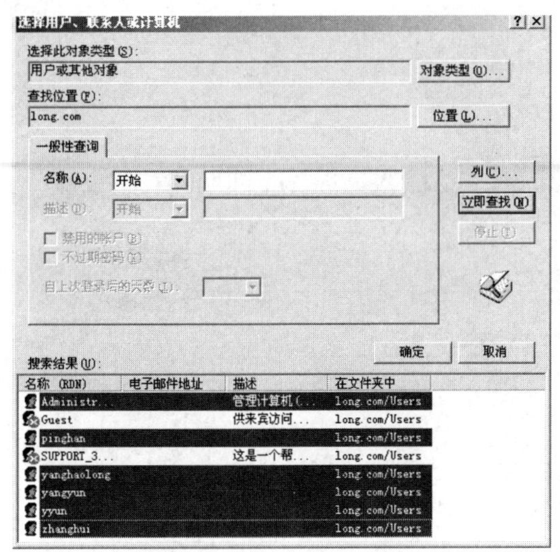

图 5-20 选择所有欲添加到组的用户

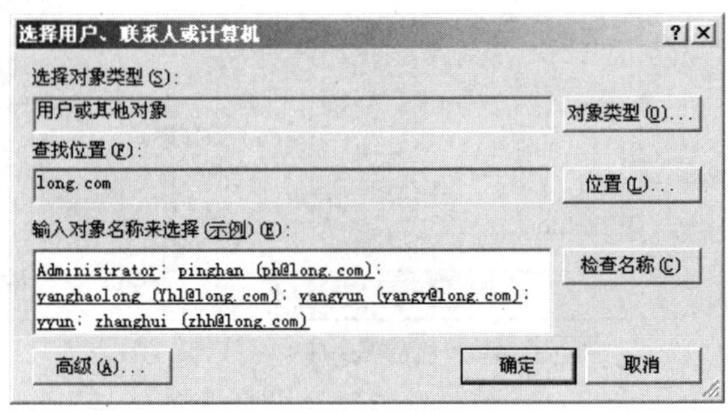

图 5-21 将计算机和用户账户添加到组

② 可以直接在“输入要选择的对象名称”列表框中输入要添加到的组，如图 5-23 所示；也可以采用浏览的方式，查找并选择要添加到的组。在图 5-23 所示的对话框中单击“高级”按钮，打开“搜索结果”对话框，单击“立即查找”按钮，列出所有用户组。在列表中选择要将该用户添加到的组。

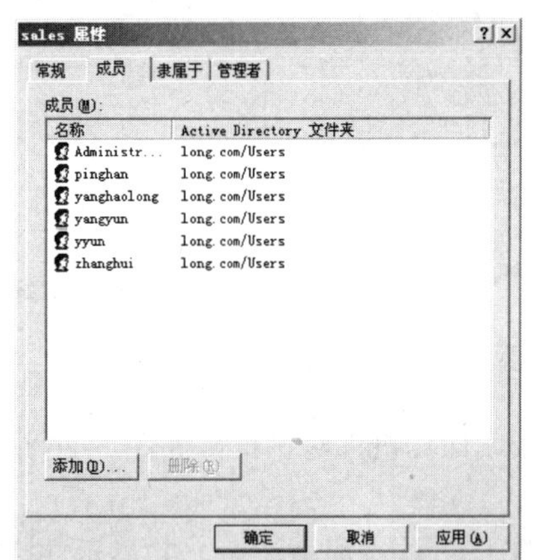

图 5-22 “Sales 属性”对话框

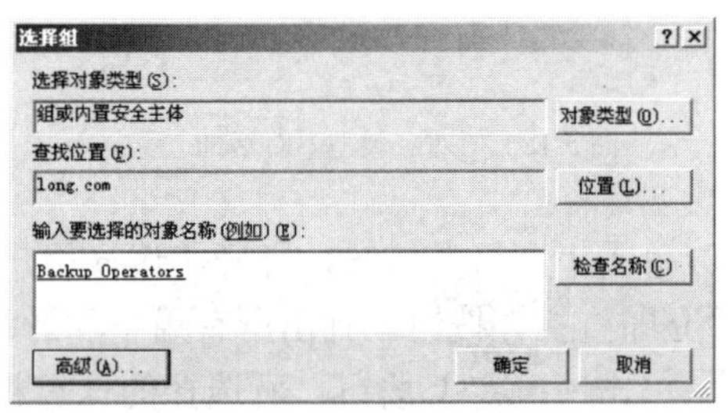

图 5-23 “选择组”对话框

③ 单击“确定”按钮，用户被添加到所选择的组中。

5. 查看用户组

① 在“Active Directory 用户和计算机”对话框中，展开左窗格中的控制台目录树，选择“users”选项，在右窗格中右击欲查看的用户组，在弹出的快捷菜单中选择“属性”选项，即可打开“组属性”对话框，选择“成员”选项卡，如图 5-24 所示，显示该用户组所拥有的所有计算机和用户账户。

② 在“Active Directory 用户和计算机”对话框中右击用户，并在弹出的快捷菜单中选择“属性”选项，打开“用户属性”对话框，选择“隶属于”选项卡，如图 5-25 所示，显示该用户属于的所有用户组。

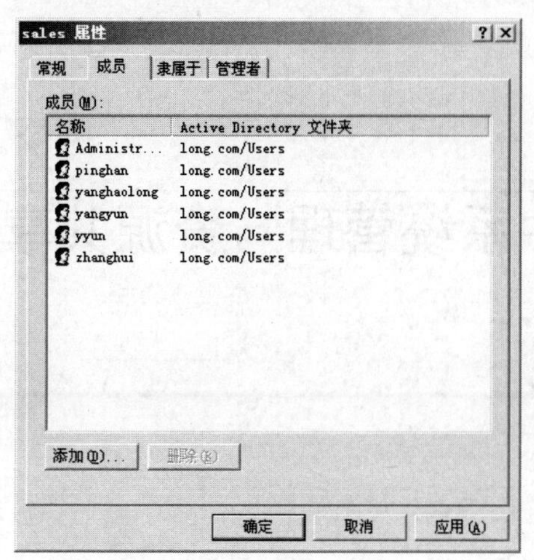

图 5-24　“Sales 属性”对话框

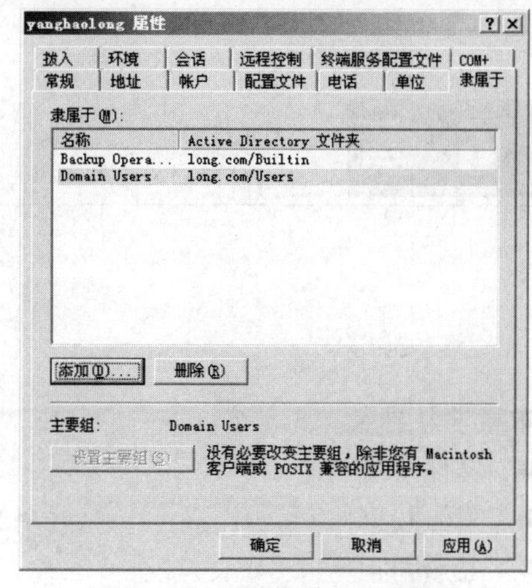

图 5-25　“用户属性”对话框

5.4　习　　题

一、填空题

（1）账户的类型分为________、________、________。

（2）根据服务器的工作模式，组分为________、________。

（3）工作组模式下，用户账户存储在________中；域模式下，用户账户存储在________中。

二、选择题

（1）在设置域账户属性时（　　）项目是不能被设置的。

A．账户登录时间　　B．账户的个人信息

C．账户的权限　　D．指定账户登录域的计算机

（2）下列（　　）账户名不是合法的账户名。

A．abc_234　　B．Linux book

C．doctor*　　D．addeofHELP

三、简答题

（1）简述工作组和域的区别。

（2）简述通用组、全局组和本地域组的区别。

第 6 章

文件系统管理与资源共享

本章学习要点

- 文件系统
- 资源共享
- 卷影副本
- NTFS 权限管理
- EFS 加密与压缩
- 分布式文件系统

6.1 Windows Server 2003 支持的文件系统

文件和文件夹是计算机系统组织数据的集合单位，Windows Server 2003 提供了强大的文件管理功能，其 NTFS 文件系统具有高安全性能，用户可以十分方便地在计算机或网络上处理、使用、组织、共享和保护文件及文件夹。

文件系统则是指文件命名、存储和组织的总体结构，运行 Windows Server 2003 的计算机的磁盘分区可以使用 3 种类型的文件系统：FAT16、FAT32 和 NTFS。

6.1.1 FAT 文件系统

FAT（File Allocation Table）指的是文件分配表，包括 FAT16 和 FAT32 两种。FAT 是一种适合小卷集、对系统安全性要求不高、需要双重引导的用户应选择使用的文件系统。

1. FAT 文件系统简介

在推出 FAT32 文件系统之前，通常 PC 机使用的文件系统是 FAT16，例如，MS-DOS、Windows 95 等系统。FAT16 支持的最大分区是 2^{16}（即 65536）个簇，每簇 64 个扇区，每扇区 512 字节，所以最大支持分区为 2.147 GB。FAT16 最大的缺点就是簇的大小是和分区有关的，这样当外存中存放较多小文件时，会浪费大量的空间。FAT32 是 FAT16 的派生文件系统，支持大到 2TB（2048 GB）的磁盘分区，它使用的簇比 FAT16 小，从而有效地节约了磁盘空间。

FAT 文件系统是一种最初用于小型磁盘和简单文件夹结构的简单文件系统，它向后兼容，最大的优点是适用于所有的 Windows 操作系统。另外，FAT 文件系统在容量较小的卷上使用比较好，因为 FAT 启动只使用非常少的开销。FAT 在容量低于 512 MB 的卷上工作最好，当卷容量超过 1.024 GB 时，效率就显得很低。对于 400～500 MB 的卷，FAT 文件系统相对于 NTFS 文件系统来说是一个比较好的选择。不过对于使用 Windows Server 2003 的用户来说，FAT 文件系统则不能满足系统的要求。

2. FAT 文件系统的优缺点

FAT 文件系统的优点主要是所占容量与计算机的开销很少，支持各种操作系统，在多种操作系统之间可移植。这使得 FAT 文件系统可以方便地用于传送数据，但同时也带来较大的安全隐患，从机器上拆下 FAT 格式的硬盘，几乎可以把它装到任何其他计算机上，不需要任何专用软件即可直接读写。FAT 系统的缺点主要如下。

- 容易受损害：由于缺少恢复技术，易受损害。
- 单用户：FAT 文件系统是为类似于 MS-DOS 这样的单用户操作系统开发的，它不保存文件的权限信息。
- 非最佳更新策略：FAT 文件系统在磁盘的第一个扇区保存其目录信息，当文件改变时，FAT 必须随之更新，这样磁盘驱动器就要不断地在磁盘表寻找，当复制多个小文件时，这种开销就变得很大。
- 没有防止碎片的最佳措施：FAT 文件系统只是简单地以第一个可用扇区为基础来分配空间，这会增加碎片，因此也就加长了增加文件与删除文件的访问时间。
- 文件名长度受限：FAT 限制文件名不能超过 8 个字符，扩展名不能超过 3 个字符。

Windows 操作系统在很大程度上依赖于文件系统的安全性来实现自身的安全性。没有文件系统的安全防范，就没办法阻止他人不适当地删除文件或访问某些敏感信息。从根本上说，没有文件系统的安全，系统就没有安全保障。因此，对于安全性要求较高的用户来讲，FAT 就不太合适。

6.1.2　NTFS 文件系统

NTFS（New Technology File System）是 Windows Server 2003 推荐使用的高性能文件系统，它支持许多新的文件安全、存储和容错功能，而这些功能也正是 FAT 文件系统所缺少的。

1. NTFS 简介

NTFS 是从 Windows NT 开始使用的文件系统，它是一个特别为网络和磁盘配额、文件加密等管理安全特性设计的磁盘格式。NTFS 文件系统包括了文件服务器和高端个人计算机所需的安全特性，它还支持对于关键数据以及十分重要的数据访问控制和私有权限。除了可以赋予计算机中的共享文件夹特定权限外，NTFS 文件和文件夹无论共享与否都可以赋予权限，NTFS 是唯一允许为单个文件指定权限的文件系统。但是，当用户从 NTFS 卷移动或复制文件到 FAT 卷时，NTFS 文件系统权限和其他特有属性将会丢失。

NTFS 文件系统设计简单但功能强大，从本质上讲，卷中的一切都是文件，文件中的一切都是属性，从数据属性到安全属性，再到文件名属性，NTFS 卷中的每个扇区都分配给了某个文件，甚至文件系统的超数据（描述文件系统自身的信息）也是文件的一部分。

2. NTFS 文件系统的优点

NTFS 文件系统是 Windows Server 2003 推荐的文件系统，它具有 FAT 文件系统的所有基本功能，并且提供 FAT 文件系统所没有的优点。

- 更安全的文件保障，提供文件加密，能够大大提高信息的安全性。
- 更好的磁盘压缩功能。
- 支持最大达 2TB 的大硬盘，并且随着磁盘容量的增大，NTFS 的性能不像 FAT 那样随之降低。

- 可以赋予单个文件和文件夹权限。对同一个文件或者文件夹为不同用户可以指定不同的权限，在 NTFS 文件系统中，可以为单个用户设置权限。
- NTFS 文件系统中设计的恢复能力，无需用户在 NTFS 卷中运行磁盘修复程序。在系统崩溃事件中，NTFS 文件系统使用日志文件和复查点信息自动恢复文件系统的一致性。
- NTFS 文件夹的 B-Tree 结构使得用户在访问较大文件夹中的文件时，速度甚至比访问卷中较小文件夹中的文件还快。
- 可以在 NTFS 卷中压缩单个文件和文件夹。NTFS 系统的压缩机制可以让用户直接读写压缩文件，而不需要使用解压软件将这些文件展开。
- 支持活动目录和域。此特性可以帮助用户方便灵活地查看和控制网络资源。
- 支持稀疏文件。稀疏文件是应用程序生成的一种特殊文件，文件尺寸非常大，但实际上只需要很少的磁盘空间，也就是说，NTFS 只需要给这种文件实际写入的数据分配磁盘存储空间。
- 支持磁盘配额。磁盘配额可以管理和控制每个用户所能使用的最大磁盘空间。

如果安装 Windows Server 2003 系统时采用了 FAT 文件系统，用户也可以在安装完毕之后，使用命令 convert.exe 把 FAT 分区转化为 NTFS 分区。

```
Convert  D:/FS:NTFS
```

上面的命令是将 D 盘转换成 NTFS 格式。无论是在运行安装程序中还是在运行安装程序之后，相对于重新格式化磁盘来说，这种转换不会使用户的文件受到损害。但由于 Windows 95/98 系统不支持 NTFS 文件系统，所以在要配置双重启动系统时，即在同一台计算机上同时安装 Windows Server 2003 和其他操作系统（如 Windows 98），则可能无法从计算机上的另一个操作系统访问 NTFS 分区上的文件。

3. NTFS 的安全特性

NTFS 实现了很多安全功能，包括基于用户和组账号的许可权、审计、拥有权、可靠的文件清除和上一次访问的时间标记等安全特性。

① 许可权：NTFS 能记住哪些用户或组可以访问哪些文件或记录，并为不同的用户提供不同的访问等级。

② 审计：Windows Server 2003 可将与 NTFS 安全有关的事件记录到安全记录中，日后可利用“事件查看器”进行查看，系统管理员可以设置哪些方面要进行审计以及详尽到何种程度。

③ 拥有权：NTFS 能记住文件的所属关系，创建文件或目录的用户自动成为该文件的拥有者，并拥有对它的全部权限。管理员或具有相应许可的人可以接受文件或目录的拥有权。

④ 可靠的文件清除：NTFS 会回收未分配的磁盘扇区中的数据，对这种扇区的访问将返回 0 值，这样可以防止利用对磁盘的低层次访问去恢复已经被删除的扇区数据。

⑤ 上次访问时间标记：NTFS 能够记录文件上次被打开（用于任何访问）的时间。当需要确定系统被侵入的程度时，该功能就变得尤为重要。

⑥ 自动缓写功能：NTFS 是一种基于记录的文件系统，它要记录文件和目录的变化，还记录在系统失效情况下如何取消（Undo）和重作（Redo）这些变更。该特性使 NTFS 文件系统比 FAT 文件系统具有更强的稳定性。

⑦ 热修复功能：热修复技术（Hot Fixing）使 NTFS 能容忍磁介质正常老化过程而不丢

失数据。当扇区发生写故障时，NTFS 会自动进行检测，把有故障的簇加上不能使用标记，并写入新簇。硬盘的热修复只能在硬件支持热修复的 SCSI 驱动器上实现。

⑧ 磁盘镜像功能：磁盘镜像技术（Disk Mirroring）能容忍系统中的一个硬盘完全损坏。NTFS 允许指定同样大小的两个分区作为镜像卷，在两个位置上保存同样的数据。如果任何一个发生了故障，则可使用它的镜像，直至有故障的分区被替换。

⑨ 有校验的磁盘条带化：NTFS 允许在多个硬盘上创建条带集，可以同时访问这些硬盘，一个硬盘上保存着其余硬盘空间上所有数据的算术和，可以用它重新计算条带集中任何发生故障的硬盘所含的数据，这意味着在多磁盘环境下任何一个磁盘的故障都不会引起系统的崩溃。它是用磁盘管理程序建立的，因此在引导分区或系统分区不能使用磁盘条带，必须先加载 NTFS 驱动器才能识别条带集。

⑩ 文件加密：在 Windwos Server 2003 的 NTFS 文件系统中支持新的“加密文件系统”功能，可以加密硬盘上的重要文件，以保证文件的安全。只有那些拥有系统管理员权限的用户才能访问这些加密文件，这使得 Windows Server 2003 特别适合用作公司 IIS 服务器或大型数据库的文件系统。

6.2　资 源 共 享

6.2.1　设置资源共享

为安全起见，默认状态下，服务器中所有的文件夹都不被共享。而创建文件服务器时，又只创建一个共享文件夹。因此，若要授予用户某种资源的访问权限时，必须先将该文件夹设置为共享，然后再赋予授权用户相应的访问权限。创建不同的用户组，并将拥有相同访问权限的用户加入到同一用户组，会使用户权限的分配变得简单而快捷。

1. 手工设置共享文件夹

创建共享文件夹向导是 Windows Server 2003 中的新增功能。同以前的 Windows 操作系统一样，在 Windows Server 2003 中还可以手工设置共享文件夹。

① 打开资源管理器，右击需要设置为共享资源的文件夹，在弹出的快捷菜单中选择“共享和安全”选项，打开如图 6-1 所示的对话框。

② 在对话框中选择“共享该文件夹”单选项，并为共享文件夹设置共享名称和简单的描述内容。若单击“权限”按钮，还可以设置共享权限。

还可以设置允许同时使用该文件夹的用户数和缓存。限制可同时使用该文件夹的用户数，可以保持该共享文件夹的网络访问响应速度，这对于性能较差的文件服务器非常有用。设置缓存选项是指用户在访问该文件夹时是否将其中的文件缓存到自己的计算机硬盘上，从而使得用户在离线时还可使用这些共享资源。

设置完选项后，单击“确定”按钮关闭所有的对话框，共享文件夹就设置好了。可以看到，设置为共享资源的文件夹下面有一个小手图标托着。

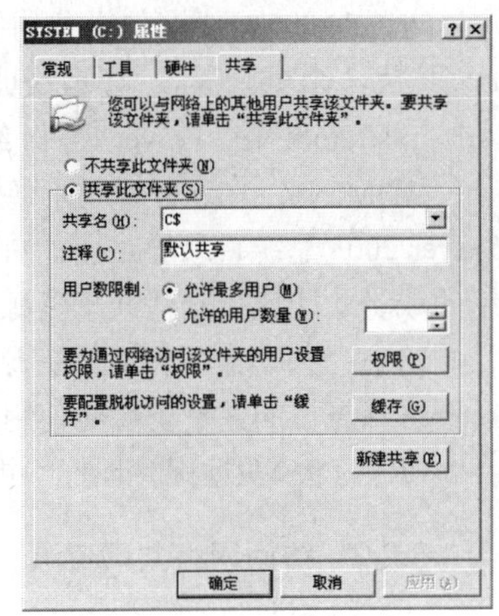

图 6-1　建立共享

2. 在“计算机管理”对话框中设置共享资源

① 执行“开始”→“程序”→“管理工具”→“计算机管理”→“共享文件夹”命令，展开左窗格中的“共享文件夹”，如图 6-2 所示。该“共享文件夹”提供有关本地计算机上的所有共享、会话和打开文件的相关信息，可以查看本地和远程计算机的连接和资源使用概况。

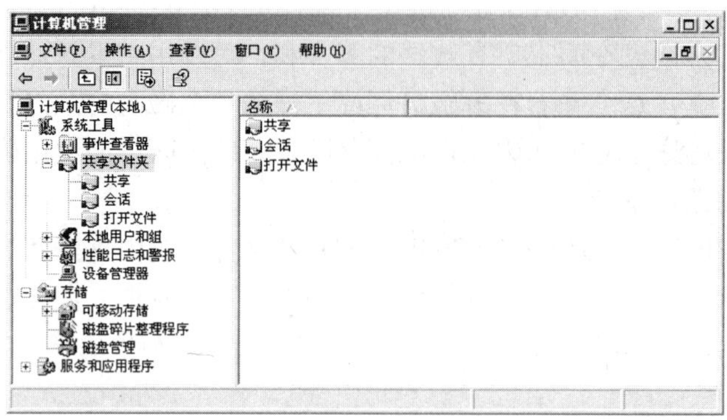

图 6-2 “计算机管理-共享文件夹”对话框

注意：共享名称后带有“$”符号的是隐藏共享，对于隐藏共享，网络上的用户无法通过网上邻居直接浏览到。

② 在右窗格中右击“共享”图标，在弹出的快捷菜单中选择“新建共享”选项，即可打开“共享文件夹向导”对话框。操作过程与前面类似，不再详述。

3. 特殊共享

前面提到的共享资源中有一些是系统自动创建的，如 C$、IPC$等。这些系统自动创建的共享资源就是这里所指的“特殊共享”，它们是 Windows Server 2003 用于本地管理和系统使用的。一般情况下，用户不应该删除或修改这些特殊共享。

由于被管理计算机的配置情况不同，共享资源中所列出的这些特殊共享也会有所不同。

下面列出了一些常见的特殊共享。

driveletter$：为存储设备的根目录创建的一种共享资源。显示形式为 C$、D$等。例如，D$号是一个共享名，管理员通过它可以从网络上访问驱动器。值得注意的是，只有 Administrators 组、Power Users 组和 Server Operators 组的成员才能连接这些共享资源。

ADMIN$：在远程管理计算机的过程中系统使用的资源。该资源的路径通常指向 Windows Server 2003 系统目录的路径。同样，只有 Administrators 组、PowerUsers 组和 Server Operators 组的成员才能连接这些共享资源。

IPC$：共享命名管道的资源，它对程序之间的通信非常重要。在远程管理计算机的过程及查看计算机的共享资源时使用。

PRINT$：在远程管理打印机的过程中使用的资源。

6.2.2 访问网络共享资源

企业网络中的客户端计算机，可以根据需要采用不同方式访问网络共享资源。

1. 使用网上邻居

通过网上邻居访问网络上的共享资源是最简便的方法。打开网上邻居后，可以看到几个项目："添加网上邻居"、"整个网络"和"邻近的计算机"。

"添加网上邻居"用于创建一个指向指定网络位置的快捷方式。

打开"整个网络"对话框，可以看到网络中的各个工作组和域，进一步打开某个工作组可以看到工作组中的所有计算机。

"邻近的计算机"只显示同一个工作组或域内的计算机。

双击某个计算机图标后，会列出该计算机上的所有共享资源（隐藏共享除外），直接双击某个共享就可以进行访问了。网上邻居的缺陷是计算机列表中经常缺少某个计算机，而这个计算机实际上并没有从网络上脱机，这与网上邻居的工作原理有关。为此有时需要使用其他方法访问共享资源。

2. 使用 UNC 路径

UNC（Universal Namimg Conversion，通用命名标准），是用于命名文件和其他资源的一种约定，以两个反斜杠"\"开头，指明该资源位于网络计算机上。UNC 路径的格式为：

\\Servername\sharename

其中 Servername 是服务器的名称，也可以用 IP 地址代替，而 sharename 是共享资源的名称。目录或文件的 UNC 名称也可以把目录路径包括在共享名称之后，其语法格式如下：

\\Servername\sharename\directory\filename。

可以在"开始"菜单的"运行"对话框或者资源管理器地址栏中输入 UNC 路径，访问相关的网络共享资源。对于隐藏共享，只能通过 UNC 路径访问。

3. 映射网络驱动器

对于经常访问的网络资源，可以通过映射网络驱动器的方式进行访问。对于映射的网络驱动器，系统可以在每次用户登录时重新自动连接网络资源，避免了每次手工连接网络资源。

下面介绍映射网络驱动器的方法。

① 打开"资源管理器"对话框。

② 执行"工具"→"映射网络驱动器"命令，打开如图 6-3 所示的对话框。

③ 选择驱动器号，并指定要访问的网络资源。可以单击"浏览"按钮查找网络资源，也可以直接输入网络资源的 UNC 路径。

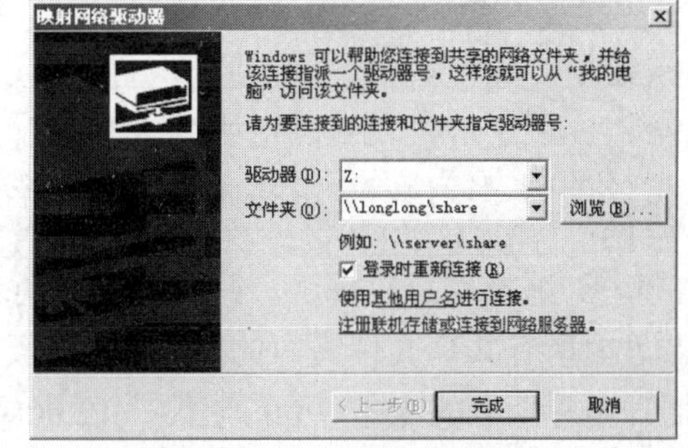

图 6-3　映射网络驱动器

除了使用上述方法以外，还可以使用命令行工具：

net use drive \\Servername\sharename

例如要将网络上的共享文件夹\\longlong\share 映射为本地的驱动器 Z，可以使用以下命令：

```
net use z: \\longlong\share
```

当不再使用某个映射的网络驱动器时，可以在资源管理器的"工具"菜单中选择"断开网络驱动器"，或者使用命令：

```
net use z: /delete
```

6.2.3　卷影副本

用户可以通过"共享文件夹的卷影副本"功能，让系统自动在指定的时间将所有共享文件夹内的文件复制到另外一个存储区内备用。当用户通过网络访问共享文件夹内的文件时，将文件删除或者修改文件的内容后，却反悔想要救回该文件或者想要还原文件的原来内容时，他可以通过“卷影副本”存储区内的旧文件来达到目的，因为系统之前已经将共享文件夹内的所有文件，都复制到“卷影副本”存储区内了。

1. 启用“共享文件夹的卷影副本”功能

在共享文件夹所在的计算机启用“共享文件夹的卷影副本”功能的步骤如下。

① 执行“开始”→“管理工具”→“计算机管理”命令，打开“计算机管理”对话框。

② 右击“共享文件夹”，在弹出的快捷菜单中选择“所有任务”→“配置卷影副本”选项，如图 6-4 所示。

③ 在“卷影副本”对话框中，选择要启用“卷影复制”的驱动器（例如 F:），单击“启用”按钮，如图 6-5 所示。

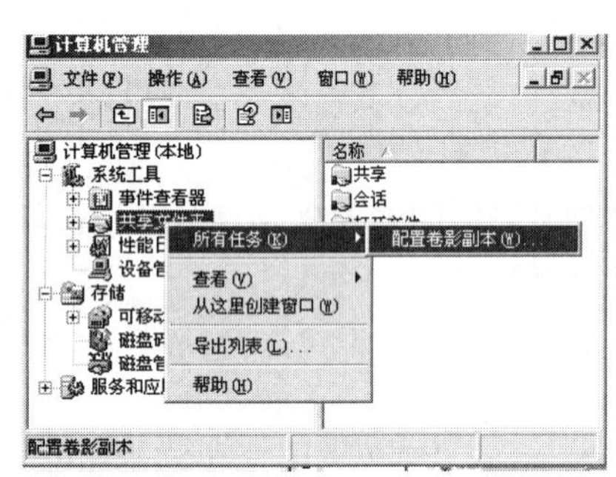

图 6-4 “配置卷影副本”对话框

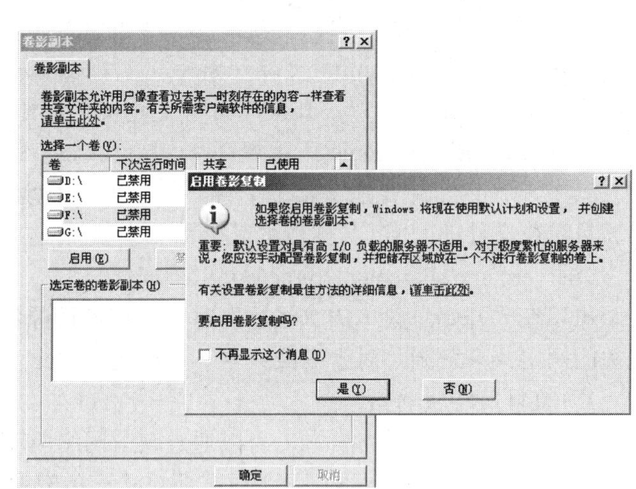

图 6-5 “启用卷影复制”对话框

用户还可以双击“我的电脑”，然后右击任意一个磁盘分区，选择“属性”→“卷影副本”，同样能启用“共享文件夹的卷影复制”。

④ 单击“是”按钮。此时，系统会自动为该磁盘创建第一个“卷影副本”，也就是将该磁盘内所有共享文件夹内的文件都复制到“卷影副本”存储区内，而且系统默认以后会在星期一至星期五的上午 7:00 与下午 12:00 两个时间点，分别自动添加一个“卷影副本”，也就是在这两个时间到达时，会将所有共享文件夹内的文件复制到“卷影副本”存储区内备用。

⑤ 如图 6-6 所示，F:磁盘已经有两个“卷影副本”，用户还可以随时单击图中的“立即创建”按钮，自行创建新的“卷影副本”。用户在还原文件时，可以选择在不同时间点所创建的“卷影副本”内的旧文件来还原文件。

“卷影副本”内的文件只可以读取，不可以修改，而且每个磁盘最多只可以有 64 个“卷影副本”，如果达到此限制时，则最旧版本的“卷影副本”会被删除。

⑥ 系统会以共享文件夹所在磁盘的磁盘空间决定“卷影副本”存储区的容量大小，默

认配置该磁盘空间的10%作为“卷影副本”的存储区，而且该存储区最小需要100 MB。如果要更改其容量，单击图 6-6 中的“设置”按钮，打开如图 6-7 所示的“设置”对话框。然后在图中的“最大值”处来更改设置，在图中还可以单击“计划”按钮来更改自动创建“卷影副本”的时间点。用户还可以通过图中的“位于此卷”来更改存储“卷影副本”的磁盘，不过必须在启用“卷影副本”功能前更改，启用后就无法更改了。

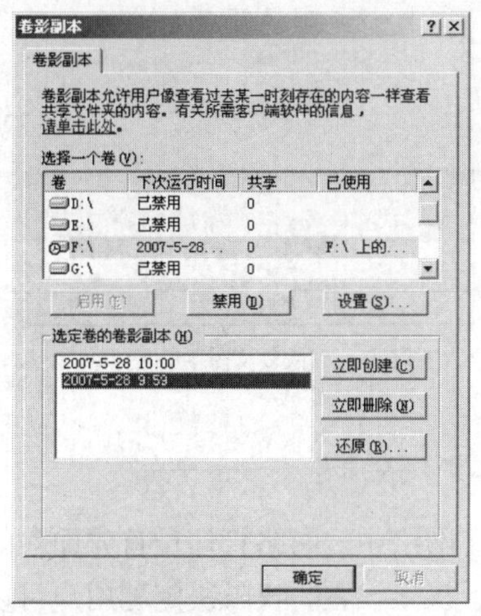

图 6-6　“卷影副本”列表对话框

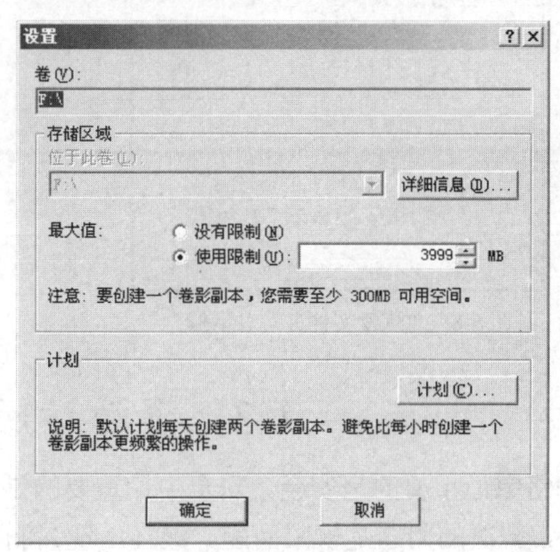

图 6-7　“设置”对话框

2．客户端访问“卷影副本”内的文件

客户端计算机必须先安装用来访问“卷影副本”文件的软件，以基于 x86 的客户端计算机来说，此软件位于 Windows Server 2003 服务器的“%WinDir%\System32\Clients\twclient\x86”目录中，安装文件是 twcli32.msi。也可以 http://www.microsoft.com/Windows Server 2003/downloads/shadowcopyclient.mspx 处下载。客户端的安装过程比较简单，我们以 Windows XP 为例谈谈如何在客户端使用“卷影副本”服务。

在任意一台安装有“卷影副本”的客户端计算机上通过 UNC 路径进入希望还原的共享文件或文件夹，在空白处右击，在弹出的快捷菜单中选择“属性”选项。在打开的文件夹属性对话框中选择“以前的版本”选项卡，如图 6-8 所示，接着在“文件夹版本”列表框中选择某个时间点创建的副本文件，通过单击“查看”按钮可查看该时间点内的文件夹内容，通过单击“复制”按钮可以将该时间点的“aa”文件夹复制到其他位置，通过单击“还原”按钮可以将文件夹还原到该时间点的状态。此外，还可以直接查看、复制、还原“卷影副本”里的文件，通过 UNC 路径打开需要还原的文件的“属性”对话框，如图 6-9 所示，就可以进行相关操作了。

对于 Windows 9x/NT 和未安装 SP3 的 Windows 2000 系统，在安装“卷影副本”客户端以前必须先安装 Windows Installer 2.0。

如果要还原被删除的文件，请在连接到共享文件夹后，右击文件列表对话框中空白的区域，在弹出的快捷菜单中选择“属性”选项，选择“以前的版本”选项卡，选择旧版本的文件夹，单击“查看”按钮，然后复制需要还原的文件。

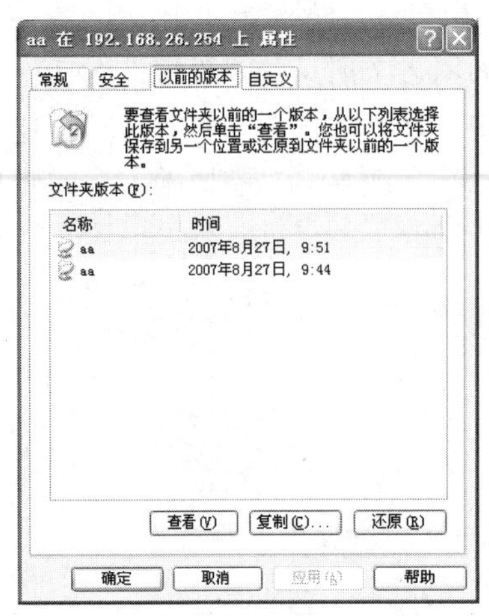

图 6-8 “恢复文件夹”对话框

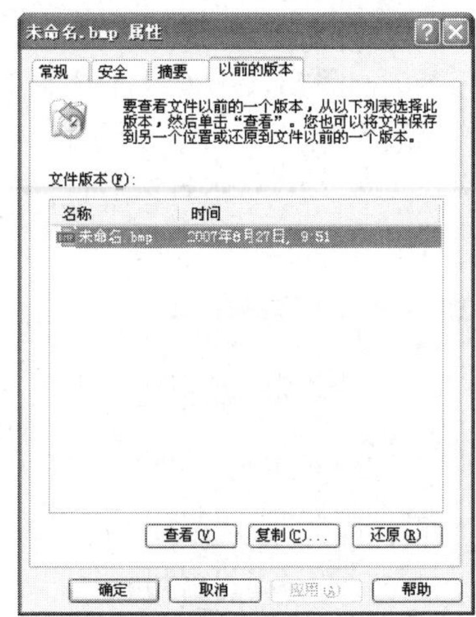

图 6-9 “恢复文件”对话框

6.3 资源访问权限的控制

网络中最重要的是安全，安全中最重要的是权限。在网络中，网络管理员首先面对的是权限，日常解决的问题是权限问题，最终出现漏洞还是由于权限设置。权限决定着用户可以访问的数据、资源，也决定着用户享受的服务，更甚者，权限决定着用户拥有什么样的桌面。理解 NTFS 和它的能力，对于高效地在 Windows Server 2003 中实现这种功能来说是非常重要的。

6.3.1 NTFS 权限的概述

利用 NTFS 权限，可以控制用户账号和组对文件夹和个别文件的访问。

NTFS 权限只适用于 NTFS 磁盘分区。NTFS 权限不能用于由 FAT 或者 FAT32 文件系统格式化的磁盘分区。

Windows 2000/2003 只为用NTFS进行格式化的磁盘分区提供NTFS权限。为了保护NTFS磁盘分区上的文件和文件夹，要为需要访问该资源的每一个用户账号授予 NTFS 权限。用户必须获得明确的授权才能访问资源。用户账号如果没有被组授予权限，它就不能访问相应的文件或者文件夹。不管用户是访问文件还是访问文件夹，也不管这些文件或文件夹是在计算机上，还是在网络上，NTFS 的安全性功能都有效。

对于 NTFS 磁盘分区上的每一个文件和文件夹，NTFS 都存储一个远程访问控制列表（ACL)。ACL 中包含有那些被授权访问该文件或者文件夹的所有用户账号、组和计算机，还包含他们被授予的访问类型。为了让一个用户访问某个文件或者文件夹，针对用户账号、组或者该用户所属的计算机，ACL 中必须包含一个相对应的元素，这样的元素叫做访问控制元素（ACE)。为了让用户能够访问文件或者文件夹，访问控制元素必须具有用户所请求的访问类型。如果 ACL 中没有相应的 ACE 存在，Windows Server 2003 就拒绝该用户访问相应的资源。

1. NTFS 权限的类型

可以利用 NTFS 权限指定哪些用户、组和计算机能够访问文件和文件夹。NTFS 权限也指明哪些用户、组和计算机能够操作文件中或者文件夹中的内容。

（1）NTFS 文件夹权限

可以通过授予文件夹权限，来控制对文件夹和包含在这些文件夹中的文件和子文件夹的访问。表 6-1 列出了可以授予的标准 NTFS 文件夹权限和各个权限提供的访问类型。

表 6-1　标准 NTFS 文件夹权限列表

NTFS 文件夹权限	允许访问类型
读取（Read）	查看文件夹中的文件和子文件夹，查看文件夹属性、拥有人和权限
写入（Write）	在文件夹内创建新的文件和子文件夹，修改文件夹属性，和查看文件夹的拥有人和权限
列出文件夹内容（List Folder Contents）	查看文件夹中的文件和子文件夹的名
读取和运行（Read & Execute）	遍历文件夹，和执行允许“读取”权限和“列出文件夹内容”权限的动作
修改（Modify）	删除文件夹、执行 “写入”权限和“读取和运行”权限的动作
完全控制（Full Control）	改变权限，成为拥有人，删除子文件夹和文件，以及执行允许所有其他 NTFS 文件夹权限进行的动作

“只读”、“隐藏”、“归档”和“系统文件”等都是文件夹属性，不是 NTFS 权限。

（2）NTFS 文件权限

可以通过授予文件权限，控制对文件的访问。表 6-2 列出了可以授予的标准 NTFS 文件权限和各个权限提供给用户的访问类型。

表 6-2　标准 NTFS 文件权限列表

NTFS 文件权限	允许访问类型
读取（Read）	读文件，查看文件属性、拥有人和权限
写入（Write）	覆盖写入文件，修改文件属性，和查看文件拥有人和权限
读取和运行（Read & Execute）	运行应用程序，和执行由“读取”权限进行的动作
修改（Modify）	修改和删除文件，和执行由“写入”权限和“读取和运行”权限进行的动作
完全控制（Full Control）	改变权限，成为拥有人，和执行允许所有其他 NTFS 文件权限进行的动作

无论有什么权限保护文件，被准许对文件夹进行“完全控制”的组或用户都可以删除该文件夹内的任何文件。尽管“列出文件夹内容”和“读取和运行”看起来有相同的特殊权限，但这些权限在继承时却有所不同。“列出文件夹内容”可以被文件夹继承而不能被文件继承，并且它只在查看文件夹权限时才会显示。“读取和运行”可以被文件和文件夹继承，并且在查看文件和文件夹权限时始终出现。

2. 多重 NTFS 权限

如果将针对某个文件或者文件夹的权限授予了个别用户账号，又授予了某个组，而该用户是该组的一个成员，那么该用户就对同样的资源有了多个权限。关于 NTFS 如何组合多个权限，存在一些规则和优先权。除此之外，在复制或者移动文件和文件夹时，对权限也会产生影响。

（1）权限是累积的

一个用户对某个资源的有效权限是授予这一用户账号的 NTFS 权限与授予该用户所属组的 NTFS 权限的组合。例如，如果某个用户 Long 对某个文件夹 Folder 有“读取”权限，该用户 Long 是某个组 Sales 的成员，而该组 Sales 对该文件夹 Folder 有“写入”权限，那么该用户 Long 对该文件夹 Folder 就有“读取”和“写入”两种权限。

（2）文件权限超越文件夹权限

NTFS 的文件权限超越 NTFS 的文件夹权限。例如，某个用户对某个文件有“修改”权限。那么即使他对于包含该文件的文件夹只有“读取”权限，他仍然能够修改该文件。

（3）拒绝权限超越其他权限

可以拒绝某用户账号或者组对特定文件或者文件夹的访问，为此，将“拒绝”权限授予该用户账号或者组即可。这样，即使某个用户作为某个组的成员具有访问该文件或文件夹的权限，但是因为将“拒绝”权限授予该用户，所以该用户具有的任何其他权限也被阻止了。因此，对于权限的累积规则来说，“拒绝”权限是一个例外。应该避免使用“拒绝”权限，因为允许用户和组进行某种访问比明确拒绝他们进行某种访问更容易做到。应该巧妙地构造组和组织文件夹中的资源，使各种各样的“允许”权限就足以满足需要，从而可避免使用“拒绝”权限。

例如，用户 Long 同时属于 Sales 组和 Manager 组，文件 File1 和 File2 是文件夹 Folder 下面的两个文件。其中，Long 拥有对 Folder 的读取权限，Sales 拥有对 Folder 的读取和写入权限，Manager 则被禁止对 File2 的写操作。那么 Long 的最终权限是什么？

由于使用了“拒绝”权限，用户 Long 拥有对 Folder 和 File1 的读取和写入权限，但对 File2 只有读取权限。

在 Windows 2003 中，用户不具有某种访问权限，和明确地拒绝用户的访问权限，这二者之间是有区别的。“拒绝”权限是通过在 ACL 中添加一个针对特定文件或者文件夹的拒绝元素而实现的。这就意味着管理员还有另一种拒绝访问的手段，而不仅仅是不允许某个用户访问文件或文件夹。

6.3.2 共享文件夹权限与 NTFS 文件系统权限的组合

如何快速有效地控制对 NTFS 磁盘分区上网络资源的访问呢？答案就是利用默认的共享文件夹权限共享文件夹，然后，通过授予 NTFS 权限控制对这些文件夹的访问。当共享的文件夹位于 NTFS 格式的磁盘分区上时，该共享文件夹的权限与 NTFS 权限进行组合，用以保护文件资源。

要为共享文件夹设置 NTFS 权限，可在共享文件夹的属性窗口中选择“共享”选项卡，单击“权限”按钮，即可打开“共享文件夹的权限”对话框，如图 6-10 所示。

共享文件夹权限具有以下特点。

- 共享文件夹权限只适用于文件夹，而不适用于单独的文件，并且只能为整个共享文件夹设置共享权限，而不能对共享文件夹中的文件或子文件夹进行设置。所以，共享文件夹不如 NTFS 文件系统权限详细。

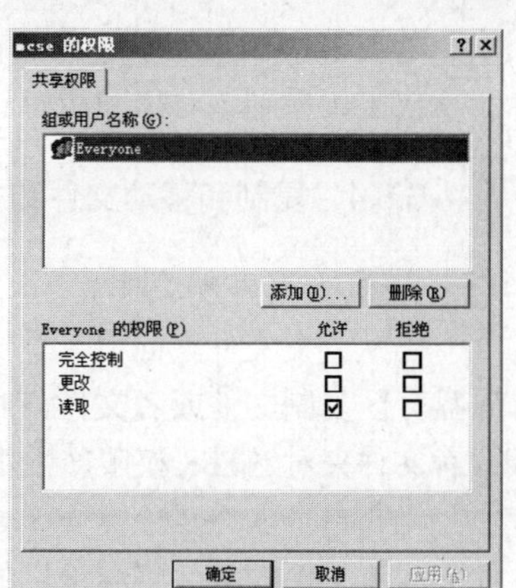

图 6-10　共享文件夹的权限

- 共享文件夹权限并不对直接登录到计算机上的用户起作用，它们只适用于通过网络连接该文件夹的用户。即共享权限对直接登录到服务器上的用户是无效的。
- 在 FAT/FAT32 系统卷上，共享文件夹权限是保证网络资源被安全访问的唯一方法。原因很简介，NTFS 权限不适用于 FAT/FAT32 卷。
- 默认的共享文件夹权限是读取，并被指定给 Everyone 组。

共享权限分为读取、修改和完全控制。不同权限以及对用户访问能力的控制如表 6-3 所示。

当管理员对 NTFS 权限和共享文件夹的权限进行组合时，结果是组合的 NTFS 权限，或者是组合的共享文件夹权限，哪个范围更窄取哪个。

表 6-3　共享文件夹权限列表

权　限	允许用户完成的操作
读取	显示文件夹名称、文件名称、文件数据和属性，运行应用程序文件，以及改变共享文件夹内的文件夹
修改	创建文件夹，向文件夹中添加文件，修改文件中的数据，向文件中追加数据，修改文件属性，删除文件夹和文件，以及执行“读取”权限所允许的操作
完全控制	修改文件权限，获得文件的所有权 执行“修改”和“读取”权限所允许的所有任务。默认情况下，Everyone 组具有该权限

当在 NTFS 卷上为共享文件夹授予权限时，应遵循如下规则。

- 可以对共享文件夹中的文件和子文件夹应用 NTFS 权限。可以对共享文件夹中包含的每个文件和子文件夹应用不同的 NTFS 权限。
- 除共享文件夹权限外，用户必须要有该共享文件夹包含的文件和子文件夹的 NTFS 权限，才能访问那些文件和子文件夹。
- 在 NTFS 卷上必须要求 NTFS 权限。默认 Everyone 组具有“完全控制”权限。

6.3.3　NTFS 权限的继承性

1. 权限的继承性

默认情况下，授予父文件夹的任何权限也将应用于包含在该文件夹中的子文件夹和文件。当授予访问某个文件夹的 NTFS 权限时，就将授予该文件夹的 NTFS 权限授予了该文件夹中任何现有的文件和子文件夹，以及在该文件夹中创建的任何新文件和新的子文件夹。

如果想让文件夹或者文件具有不同于它们父文件夹的权限，必须阻止权限的继承性。

2. 阻止权限的继承性

阻止权限的继承，也就是阻止子文件夹和文件从父文件夹继承权限。为了阻止权限的继承，要删除继承来的权限，只保留被明确授予的权限。

被阻止从父文件夹继承权限的子文件夹现在就成为了新的父文件夹。包含在这一新的父文件夹中的子文件夹和文件将继承授予它们的父文件夹的权限。

若要禁止权限继承，只需在“安全”选项卡中单击“高级“按钮，清除 “允许父项的继承权限传播到该对象和所有子对象。包括在此明确定义的项目（A）”复选框即可。

6.3.4 复制和移动文件和文件夹

1. 复制文件和文件夹

当从一个文件夹向另一个文件夹复制文件或者文件夹时，或者从一个磁盘分区向另一个磁盘分区复制文件或者文件夹时，这些文件或者文件夹具有的权限可能发生变化。复制文件或者文件夹对 NTFS 权限产生下述效果。

当在单个 NTFS 磁盘分区内或在不同的 NTFS 磁盘分区之间复制文件夹或者文件时，文件夹或者文件的复件将继承目的地文件夹的权限。

当将文件或者文件夹复制到非 NTFS 磁盘分区（例如文件分配表 FAT 格式的磁盘分区）时，因为非 NTFS 磁盘分区不支持 NTFS 权限，所以这些文件夹或文件就丢失了它们的 NTFS 权限。

为了在单个 NTFS 磁盘分区之内，或者在 NTFS 磁盘分区之间复制文件和文件夹，必须对源文件夹具有“读取”权限，并且对目的地文件夹具有“写入”权限。

2. 移动文件和文件夹

当移动某个文件或者文件夹的位置时，针对这些文件或者文件夹的权限可能发生变化，这主要依赖于目的地文件夹的权限情况。移动文件或者文件夹对 NTFS 权限产生下述效果。

当在单个NTFS磁盘分区内移动文件夹或者文件时，该文件夹或者文件保留它原来的权限。

当在 NTFS 磁盘分区之间移动文件夹或者文件时，该文件夹或者文件将继承目的地文件夹的权限。当在 NTFS 磁盘分区之间移动文件夹或者文件时，实际是将文件夹或者文件复制到新的位置，然后从原来的位置删除它。

当将文件或者文件夹移动到非 NTFS 磁盘分区时，因为非 NTFS 磁盘分区不支持 NTFS 权限，所以这些文件夹和文件就丢失了它们的 NTFS 权限。

为了在单个 NTFS 磁盘分区之内，或者多个 NTFS 磁盘分区之间移动文件和文件夹，必须对目的地文件夹具有“写入”权限，并且对于源文件夹具有“修改”权限。之所以要求“修改”权限，是因为移动文件或者文件夹时，在将文件或者文件夹复制到目的地文件夹之后，Windows 2003 将从源文件夹中删除该文件。

6.3.5 利用 NTFS 权限管理数据

在 NTFS 磁盘中，系统会自动设置默认的权限值，并且这些权限会被其子文件夹和文件所继承。为了控制用户对某个文件夹以及该文件夹中的文件和子文件夹的访问，就需指定文件夹权限。不过，要设置文件或文件夹的权限，必须是 Administrators 组的成员、文件或者文件夹的拥有者、具有完全控制权限的用户。

1. 授予标准 NTFS 权限

授予标准 NTFS 权限包括授予 NTFS 文件夹权限和 NTFS 文件权限。

（1）NTFS 文件夹权限

打开 Windows 资源管理器对话框，右击要设置权限的文件夹，如 Network，在弹出的快捷菜单中选择“属性”选项，打开“Network 属性”对话框，选择“安全”选项卡，如图 6-11 所示。

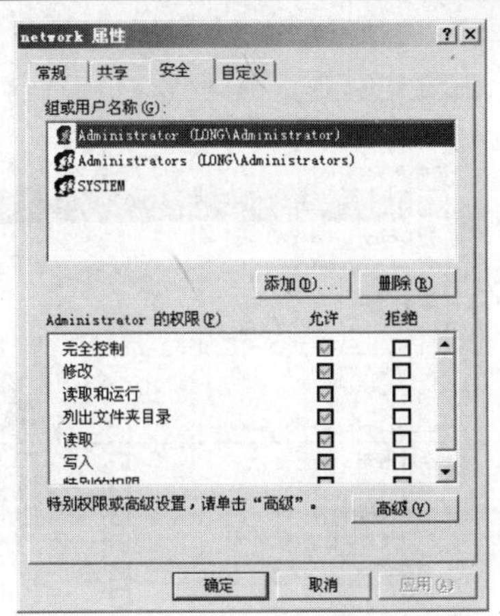

图 6-11　“network 属性”对话框

默认已经有一些权限设置，这些设置是从父文件夹（或磁盘）继承来的，例如在该图“Administrator”用户的权限中，灰色阴影对勾的权限就是继承的权限。

要更改权限时，只需选中权限右方的“允许”或“拒绝”复选框即可。虽然能更改从父对象所继承的权限，比如添加其权限，或者通过选中“拒绝”复选框删除权限，但不能直接将灰色对勾删除。

如果要给其他用户指派权限，可单击“添加”→“高级”→“立即查找”按钮，从本地计算机上添加拥有对该文件夹访问和控制权限的用户或用户组，如图 6-12 所示。

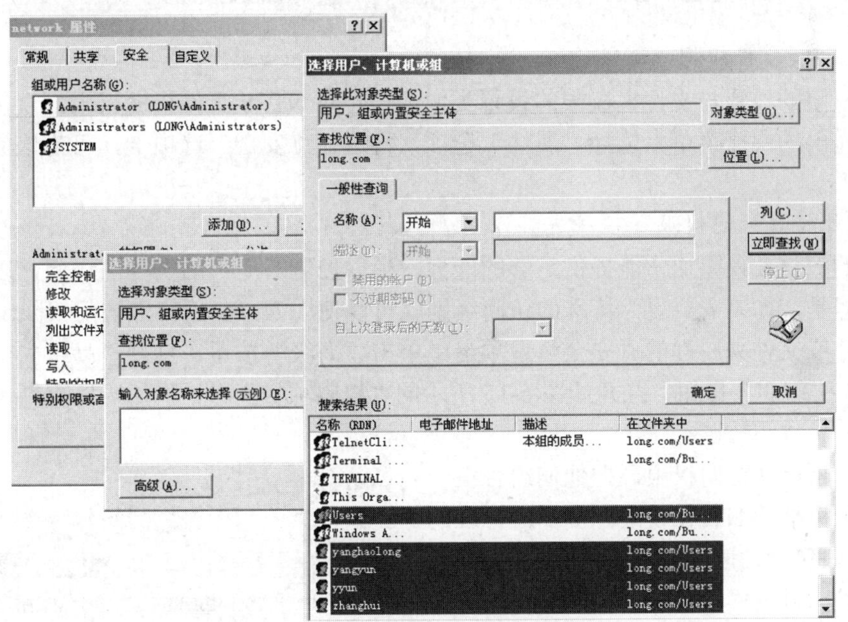

图 6-12　“选择用户、计算机或组”对话框

选择后单击“确定”按钮，拥有对该文件夹访问和控制权限的用户或用户组就被添加到“组或用户名称”列表框中，如图 6-13 所示。由于新添加用户的权限不是从父项继承的，因此他们所有的权限都可以被修改。

如果不想继承上一层的权限，可在“安全”选项卡中单击“高级”按钮，打开如图 6-14 所示的“network 的高级安全设置”对话框。

清除“允许父项的继承权限传播到该对象和所有子对象。包括那些在此明确定义的项目”复选框，会打开“安全”对话框，可单击“复制”按钮以便保留原来从父项对象继承的权限，也可单击“删除”按钮将此权限删除。

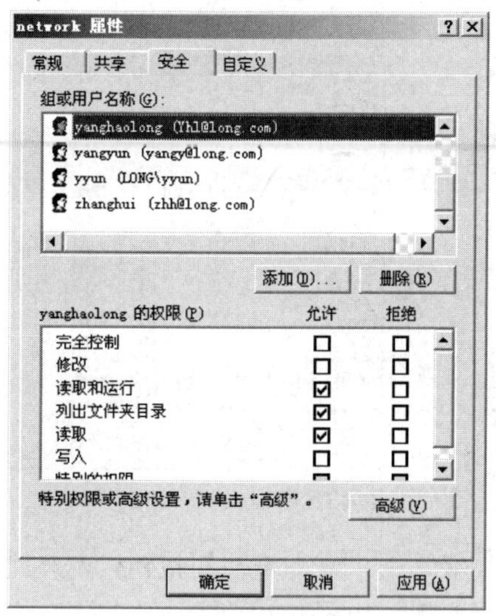

图 6-13 “network 属性”对话框

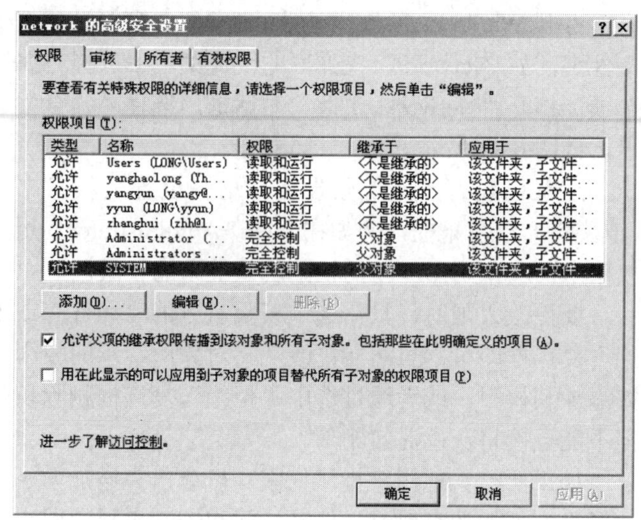

图 6-14 “network 的高级安全设置”对话框

（2）NTFS 文件权限

文件权限的设置与文件夹权限的设置类似。要想对 NTFS 文件指派权限，直接在文件上右击，在弹出的快捷菜单上选择“属性”选项，再选择“安全”选项卡，可为该文件设置相应权限。

2. 授予特殊访问权限

标准的 NTFS 权限通常能提供足够的能力，用以控制对用户的资源的访问，以保护用户的资源。但是，如果需要更为特殊的访问级别就可以使用 NTFS 的特殊访问权限。

在文件或文件夹属性的“安全”选项卡中单击“高级”按钮，打开“高级安全设置”对话框，单击“编辑”按钮，打开如图 6-15 所示的“权限项目”对话框，可以更精确地设置用户的权限。

有 13 项特殊访问权限，把他们组合在一起就构成了标准的 NTFS 权限。例如，标准的“读取”权限包含“读取数据”、“读取属性”、“读取权限”，以及“读取扩展属性”这些特殊访问权限。

其中两个特殊访问权限，对于管理文件和文件夹的访问来说特别有用。

（1）更改权限

如果为某用户授予这一权限，该用户就具有了针对文件或者文件夹修改权限的能力。

可以将针对某个文件或者文件夹修改权限的能力授予其他管理员和用户，但是不授予他们对该文件或者文件夹的“完全控制”权限。通过这种方式，这些管理员或者用户不能删除

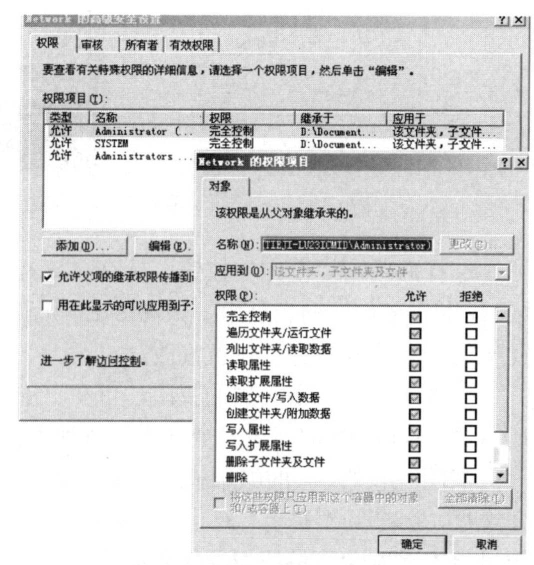

图 6-15 “权限项目”对话框

或者写入该文件或者文件夹，但是可以为该文件或者文件夹授权。

为了将修改权限的能力授予管理员，将针对该文件或者文件夹的“更改权限”的权限授予 Administrators 组即可。

（2）获得所有权

如果为某用户授予这一权限，该用户就具有了获得文件和文件夹的所有权的能力。

可以将文件和文件夹的拥有权从一个用户账号或者组转移到另一个用户账号或者组。也可以将“获得所有权”这种能力给予某个人。而作为管理员，也可以获得某个文件或者文件夹的所有权。

对于获得某个文件或者文件夹的所有权来说，需要应用下述规则。

- 当前的拥有者或者具有“完全控制”权限的任何用户，可以将“完全控制”这一标准权限或者“获得所有权”这一 Special 访问权限授予另一个用户账号或者组。这样，该用户账号或者该组的成员就能获得所有权。
- Administrators 组的成员可以获得某个文件或者文件夹的所有权，而不管为该文件夹或者文件授予了怎样的权限。如果某个管理员获得了所有权，则 Administrators 组也获得了所有权。因而该管理员组的任何成员都可以修改针对该文件或者文件夹的权限，并且可以将“获得所有权”这一权限授予另一个用户账号或者组。例如，如果某个雇员离开了原来的公司，某个管理员即可以获得该雇员的文件的所有权，将“获得所有权”这一权限授予另一个雇员，然后这一雇员就获得了前一雇员的文件的所有权。

为了成为某个文件或者文件夹的拥有者，具有“获得所有权”这一权限的某个用户或者组的成员必须明确地获得该文件或者文件夹的所有权。不能自动将某个文件或者文件夹的所有权授予任何一个人。文件的拥有者、管理员组的成员，或者任何一个具有“完全控制”权限的人都可以将“获得所有权”权限授予某个用户账号或者组，这样就使他们获得了所有权。

6.4　加密文件系统与压缩

加密文件系统（EFS）内置于 Windows Server 2003 中的 NTFS 文件系统中。利用 EFS 可以启用基于公共密钥文件级的或者文件夹级的保护功能。

加密文件系统为 NTFS 文件提供文件级的加密。EFS 加密技术是基于公共密钥的系统，它作为一种集成式系统服务运行，并由指定的 EFS 恢复代理启用文件恢复功能。

EFS 很容易管理。当需要访问已经由用户加密的至关重要的数据时，如果该用户或者他的密钥不可用，EFS 恢复代理（通常就是一个管理员）即可以解密该文件。

理解了 EFS 的优点将有助于在网络中高效率地利用这一技术。

6.4.1　加密文件系统概述

利用 EFS，用户可以按加密格式将他们的数据存储在硬盘上。用户加密某个文件后，该文件即一直以这种加密格式存储在磁盘上。用户可以利用 EFS 加密他们的文件，以保证它们的机密性。

EFS 具有下面几个关键的功能特征。

- 它在后台运行，对用户和应用程序来说是透明的。
- 只有被授权的用户才能访问加密的文件。EFS 自动解密该文件，以供使用，然后在保存该文件时再次对它进行加密。管理员可以恢复被另一个用户加密的数据。这样，如果一时找不到对数据进行加密的用户，或者忘记了该用户的私有密钥，可以确保仍然能够访问这些数据。
- 它提供内置的数据恢复支持功能。Windows Server 2003 的安全性基础结构强化了数据恢复密钥的配置。只有在本地计算机利用一个或者多个恢复密钥进行配置的情况下，才能够使用文件加密功能。当不能访问该域时，EFS 即自动生成恢复密钥，并将它们保存在注册表中。
- 它要求至少有一个恢复代理，用以恢复加密的文件。可以指定多个恢复代理，各个恢复代理都需要有 EFS 恢复代理证书。

加密操作和压缩操作是互斥的。因此，建议或者采用加密技术，或者对文件进行压缩，二者不能同时采用。

6.4.2 加密文件或文件夹

加密文件或文件夹的基本操作步骤如下。

① 右击要加密的文件或文件夹，在弹出的快捷菜单中选择“属性”选项。

② 在“常规”选项卡上，单击“高级”按钮。打开“高级属性”对话框，选择“加密内容以便保护数据”复选框，然后单击“确定”按钮，如图 6-16 所示。

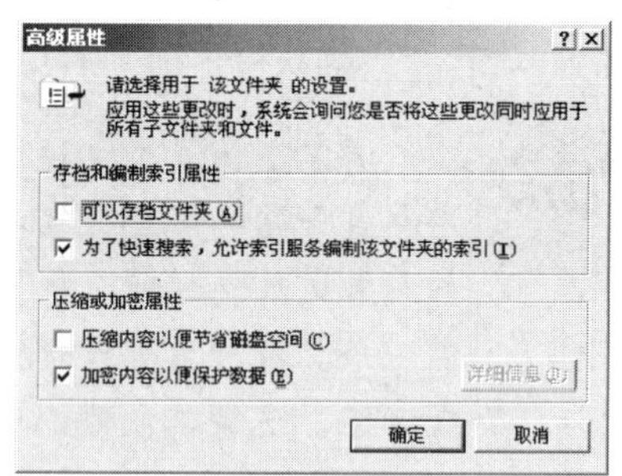

图 6-16 加密文件

③ 如果是加密文件夹，且有未加密的子文件夹存在，此时会打开如图 6-17 所示的提示信息；如果是加密文件，且父文件夹未经加密，则打开如图 6-18 所示的警告信息。根据需要选择单选按钮即可。

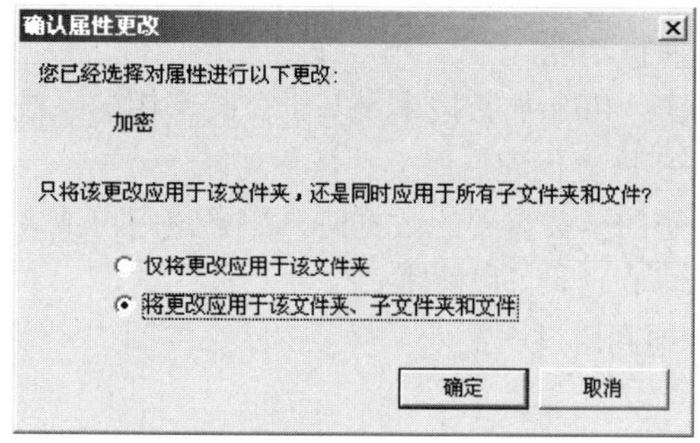

图 6-17 “确认属性更改”对话框

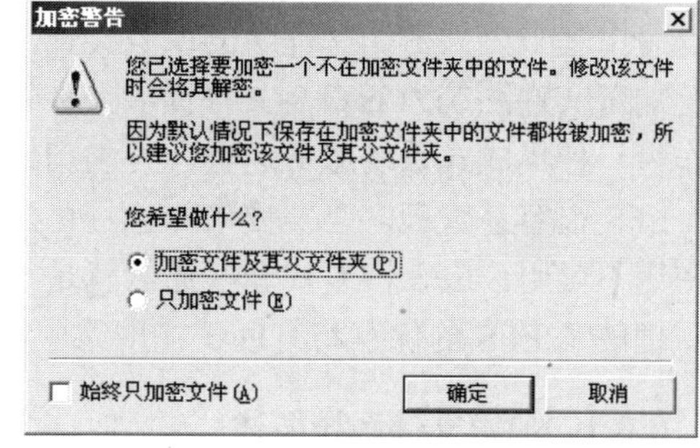

图 6-18 “加密警告”对话框

使用加密文件系统需要注意以下事项。

- 为确保最高安全性，在创建敏感文件以前将其所在的文件夹加密。因为这样所创建的文件将是加密文件，文件的数据就不会以纯文本的格式写到磁盘上。

● 加密文件夹而不是加密单独的文件，以便如果程序在编辑期间创建了临时文件，这些临时文件也会被加密。

● 指定的故障恢复代理应该将数据恢复证书和私钥导出到磁盘中，并确保它们处于安全的位置，同时将数据恢复私钥从系统中删除。这样，唯一可以为系统恢复数据的人就是可以物理访问数据恢复私钥的人。

6.4.3 备份密钥

为了防止密钥的丢失，可以备份用户的密钥。这样，当需要打开加密文件时，只要把备份的密钥导入系统即可。备份密钥的步骤如下。

① 执行“开始”→“运行”命令，打开“运行”对话框，在“打开”文本框中输入“certmgr.msc”，然后按 Enter 键确定。打开证书控制台对话框，如图 6-19 所示。

图 6-19　证书控制台对话框

② 依次展开“当前用户”→“个人”→“证书”目录树，可以在右窗格中看到一个以当前用户名命名的证书（注意：需要运用 EFS 加密过文件才会出现该证书）。右击该证书，在弹出的快捷菜单中选择“所有任务”→“导出”选项，打开“证书导出向导”对话框，如图 6-20 所示。

③ 单击“下一步”按钮，打开“导出私钥”对话框，如图 6-21 所示。单击“是，导出私钥”单选项。

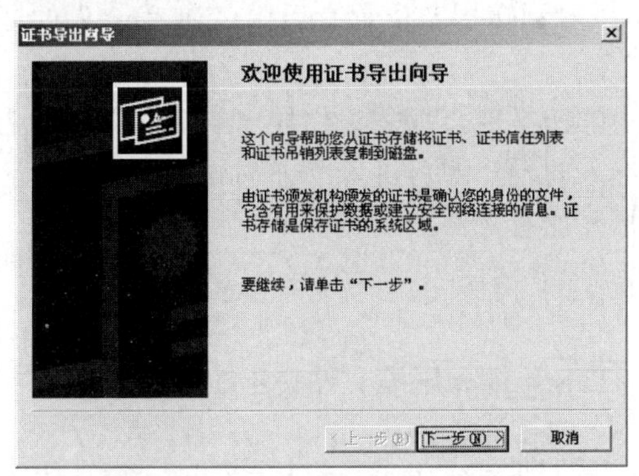

图 6-20　“证书导出向导”对话框

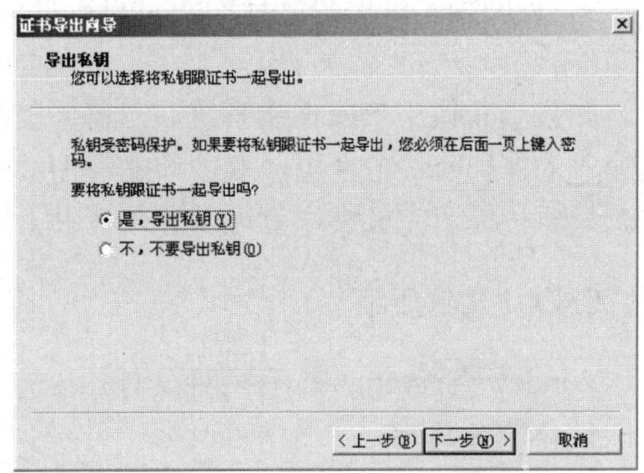

图 6-21　“导出私钥”对话框

④ 单击“下一步”按钮，打开“导出文件格式”对话框。单击“个人信息交换 - PKCS

#12 （.PFX）”单选项，如图 6-22 所示。

极力建议您单击以选中“启用强保护（要求 IE 5.0、NT 4.0 SP4 或更高版本）”复选框，从而防止他人对您的私钥进行未经授权的访问。

如果您单击以选中“如果导出成功，删除密钥”复选框，则私钥将从计算机删除，并且无法解密所有加密文件。除非将密钥导入。

⑤ 单击“下一步”按钮。指定在导入证书时要用到的密码，如果丢失，将无法打开加密的文件。

⑥ 单击“下一步”按钮，指定要导出证书和私钥的文件名和位置，如图 6-23 所示。

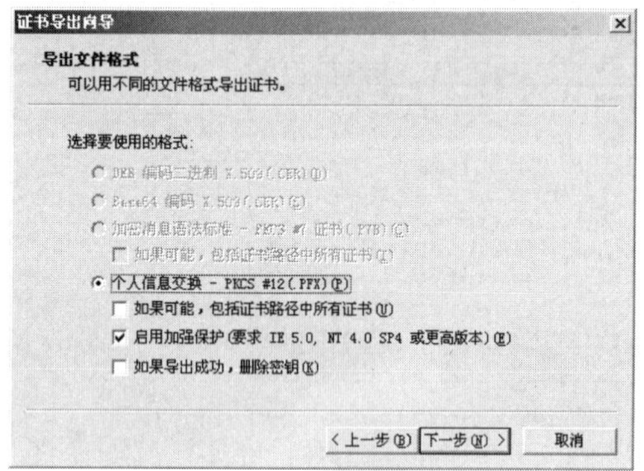

图 6-22 “导出文件格式”对话框

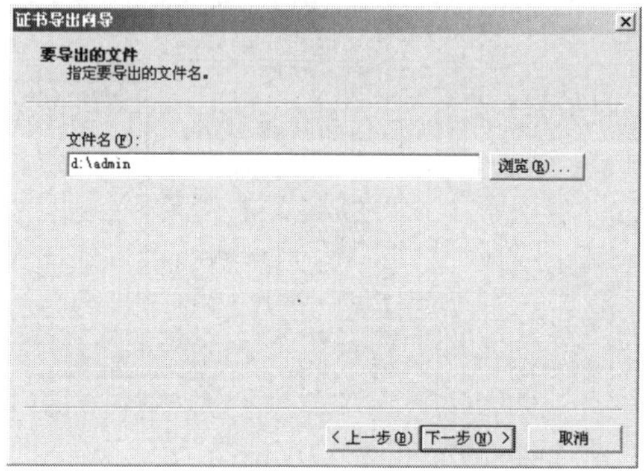

图 6-23 “指定导出的文件名”对话框

建议您将文件备份到磁盘或可移动媒体设备，并确保将磁盘或可移动媒体设备放置在安全的地方。

⑦ 单击“下一步”按钮继续安装。最后单击“完成”按钮，将完成证书导出向导。

⑧ 返回到“证书控制台”对话框，此时便可以看到在指定位置有后缀名为“pfx”的证书文件。

如果当其他用户或重装系统后，需要使用以上加密文件，只需记住导出的证书文件及上述输入的保护密钥的密码，双击该文件便会出现导入向导，即可进入“证书导入向导”对话框。只要按提示完成操作就可以导入证书，顺利打开加密文件。

6.4.4 文件压缩

Windows Server 2003 有两种文件压缩方式，NTFS 压缩和压缩文件夹压缩。

1. NTFS 压缩

NTFS 压缩是 NTFS 文件系统内置的功能。NTFS 文件系统的压缩和解压缩对于用户而言是透明的。用户对文件或文件夹应用压缩时，系统会在后台自动对文件或文件夹进行压缩和解压，用户无须干涉。这项功能大大节约了磁盘空间。下面使用 NTFS 压缩功能对 D:\test 文件夹进行压缩，步骤如下。

① 在“资源管理器”中右击 D:\test 文件夹，在弹出的快捷菜单中选择“属性”选项，选择“常规”选项卡，再单击“高级”按钮，选择“压缩内容以便节省磁盘空间”复选框，如图 6-24 所示，单击“确定”按钮。

② 如果是压缩文件夹，且该文件夹内包含子文件夹，那么单击“确定”按钮后会打开“确认属性更改”对话框，该对话框有 2 个选项供选择。

- “仅将更改应用于该文件夹”表示该文件夹下现有的文件和子文件夹不被压缩，以后添加到该文件夹下的文件、子文件夹及其内容将被压缩。
- “将更改应用于该文件夹、子文件夹和文件”表示该文件夹下现有的文件、子文件夹和将来要添加到该文件夹下的文件、子文件夹及其内容都将被压缩。

从文件夹属性窗口中可以看到，现在的文件总容量仍为 579 MB，但实际占用空间已变小，只有 369 MB，如图 6-25 所示。

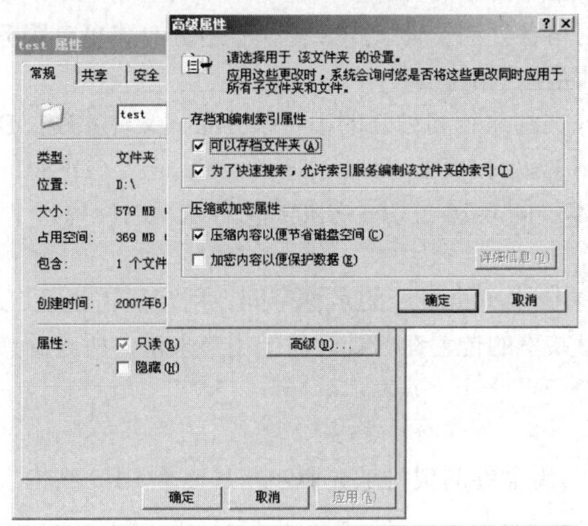

图 6-24　“高级属性”对话框

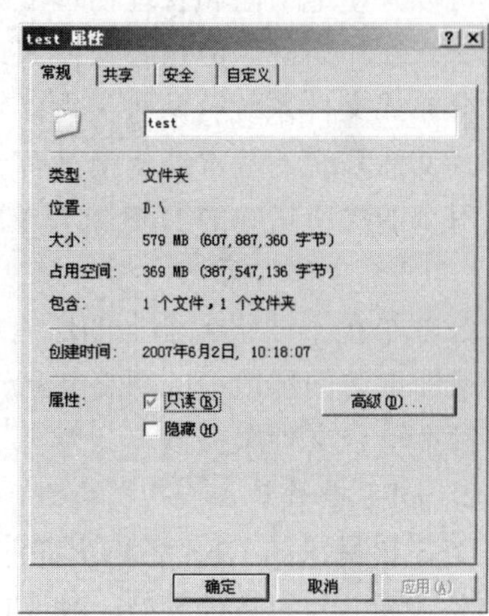

图 6-25　“test 属性”对话框

压缩文件或文件夹时，要注意以下几点。

- 当复制压缩文件时，在目标盘上是按文件没有压缩时的大小申请磁盘空间的。压缩文件复制时，系统先将文件解压缩，然后进行文件复制，复制到目标地址后再将文件压缩。
- 加密文件与压缩文件互斥，不能同时使用。
- 可以直接使用压缩文件，系统自动完成解压操作。
- 同分区内移动文件，文件压缩属性不变，其他情况的移动和复制文件将继承目标文件夹的压缩属性。
- 压缩文件在系统中显示不同颜色。

2. 压缩（zipped）文件夹压缩

NTFS 压缩只能应用在 NTFS 卷上，用压缩文件夹进行文件压缩可以应用在 FAT16、FAT32 和 NTFS 卷上。利用资源管理器创建压缩文件夹，复制到该文件夹下的文件被自动压缩。下面仍以 D:\test 为例，讲解建立压缩文件的步骤。

① 在资源管理器中执行“文件”→“新建”→“压缩（zipped）文件夹”命令，创建一

个压缩文件夹。

② 复制 D:\test 文件夹到新创建的压缩文件夹中即可实现对 D:\test 文件夹的压缩。

6.5 分布式文件系统

如果局域网中有多台服务器，并且共享文件夹分布在不同的服务器上，这就不利于管理员的管理和用户的访问。而使用分布式文件系统（Distributed File System，DFS），系统管理员就可以把不同服务器上的共享文件夹组织在一起，构建成一个目录树。这在用户看来，所有共享文件仅存储在一个地点，只需访问一个共享的 DFS 根目录，就能够访问分布在网络上的文件或文件夹，而不必知道这些文件的实际物理位置。

6.5.1 分布式文件系统的概述

分布式文件系统（DFS）将分布在多个服务器上的文件挂接在统一命名空间之下，使得用户可以方便地访问和管理物理上分布在网络各处的文件。DFS 提供了对分布式多台服务器的统一管理和访问。但它必须在 NTFS 文件系统上配置。

分布式文件系统有两种类型：域分布式文件系统和独立的根目录分布式文件系统。DFS 分布式文件系统的基本结构中具有一个 DFS 根目录（DFS Root）、多个 DFS 链接（DFS Link）以及每个链接所指向的 DFS 共享文件或副本。图 6-26 说明了分布式文件系统的应用。

1. DFS 名称空间

为分布在不同服务器上的所有网络共享提供单个统一的名称空间。用户只需记住 DFS 根目录即可访问环境中的网络共享，而不管共享的位置在何处。对于用户来说，所有的共享似乎都在单台文件服务器上。

2. DFS 根目录

DFS 根目录是 DFS 名称空间的起点，与磁盘卷的根目录类似，并且位于 DFS 结构的顶部。根目录也分为两种类型：独立的根目录和基于域的根目录。在创建 DFS 根时，会指定一个共享目录作为根目录。在创建 DFS 根目录之后再对其进行重命名非常困难，所以在实际配置和实施 DFS 根目录之前选择一个简短、易于记忆和有意义的名称非常重要。建议在逻辑命名空间的开头使用公司的内部域名，例如，CompanyName.com。如图 6-26 所示，DFS 根目录名称为：\\CompanyName.com\Public。

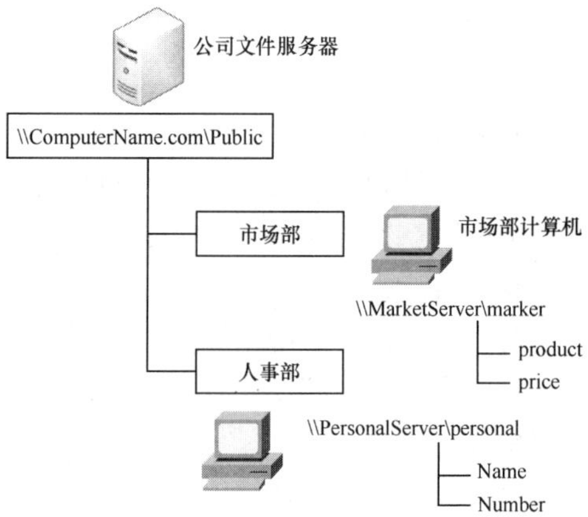

图 6-26 分布式文件系统的应用

3. 目录目标

一个 DFS 根目录映射一个或多个根目录目标，其中每个都对应于服务器上的一个共享目录。

4. DFS 链接

DFS 链接是 DFS 名称空间内的一个逻辑文件夹，每个 DFS 链接都指向一个网络共享，并且可在其下包含另外的 DFS 链接。通过 DFS 链接，可以扩展 DFS 结构。如图 6-26 所示，

DFS 链接名称为市场部或人事部。

5. 目标

DFS 根目录或 DFS 链接的映射目标，对应于在网络上共享的物理目录。如图 6-26 所示，目标名称为：\\MarketServer\market 或\\PersonalServer\personal。

DFS 根目录分为域根目录和独立的根目录，设计 DFS 结构，第一步就是要决定使用域根目录还是独立的根目录。

（1）域根目录

拓扑信息被存储在 Active Directory 中的 DFS 名称空间，访问根目录或链接的路径以主机域名开头，使用 Active Directory 公布这种类型的 DFS 根目录，能够使域中的用户快速地定位和访问所需的共享。域根目录可以具有多个根目录目标，这能够提供根目录级的容错和负载共享。

（2）独立的根目录

拓扑信息被存储在本地主服务器注册表上的 DFS 名称空间，访问根目录或链接的路径以主机服务器名开头。独立的根目录只有一个根目录目标，没有根目录级的容错。当此根目录目标不可用时，整个 DFS 名称空间将不可访问。

6.5.2 实现分布式文件系统

1. 建立 DFS 根目录

① 执行“开始”→“程序”→“管理工具”→“分布式文件系统”命令，打开“分布式文件系统”对话框，如图 6-27 所示。

② 右击左窗格中的“分布式文件系统”图标，在弹出的快捷菜单中选择“新建根目录”选项，打开“新建根目录向导”对话框，如图 6-28 所示。

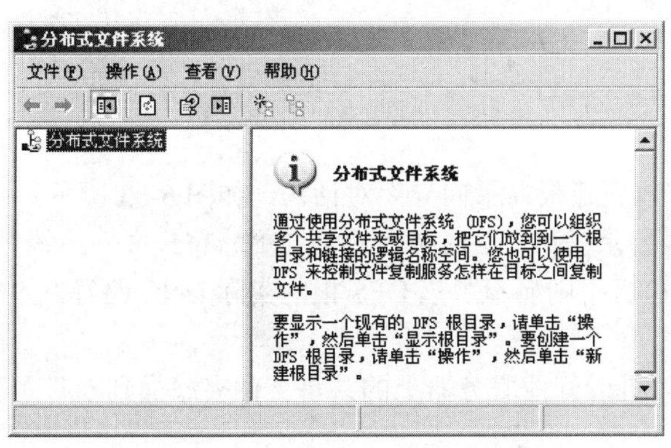

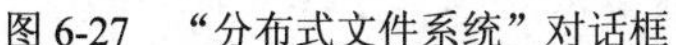
图 6-27　“分布式文件系统”对话框

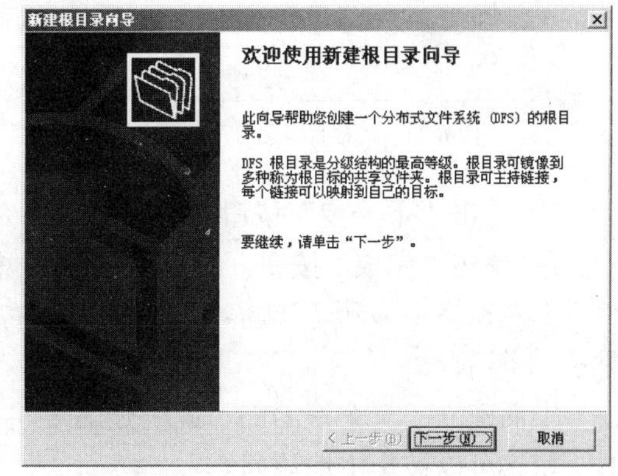

图 6-28　“新建根目录向导”对话框

③ 单击“下一步”按钮，打开“根目录类型”对话框，如图 6-29 所示。这里有两种创建分布式文件根目录的方式，分别为基于域的域根目录方式和基于主机的独立根目录方式。

④ 选择“独立的根目录”单选项，再单击“下一步”按钮，打开“主服务器”对话框。在这里输入要建立的 DFS 根目录所在服务器的计算机名，如图 6-30 所示。

⑤ 单击 “下一步”按钮，打开“根目录名称”对话框。在这里指定根目录的名称，该名称用于识别根目录，是用户要访问的逻辑文件名，还可以在注释里对该根目录的用途进行

说明，如图 6-31 所示。

⑥ 单击“下一步”按钮，打开“根目录共享”对话框，如图 6-32 所示。在这里输入要作为根目录的文件夹的完整路径，如果该文件夹不存在，系统将自动创建该命名文件夹。该文件夹的格式必须为 NTFS 类型的。

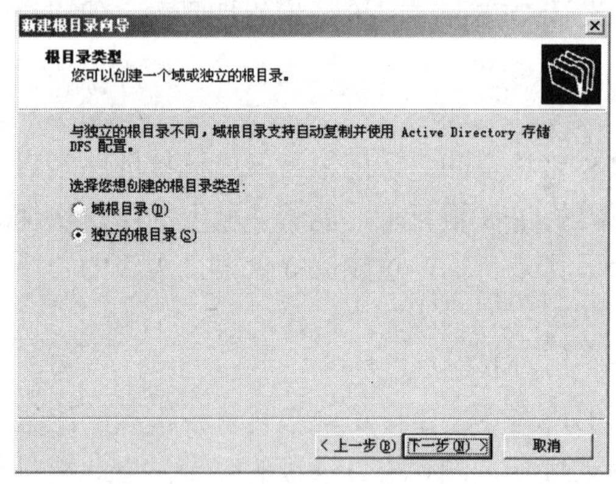

图 6-29 “根目录类型”对话框

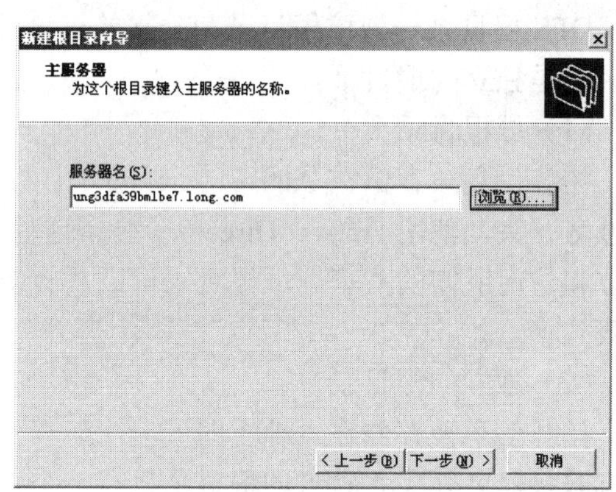

图 6-30 “主服务器”对话框

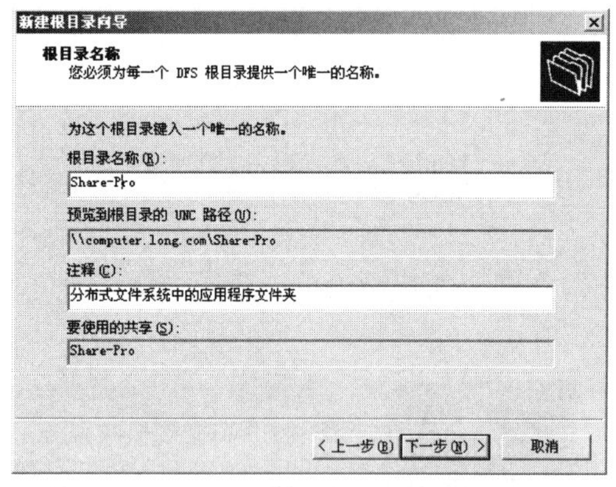

图 6-31 “根目录名称”对话框

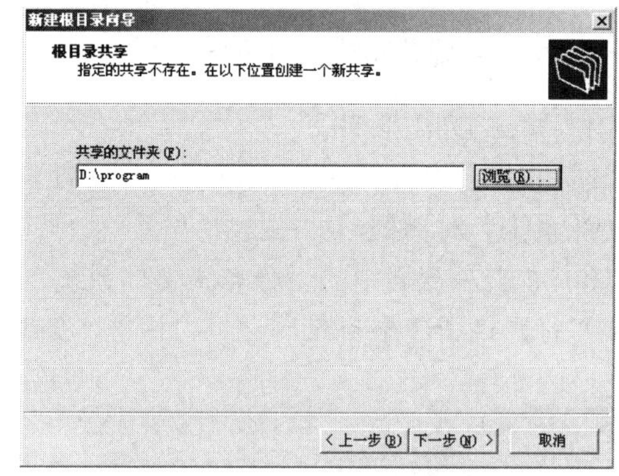

图 6-32 “根目录共享”对话框

⑦ 单击“下一步”按钮，打开“正在完成新建根目录向导”对话框，如图 6-33 所示。

⑧ 单击“完成”按钮，结束新建 DFS 根目录操作。这时可以看到在“分布式文件系统”对话框左窗格中显示了该新建的 DFS 根，右窗格中则显示了该 DFS 根的实际 UNC 路径，如图 6-34 所示。

上面建立了一个根 DFS。此外还需要将本机或其他服务器上的共享文件夹添加到根目录下，使它可以被集中地访问。

2. 添加 DFS 链接

① 右击“分布式文件系统”对话框左窗格中的 DFS 根，在弹出的快捷菜单中选择“新建链接”选项，打开“新建链接”对话框，如图 6-35 所示。

② 在“链接名称”文本框中输入一个名称，该名称将被用于标识一个文件夹。当用户从网上邻居上浏览 DFS 目录时，显示的是这个链接名称，而不是实际文件夹的名称。在“以秒计算的客户端缓存这个引用所需的时间”文本框中可以指定时间，表示用户计算机将 DFS 解析的 DFS 链接的 UNC 路径在本地保存的时间。默认值是 1 800 秒，即半小时。

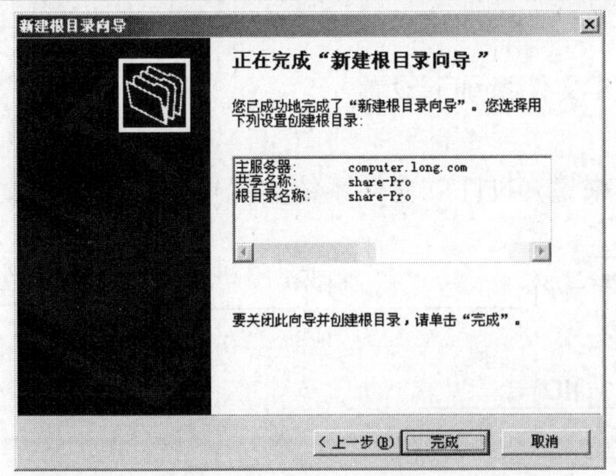

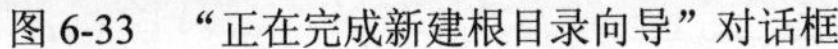
图 6-33　“正在完成新建根目录向导”对话框

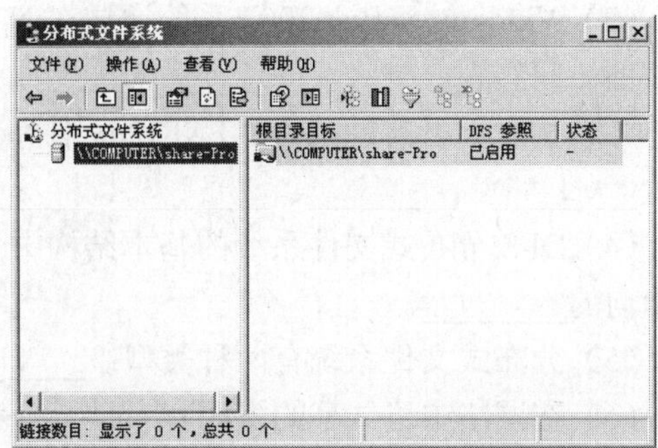

图 6-34　“分布式文件系统”对话框

③ 单击“确定”按钮，保存退出。重复上面的操作可以把分布在多台计算机上的共享文件夹通过 DFS 链接集中到 DFS 根目录下，如图 6-36 所示。

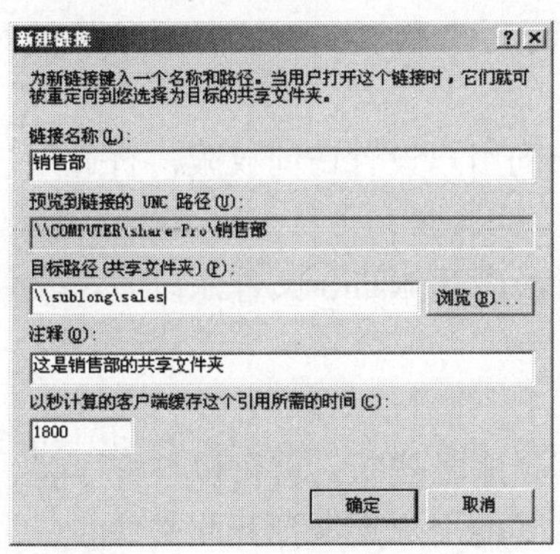

图 6-35　“新建链接”对话框

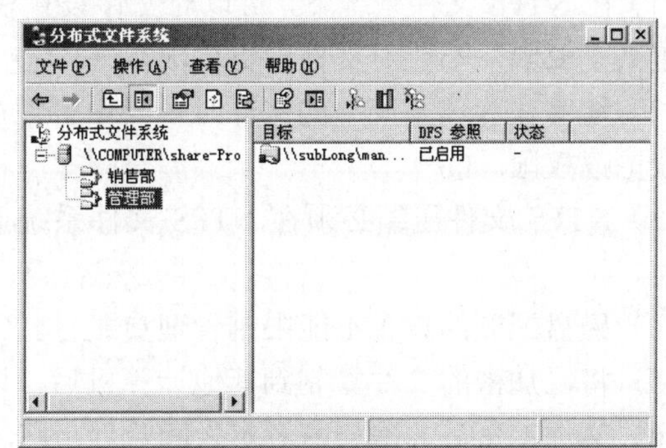

图 6-36　“分布式文件系统”控制台

3. 访问 DFS 文件夹

设置好 DFS 后，就可以像访问单一共享文件夹一样对分布式文件夹进行访问。有以下几种方法。

① 在“运行”对话框里直接输入 DFS 文件夹的 UNC 路径，如：\\COMPUTER\share-Pro，再按 Enter 键即可。

② 把 DFS 根映射为网络驱动器。打开“资源管理器”对话框，执行“工具”→“映射网络驱动器”命令，打开“映射网络驱动器”对话框，在“驱动器”下拉列表中选择一个盘符，比如“Z:”，在“文件夹”下拉列表中输入 DFS 根目录的路径，如“\\COMPUTER\share-Pro”，单击“完成”按钮即可映射成功。

以后，从资源管理器中通过该网络驱动器“Z:”就可以访问 DFS 内的文件了。

6.6　习　　题

一、填空题

（1）可供设置的标准 NTFS 文件权限有________、________、________、________、

________、________。

（2）Windows Server 2003 系统通过在 NTFS 文件系统下设置________来限制不同用户对文件的访问级别。

（3）相对于以前的 FAT、FAT32 文件系统来说，NTFS 文件系统的优点包括可以对文件设置________、________、________、________。

（4）DFS 分布式文件系统的基本结构中具有一个________、多个________以及每个链接所指向的________。

（5）分布式文件系统有两种类型：________和________。

（6）在网络中可共享的资源有________和________。

（7）要设置隐藏共享，需要在共享名的后面加________符号。

（8）共享权限分为________、________和________3 种。

二、判断题

（1）在 NTFS 文件系统下，可以对文件设置权限，而 FAT 和 FAT32 文件系统只能对文件夹设置共享权限，不能对文件设置权限。（　　）

（2）通常在管理系统中的文件时，要由管理员给不同用户设置访问权限，普通用户不能设置或更改权限。（　　）

（3）NTFS 文件压缩必须在 NTFS 文件系统下进行，离开 NTFS 文件系统时，文件将不再压缩。（　　）

（4）磁盘配额的设置不能限制管理员账号。（　　）

（5）将已加密的文件复制到其他计算机后，以管理员账号登录，就可以打开了。（　　）

（6）文件加密后，除加密者本人和管理员账号外，其他用户无法打开此文件。（　　）

（7）对于加密的文件不可执行压缩操作。（　　）

三、简答题

（1）简述 FAT、FAT32 和 NTFS 文件系统的区别。

（2）重装 Windows Server 2003 后，原来加密的文件为什么无法打开？

（3）特殊权限与标准权限的区别是什么？

（4）如果一位用户拥有某文件夹的 Write 权限，而且还是该文件夹 Read 权限的成员，那么该用户对该文件夹的最终权限是什么？

（5）如果某员工离开公司，怎样将他或她的文件所有权转给其他员工？

（6）如果一位用户拥有某文件夹的 Write 权限和 Read 权限，但被拒绝对该文件夹内某文件的 Write 权限，该用户对该文件的最终权限是什么？

第 7 章 存储管理

本章学习要点

- 基本磁盘管理
- 动态磁盘管理
- 磁盘配额管理
- 常用磁盘管理命令
- 数据的备份与还原

7.1 基本磁盘管理

7.1.1 磁盘的分类

从 Windows 2000 开始，Windows 系统将磁盘分为基本磁盘和动态磁盘两种类型。

1. *基本磁盘*

基本磁盘是平常使用的默认磁盘类型，通过分区来管理和应用磁盘空间。一个基本磁盘可以划分为主磁盘分区（Primary Partition）和扩展磁盘分区（Extended Partition），但是最多只能建立一个扩展磁盘分区。一个基本磁盘最多可以分为 4 个区，即 4 个主磁盘分区或 3 个主磁盘分区和一个扩展磁盘分区。主磁盘分区通常用来启动操作系统，一般可以将分完主磁盘分区后的剩余空间全部分给扩展磁盘分区，扩展磁盘分区再分成若干逻辑分区。基本磁盘中的分区空间是连续的。从 Windows Server 2003 开始，用户可以扩展基本磁盘分区的尺寸，这样做的前提是磁盘上存在连续的未分配空间。

2. *动态磁盘*

动态磁盘使用卷（Volume）来组织空间，使用方法与基本磁盘分区相似。动态磁盘卷可建立在不连续的磁盘空间上，且空间大小可以动态地变更。动态卷的创建数量也不受限制。在动态磁盘中可以建立多种类型的卷，以提供高性能的磁盘存储能力。

7.1.2 基本磁盘管理

在安装 Windows Server 2003 时，硬盘将自动初始化为基本磁盘。基本磁盘上的管理任务包括磁盘分区的建立、删除、查看以及分区的挂载和磁盘碎片整理等。

1. *Windows Server 2003 磁盘管理工具*

Windows Server 2003 提供了一个界面非常友好的磁盘管理工具，使用该工具可以很轻松地完成各种基本磁盘和动态磁盘的配置和管理维护工作。可以使用多种方法打开该工具。

① 使用“计算机管理”对话框

右击“我的电脑”图标，在弹出的快捷菜单中选择“管理”选项，打开“计算机管理”对话框。在“计算机管理”对话框中，选择“存储”项目中的“磁盘管理”选项，如图 7-1 所示。

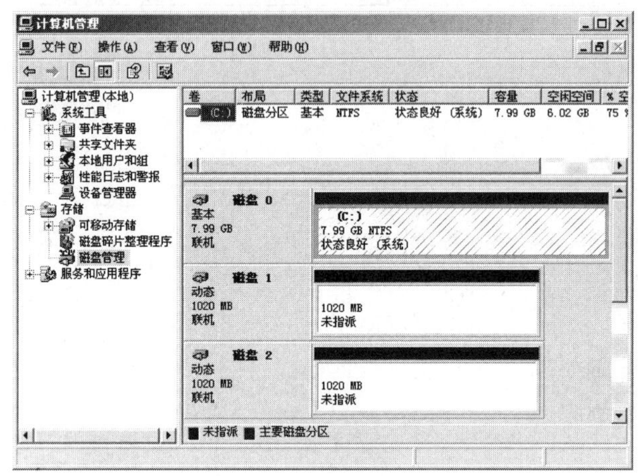

图 7-1 磁盘管理

② 使用系统内置的 MSC 控制台文件

执行“开始”→“运行”命令，输入“diskmgmt.msc”，并单击“确定”按钮。

磁盘管理工具分别以文本和图形的方式显示出所有磁盘和分区（卷）的基本信息，这些信息包括分区（卷）的驱动器号、磁盘类型、文件系统类型以及工作状态等。在磁盘管理工具的下部，以不同的颜色表示不同的分区（卷）类型，利于用户分辨不同的分区（卷）。

2. 新建和删除磁盘分区

在基本磁盘上，用户可以建立、删除各种分区，并为分区分配驱动器号以及挂载路径。建立分区的步骤如下。

① 打开“磁盘管理”对话框，在选定磁盘的未分配空间上右击，在弹出的快捷菜单中选择“新建磁盘分区”选项，打开“新建磁盘分区向导”对话框，单击“下一步”按钮，打开“选择分区类型”对话框，如图 7-2 所示。根据向导提示，选择分区类型：“主磁盘分区”或“扩展磁盘分区”。

② 单击“下一步”按钮，打开如图 7-3 所示的“指定分区大小”对话框。输入分区尺寸，并单击“下一步”按钮。

③ 为分区指派驱动器号和路径，如图 7-4 所示。

- 选择“装入以下空白 NTFS 文件夹中”单选项，表示指派一个在 NTFS 文件系统下的空文件夹来代表该磁盘分区。例如，用 C:\data 表示该分区，则以后所有保存到 C:\data 的文件都被保存到该分区中，该文件夹必须是空的文件夹，且位于 NTFS 卷内，这个功能特别适用于 26 个磁盘驱动器号（A:～Z:）不够使用时的网络环境。
- 选择“不指派驱动器号或驱动器路径”单选项，表示可以事后再指派驱动器号或指派某个空文件夹来代表该磁盘分区。

④ 完成向导设置后，磁盘管理工具会对分区进行格式化，格式化完成后如果没有问题，

分区状态数据会显示为“状态良好”。

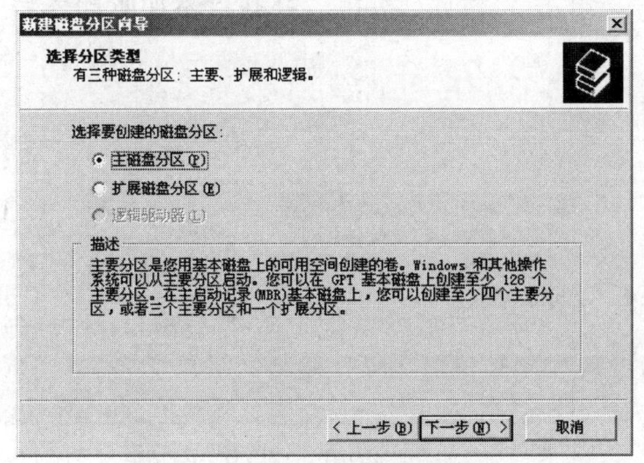

图 7-2 “选择分区类型“对话框

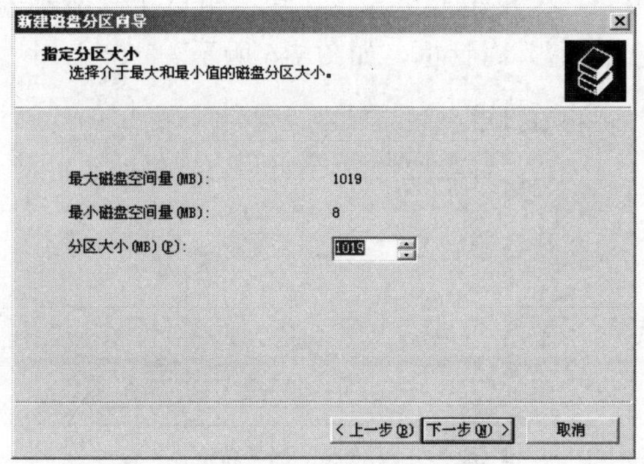

图 7-3 “指定分区大小”对话框

⑤ 删除分区只需要在想删除的分区上右击，在弹出的快捷菜单中选择“删除磁盘分区”选项即可。

3. *更改驱动器号和路径*

Windows Server 2003 默认为每个分区（卷）分配一个驱动器号字母，该分区就成为一个逻辑上的独立驱动器。有时出于管理的目的可能需要修改默认分配的驱动器号。

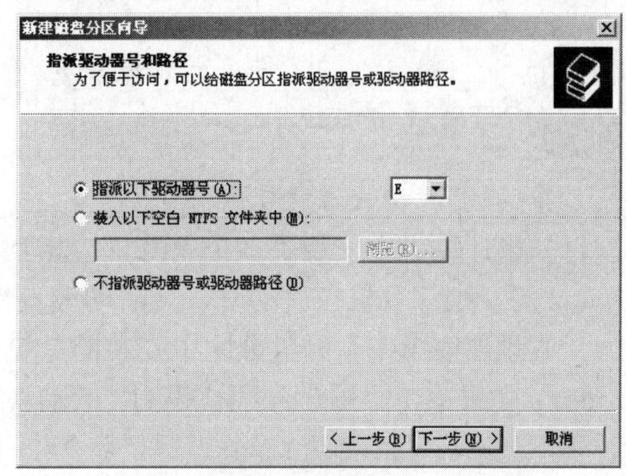

图 7-4 “指派驱动器号和路径“对话框

还可以使用磁盘管理工具在本地 NTFS 分区（卷）的任何空文件夹中连接或装入一个本地驱动器。当在空的 NTFS 文件夹中装入本地驱动器时，Windows Server 2003 为驱动器分配一个路径而不是驱动器字母，可以装载的驱动器数量不受驱动器字母限制的影响，因此可以使用挂载的驱动器在计算机上访问 26 个以上的驱动器。Windows Server 2003 确保驱动器路径与驱动器的关联，因此可以添加或重新排列存储设备而不会使驱动器路径失效。

另外，当某个分区的空间不足并且难以扩展空间尺寸时，也可以通过挂载一个新分区到该分区某个文件夹的方法，达到扩展磁盘分区尺寸的目的。因此，挂载的驱动器使数据更容易访问，并增加了基于工作环境和系统使用情况管理数据存储的灵活性。例如，可以在 C:\Document and Settings 文件夹处装入带有 NTFS 磁盘配额以及启用容错功能的驱动器，这样您就可以跟踪或限制磁盘的使用，并保护装入的驱动器上的用户数据，而不用在 C:驱动器上做同样的工作。也可以将 C:\Temp 文件夹设为挂载驱动器，为临时文件提供额外的磁盘空间。

如果 C:盘上的空间较小，可将程序文件移动到其他大容量驱动器上，比如 D，并将它作为 C:\Program Files 挂载。这样所有保存在 C:\Program Files 下的文件事实上都保存在 D 分区上。下面完成这个例子。

① 在“磁盘管理”对话框中，右击目标驱动器 D，在弹出的快捷菜单中选择 “更改驱

动器号和路径”选项，打开如图 7-5 所示的对话框。

② 单击“更改”按钮，可以更改驱动器号；单击“添加”按扭，打开“添加驱动器号或路径”对话框，如图 7-6 所示。

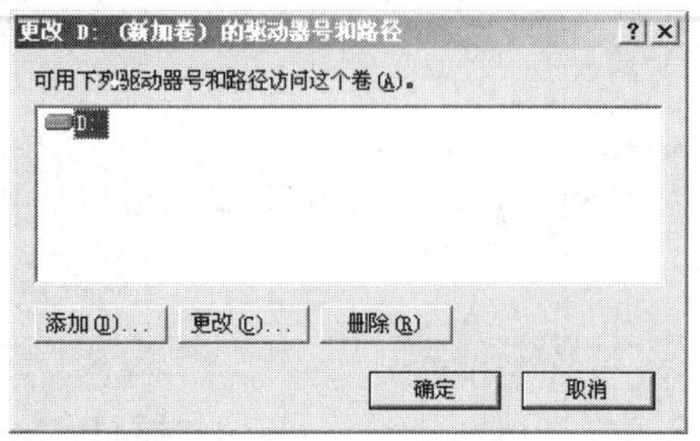

图 7-5 更改驱动器号和路径

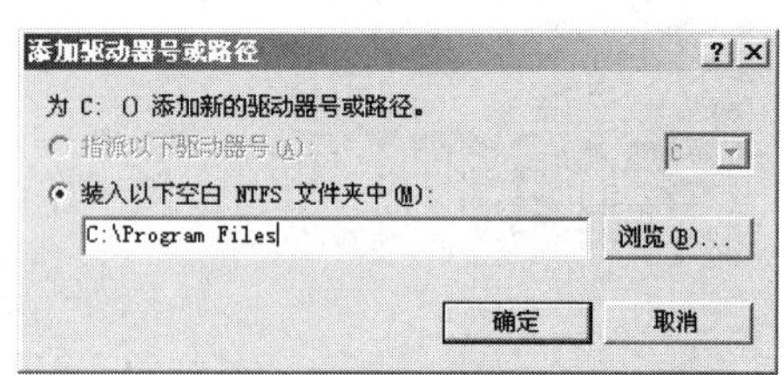

图 7-6 “添加驱动器号或路径”对话框

③ 输入完成后，单击“确定”按钮。

注意 要装入的文件夹一定是事先建立好的空文件夹，该文件夹所在的分区必须是 NTFS 文件系统。

4. 指定活动的磁盘分区

如果计算机中安装了多个无法直接相互访问的不同操作系统，如 Windows Server 2003、Linux 等，则计算机在启动时，会启动被设为“活动”的磁盘分区内的操作系统。

假设当前第 1 个磁盘分区中安装的是 Windows Server 2003，第 2 个磁盘分区中安装的是 Linux，如果第 1 个磁盘分区被设为“活动”，则计算机启动时就会启动 Windows Server 2003。若要下一次启动时启动 Linux，只需将第 2 个磁盘分区设为“活动”即可。

由于用来启动操作系统的磁盘分区必须是主磁盘分区，因此，只能将主磁盘分区设为“活动”的磁盘分区。要指定“活动”的磁盘分区，右击要修改的主磁盘分区，在弹出的快捷菜单中选择“将磁盘分区标为活动”选项即可。

5. 磁盘碎片整理

计算机磁盘上的文件，并非保存在一个连续的磁盘空间上，而是把一个文件分散存放在磁盘的许多地方，这样的分布会浪费磁盘空间。我们习惯称之为“磁盘碎片”，在经常进行添加和删除文件等操作的磁盘上，这种情况尤其严重。“磁盘碎片”会增加计算机访问磁盘的时间，降低整个计算机的运行性能。因而，计算机在使用一段时间后，就要对磁盘进行碎片整理。

磁盘碎片整理程序可以重新安排计算机硬盘上的文件、程序以及未使用的空间，使得程序运行得更快，文件打开得更快。磁盘碎片整理并不影响数据的完整性。

可以在“计算机管理”对话框的“存储”项目中选择“磁盘碎片整理程序”选项，也可以在驱动器属性对话框中选择，打开如图 7-7 所示的对话框。

一般情况下，选择要进行磁盘碎片整理的磁盘分区后，首先要“分析”一下磁盘分区状态。单击“分析”按钮，可以对所选的磁盘分区进行分析。系统分析完毕后，会打开对话框，建议是否对磁盘进行碎片整理。如果需要对磁盘进行整理操作，直接单击“碎片整理”按钮即可。

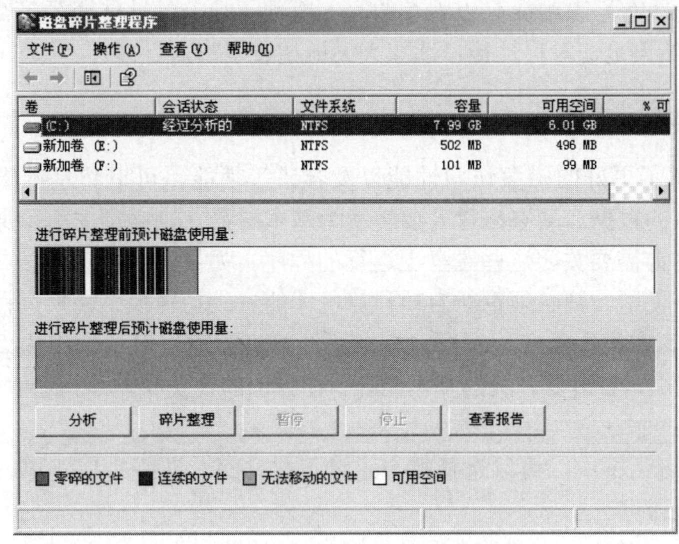

图 7-7　磁盘碎片整理程序

7.2　动态磁盘管理

7.2.1　RAID 技术简介

如何增加磁盘的存取速度，如何防止数据因磁盘故障而丢失，以及如何有效地利用磁盘空间，一直是计算机专业人员和用户的困扰。廉价磁盘冗余阵列（RAID）技术的产生一举解决了这些问题。

廉价磁盘冗余阵列是把多个磁盘组成一个阵列，当作单一磁盘使用。它将数据以分段（Striping）的方式储存在不同的磁盘中，存取数据时，阵列中的相关磁盘一起动作，大幅减少数据的存取时间，同时有更佳的空间利用率。磁盘阵列所利用的不同的技术，称为 RAID 级别，不同的级别针对不同的系统及应用，以解决数据访问性能和数据安全的问题。

RAID 技术的实现可以分为硬件实现和软件实现两种。现在很多操作系统，如 Windows NT 以及 UNIX 等都提供软件 RAID 技术，性能略低于硬件 RAID，但成本较低，配置管理也非常简单。目前 Windows Server 2003 支持的 RAID 级别包括 RAID 0、RAID 1 和 RAID 5。

RAID 0：通常被称作“条带”，它是面向性能的分条数据映射技术。这意味着被写入阵列的数据被分割成条带，然后被写入阵列中的磁盘成员，从而允许低费用的高效 I/O 性能，但是不提供冗余性。

RAID 1：称为“磁盘镜像”。通过在阵列中的每个成员磁盘上写入相同的数据来提供冗余性。由于镜像的简单性和高度的数据可用性，目前仍然很流行。RAID 1 提供了极佳的数据可靠性，并提高了读取任务繁重的程序的执行性能，但是它相对的费用也较高。

RAID 4：使用集中到单个磁盘驱动器上的奇偶校验来保护数据。更适合于事务性的 I/O 而不是大型文件传输。专用的奇偶校验磁盘同时带来了固有的性能瓶颈。

RAID 5：使用最普遍的 RAID 类型。通过在某些或全部阵列成员磁盘驱动器中分布奇偶校验，RAID 5 避免了 RAID 4 中固有的写入瓶颈。唯一的性能瓶颈是奇偶计算进程。与 RAID 4 一样，其结果是非对称性能，读取大大地超过了写入性能。

7.2.2 动态磁盘卷类型

动态磁盘提供了更好的磁盘访问性能以及容错等功能。可以将基本磁盘转换为动态磁盘，而不损坏原有的数据。动态磁盘若要转换为基本磁盘，则必须先删除原有的卷。

在转换磁盘之前需要关闭这些磁盘上运行的程序。如果转换启动盘，或者要转化的磁盘中的卷或分区正在使用，则必须重新启动计算机才能够成功转换。转换过程如下。

① 关闭所有正在运行的应用程序，打开“计算机管理”对话框中的“磁盘管理”对话框，在右窗格的底端，右击要升级的基本磁盘，在弹出的快捷菜单中选择“转换到动态磁盘”选项。

② 在打开的对话框中，可以选择多个磁盘一起升级。选好之后，单击“确定”按钮，单击“转换”按钮即可。

Windows Server 2003 中支持的动态卷类型包括以下几类。

- 简单卷（Simple Volume）：与基本磁盘的分区类似，只是其空间可以扩展到非连续的空间上。
- 跨区卷（Spanned Volume）：可以将多个磁盘（至少 2 个，最多 32 个）上的未分配空间，合成一个逻辑卷。使用时先写满一部分空间，再写入下一部分空间。
- 带区卷（Striped Volume）：又称条带卷 RAID 0，将 2～32 个磁盘空间上容量相同的空间组合成一个卷，写入时将数据分成 64 KB 大小相同的数据块，同时写入卷的每个磁盘成员的空间上。带区卷提供最好的磁盘访问性能，但是带区卷不能被扩展或镜像，并且没有容错功能。
- 镜像卷（Mirrored Volume）：又称 RAID 1 技术，是将两个磁盘上相同尺寸的空间建立为镜像，有容错功能，但空间利用率只有 50%，实现成本相对较高。
- 带奇偶校验的带区卷：采用 RAID 5 技术，每个独立磁盘进行条带化分割、条带区奇偶校验，校验数据平均分布在每块硬盘上。容错性能好，应用广泛，需要 3 个以上磁盘。其平均实现成本低于镜像卷。

7.2.3 建立动态磁盘卷

在 Windows Server 2003 动态磁盘上建立卷，与在基本磁盘上建立分区的操作类似。下面以创建 RAID 5 卷为例建立动态磁盘卷。

① 在要创建 RAID 5 卷的未分配空间上右击，在弹出的快捷菜单中选择 “新建卷”选项，打开“新建卷向导”对话框，如图 7-8 所示。

② 选择卷的类型为“RAID-5”，单击“下一步”按钮，打开选择磁盘对话框，如图 7-9 所示。选择要创建的 RAID 5 卷需要使用的磁盘，对于 RAID 5 卷来说，至少需要选择 3 个以上动态磁盘。

③ 为 RAID 5 卷指定驱动器号和文件系统类型，完成向导设置。

④ 建立完成的 RAID 5 卷如图 7-10 所示。

建立其他类型动态卷的方法与此类似，不再一一叙述。

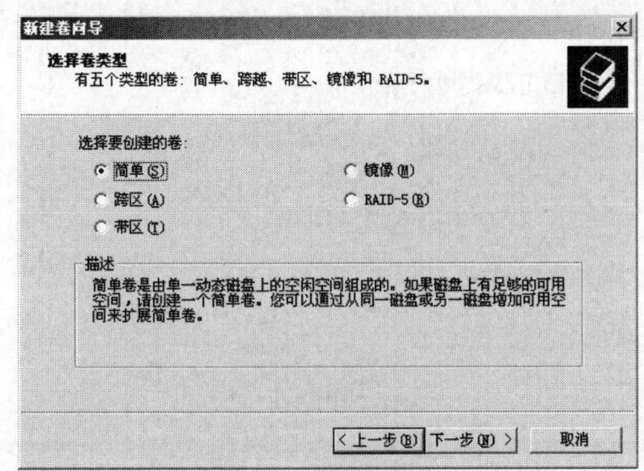

图 7-8 新建卷向导

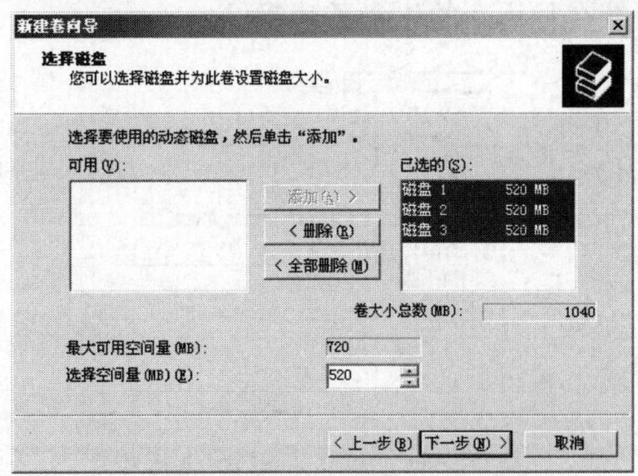

图 7-9 为 RAID 5 卷选择磁盘

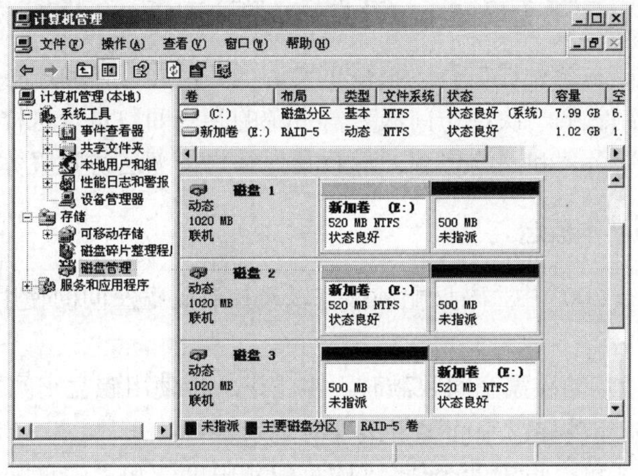

图 7-10 建立完成的 RAID 5 卷

7.2.4 动态卷的维护

下面以镜像卷为例介绍动态卷的维护操作。

不再需要镜像卷的容错能力时，可以选择将镜像卷中断。中断后的镜像卷成员，会成为两个独立的卷。如果选择“删除卷”，则镜像卷成员会被删除，数据将会丢失。

如果包含部分镜像卷的磁盘已经断开连接，磁盘状态会显示为“脱机”或“丢失”。要重新使用这些镜像卷，可以尝试重新连接并激活磁盘。方法是在要重新激活的磁盘上右击，并在弹出的快捷菜单中选择“重新激活磁盘”选项。

如果包含部分镜像卷的磁盘丢失并且该卷没有返回到“良好”状态，则应当用另一个磁盘上的新镜像替换出现故障的镜像。具体方法如下。

① 在显示为“丢失”或“脱机”的磁盘上删除镜像，如图 7-11 所示。然后查看系统日志以确定磁盘或磁盘控制器是否出现故障。如果出现故障的镜像卷成员位于有故障的控制器上，则在有故障的控制器上安装新的磁盘并不能解决问题。

② 使用新磁盘替换损坏的磁盘。

③ 右击要重新镜像的卷（不是已删除的卷），然后在弹出的快捷菜单中选择“添加镜像”选项，打开如图 7-12 所示的“添加镜像”对话框。选择合适的磁盘后单击“添加镜像”按钮，

系统会使用新的磁盘重建镜像。

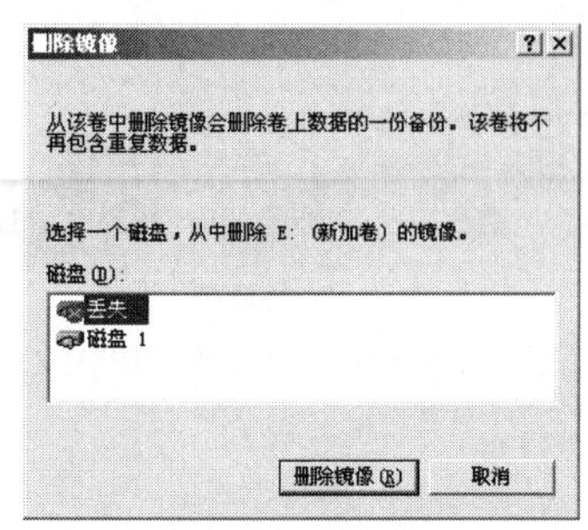

图 7-11　从损坏的磁盘上删除镜像

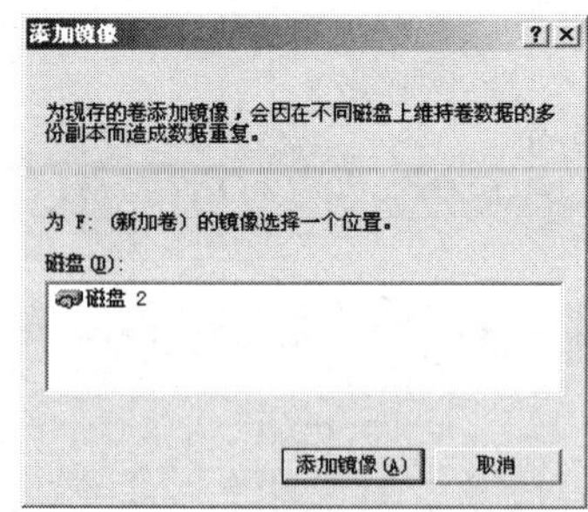

图 7-12　“添加镜像”对话框

7.3　磁盘配额管理

在计算机网络中，系统管理员有一项很重要的任务，即为访问服务器资源的客户机设置磁盘配额，也就是限制它们一次性访问服务器资源的卷空间数量。这样做的目的在于防止某个客户机过量地占用服务器和网络资源，导致其他客户机无法访问服务器和使用网络。

7.3.1　磁盘配额基本概念

在 Windows Server 2003 中，磁盘配额跟踪以及控制磁盘空间的使用，使系统管理员可将 Windows 配置为：

- 用户超过所指定的磁盘空间限额时，阻止进一步使用磁盘空间和记录事件；
- 当用户超过指定的磁盘空间警告级别时记录事件。

启用磁盘配额时，可以设置两个值：“磁盘配额限度”和“磁盘配额警告级别”。“磁盘配额限度”指定了允许用户使用的磁盘空间容量。警告级别指定了用户接近其配额限度的值。例如，可以把用户的磁盘配额限度设为 50 MB，并把磁盘配额警告级别设为 45 MB。这种情况下，用户可在卷上存储不超过 50 MB 的文件。如果用户在卷上存储的文件超过 45 MB，则把磁盘配额系统记录为系统事件。如果不想拒绝用户访问卷，但想跟踪每个用户的磁盘空间使用情况，启用配额但不限制磁盘空间使用将非常有用。

默认的磁盘配额不应用到现有的卷用户上。可以通过在“配额项目”对话框中添加新的配额项目，将磁盘空间配额应用到现有的卷用户上。

磁盘配额是以文件所有权为基础的，并且不受卷中用户文件的文件夹位置的限制。例如，如果用户把文件从一个文件夹移到相同卷上的其他文件夹，则卷空间用量不变。

磁盘配额只适用于卷，且不受卷的文件夹结构及物理磁盘的布局的限制。如果卷有多个文件夹，则分配给该卷的配额将应用于卷中所有文件夹。

如果单个物理磁盘包含多个卷，并把配额应用到每个卷，则每个卷配额只适于特定的卷。例如，如果用户共享两个不同的卷，分别是 F 卷和 G 卷，即使这两个卷在相同的物理磁盘上，也分别对这两个卷的配额进行跟踪。

如果一个卷跨越多个物理磁盘，则整个跨区卷使用该卷的同一配额。例如，如果 F 卷有 50 MB 的配额限度，则不管 F 卷是在物理磁盘上还是跨越 3 个磁盘，都不能把超过 50 MB 的文件保存到 F 卷。

在 NTFS 文件系统中，卷使用信息按用户安全标识（SID）存储，而不是按用户账户名称存储。第一次打开“配额项目”对话框时，磁盘配额必须从网络域控制器或本地用户管理器上获得用户账户名称，将这些用户账户名与当前卷用户的 SID 匹配。

7.3.2　设置磁盘配额

① 在“磁盘管理”对话框中，右击要启用磁盘配额的磁盘卷，然后在弹出的快捷菜单中选择“属性”选项，打开“属性”对话框。

② 在“属性”对话框中，选择“配额”选项卡，如图 7-13 所示。

③ 选择“启用配额管理”复选框，然后为新用户设置磁盘空间限制数值。

④ 若需要对原有的用户设置配额，单击“配额项”按钮，打开如图 7-14 所示的对话框。

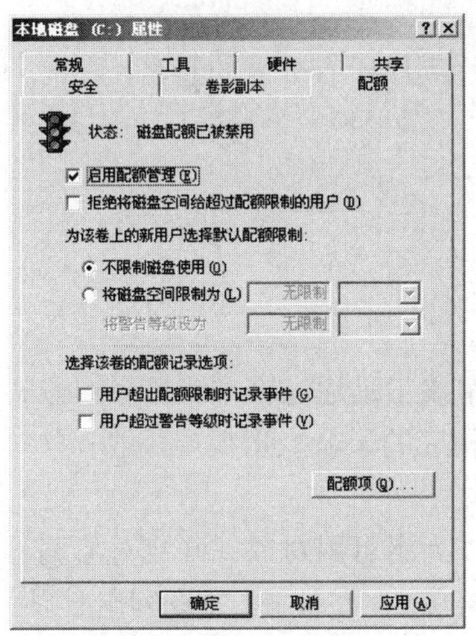

图 7-13　“配额”选项卡

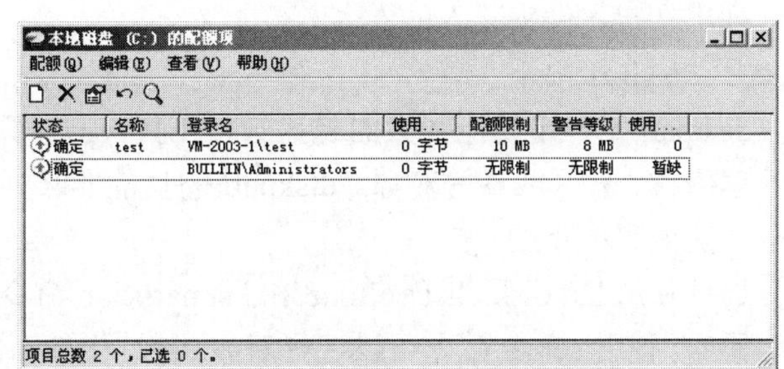

图 7-14　“配额项”对话框

⑤ 在“配额项”对话框中，选择“配额”→“新建配额项”选项，或单击工具栏上的“新建配额项”按钮，打开“选择用户”对话框，单击“高级”按钮，再单击“立即查找”按钮，即可在“搜索结果”列表框中选择当前计算机用户，并设置磁盘配额，关闭配额项窗口。

⑥ 回到图 7-13 所示的“配额”对话框。如果需要限制受配额影响的用户使用超过配额的空间，则选择“拒绝将磁盘空间给超过配额限制的用户”复选框，单击“确定”按钮。

7.4　常用磁盘管理命令

除了使用磁盘管理工具外，Windows Server 2003 还提供了一系列的命令行工具，对磁盘分区和卷进行管理。

1. convert 命令

可以将 FAT 和 FAT32 文件系统转换为 NTFS 文件系统，而保持原有的文件和文件夹完整性。被转换为 NTFS 文件系统的分区和卷无法再转换回 FAT 或 FAT32 文件系统。

Convert 命令的基本用法为：

```
Convert  [volume] /fs:ntfs
```

其中 volume 参数为要转换的分区或卷的驱动器号，例如要将 E 盘转换为 NTFS 文件系统，可以运行命令：

```
convert e: /fs:ntfs
```

2. mountvol 命令

创建、删除或列出分区和卷的挂载点。mountvol 是一种不需要驱动器号而连接卷的方式，可以完成与磁盘管理工具中“更改驱动器号和路径”相同的功能。基本格式如下：

```
mountvol [drive:] path VolumeName
mountvol [drive:] path /d
mountvol [drive:] path /l
```

各主要参数的含义如下。

（1）[drive:]path

指定装入点将驻留其中的现有 NTFS 目录文件夹。

（2）VolumeName

指定安装位置目标卷的卷名。如果不指定，mountvol 将列出所有分区的卷名。

（3）/d

从指定文件夹中删除卷装入点。

（4）/l

列出指定文件夹装入的卷名。

3. diskpart 命令

diskpart 是一个功能强大的磁盘管理工具，用户可以使用该工具通过脚本或命令的方式直接管理磁盘、分区或卷等对象。diskpart 的功能非常强大，相应的子命令也很多，本节只对其基本功能做简单介绍。

通过使用 list disk、list volume 和 list partition 命令，可以列出可用对象并确定对象编号或驱动器号。使用 select 命令可以选择对象，被选中的对象获得焦点，在被 list 命令列出时以“*”加以标识。list disk 和 list volume 命令显示计算机上的所有磁盘和卷，而 list partition 命令只显示具有焦点的磁盘上的分区。

以在系统的磁盘 1 上创建一个简单卷为例，介绍其操作步骤。

```
C:\>diskpart
Microsoft DiskPart Copyright (C) 1999-2001 Microsoft Corporation.
On computer: VM-2003
DISKPART> list disk
  磁盘 ###  状态         大小      可用      动态 Gpt
  --------  ----------  -------  -------  ---  ---
  磁盘 0    联机         8189 MB8033 KB
  磁盘 1    联机         1020 MB620 MB     *
  磁盘 2    联机         1020 MB1020 MB    *
DISKPART> select disk 1
磁盘 1 现在是所选磁盘。
DISKPART> list volume
卷 ###      Ltr  卷标        Fs      类型      大小      状态      信息
  ----------  ---  -----------  -----  ----------  -------  ---------
卷 0         E 新加卷      NTFS  简单      200 MB   状态良好
卷 1                     RAW   简单      200 MB   状态良好
卷 2         D          CD-ROM         0 B      状态良好
卷 3         C          NTFS   磁盘分区 8182 MB 状态良好  系统
DISKPART> create volume simple size=500
DiskPart 成功地创建了卷。
```

7.5　数据的备份和还原

由于磁盘驱动器损坏、病毒感染、供电中断、网络故障以及其他一些原因，可能引起磁盘中数据的丢失和损坏。因此，对于系统管理员来说，定期备份服务器硬盘上的数据是非常必要的。数据被备份之后，在需要时就可以将它们还原。即使数据出现错误或丢失的情况，也不会造成很大的损失。

7.5.1　数据的备份

1．备份的类型

“备份”工具支持5种方法备份计算机或网络上的数据。

（1）副本备份

副本备份可以复制所有选定的文件，但不将这些文件标记为已经备份（没有清除存档属性）。如果要在正常和增量备份之间备份文件，副本备份是很有用的，因为它不影响其他备份操作。

（2）每日备份

每日备份用于备份当天更改过的所有选定文件。备份的文件将不会标记为已经备份（没有清除存档属性）。

（3）差异备份

差异备份用于复制自上次正常或增量备份以后所创建或更改的文件。它不将文件标记为已经备份（没有清除存档属性）。如果要执行正常备份和差异备份的组合，必须保证还原文件和文件夹上次已执行过正常备份和差异备份。

（4）增量备份

增量备份仅备份自上次正常或增量备份以后创建或更改的文件。它将文件标记为已经备份（清除存档属性）。如果将正常和增量备份结合使用，至少需要具有上次的正常备份集和所有增量备份集，以便还原数据。

（5）标准备份

标准备份用于复制所有选定的文件，并且在备份后标记每个文件（清除存档属性）。使用正常备份，只需备份文件或磁带的最新副本就可以还原所有文件。通常，在首次创建备份集时执行一次正常备份。

（1）组合使用标准备份和增量备份来备份数据，可以使用最少的存储空间，并且是最快的备份方法。然而，恢复文件是耗时的和困难的，因为备份集可能被存储在几个磁盘或磁带上。

（2）组合使用标准备份和差异备份来备份数据更加耗时，尤其当数据经常更改时。但是它更容易还原数据，因为备份集通常只包括一个标准备份和一个差异备份。

2．手工备份数据

备份文件使用Windows 2003“备份工具”，管理员可以将数据备份到各种各样的存储媒体上，如磁带机、外接硬盘驱动器以及可擦写CD-ROM。下面介绍在Windows 2003中备份文件的操作步骤。

① 执行“开始”→“程序→附件→系统工具→备份”命令，选择“高级模式”选项，打开“备份工具”对话框，如图 7-15 所示。

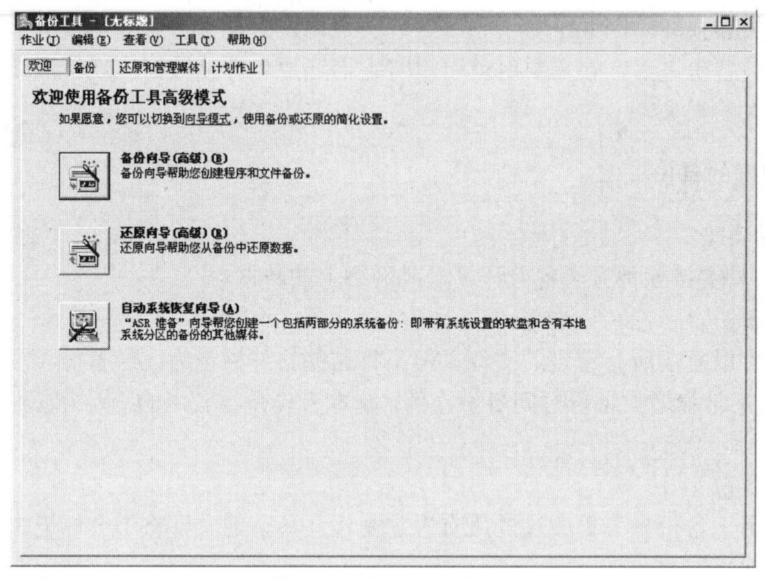

图 7-15 “备份”对话框

② 单击“备份向导（高级）”按钮，打开“备份向导”对话框，单击“下一步”按钮，打开“要备份的内容”对话框。

③ 根据需要进行选择，这里选择“备份选定的文件、驱动器或网络数据”单选项，备份用户选定的文件、驱动器或网络数据，如图 7-16 所示。

④ 单击“下一步”按钮，打开“要备份的项目”对话框。通过单击相应的复选框，选择要备份的驱动器、文件或文件夹。双击“要备份的项目”文本框中的项目节点，可以展开该项目，如图 7-17 所示。

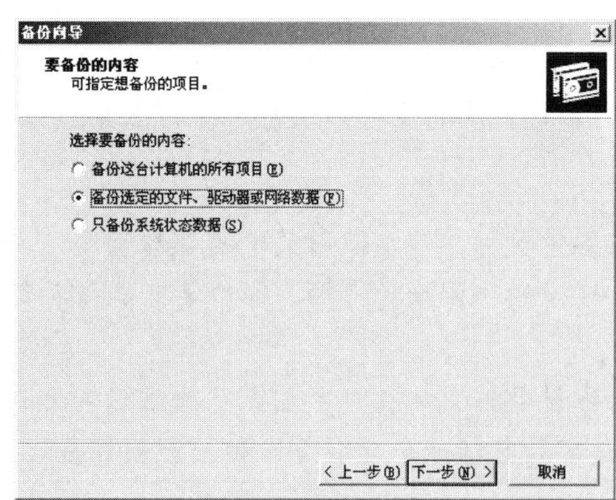

图 7-16 选择要备份的内容

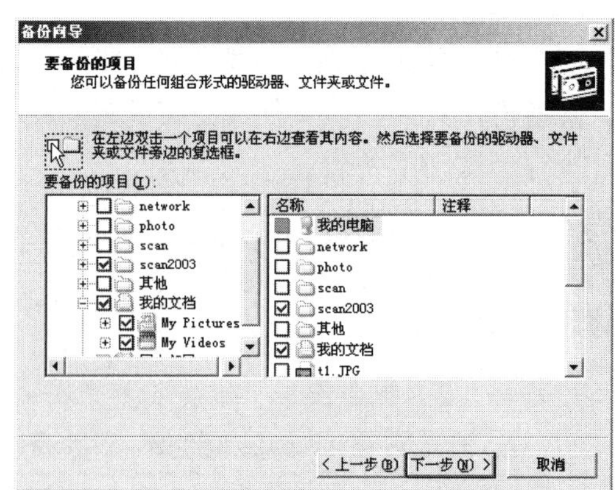

图 7-17 选择要备份的项目

⑤ 选定需要备份的内容后，单击“下一步”按钮，打开“备份类型、目标和名称”对话框。

⑥ 单击“下一步”按钮，打开“正在完成备份向导”对话框。

⑦ 单击“高级”按钮，打开“备份类型”对话框，选择备份类型，如图 7-18 所示。

⑧ 单击“下一步”按钮，打开“如何备份”对话框，选择“备份后验证数据”复选框，如图 7-19 所示。

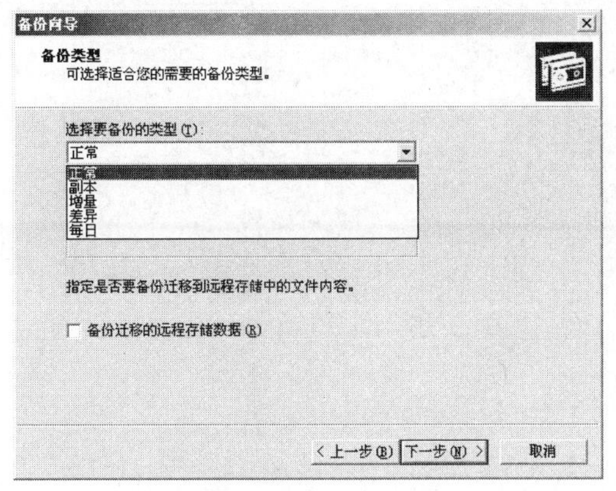

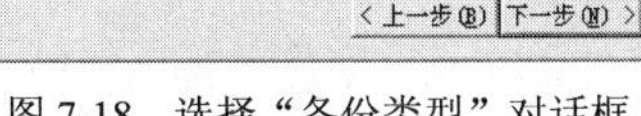

图 7-18 选择“备份类型”对话框

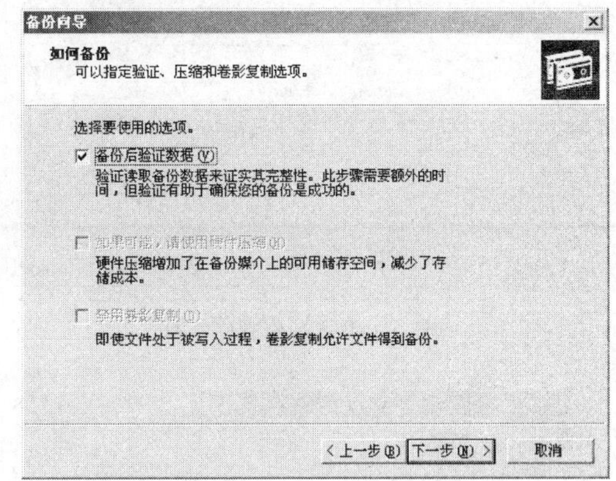

图 7-19 选择“如何备份”对话框

⑨ 单击“下一步”按钮，打开“备份选项”对话框，选择“替换现有备份”单选项。其中 3 个选项的含义如下。

- 将这个备份附加到现有备份：将本次备份附加到上次备份之后。
- 替换现有备份：本次备份覆盖原有备份。
- 只允许所有者和管理员访问备份数据，以及附加到这个媒体上的备份：只允许管理员和所有者访问该备份。

⑩ 单击“下一步”按钮，打开“备份时间”对话框。选择“现在”单选项。

⑪ 单击“下一步”按钮，打开“正在完成备份或还原向导”对话框，单击“完成”按钮后，系统将自动对所选定的项目进行备份，最后屏幕上将显示“备份进度”对话框。

⑫ 备份完成后，用户可以单击“报告”按钮来查看备份操作的有关信息，单击“关闭”按钮即可完成所有备份操作。

3. 自动备份

若需要经常对某些项目进行备份，自动备份是一种不错的选择。自动备份的操作步骤如下。

① ①～⑨同手工备份。

② 单击“下一步”按钮，打开“备份时间”对话框。选择“以后”单选项。在“作业名”文本框输入用户自定义的作业名，如图 7-20 所示。单击“设备备份计划”按钮，打开“计划作业”对话框。在“日程安排”选项卡的“计划任务”下拉列表中，可选择“每日”、“每周”、“每月”、“一次性”、“系统启动”、“在系统登录时”或“闲置”等选项，如图 7-21 所示。若对时间要做更详细的设置，请单击“高级”按钮。

③ 对备份做其他设置，可单击“设置”选项卡，如图 7-22 所示。设置完后单击“确定”按钮，返回到图 7-20 所示的对话框。

④ 单击“下一步”按钮，打开“设置账户信息”对话框，如图 7-23 所示。输入运行方式和密码，单击“确定”按钮。

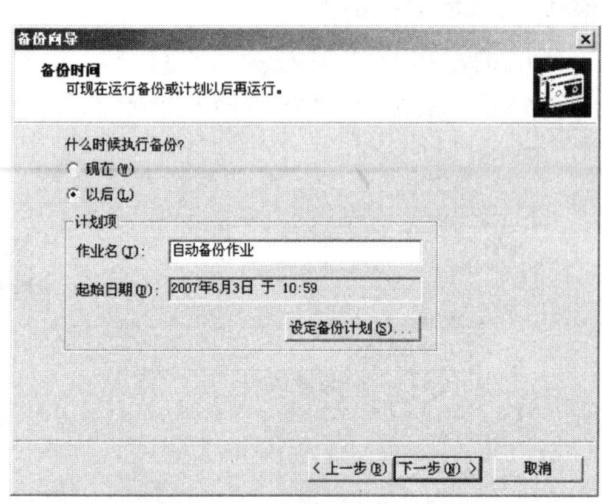

图 7-20 “备份时间”对话框

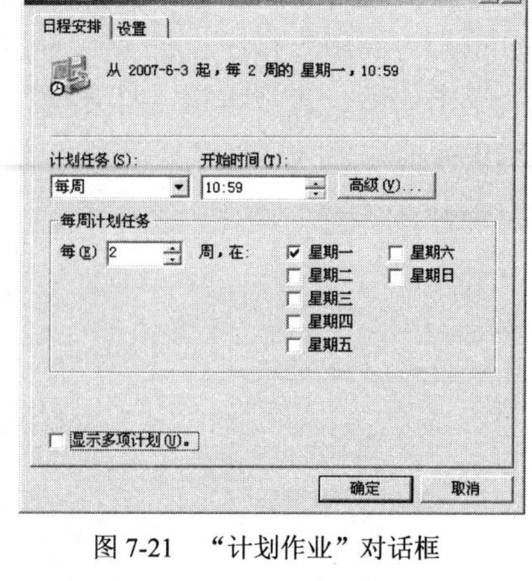

图 7-21 “计划作业”对话框

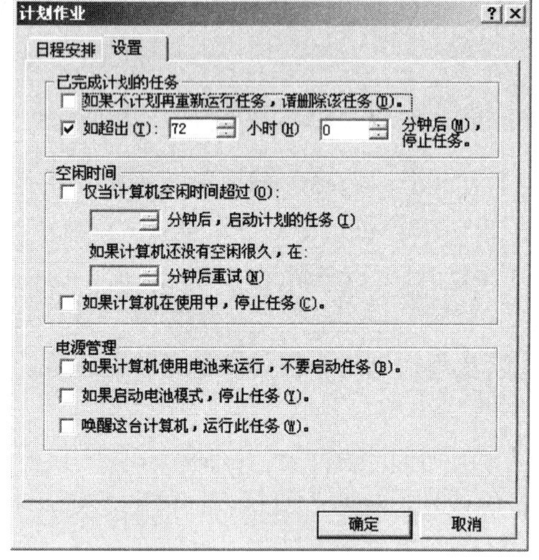

图 7-22 “设置”选项卡

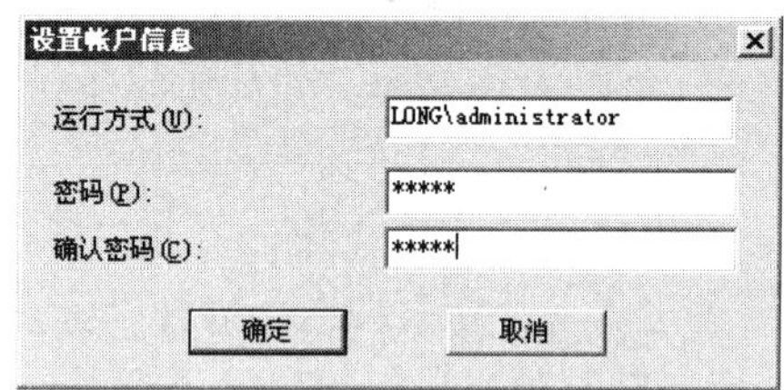

图 7-23 “设置账户信息”对话框

⑤ 至此，自动备份设置完毕。当计划时间一到，系统就启动自动备份功能。

⑥ 若要查看备份计划，可以在“备份工具”的“计划作业”选项卡中查看，如图 7-24 所示。

图 7-24 查看计划作业

7.5.2　数据的还原

当用户的计算机出现硬件故障、意外删除或者其他的数据丢失或损害时，可以使用Windows 2003的故障恢复工具还原以前备份的数据，其操作步骤如下。

① 打开“备份工具”对话框，默认情况下，将启动备份或还原向导，除非它被禁用。

② 选择备份或还原向导上的“高级模式”按钮。

③ 选择“还原和管理媒体”选项卡，然后选择所要还原的文件或文件夹的复选框如图7-25所示。

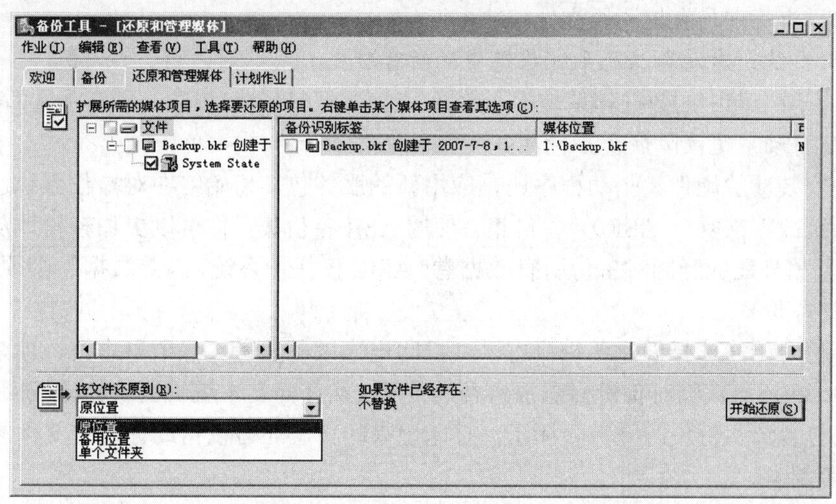

图7-25　“备份工具-[还原和管理媒体]”对话框

④ 在“将文件还原到”下拉列表中，执行以下操作之一。

● 如果要将备份的文件或文件夹还原到备份时它们所在的文件夹，选择“原位置”选项，并跳到第⑤步。

● 如果要将备份的文件或文件夹还原到指派位置，选择“备用位置”选项。此选项将保留备份数据的文件夹结构，所有文件夹和子文件夹将出现在指派的备用文件夹中。

● 如果要将备份的文件或文件夹还原到指定文件夹，选择“单个文件夹”选项。此选项将不保留已备份数据的文件夹结构，文件将只出现在指派的文件夹中。

如果已选中了“备用位置”或“单个文件夹”，在“备用位置”文本框中输入文件夹的路径，或者单击“浏览”按钮寻找文件夹。

⑤ 在“工具”菜单栏上，单击“选项”，选择“还原”选项卡，然后执行如下操作之一。

● 如果不想还原操作覆盖硬盘上的文件，请单击“不要替换本机上的文件”。

● 如果想让还原操作用备份的新文件替换硬盘上的旧文件，请单击“仅当磁盘上的文件是旧的情况下，替换文件”。

● 如果想让还原操作替换磁盘上的文件，而不管备份文件是新或旧，请单击“无条件替换本机上的文件”。

⑥ 单击“确定”按钮，接受已设置的还原选项。单击“开始还原”按钮，开始还原数据。

7.5.3 备份的正确过程

备份的正确过程一般包括以下几项。

1. 制订备份和还原策略并进行测试

良好的计划可以保证数据丢失时能够迅速地恢复。

2. 对有关人员加以培训

在最低安全和中等安全的网络中，可将备份权利授予一个用户，而将还原权利授予另一个用户。培训有还原权利的人员，使他们在管理员不在时执行所有的还原任务。在高度安全的网络中，只有管理员有权还原文件。

3. 备份系统、启动卷以及系统状态中的所有数据

同时备份所有卷中的数据和系统状态数据。这项预防措施可以防范预料不到的磁盘故障。

4. 创建自动系统故障恢复备份集

不论是安装新的硬件和驱动程序还是应用新的服务包，请始终在对操作系统进行更改时创建自动系统故障恢复（ASR）备份集。使用 ASR 备份集，你可以更加轻松地从系统故障中进行恢复。另外还应当同时备份所有数据卷，ASR 仅保护系统，因此数据卷必须单独备份。

5. 创建备份日志

每次备份时始终选择创建备份日志，并打印出来以备参考。保留日志簿，使定位指定文件更加容易。在还原数据时备份日志很有帮助；可以从任何文本编辑器中打印或阅读该日志。此外，如果包含该备份集的磁带毁坏了，打印出来的日志还可以帮助你确定文件的位置。

6. 保留副本

请至少保留 3 份媒体副本。至少有 1 份副本在妥善的环境中保存。

7. 执行试验性还原

定期执行试验性的还原操作可以验证文件是否被正确备份。试验性还原还可以发现在软件验证时没有发现的硬件问题。

8. 保证设备和媒体的安全

保证存储设备和备份媒体的安全。黑客可以通过将数据还原到作为管理员的另一台服务器上，来访问窃取的媒体上的数据。

9. 使用默认的卷影副本备份

不要禁用默认的卷影副本备份方式而退回 Windows Server 2003 以前的备份方式。如果禁用默认的卷影副本备份方式，在执行备份的过程中将有可能忽略掉打开的文件或正在由系统使用的文件。

7.6 习　题

一、填空题

（1）从 Windows 2000 开始，Windows 系统将磁盘分为________和________。

（2）一个基本磁盘最多可分为________个区，即________个主分区或________个主分区和一个扩展分区。

（3）动态卷类型包括：________、________、________、________、________。

（4）要将 E 盘转换为 NTFS 文件系统，可以运行命令：________。

（5）带区卷又称为________技术，RAID 1 又称为________卷，RAID 5 又称为________卷。

二、简答题

（1）简述基本磁盘与动态磁盘的区别。

（2）磁盘碎片整理的作用是什么？

（3）Windows Server 2003 中支持的动态卷类型有哪些？各有何特点？

（4）基本磁盘转换为动态磁盘应注意什么问题？如何转换？

（5）如何限制某个用户使用服务器上的磁盘空间？

（6）简述备份的正确过程。

（7）简述数据的备份类型。

第 8 章 打印服务器的配置与管理

本章学习要点

- 打印机的的概念
- 打印服务器的安装
- 打印服务器的管理
- 共享网络打印机

8.1 打印概述

使用 Windows Server 2003 家族中的产品，可以在整个网络范围内共享打印资源。计算机和操作系统上的客户端，可以通过 Internet 将打印作业发送到运行 Windows Server 2003 操作系统的打印服务器所连接的本地打印机上，或者发送到使用内置或外置网卡连接到网络或其他服务器的打印机上。

Windows Server 2003 家族中的产品支持多种高级打印功能。例如，无论运行 Windows Server 2003 家族操作系统的打印服务器计算机位于网络中的哪个位置，您都可以对它进行管理。另一项高级功能是，不必在 Windows XP 客户端计算机上安装打印机驱动程序就可以使用网络打印机。当客户端连接运行 Windows Server 2003 家族操作系统的打印服务器计算机时，驱动程序将自动下载。

8.1.1 基本概念

为了建立网络打印服务环境，首先需要理解清楚几个概念。

- 打印设备：实际执行打印的物理设备，可以分为本地打印设备和带有网络接口的打印设备。根据使用的打印技术，可以分为针式打印设备、喷墨打印设备和激光打印设备。
- 打印机：即逻辑打印机，打印服务器上的软件接口。当发出打印作业时，作业在发送到实际的打印设备之前先在逻辑打印机上进行后台打印。
- 打印服务器：连接本地打印机，并将打印机共享出来的计算机系统。网络中的打印客户端会将作业发送到打印服务器处理，因此打印服务器需要有较高的内存以处理作业，对于较频繁的或大尺寸文件的打印环境，还需要打印服务器上有足够的磁盘空间以保存打印假脱机文件。

8.1.2 共享打印机的连接

在网络中共享打印机时，主要有两种不同的连接模式，即“打印服务器+打印机”模式和“打印服务器+网络打印机”模式。

● “打印服务器+打印机”模式就是将一台普通打印机安装在打印服务器上，然后通过网络共享该打印机，供局域网中的授权用户使用。打印服务器既可以由通用计算机担任，也可以由专门的打印服务器担任。

如果网络规模较小，则可采用普通计算机担任服务器，操作系统可以采用 Windows 98/Me，或 Windows 2000/XP。如果网络规模较大，则应当采用专门的服务器，操作系统也应当采用 Windows 2000 Server 或 Windows Server 2003，从而便于对打印权限和打印队列的管理，适应繁重的打印任务。

● “打印服务器+网络打印机”模式是将一台带有网卡的网络打印设备通过网线联入局域网，给定网络打印设备的 IP 地址，使网络打印设备成为网络上的一个不依赖于其他 PC 的独立节点，然后在打印服务器上对该网络打印设备进行管理，用户就可以使用网络打印机进行打印了。网络打印设备通过 EIO 插槽直接连接网络适配卡，能够以网络的速度实现高速打印输出。打印设备不再是 PC 的外设，而成为一个独立的网络节点。

由于计算机的端口有限，因此，采用普通打印设备时，打印服务器所能管理的打印机数量也就较少。而由于网络打印设备采用以太网端口接入网络，因此一台打印服务器可以管理数量非常多的网络打印机，更适用于大型网络的打印服务。

8.2 打印服务器的安装

若要提供网络打印服务，必须先将计算机安装为打印服务器，安装并设置共享打印机，然后再为不同操作系统安装驱动程序，使得网络客户端在安装共享打印机时，不再需要单独安装驱动程序。

8.2.1 安装本地打印机

① 运行“配置服务器向导”，在“服务器角色”对话框的“服务器角色”列表框中，选择“打印服务器”选项，如图 8-1 所示。

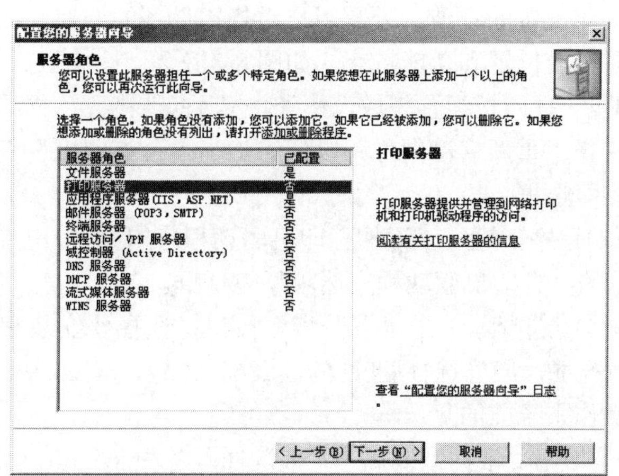

图 8-1 “配置您的服务器向导”对话框

② 单击“下一步”按钮，系统运行“添加打印机向导”，选择打印机的连接方式。选中

"连接到这台计算机的本地打印机"单选项，如果当前要连接的打印机属于即插即用设置，应选中"自动检测并安装我的即插即用打印机"复选框。

③ 选择打印机端口。安装本地打印机，一般都选择 LPT 端口。选择"使用以下端口"单选项，并在下拉列表中选择"LPT1:（推荐的打印机端口）"选项，如图 8-2 所示。

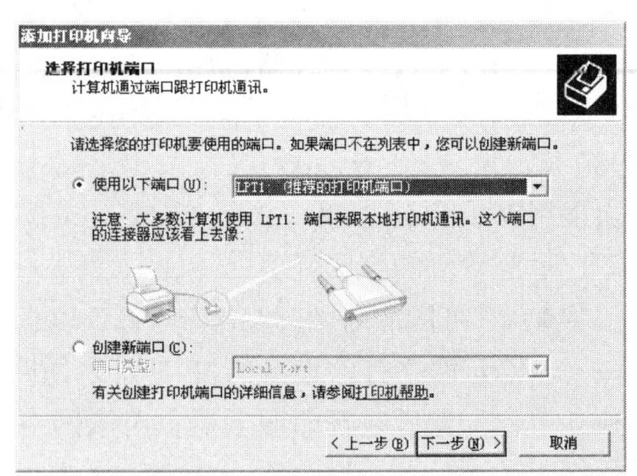

图 8-2 "选择打印机端口"对话框

当安装第 2 台打印机时，应当选择"LPT2:（打印机端口）"选项。需要注意的是，该选项仅适用于并口打印机，以太网和 USB 接口的打印机不采用该安装方式。

④ 安装打印机软件。单击"下一步"按钮，打开"安装打印机软件" 对话框。在 "厂商"列表框中确定打印机的品牌，在 "打印机"列表框中选择打印机的型号。若要安装的打印机没有显示在列表框中，可单击"从磁盘安装"按钮，并插入随打印机提供的安装磁盘或光盘，直接安装打印机驱动程序。

⑤ 命名打印机。单击"下一步"按钮，打开"命名打印机"对话框。在"打印机名"文本框中输入要使用的打印机名称。

当安装多台打印机时，将在该对话框中显示是否设置为默认打印机选项。选中"是"单选按钮，可将当前打印机设置为默认打印机。当在应用程序中调用打印机功能时，如果不选择打印机，将使用该打印机完成打印任务。

⑥ 打印机共享。单击"下一步"按钮，打开"打印机共享"对话框，选择"共享名"单选项，将该打印机设置为共享打印机，并为该打印机添加一个共享名。

⑦ 位置和注释。打印机在网络中共享后，必须为其输入一个完整的路径名称，方便用户在使用时用来寻找打印机。另外，在该对话框中还可以输入对当前打印机的注释信息，这样将有助于管理员对打印设备的管理，以及用户对打印设备的选择。在"位置"和"注释"文本框中输入这台打印机的位置和功能特点，如图 8-3 所示。

⑧ 添加其他打印机。打印机配置完成，此处将显示安装摘要，如图 8-4 所示。若要继续添加其他打印机，可选择"重新启动向导，以便添加另一台打印机"复选框，继续添加其他打印机。否则，清除该复选框。

⑨ 添加打印机驱动程序。运行"添加打印机驱动程序向导"，用来为打印机添加驱动程序，打开如图 8-5 所示的"打印机驱动程序选项"对话框。

⑩ 处理器和操作系统选择。单击"下一步"按钮，选择要安装驱动程序的操作系统，如图 8-6 所示。通常情况下，应当选择 CPU 为"x86"系列，Windows 95/98/Me 和 Windows 2000/XP/Server 2003 操作系统前的复选框。

⑪ 插入驱动程序安装盘。根据系统提示，依次插入各种 Windows 版本的驱动安装程序，并指定驱动程序所在安装路径。打印机驱动程序向导完成以后，会打开"此服务器现在是一个打印服务器"对话框，表明该计算机已经被配置为打印服务器。单击"完成"按钮安装成功。

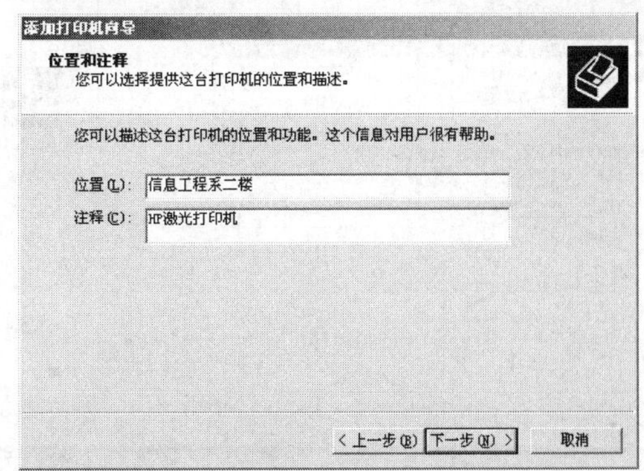

图 8-3　“位置”和“注释”对话框

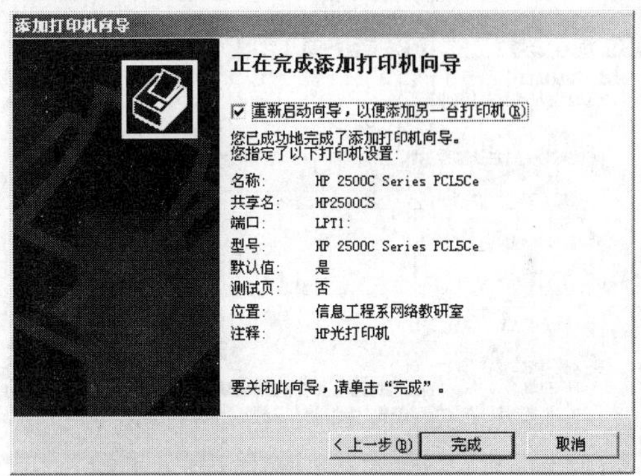

图 8-4　“完成添加打印机向导”对话框

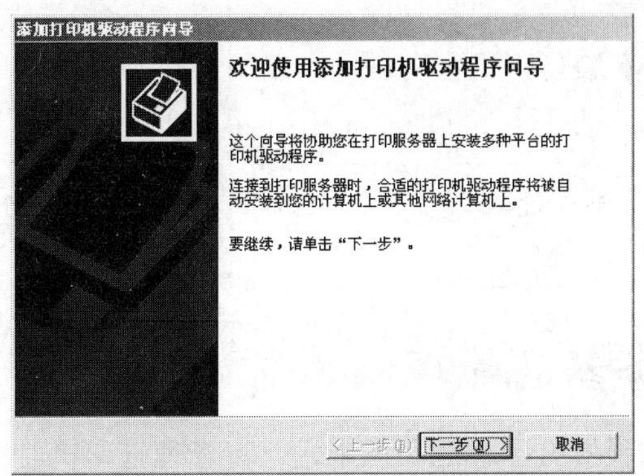

图 8-5　“打印机驱动程序选项”对话框

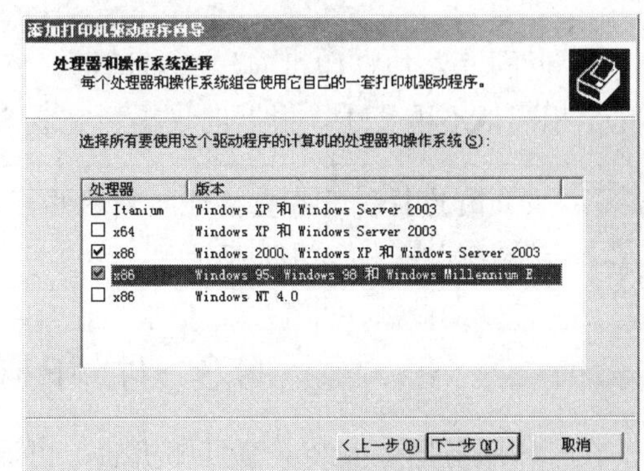

图 8-6　选择要安装驱动程序的操作系统

要添加和设置直接连接到计算机上的打印机，必须以 Administrators 组成员的身份登录。在 Windows Server 2003 中，默认情况下，添加打印机向导会共享该打印机并在 Active Directory 中发布，除非在向导的“打印机共享”屏幕中选择了“不共享此打印机”。

8.2.2　安装网络接口打印机

对于网络接口的打印设备，应先进行物理连接，然后按照下列步骤安装网络打印机。

① 执行“开始”→“控制面板”→“打印机和传真”命令，双击“添加打印机”图标，打开“添加打印机向导”对话框，然后单击“下一步”按钮。

② 选择“本地打印机”单选项，清除“自动检测并安装我的即插即用打印机”复选框，然后单击“下一步”按钮。

③ 当添加打印机向导提示用户选择打印机端口时，选择“创建新端口”单选项。选择端口类型为“Standard TCP/IP Port”选项，如图 8-7 所示。

④ 单击“下一步”按钮，打开“添加标准 TCP/IP 打印机端口向导”对话框，如图 8-8 所示。在“打印机名或 IP 地址”文本框中输入打印机的 IP 地址。端口名可采用系统默认值，即“IP_IPaddress”，也可为该端口重新命名，以与其他打印机相区别。

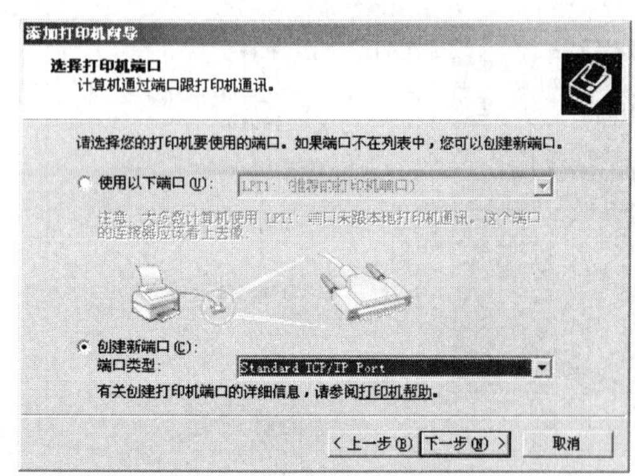

图 8-7 “创建新端口”对话框

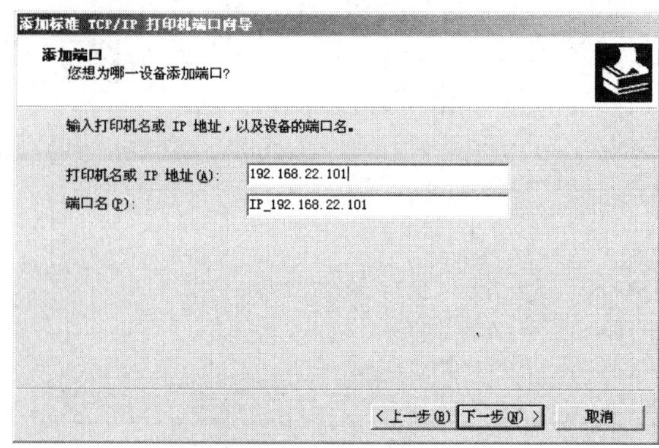

图 8-8 “添加标准 TCP/IP 打印机端口向导”对话框

⑤ 返回“添加打印机向导”对话框，开始安装打印机驱动程序。以下操作与并口打印机完全相同，不再赘述。根据向导提示完成安装。

因为打印设备直接连接到网络上，而不是连接到计算机上，所以必须清除“自动检测打印机”复选框。

8.3 打印服务器的管理

在打印服务器上安装共享打印机后，可通过设置打印机的属性来进一步管理打印机。

8.3.1 设置打印优先级

高优先级的用户发送来的文档可以越过等候打印的低优先级的文档队列。如果两个逻辑打印机都与同一打印设备相关联，则 Windows Server 2003 操作系统首先将优先级最高的文档发送到该打印设备。

要利用打印优先级系统，需为同一打印设备创建多个逻辑打印机。为每个逻辑打印机指派不同的优先等级，然后创建与每个逻辑打印机相关的用户组。例如，Group1 中的用户拥有访问优先级为 1 的打印机的权利，Group2 中的用户拥有访问优先级为 2 的打印机的权利，以此类推。1 代表最低优先级，99 代表最高优先级。

设置打印机优先级的方法为：右击打印机图标，在弹出的快捷菜单中选择“属性”选项，打开打印机属性对话框，选择“高级”选项卡，如图 8-9 所示。

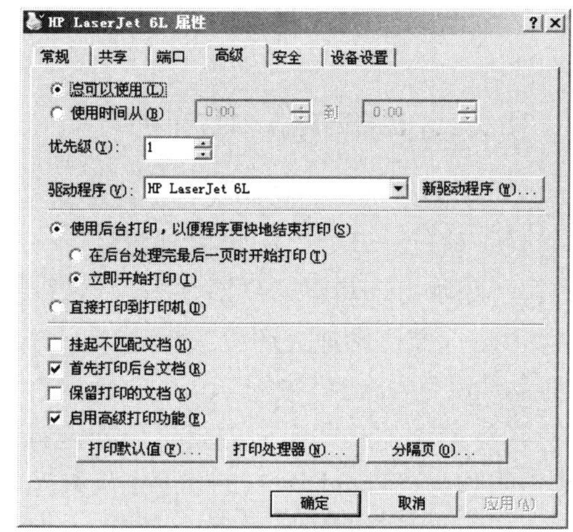

图 8-9 打印机属性“高级”选项卡

然后在打印属性对话框中选择“安全”选项卡，为不同的用户和组设置访问权限。应该保证不同类型的用户和组分别拥有不同优先级的打印机的访问权限。

8.3.2　设置打印机池

打印机池就是用一台打印服务器管理多个物理特性相同的打印设备，以便同时打印大量文档。当用户将打印文档送到打印服务器时，打印服务器会根据打印设备的使用情况，决定该文档送到打印机池中的哪一台空闲打印机。

设置打印机池的步骤如下。

① 执行“开始”→“设置”→“打印机和传真”命令，右击要使用的打印机，在弹出的快捷菜单中选择“属性”选项，在打开的属性对话框中，选择“端口”选项卡。

② 在“端口”选项卡对话框中选择“启用打印机池”复选框，再选中打印设备所连接的端口，如图 8-10 所示。必须选择一个以上的端口，否则打开如图 8-11 所示的“打印机属性”对话框。然后，单击“确定”按钮。

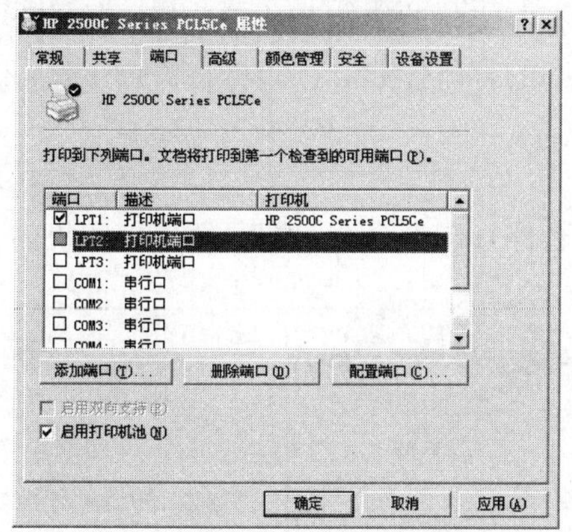

图 8-10　选择“启用打印机池”复选框

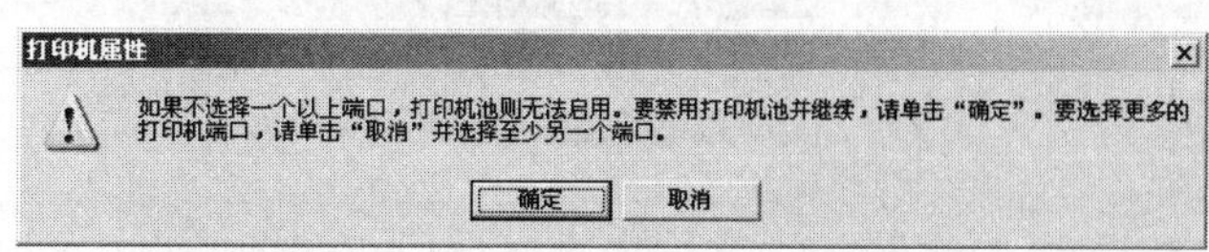

图 8-11　“打印机属性”对话框

打印机池中的所有打印机必须使用相同的驱动程序。由于用户不知道指定的文档由池中的哪一台打印设备打印，因此应确保池中的所有打印设备位于同一位置。

8.3.3　管理打印队列

打印队列是存放等待打印文件的地方。当应用程序选择了“打印”命令后，Windows 就创建一个打印工作且开始处理它。若打印机这时正在处理另一项打印作业，则在打印机文件夹中将形成一个打印队列，保存着所有等待打印的文件。

1. 查看打印队列中的文档

查看打印机打印队列中的文档不仅有利于用户和管理员确认打印文档的输出和打印状态，同时也有利于进行打印机的选择。

在“打印机和传真”对话框中，双击要查看的打印机图标，或右击该图标，在弹出的快捷菜单中选择“打开”选项，打开“打印机管理”对话框。窗口中列出了当前所有要打印的文件。

2. 调整打印文档的顺序

用户可通过更改打印优先级来调整打印文档的打印次序，使急需的文档优先打印出来。

要调整打印文档的顺序，可采用以下步骤。

在“打印机管理”对话框，右击需要调整打印次序的文档，在弹出的快捷菜单中选择“属性”选项，打开“文档属性”对话框，如图 8-12 所示。在“优先级”选项区域中，拖动滑块即可改变被选文档的优先级。对于需要提前打印的文档，应提高其优先级；对于不需要提前打印的文档，应降低其优先级。

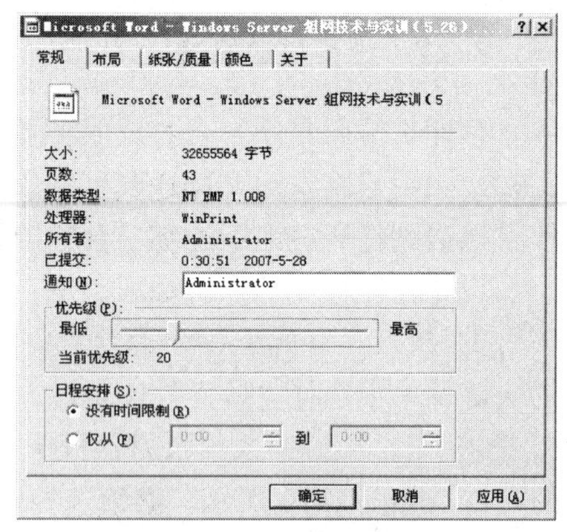

图 8-12 “文档属性”对话框

3. 暂停和继续打印一个文档

在“打印管理器”对话框中，右击要暂停的打印文档，在弹出的快捷菜单中选择“暂停”选项，可以将该文档的打印工作暂停，状态栏中显示“已暂停”字样。

文档暂停之后，若想继续打印暂停的文档，只需在打印文档的快捷菜单中选择“继续”命令即可。不过如果用户暂停了打印队列中优先级别最高的打印作业，打印机将停止工作，直到继续打印。

4. 暂停和重新启动打印机的打印作业

在“打印管理器”对话框中，执行“打印机”→“暂停打印”命令，即可暂停打印机的作业，此时标题栏中显示“已暂停”字样，如图 8-13 所示。

图 8-13 暂停打印队列

当需要重新启动打印机打印作业时，再次执行“打印机”→“暂停打印”命令即可使打印机继续打印，标题栏中的“已暂停”字样消失。

5. 删除打印文件

在打印队列中选择要取消打印的文档，然后执行“文档”→“取消”命令即可将文档消除。

如果管理员要清除所有的打印文档，可执行“打印机”→“取消所有文档”命令。打印机没有还原功能，打印作业被取消之后，不能再恢复，若要再次打印，则必须重新对打印队列的所有文档进行打印。

8.3.4 打印机权限的设置

打印机被安装在网络上之后，系统会为它指派默认的打印机权限。

该权限允许所有用户打印，并允许选择组来对打印机、发送给它的文档或这二者加以管理。

因为打印机可用于网络上的所有用户，所以可能就需要通过指派特定的打印机权限，来限制某些用户的访问权。

例如，可以给部门中所有无管理权的用户设置“打印”权限，而给所有管理人员设置“打印和管理文档”权限。这样，所有用户和管理人员都能打印文档，但管理人员还能更改发送给打印机的任何文档的打印状态。

1. 为不同用户设置不同的打印权限

右击打印机图标，在弹出的快捷菜单中选择“属性”选项，打开打印机属性对话框，选择“安全”选项卡，如图 8-14 所示。Windows 提供了 3 种等级的打印安全权限：打印、管理打印机和管理文档。

当给一组用户指派了多个权限时，将应用限制性最少的权限。但是，应用了“拒绝”权限时，它将优先于其他任何权限。

默认情况下，“打印”权限将指派给 Everyone 组中的所有成员。用户可以连接到打印机并将文档发送到打印机。

（1）管理打印机权限

用户可以执行与“打印”权限相关联的任务，并且具有对打印机的完全管理控制权。用户可以暂停和重新启动打印机、更改打印后台处理程序设置、共享打印机、调整打印机权限，还可以更改打印机属性。默认情况下，“管理打印机”权限将指派给服务器的 Administrators 组、域控制器上的 Print Operator 以及 Server Operator。

（2）管理文档权限

用户可以暂停、继续、重新开始和取消由其他所有用户提交的文档，还可以重新安排这些文档的顺序。但用户无法将文档发送到打印机，或控制打印机状态。

默认情况下，“管理文档”权限指派给 Creator Owner 组的成员。当用户被指派给“管理文档”权限时，用户将无法访问当前等待打印的现有文档。此权限只应用于在该权限被指派给用户之后发送到打印机的文档。

（3）拒绝权限

在前面为打印机指派的所有权限都会被拒绝。如果访问被拒绝，用户将无法使用或管理打印机，或者更改任何权限。

如图 8-14 所示，在“Administrators 的权限”列表框中可以选择要为用户设置的权限。在“组或用户名称”列表框中选择设置权限的用户。

如果要设置新用户或组的权限，在图 8-14 中单击“添加”按钮，打开“选择用户或组”对话框，如图 8-15 所示，输入要为其设置权限的用户或组的名称即可。或者在图 8-15 中单击“高级”→“立即查找”按钮，在出现的用户或组列表中选择要为其设置权限的用户或用户组。

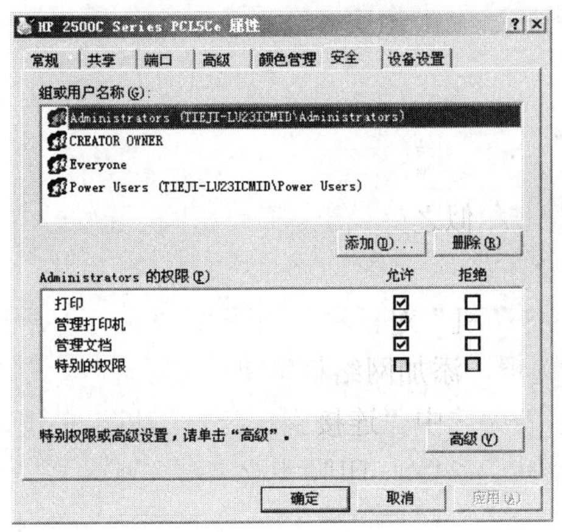

图 8-14　“安全”选项卡

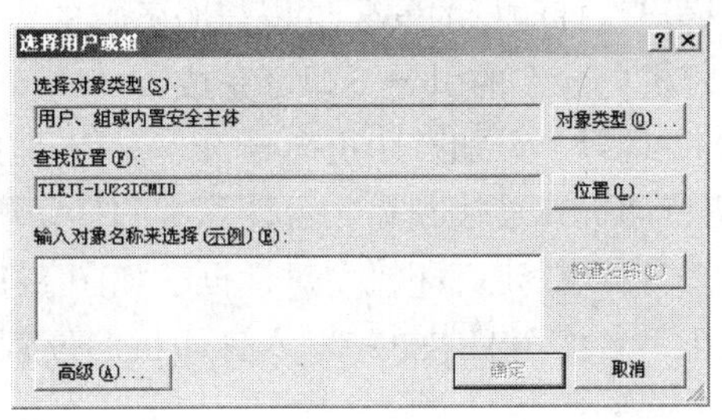

图 8-15　“选择用户或组”对话框

2. 设置打印机的所有者

在默认情况下，打印机的所有者是安装打印机的用户。如果这个用户不再能够管理这台打印机，就应由其他用户获得所有权以管理这台打印机。

以下用户或组成员能够成为打印机的所有者。

- 由管理员定义的具有管理打印机权限的用户或组成员。
- 系统提供的 Administrators 组、Print Operators 组、Server Operators 组和 Power Users 组的成员。

如果要成为打印机的所有者，首先要使用户具有管理打印机的权限，或者加入上述的组。设置打印机的所有者的步骤如下。

① 在打印机属性对话框中，选择“安全”选项卡，单击“高级”按钮，打开“高级安全设置”对话框。选择“所有者”选项卡，如图 8-16 所示。

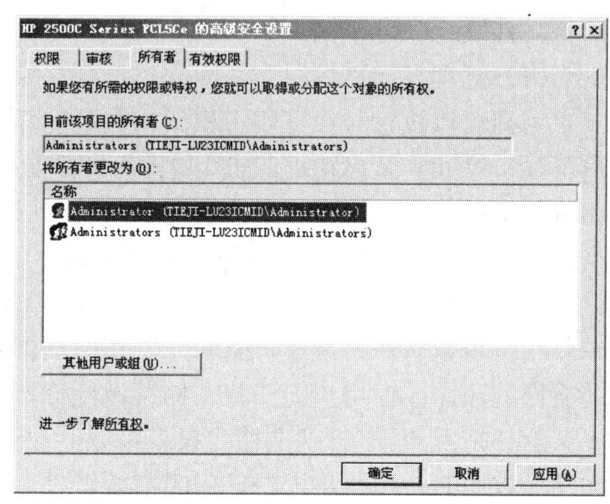

图 8-16 “所有者”选项卡

② “目前该项目的所有者”文本框中显示出当前成为打印机所有者的组。如果想更改打印机所有者的组或用户，可在“将所有者更改为”列表框中选择需要成为打印机所有者的组或用户即可。如果所在列表框中没有需要的用户或组，可单击“其他用户或组”按钮进行选择。

打印机的所有权不能从一个用户指定到另一个用户，只有当原先具有所有权的用户无效时才能指定其他用户。不过，Administrator 可以把所有权指定给 Administrators 组。

8.4 共享网络打印机

打印服务器设置成功后，即可在客户端安装共享打印机。共享打印机的安装与本地打印机的安装过程非常相似，都需要借助“添加打印机向导”来完成。在安装网络打印机时，在客户端不需要为要安装的打印机提供驱动程序。

8.4.1 安装客户端打印机

客户端打印机的安装过程与服务器的设置有很多相似之处，但也不尽相同。其安装在“添加打印机向导”的引导下即可完成。

① 运行“添加打印机向导”，在“本地或网络打印机”对话框（如图 8-17 所示）中选择“网络打印机或连接到另一台计算机的打印机”单选项，添加网络打印机。

② 在“指定打印机”对话框（如图 8-18 所示）中选中“连接到这台打印机”单选项，然后在“名称”文本框中输入打印机的位置，其格式为：“\\打印服务器名称”或“IP 地址\打印机共享名”。

③ 如果要连接到的打印机和本地计算机在同一局域网内，也可以直接单击“下一步”

按钮，在“浏览打印机”对话框中直接选择。

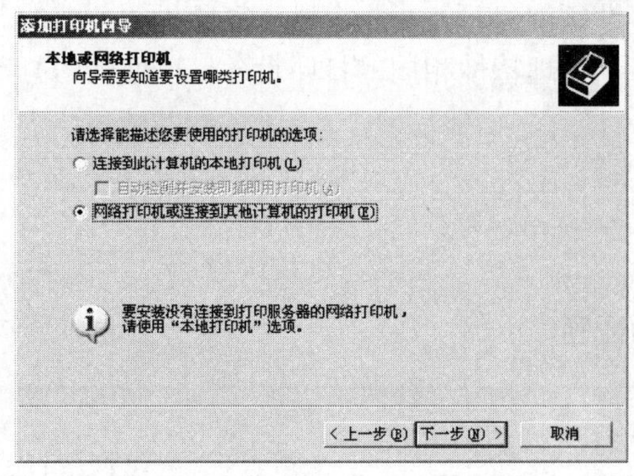

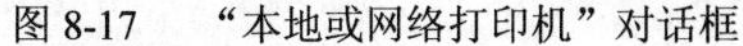

图 8-17　“本地或网络打印机”对话框

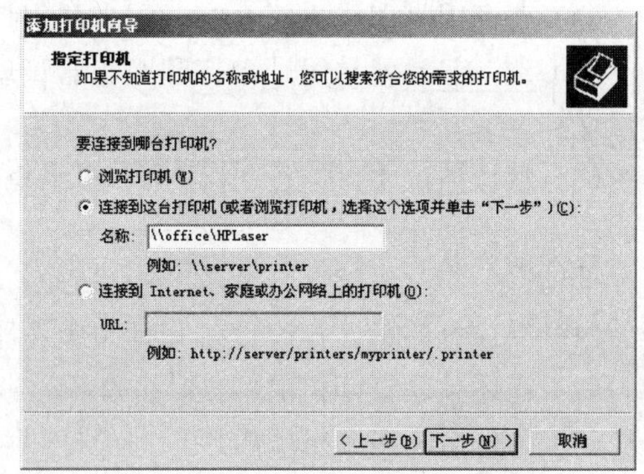

图 8-18　“指定打印机”对话框

由于打印服务器中已经为客户端准备了打印机的驱动程序，因此，客户端安装网络打印机时，无须再提供打印机驱动程序。

8.4.2　使用“网上邻居”或“查找”安装打印机

除了可以采用“打印机安装向导”安装网络打印机外，还可以使用“网上邻居”或“查找”的方式安装打印机。

在“网上邻居”中找到打印服务器，或者使用“查找”方式以 IP 地址或计算机名称找到打印服务器。双击打开该计算机，根据系统提示输入有访问权限的用户名和密码，然后显示其中所有的共享文档和“共享打印机”，如图 8-19 所示。

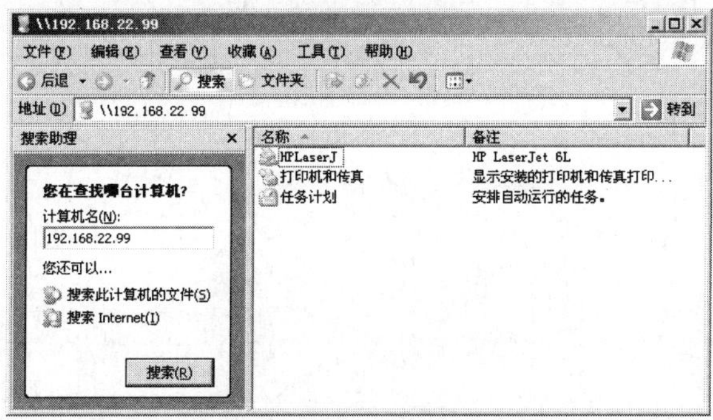

图 8-19　共享文档和打印机

双击要安装的网络打印机，该打印机的驱动程序将自动被安装到本地，并显示该打印机中当前的打印任务。或者右击共享打印机，在弹出的快捷菜单中单击“连接”，完成网络打印机的安装。

8.5　习　　题

一、填空题

（1）在网络中共享打印机时，主要有两种不同的连接模式，即________和________。

（2）Windows Server 2003 系统支持两种类型的打印机：________和________。

（3）要利用打印优先级系统，需为同一打印设备创建________个逻辑打印机。

（4）________就是用一台打印服务器管理多个物理特性相同的打印设备，以便同时打印大量文档。

（5）默认情况下，“管理打印机”权限将指派给________、________以及________。

二、简答题

（1）简述打印机、打印设备和打印服务器的区别。

（2）简述共享打印机的好处，并举例。

（3）为什么用多个打印机连接同一打印设备？

第三篇 网络服务

第 9 章

DNS 服务器的配置与管理

本章学习要点

- DNS 的基本概念
- DNS 服务器的安装与配置
- DNS 的测试
- DNS 服务器的动态更新

9.1 DNS 的基本概念与原理

在 TCP/IP 网络上，每个设备必须分配一个唯一的地址。计算机在网络上通信时只能识别如 202.97.135.160 之类的数字地址，而人们在使用网络资源的时候，为了便于记忆和理解，更倾向于使用有代表意义的名称，如域名 www.yahoo.com（雅虎网站）。DNS（Domain Name System，域名系统）就承担了将域名转换成 IP 地址的功能。这就是为什么在浏览器地址栏中输入如 www.yahoo.com 的域名后，就能看到相应的页面的原因。输入域名后，有一台称为 DNS 服务器的计算机自动把域名“翻译”成了相应的 IP 地址。

DNS 是一个非常重要而且常用的系统，它对域名进行查询（如 www.yahoo.com），为客户机提供该域名的 IP 地址，以便用户用易记的名字搜索和访问必须通过 IP 地址才能定位的本地网络或 Internet 上的资源。

通过 DNS 服务，使得网络服务的访问更加简单，对于一个网站的推广发布起到极其重要的作用。而且许多重要网络服务（如 E-mail 服务、Web 服务）的实现，也需要借助于 DNS 服务。因此，DNS 服务可视为网络服务的基础。在稍具规模的局域网中，DNS 服务也被大量采用，因为 DNS 服务不仅可以使网络服务的访问更加简单，而且可以完美地实现与 Internet 的融合。

9.1.1 域名空间结构

域名系统 DNS 的核心思想是分级的，是一种分布式的、分层次型的、客户机/服务器式的数据库管理系统。它主要用于将主机名或电子邮件地址映射成 IP 地址。一般来说，每个组织有其自己的 DNS 服务器，并维护域名称映射数据库记录或资源记录。每个登记的域都将自己的数据库列表提供给整个网络复制。

目前负责管理全世界 IP 地址的单位是 InterNIC（Internet Network Information Center），在 InterNIC 之下的 DNS 结构共分为若干个域（Domain）。如图 9-1 所示的阶层式树状结构，这个树状结构称为域名空间（Domain Name Space）。

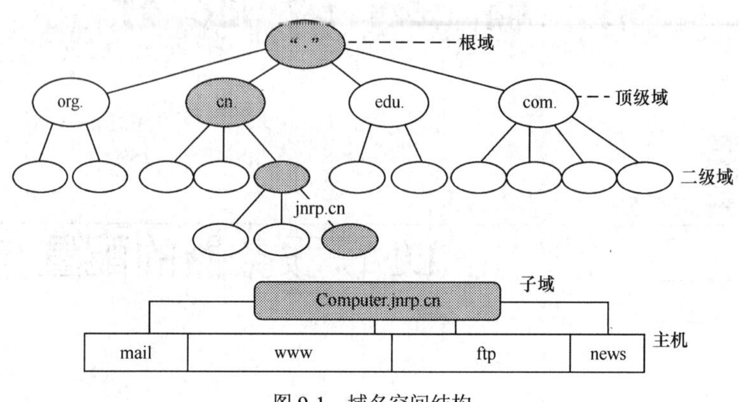

图 9-1　域名空间结构

域名和主机名只能用字母 a—z（在 Windows 服务器中大小写等效，而在 UNIX 中则不同）、数字 0~9 和连线“-”组成。其他公共字符如连接符“&”、斜杠“/”、句点和下划线“_”都不能用于表示域名和主机名。

1. 根域

图 9-1 中位于层次结构最高端的是域名树的根，提供根域名服务，以“.”来表示。在 Internet 中，根域是默认的，一般都不需要表示出来。根级的 domain 中共有 13 台 Root Domain Name Server，它们由 InterNIC 管辖，设在美国。根域名服务器中并没有保存任何网址，只具有初始指针指向第 1 层域，也就是顶级域，如 com、edu、net 等。

2. 顶级域

顶级域位于根域之下，数目有限且不能轻易变动。顶级域也是由 InterNIC 统一管理的。在互联网中，顶级域大致分为两类：各种组织的顶级域和各个国家地区的顶级域。顶级域所包含的部分域名称如表 9-1 所示。

表 9-1　　顶级域所包含的部分域名称

域　名　称	说　　明
com	商业机构
edu	教育、学术研究单位
gov	官方政府单位
net	网络服务机构
org	财团法人等非营利机构
mil	军事部门
其他的国家或地区代码	代表其他国家/地区的代码，如 cn 表示中国，jp 为日本，hk 为香港

3. 子域

在 DNS 域名空间中，除了根域和顶级域之外，其他的域都称为子域，子域是有上级域的域，一个域可以有许多子域。子域是相对而言的，如 www.jnrp.edu.cn 中，jnrp.edu 是 cn 的子域，jnrp 是 edu.cn 的子域。表 9-2 中给出了域名层次结构中的若干层。

实际上，和根域相比，顶级域实际是处于第 2 层的域，但它们还是被称为顶级域。根域从技术的含义上是一个域，但常常不被当作一个域。根域只有很少几个根级成员，它们的存在只是为了支持域名树的存在。

表 9-2　　域名层次结构中的若干层

域　名	域名层次结构中的位置
	根是唯一没有名称的域
.cn	顶级域名称，中国子域
.edu.cn	二级域名称，中国的教育部门
.jnrp.edu.cn	子域名称，教育网中的济南铁道职业技术学院

第 2 层域（顶级域）是属于单位团体或地区的，用域名的最后一部分即域后缀来分类。例如，域名 edu.cn 代表中国的教育系统。多数域后缀可以反映使用这个域名所代表的组织的性质。但并不总是很容易通过域后缀来确定所代表的组织、单位的性质。

4. 主机

在域名层次结构中，主机可以存在于根以下的各层上。因为域名树是层次型的而不是平面型的，因此只要求主机名在每一连续的域名空间中是唯一的，而在相同层中可以有相同的名字。如 www.163.com、www.263.com 和 www.sohu.com 都是有效的主机名，也就是说，即使这些主机有相同的名字 www，但都可以被正确地解析到唯一的主机。即只要是在不同的子域，就可以重名。

9.1.2 区域

1. 区域（Zone）

区域（Zone）是一个用于存储单个 DNS 域名的数据库，它是域名称空间树状结构的一部分，它将域名空间区分为较小的区段，DNS 服务器是以 Zone 为单位来管理域名称空间的，Zone 中的数据保存在管理它的 DNS 服务器中。

在现有的域中添加子域时，该子域既可以包含在现有的 Zone 中，也可以为它创建一个新 Zone 或包含在其他 Zone 中。一个 DNS 服务器可以管理一个或多个 Zone，一个 Zone 也可以由多个 DNS 服务器来管理。用户可以将一个域划分成多个区域分别进行管理，以减轻网络管理的负担。

2. DNS 区域的分类

按照 DNS 查找区域的类型，可将 DNS 区域分为两类：一类是正向查找区域，即域名到 IP 地址的数据库，用于提供将域名转换为 IP 地址的服务；另一类是反向查找区域，即 IP 地址到域名的数据库，用于提供将 IP 地址转换为域名的服务。

3. 启动区域传输和复制

用户可以通过多个 DNS 服务器，提高域名解析的可靠性和容错性，当一台 DNS 服务器发生问题时，用其他 DNS 服务器提供域名解析。这就需要利用区域复制和同步方法，保证管理区域的所有 DNS 服务器中域的记录相同。

在 Windows Server 2003 服务器中，DNS 服务支持增量区域传输（Incremental Zone Transfer），也就是在更新区域中的记录时，DNS 服务器之间只传输发生改变的记录，因此提高了传输的效率。

在下列情况下，区域传输启动：管理区域的辅助 DNS 服务器启动、区域的刷新时间间隔过期、在主 DNS 服务器记录发生改变并设置了 DNS 通告列表。在这里，所谓 DNS 通告是利用“推”的机制，当 DNS 服务器中的区域记录发生改变时，它将通知选定的 DNS 服务器进行更新，被通知的服务器启动区域复制操作。

9.1.3 DNS 查询模式

DNS 具有两种查询模式：正向查询和反向查询。正向查询是 DNS 服务器要实现的主要功能，它根据计算机的 DNS 名称解析出相应的 IP 地址，而反向查询则是根据计算机的 IP 地址解析出它的 DNS 名称。

1. 正向查询

正向查询方式有两种：递归查询和转寄查询。

（1）递归查询

当收到 DNS 工作站的查询请求后，DNS 服务器在自己的缓存或区域数据库中查找，如找到则返回结果，如找不到，返回错误结果。即 DNS 服务器只会向 DNS 工作站返回两种信息，要么是在该 DNS 服务器上查到的结果，要么是查询失败。该 DNS 服务器不会主动地告诉 DNS 工作站另外的 DNS 服务器的地址，而需要 DNS 工作站自行向该 DNS 服务器询问。“递归”的意思就是有来有往，并且来、往的次数是一致的。一般由 DNS 工作站提出的查询请求便属于递归查询。

（2）转寄查询

当收到 DNS 工作站的查询请求后，如果在 DNS 服务器中没有查到所需数据，该 DNS 服务器便会告诉 DNS 工作站另外一台 DNS 服务器的 IP 地址，然后，再由 DNS 工作站自行向该 DNS 服务器查询，依次类推一直到查到所需数据为止。如果到最后一台 DNS 服务器都没有查到所需数据，则通知 DNS 工作站查询失败。“转寄”的意思就是，若在某地查不到，该地就会告诉你其他地方的地址，让你转到其他地方去查。一般在 DNS 服务器之间的查询请求便属于转寄查询，又称迭代查询。（DNS 服务器也可以充当 DNS 工作站的角色。）

下面以查询 www.163.com 为例，介绍转寄查询的过程。

① 客户端向本地 DNS 服务器直接查询 www.163.com 的域名。

② 本地 DNS 无法解析此域名，它先向根域服务器发出请求，查询.com 的 DNS 地址。

③ 根域 DNS 管理者.com 收到请求后，把.com 顶级域名的地址解析结果返回给本地的 DNS。

④ 本地 DNS 服务器得到查询结果后接着向管理.com 域的 DNS 服务器发出进一步的查询请求，要求得到 163.com 的 DNS 地址。

⑤ .com 域把解析结果返回给本地 DNS 服务器。

⑥ 本地 DNS 服务器得到查询结果后接着向管理 163.com 域的 DNS 服务器发出查询具体主机 IP 地址的请求（www），要求得到满足要求的主机 IP 地址。

⑦ 163.com 把解析结果返回给本地 DNS 服务器。

⑧ 本地 DNS 服务器得到了最终的查询结果，它把这个结果返回给客户端，从而使客户端能够和远程主机通信。

2. 反向查询

反向查询的方式与递归查询和转寄查询两种方式都不同，递归查询和转寄查询都是正向查询，而反向查询则恰好相反，它是从客户机收到一个 IP 地址，而返回对应的域名。

反向查询是依据 DNS 客户端提供的 IP 地址，来查询它的主机名。由于 DNS 名称空间中域名与 IP 地址之间无法建立直接对应关系，所以必须在 DNS 服务器内创建一个反向查询的区域，该区域名称的最后部分为 in-addr.arpa。

反向查询会占用大量的系统资源，增加网络的不安全性，因此，通常均不提供反向查询。

9.1.4　DNS 规划与域名申请

在建立 DNS 服务之前，进行 DNS 规划是非常必要的。

1. DNS 的域名称空间规划

决定如何使用 DNS 命名，以及通过使用 DNS 要达到什么目的。要在 Internet 上使用自己的 DNS，公司必须先向一个授权的 DNS 域名注册颁发机构申请，注册一个二级域名，并获得至少一个可在 Internet 上有效使用的 IP 地址。这项业务通常可由 ISP 代理。如果准备使用 Active Directory，则应从 Active Directory 设计着手，并用适当的 DNS 域名称空间支持它。

2. DNS 服务器的规划

确定网络中需要的 DNS 服务器的数量及其各自的作用。根据通信负载、复制和容错能力，确定在网络上放置 DNS 服务器的位置。对于大多数安装配置来说，为了实现容错，至少应该对每个 DNS 区域使用两台服务器。DNS 被设计成每个区域有两台服务器，一个是主服务器，另一个是备份或辅助服务器。在单个子网环境中的小型局域网上仅使用一台服务器时，可以配置该服务器扮演区域的主服务器和辅助服务器两种角色。

3. 申请域名

活动目录域名通常是该域完整的 DNS 名称。同时，为了确保向下兼容，每个域还应当有一个与 Windows 2000 以前版本相兼容的名称。同时，为了将企业网络与 Internet 能够很好地整合在一起，实现局域网与 Internet 的相互通信，建议向域名服务商（如万网 http://www.net.cn 和新网 http://www.xinnet.com）申请合法的域名。然后设置相应的域名解析。

若要实现其他网络服务（如 Web 服务、Email 服务等），DNS 服务是必不可少的。没有 DNS 服务，就无法将域名解析为 IP 地址，客户端也就无法享受相应的网络服务。若要实现服务器的 Internet 发布，就必须申请合法的 DNS 域名。

9.2　安装和添加 DNS 服务器

设置 DNS 服务器的首要任务就是建立 DNS 区域和域的树状结构。DNS 服务器以区域为单位来管理服务，区域是一个数据库，用来链接 DNS 名称和相关数据，如 IP 地址和网络服务，在 Internet 环境中一般用二级域名来命名，如 computer.com。

DNS 数据库由区域文件、缓存文件和反向搜索文件等组成，其中区域文件是最主要的，它保存着 DNS 服务器所管辖区域的主机的域名记录。默认的文件名是“区域名.dns”，在 Windows NT/2000/2003 系统中，置于%Systemroot%\system32\dns 目录中。而缓存文件用于保存根域中的 DNS 服务器名称与 IP 地址的对应表，文件名为 Cache.dns。DNS 服务就是依赖于 DNS 数据库来实现的。

9.2.1 安装 DNS 服务

要提供 DNS 服务，首先要安装 DNS 服务，然后再配置并申请正式的域名。

DNS 服务器必须拥有静态的 IP 地址。

1. 使用“配置服务器向导”安装 DNS

① 在 Windows Server 2003 服务器上运行“配置您的服务器向导”，在“服务器角色”对话框中选择“DNS 服务器”选项，如图 9-2 所示，将该计算机配置为 DNS 服务器。

如果是第一次安装 DNS 服务，系统会提示用户插入 Windows Server 2003 的安装光盘，以复制安装 DNS 服务所需要的文件，以后再安装 DNS 服务则不再需要复制文件了。

② DNS 组件安装完毕，将自动打开“配置 DNS 服务器向导”对话框，如图 9-3 所示，进一步配置 DNS 服务。单击“DNS 清单”按钮，可以查看“Microsoft 管理控制台”，获取对 DNS 服务器规划、配置等方面的帮助信息。

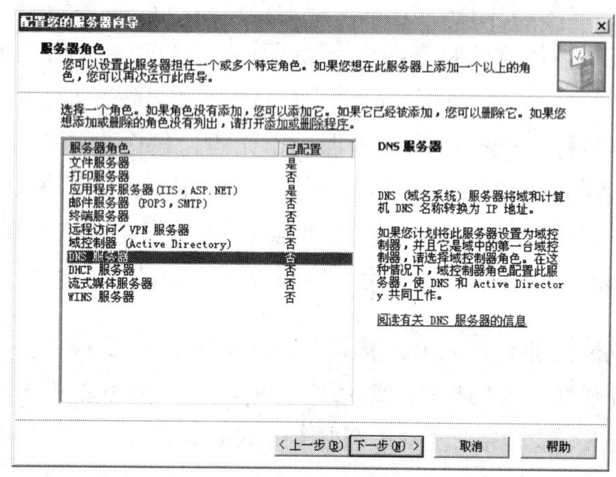

图 9-2 “服务器角色”对话框

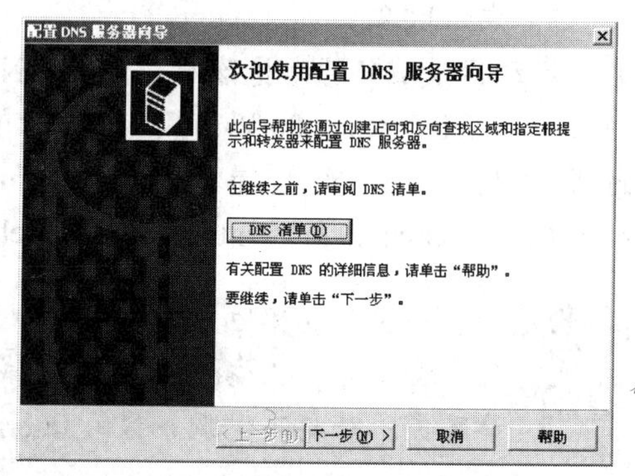

图 9-3 “配置 DNS 服务器向导”对话框

③ 单击“下一步”按钮，打开“选择配置操作”对话框，如图 9-4 所示。选择“创建正向查找区域（适合小型网络使用）”单选项，使该 DNS 服务器只提供正向 DNS 查找，不过该方式无法将在本地查询的 DNS 名称转发给 ISP 的 DNS 服务器。在大型网络环境中，可以选择“创建正向和反向查找区域（适合大型网络使用）”单选项，同时提供正向和反向 DNS 查询。

④ 单击“下一步”按钮，打开“主服务器位置”对话框，如图 9-5 所示。如果这是网络中安装的第一台 DNS 服务器时，选择“这台服务器维护该区域”单选项，将该 DNS 服务器配置为主 DNS 服务器。再次添加 DNS 服务器时，选择“ISP 维护该区域，一份只读的次要副本常驻在这台服务器上”单选项，从而将其配置为辅助 DNS 服务器。

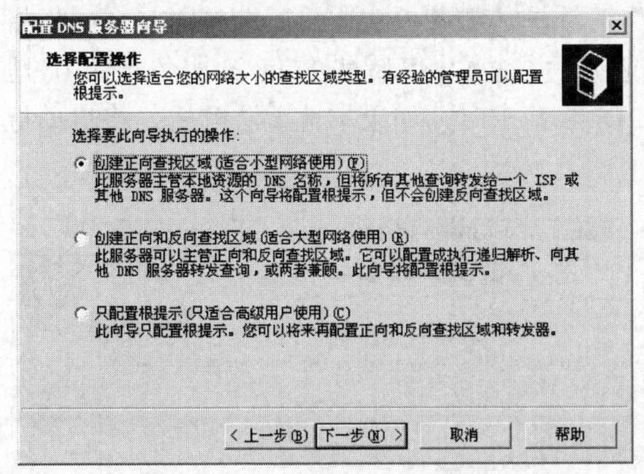

图 9-4 “选择配置操作”对话框

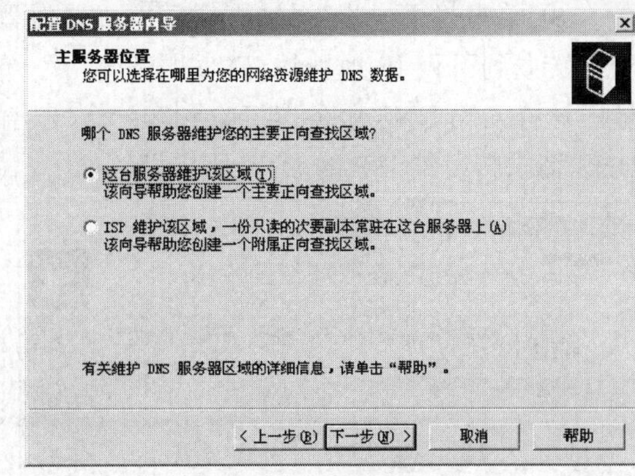

图 9-5 “主服务器位置”对话框

⑤ 单击“下一步”按钮，打开 “区域名称”对话框，如图 9-6 所示。输入在域名服务机构申请的正式域名，如“×××.com”。区域名称用于指定 DNS 名称空间的部分，可以是域名（×××.com）或者下级域名（jw.×××.com）。

⑥ 单击“下一步”按钮，打开 “区域文件”对话框，如图 9-7 所示。选择“创建新文件，文件名为”单选项，采用系统默认的文件名保存区域文件（创建新的 DNS 服务器应选用此项）。

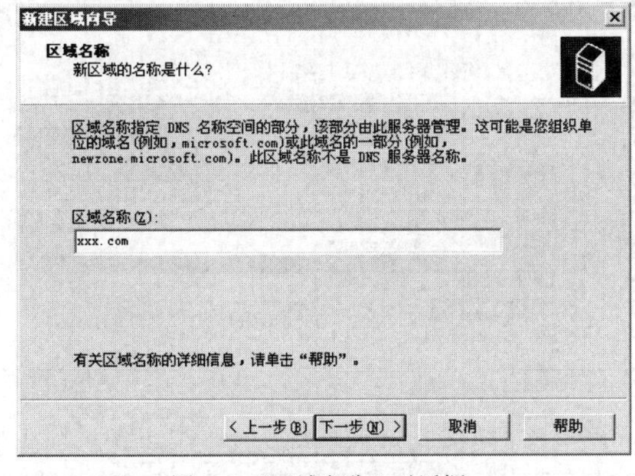

图 9-6 “区域名称”对话框

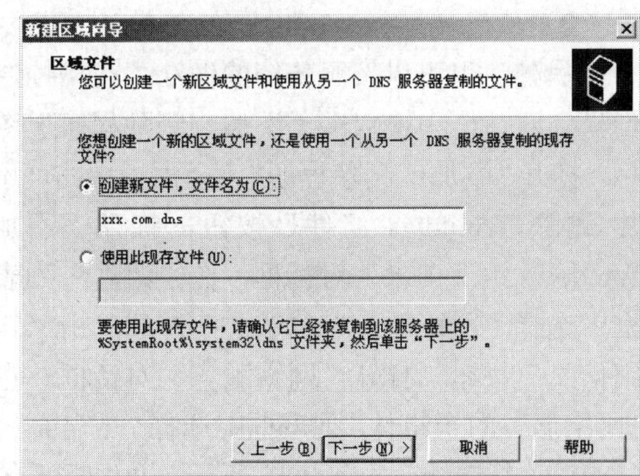

图 9-7 “区域文件”对话框

当然，也可以从另一个 DNS 服务器复制文件，将记录文件复制到本地计算机，然后选中“使用此现存文件”单选项（新建一 DNS 服务器，以取代原有 DNS 服务器或与原有的 DNS 服务器分担负载，应选用此项），在下面的文本框中输入保存路径即可。

⑦ 单击“下一步”按钮，打开 “动态更新”对话框，如图 9-8 所示。选择“不允许动态更新”单选项，不接受资源记录的动态更新，以安全的手动方式更新 DNS 记录。

- 只允许安全的动态更新（适合 Active Directory 使用）。只有在安装了 Active Directory 集成的区域后才能使用该项。
- 允许非安全和安全动态更新。如果要使用任何客户端都可接受资源记录的动态更新，可选中该项，但由于可以接受来自非信任源的更新，所以使用此项时可能会不安全。
- 不允许动态更新。可使此区域不接受资源记录的动态更新，以安全的手动方式更新 DNS 记录。

⑧ 单击“下一步”按钮，打开 “转发器”对话框，如图 9-9 所示。选择“是，应当将查询转发到下列 IP 地址的 DNS 服务器上”单选项，并输入 ISP 提供的 DNS 服务器的 IP 地址。这样，当 DNS 服务器接收到客户端发出的 DNS 请求时，如果本地无法解析，将自动把 DNS 请求转发给 ISP 的 DNS 服务器。

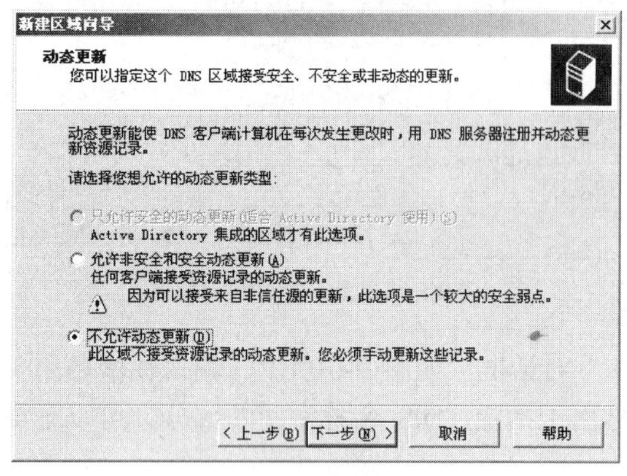

图 9-8 “动态更新”对话框　　　　图 9-9 “转发器”对话框

⑨ 安装和配置完成后，系统提示该服务器已经成为 DNS 服务器。

2. 使用“添加 Windows 组件”的方式安装 DNS

另外，也可以按照传统的做法，在“控制面板”对话框中，双击“添加或删除程序”图标，打开“添加或删除程序”对话框。单击“添加/删除 Windows 组件”按钮，打开“添加 Windows 组件向导”对话框，在“组件”列表框中选择“网络服务”复选框，然后单击“详细信息”按钮，打开“网络服务”对话框。在“网络服务的子组件”列表框中选择“域名系统（DNS）”复选框，如图 9-10 所示，并根据系统提示安装 DNS 组件。

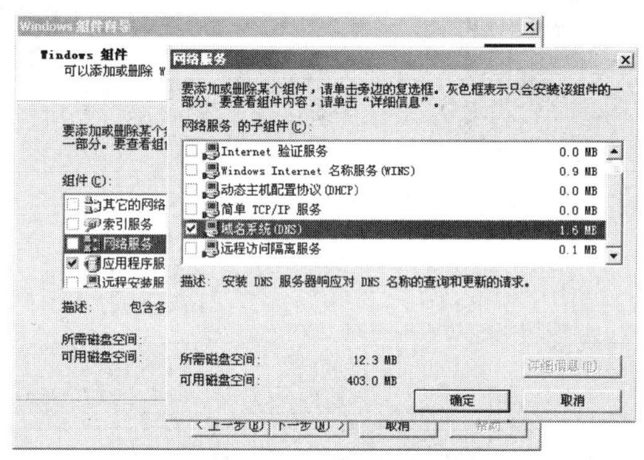

图 9-10 传统安装方法

使用这种方法安装后要对“转发器”选项卡进行配置。

9.2.2 添加 DNS 服务器

一般情况下，DNS 管理器中所添加的 DNS 服务器就是安装了 DNS 服务的本台机器。有时，为了在某台 DNS 服务器中管理其他的 DNS 服务器，也可使用添加 DNS 服务器的方法来实现。在安装了 DNS 服务后，就需要将该 DNS 服务器添加到 DNS 管理器，以便对所提供的 DNS 服务进行管理。

① 执行“开始”→“程序”→“管理工具”→“DNS”命令，打开 DNS 服务器对话框。

② 在对话框中选择“DNS”图标，执行“操作”→“连接到计算机”命令，打开选择

目标计算机的对话框，输入要添加的服务器的 IP 地址，即可添加 DNS 服务器。

9.3　创建和管理 DNS 区域

创建和管理 DNS 区域的基本思想主要包含 3 点：一是安装 DNS 服务，用于生成可存储和管理数据的物理实体；二是为该 DNS 创建管辖的区域（zone），生成可存储该区域信息的数据库；三是在该数据库中添加记录即主机名和其 IP 地址的对应关系。前面已经介绍了 DNS 服务的安装，本节主要介绍创建区域和资源。

9.3.1　新建 DNS 区域

设置 DNS 服务器的首要工作是决定 DNS 域和区域的树状结构。DNS 数据的管理是以区域为单位的，所以必须先建立区域。在上述采用“配置 DNS 服务器向导”安装 DNS 服务的过程中，就可以创建一个 DNS 区域，如×××.com。此外，还可以使用 DNS 控制台新建 DNS 区域。安装 DNS 后，再创建区域都需要在 DNS 控制台中完成。在一台 DNS 服务器上可以提供多个域名的 DNS 解析，因此，可以创建多个 DNS 区域。

① 在“管理工具”对话框中打开 DNS 控制台对话框，展开 DNS 服务器目录树，如图 9-11 所示。右击左窗格中的“正向查找区域”图标，在弹出的快捷菜单中选择“新建区域”选项，打开“新建区域向导”对话框。通过该向导，即可添加一个正向查找区域。

② 单击“下一步”按钮，打开 “区域类型”对话框，如图 9-12 所示。用来选择要创建的区域的类型，有“主要区域”、“辅助区域”和“存根区域”3 种。若要创建新的区域时，应当选择“主要区域”单选项。

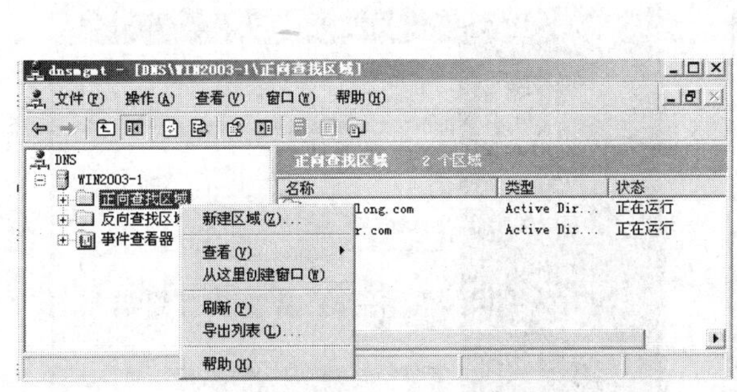

图 9-11　DNS 控制台对话框

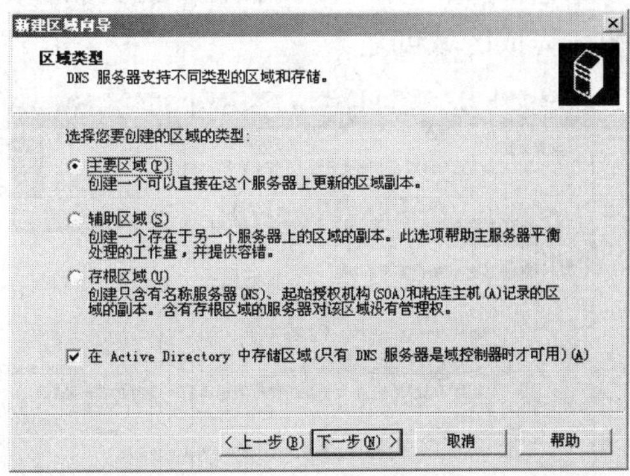

图 9-12　区域类型

Windows Server 2003 的 DNS 中的区域有 3 种类型：主要区域、辅助区域和存根区域。

- 主要区域是 Windows NT 4.0 中 DNS 使用的区域，它把域名信息保存到一个标准的文本文件中。对于主要区域，只有一台 DNS 服务器能维护和处理这个区域的更新，它被称为主服务器。
- 辅助区域是现有区域的一个副本，为主服务器提供负载均衡和容错能力。它在辅助服务器上创建，辅助服务器只能从主服务器复制信息。
- 存根区域只含有名称服务器（NS）、起始授权机构（SOA）和粘连主机（A），含有存根区域的服务器对该区域没有管理权。

如果当前 DNS 服务器上安装了 Active Directory 服务，则“在 Active Directory 中存储区域”复选框将自动选中。

③ 单击“下一步”按钮，打开“区域名称”对话框，如图 9-13 所示。设置要创建的区域名称，如 computer.com。区域名称用于指定 DNS 名称空间的部分，该部分由此 DNS 服务器管理。

④ 单击“下一步”按钮，创建区域文件 computer.com.dns，如图 9-14 所示。

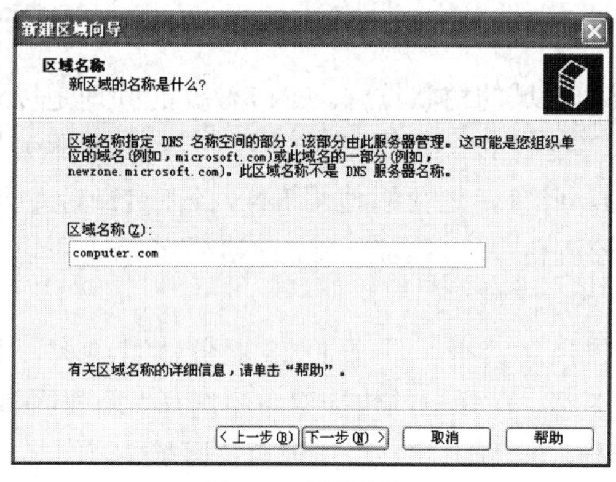

图 9-13　区域名称

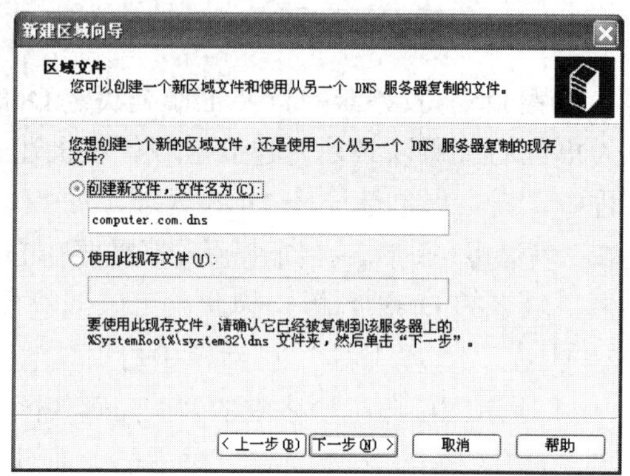

图 9-14　区域文件

⑤ 单击“下一步”按钮，本例选择“不允许动态更新”单选项，如图 9-15 所示。

⑥ 单击“下一步”按钮，打开新建区域摘要对话框，如图 9-16 所示。单击“完成”按钮，完成区域创建。

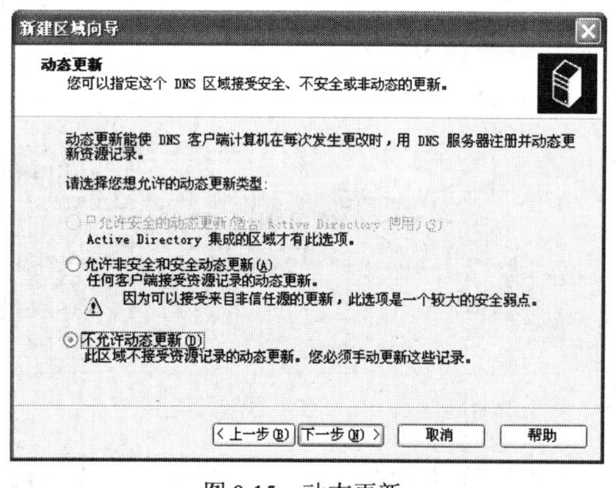

图 9-15　动态更新

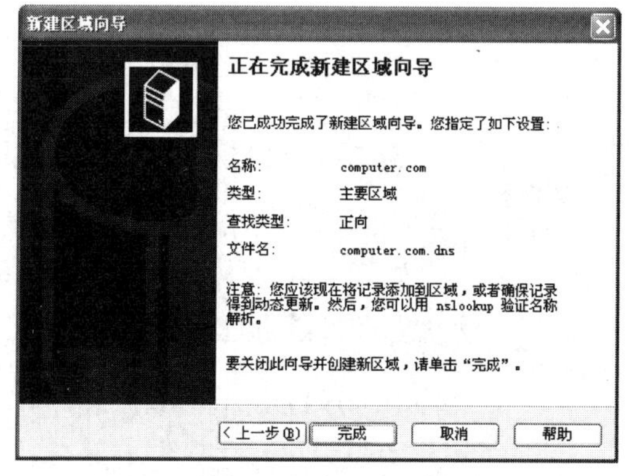

图 9-16　完成向导

9.3.2　创建和管理 DNS 资源

DNS 服务器的数据库中必须有主机名和 IP 的对应数据，以满足 DNS 工作站的查询要求。每个 DNS 数据库都由资源记录构成。一般来说，资源记录包含与特定主机有关的信息，如 IP 地址、主机的所有者或者提供服务的类型。当进行 DNS 解析时，DNS 服务器取出的是与该域名相关的资源记录。常用的资源记录说明如表 9-3 所示。

表 9-3　常用 DNS 资源记录类型说明

记录类型	说　明
SOA	初始授权记录
NS	名称服务器记录，指定授权的名称服务器
A	主机记录，实现正向查询，建立域名到 IP 地址的映射
CNAME	别名记录，为其他资源记录指定名称的替补
PTR	指针记录，实现反向查询，建立 IP 地址到域名的映射
MX	邮件交换记录，指定用来交换或者转发邮件信息的服务器

1. 创建主机记录

主机记录的作用是将主机的相关参数（主机名和对应的 IP 地址）添加到 DNS 服务器中，以满足 DNS 客户端查询主机名或 IP 地址。

打开“管理工具”对话框中的 DNS 控制台对话框，右击“computer.com”图标，在弹出的快捷菜单中选择“新建主机”选项，打开如图 9-17 所示的输入主机名称的对话框。例如在该对话框的“名称”文本框中输入“jw”，并在“IP 地址”文本框中输入该计算机所对应的 IP 地址，如：192.168.2.104。

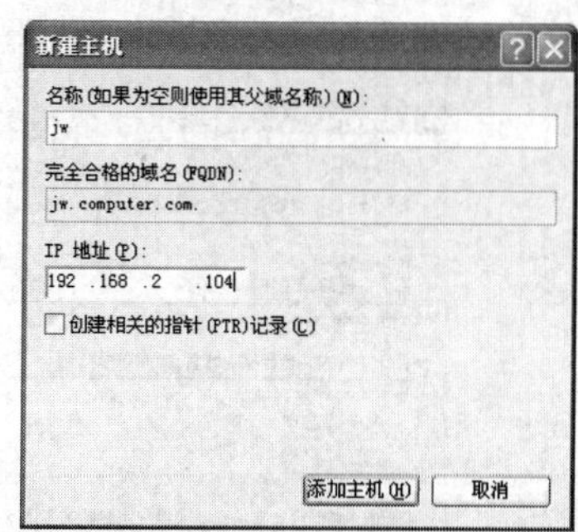

图 9-17　创建主机

提示　若希望同时在和其相应映射的反向查询区域中也建立该计算机的反向查询记录，则选中“创建相关的指针（PTR）记录”。

并非所有计算机都需要主机资源记录，但是在网络上以域名来提供共享资源的计算机需要该记录。

当 IP 配置更改时，运行 Windows 2000 及以上版本的计算机使 DHCP 客户服务在 DNS 服务器上动态注册和更新自己的主机资源记录。如果运行更早版本的 Windows 系统，且启用 DHCP 的客户机从 DHCP 服务器获取它们的 IP 租约，则可通过代理来注册和更新其主机资源记录。

2. 创建别名记录

别名用于将 DNS 域名的别名映射到另一个主要的或规范的名称。有时一台主机可能担当多个服务器，这时需要给这台主机创建多个别名。例如，一台主机既是 Web 服务器，也是 FTP 服务器，这时就要给这台主机创建多个别名。所谓别名，也就是根据不同的用途所起的不同名称，如 Web 服务器和 FTP 服务器分别为 www.computer.com 和 ftp.computer.com，而且还要知道该别名是由哪台主机所指派的。

打开“管理工具”对话框中的 DNS 控制台对话框，右击“computer.com”图标，在弹出的快捷菜单中选择“新建别名（CNAME）”选项，打开如图 9-18 所示的创建别名对话框。

注意　“别名”必须是主机名，而不能是全称域名 FQDN，而“目标主机的完全合格的域名”文本框中的名称必须是全称域名 FQDN，不能是主机名。

3. 创建邮件交换器记录

邮件交换器（MX）记录为电子邮件服务专用，用于在使用邮件程序发送邮件时，根据收信人地址后缀来定位邮件服务器，使服务器知道该邮件将发往何处。也就是说，根据收信人邮件地址中的DNS 域名，向 DNS 服务器查询邮件交换器资源记录，定位到要接收邮件的邮件服务器。

例如：在邮件交换器资源记录中，将邮件交换器记录所负责的域名为 computer.com，在向用户 ph 发送邮件时发送到“ph@computer.com”，系统将对该邮件地址中的域名 computer.com 进行 DNS 的 MX 记录解析。如果 MX 记录存在，系统就根据 MX 记录的优先级将邮件转发到与该 MX 相应的邮件服务器（computer.com）上。

打开“管理工具”对话框中的 DNS 控制台对话框，右击“computer.com”图标，在弹出的快捷菜单中选择“新建邮件交换器（MX）”选项，打开如图 9-19 所示的创建邮件交换器记录对话框。

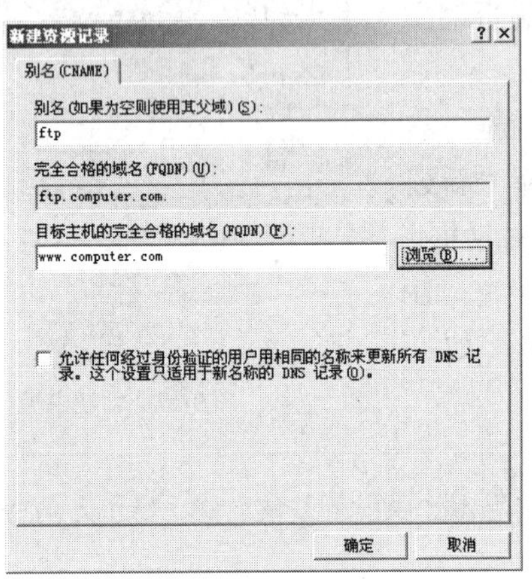

图 9-18 创建别名对话框

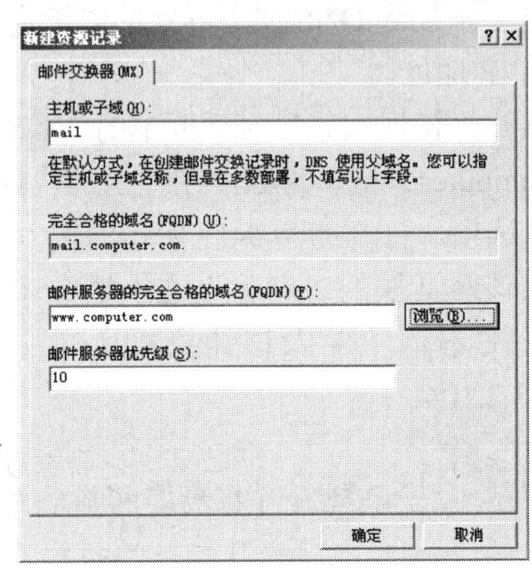

图 9-19 创建邮件交换器记录对话框

- 主机或子域：输入此邮件交换器（一般是指邮件服务器）记录的域名，也就是要发送邮件的域名，如 mail。
- 完全合格的域名：负责域中邮件传送工作的邮件服务器的全称域名 FQDN，如 www.computer.com。
- 邮件服务器优先级：若该区域中有多个服务器时，可通过输入数值确定其优先级，范围是 0～65 535，数值越低优先级越高（0 最高）。

9.3.3 添加 DNS 的子域

当一个区域较大时，为了便于管理可以把一个区域划分成若干个子域。例如，在 computer.com 下可以按照部门划分出 xxx，jw 等子域。使用这种方式时，实际上是子域和原来的区域都共享原来的 DNS 服务器。

添加一个区域的子域时，在 DNS 控制台对话框中先右击一个区域，如“computer.com”，在弹出的快捷菜单中选择“新建域”选项，打开如图 9-20 所示的“新建 DNS 域”对话框，在“请输入新的 DNS 域名（T）”文本框中，输入“jw”，单击“确定”按钮。

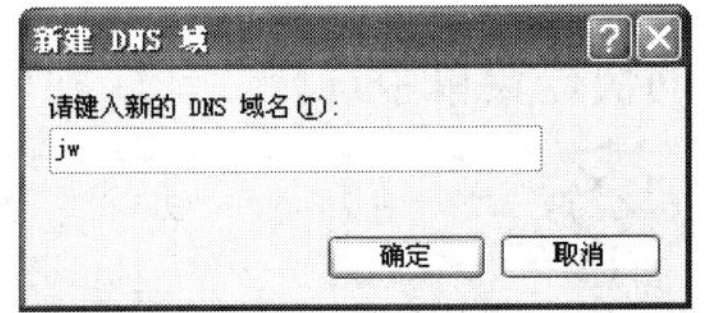

图 9-20 创建子域

然后可以在该子域下创建资源记录。

9.3.4　创建辅助区域

在创建区域的过程中，提供了选择区域类型的窗口，可以选择是主要区域还是辅助区域。当选择辅助区域后，设置上和选择了主要区域唯一不同的是，要为该辅助区域指定一个主服务器。因为辅助区域的数据是由来自主 DNS 服务器传递过来的区域表中的数据。

① 在 DNS 控制台对话框中，右击“正向查找区域”图标，在弹出的快捷菜单中选择“新建区域”选项，即可打开“新建区域向导”对话框。

② 单击“下一步”按钮，打开“区域类型”对话框，如图 9-21 所示，选中“辅助区域”单选项。

③ 单击“下一步”按钮，打开“区域名称”对话框，如图 9-22 所示，输入要创建的辅助区域的域名，该名称应与网络中的已有的“主要区域”的域名相同，如“computer.com”。

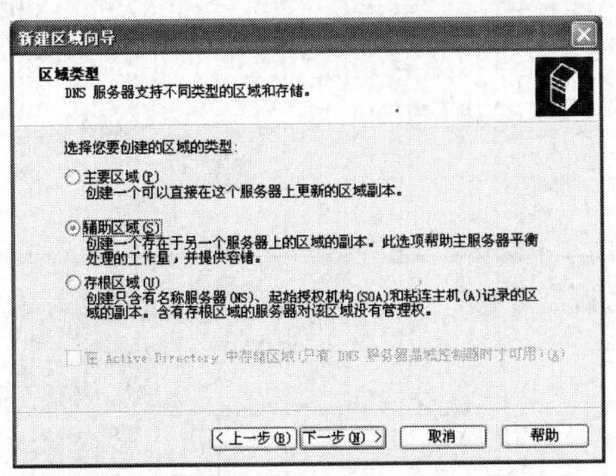

图 9-21　创建辅助区域

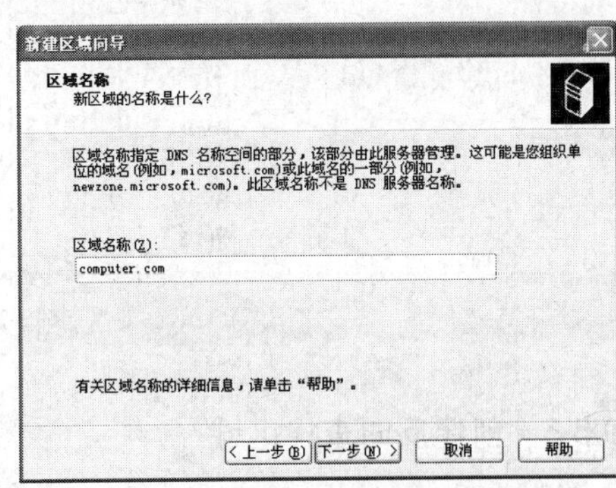

图 9-22　区域名称

④ 单击“下一步”按钮，打开 “主 DNS 服务器”对话框，如图 9-23 所示。在“IP 地址”文本框中，输入主 DNS 服务器（computer.com）的 IP 地址，以便从该服务器中复制数据，并单击“添加”按钮确认。最后完成辅助区域的创建。

⑤ 根据实际需要，打开“管理工具”对话框中的 DNS 控制台对话框，右击“computer.com”图标，在弹出的快捷菜单中选择“属性”选项，打开主 DNS 服务器属性对话框，选择“区域复制”选项卡，配置区域复制选项，如图 9-24 所示。

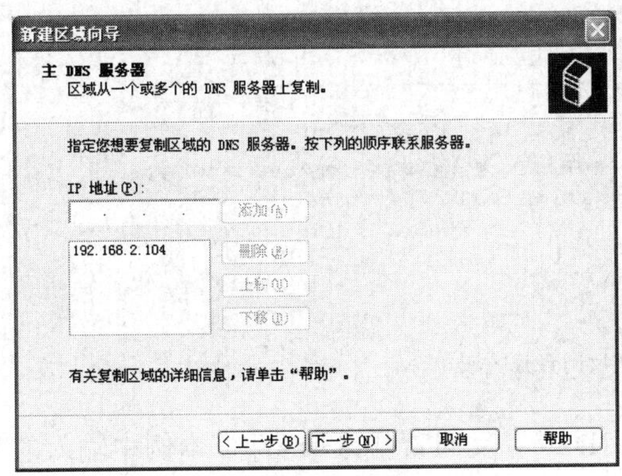

图 9-23 主 DNS 服务器的 IP 地址

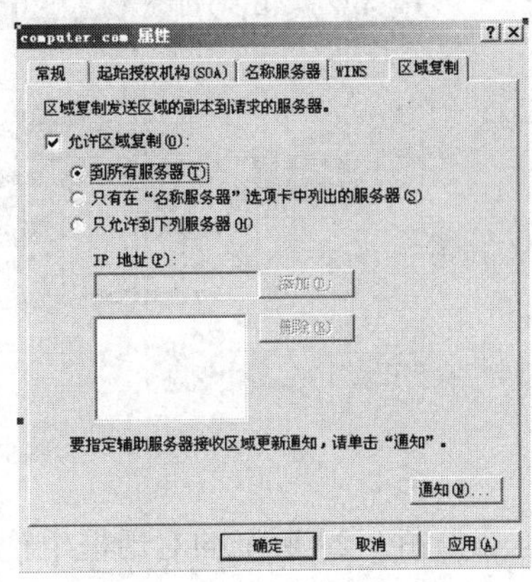

图 9-24　区域复制

默认状态下，一级辅助区域是允许复制到所有服务器的，而二级辅助区域是不允许区域复制的。

⑥ 右击“computer.com”图标，在弹出的快捷菜单中选择“从主服务器复制”选项，从主服务器复制数据，如图 9-25 所示。

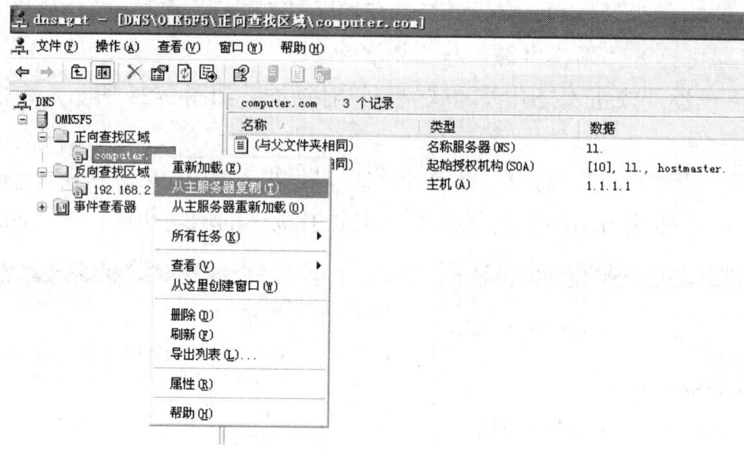

图 9-25 复制数据

9.3.5 创建反向查找区域

反向查找区域可以通过 IP 地址来查询名称。在本小节中，通过添加一个主要区域的反向查找区域来具体讲述一下设置过程。

1. 创建主要反向查找区域

添加的具体过程如下。

① 在 DNS 控制台对话框中，右击“反向查找区域”，在弹出的快捷菜单中选择“新建区域”选项，如图 9-26 所示，打开“新键区域向导”对话框。单击“下一步”按钮，在“区域类型”对话框中选择“主要区域”单选项。

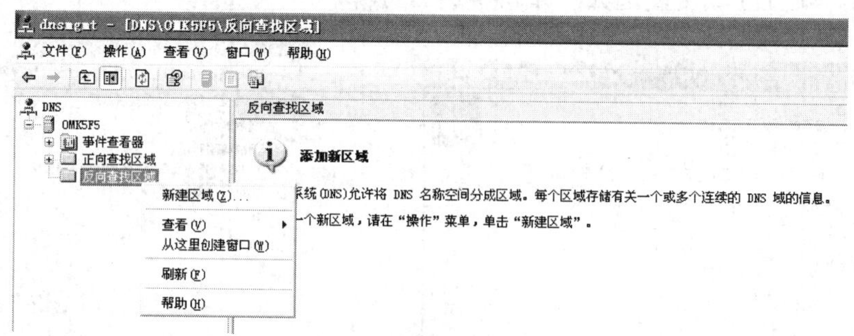

图 9-26 新建反向查找区域

② 在如图 9-27 所示的对话框中输入网络 ID 或者反向查找区域名称，本例中输入的是网络 ID，区域名称根据网络 ID 自动生成。例如，当输入了网络 ID 为 192.168.2，反向查找区

域的名称自动为 2.168.192.in-addr.arpa。

③ 单击“下一步”按钮，打开“区域文件”对话框创建区域文件，默认文件名称为“2.168.192.in-addr.arpr.dns”，如图 9-28 所示。

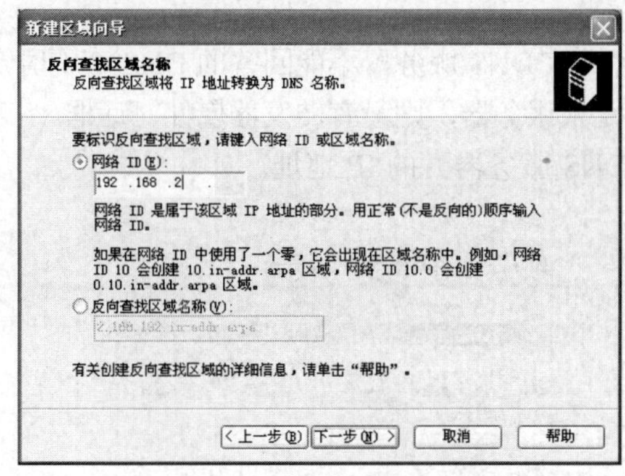

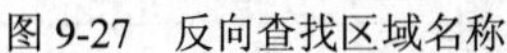
图 9-27　反向查找区域名称

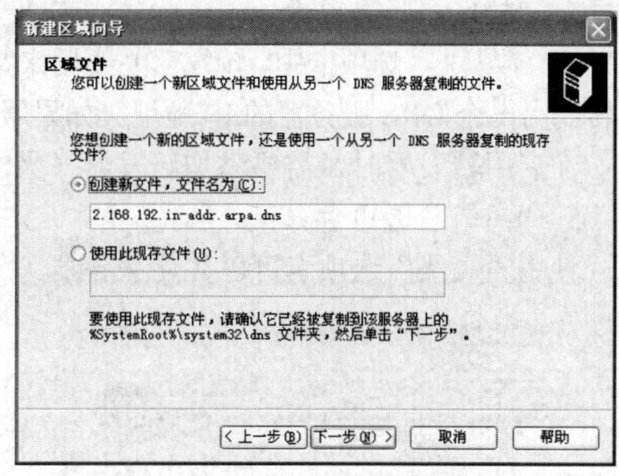

图 9-28　创建区域文件

④ 单击“下一步”按钮，可以完成反向查找区域的创建。

创建辅助反向查找区域的方法基本上是相同的，只是要指定一个主 DNS 服务器。

2. 新建指针记录

在 DNS 控制台对话框中，右击“反向查找区域”图标，在弹出的快捷菜单中选择“新建指针”选项，打开如图 9-29 所示对话框，输入主机 IP 号，单击“确定”按钮，完成指针记录的创建。

图 9-29　创建指针记录

9.4　设置 DNS 服务器

DNS 服务器属性对话框中包含了“接口”、“转发器”、“高级”、“安全”等 8 个选项卡，通过对它们的设置，可实现对 DNS 服务器的有效管理。

1. “接口”选项卡

在 DNS 控制台对话框中右击 DNS 服务器，在弹出的快捷菜单中选择“属性”选项，打开属性对话框，如图 9-30 所示。

在“接口”选项卡中，主要选择要服务于 DNS 请求的 IP 地址。在默认情况下，选择“所有 IP 地址”单选项，它表明服务器可以在所有为此计算机定义的 IP 地址上侦听 DNS 查询。如果选择“只在下列 IP 地址”单选项，则将会被限制在用户添加的 IP 地址范围内。

2. “转发器”选项卡

在“转发器”选项卡中，转发器主要用来帮助解析该 DNS 服务器不能回答的 DNS 查询时，可转到另一个 DNS 服务器的 IP 地址。如果服务器是根服务器，则没有转发器属性对话框。

在启用转发器时，需要添加转发器（另一台 DNS 服务器）的 IP 地址。

3. “高级”选项卡

使用“高级”选项卡可以优化服务器，“高级”选项卡如图 9-31 所示。

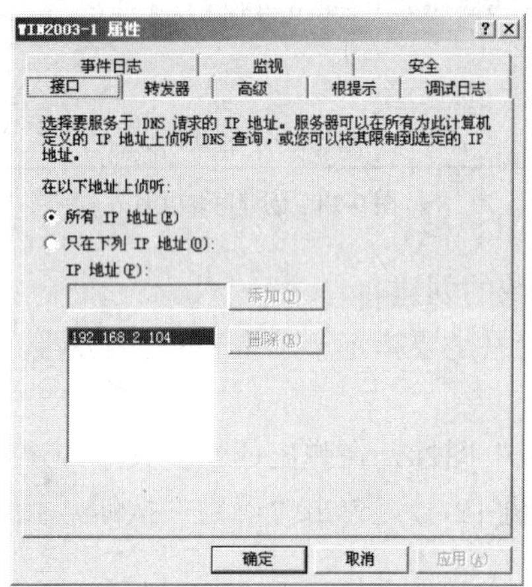

图 9-30　“接口”选项卡

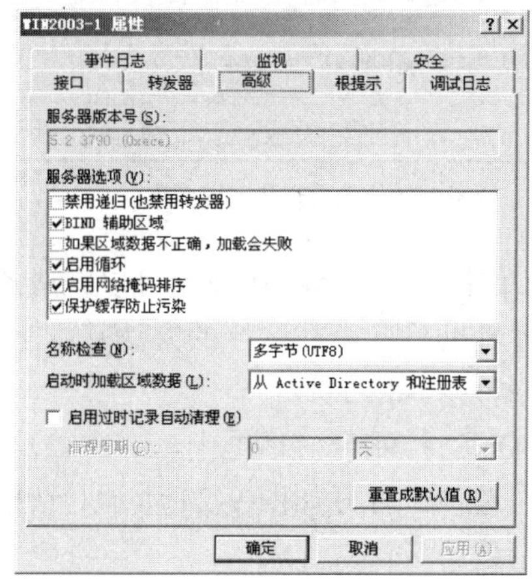

图 9-31　“高级”选项卡

① 在“服务器选项”列表框中，列出能够被选择应用到该 DNS 服务器的可用高级选项。

- 禁用递归：选中该项，可以在 DNS 服务器上禁用递归过程。
- BIND 辅助区域：选择该项，可以启用区域传送过程中的快速复制格式。
- 如果区域数据不正确，加载会失败：选择该项，可以防止加载带错误数据的区域。
- 启用循环：选择该项，可以启用多宿主名称的循环旋转。
- 启用网络掩码排序：选择该项，可以启用本地子网多宿主名称的优先权。
- 保护缓存防止污染：选择该项，可以保护服务器缓存区以防名称被破坏。

② 在“名称检查”下拉列表框中，列出了 DNS 服务器更改使用名称的检查方法，这里有 3 种。

- 严格的 RFC（ANSI）：这种方法严格地强制服务器处理的所有 DNS 使用的名称须符合 RFC 规范的命名规则。不符合 RFC 规范的名称被服务器视为错误数据。
- 非 RFC（ANSI）：这种方法允许不符合 RFC 规范的名称用于 DNS 服务器，例如可以使用 ASCII 字符。
- 多字节（UTF8）：这种方法允许在 DNS 服务器中使用采用 Unicode 8 位转换编码方案的名称。

③ 在“启动时加载区域数据”下拉列表框中，列出了 DNS 服务器更改使用的引导方法。在默认情况下，DNS 服务器使用存储在 Windows 注册表中的信息进行服务的初始化以及加

载在服务器上使用的任何区域数据。作为附加选项，可以将 DNS 服务器配置为从文件引导。也可以在 Active Directory 环境中，使用存储在 Active Directory 数据库中的目录集成区域检索的区域数据补充本地注册表数据。如果使用文件引导，则所用的文件必须是名为 Boot.dns，位于本机的%Systemroot%\system32\dns 文件夹中的文本文件。

④ “启用陈旧记录自动清理”复选框，则可以根据设置的清理周期自动清理数据库中的陈旧记录。

4. “根提示”选项卡

在“根目录提示”选项卡中，系统显示了包含在解析名称中，为要使用和参考的服务器所建议的根服务器的根提示列表，默认共有 13 个。用户也可以根据实际情况添加、编辑和删除服务器根提示。对于根服务器，该字段应该为空，如图 9-32 所示。

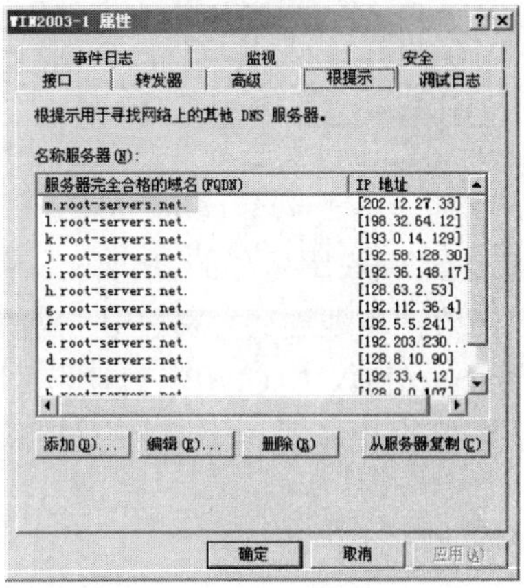

图 9-32 “根提示”选项卡

5. “调试日志”选项卡

“调试日志”选项卡中列出了可用的 DNS 服务器事件日志记录选项，具体内容如图 9-33 所示。在默认情况下，不启用 DNS 服务器上的任何调试日志。

6. “事件日志”选项卡

在“事件日志”选项卡中设定了哪种类型的事件需要记录到日志中。记录到日志中的事件可以通过“事件查看器”查看，如图 9-34 所示。

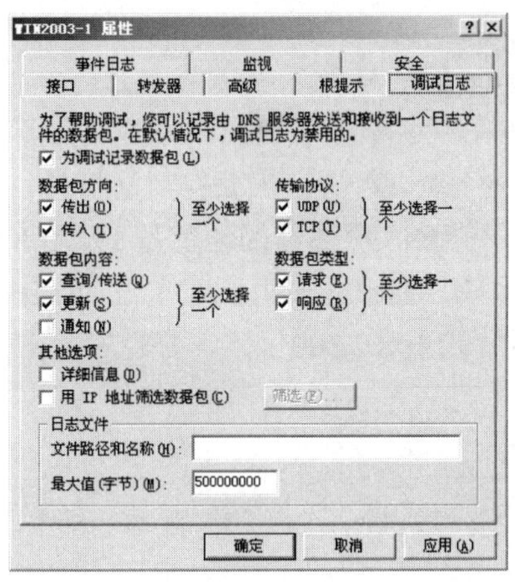

图 9-33　“调试日志”选项卡

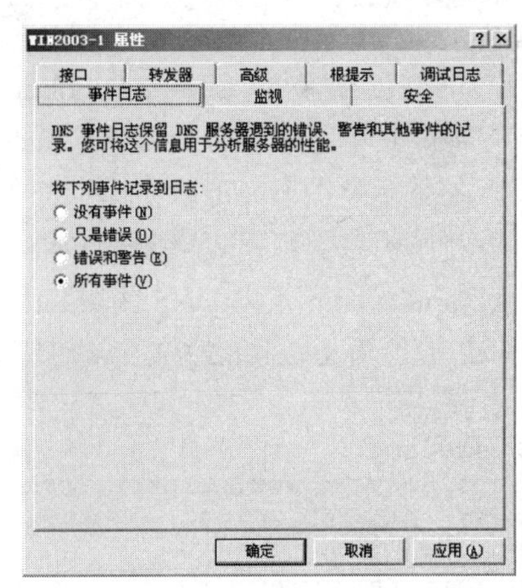

图 9-34 “事件日志”选项卡

7. “监视”选项卡

使用“监视”选项卡，可以验证服务器的配置。

在该选项卡中，如果选择“对此 DNS 服务器的简单查询”复选框，可以测试 DNS 服务器上的简单查询，如果选择“对此 DNS 服务器的递归查询”复选框，可以在 DNS 服务器上测试递归查询。如果要立即进行测试，可以单击“立即测试”按钮，这时在“测试结果”列表框中将显示出查询的结果。而如果希望以指定的时间间隔自动进行测试，可以选择“以下列间隔进行自动测试”复选框，并在“测试间隔”文本框中设置测试间隔大小。

8. “安全”选项卡

在此可以添加和删除管理服务器的用户和组，并设置它们的权限。

9.5 设置 DNS 客户端

尽管 DNS 服务器已经创建成功，并且创建了合适的域名，如果要在客户机的浏览器中成功地使用“www.computer.com”这样的域名访问网站，就必须要配置客户端。通过在客户端设置 DNS 服务器的 IP 地址，客户机就知道到哪里去寻找 DNS 服务，识别用户输入的域名。

在“本地连接”属性中，选择“Internet 协议（TCP/IP）”选项，单击“属性”按钮，打开“Internet 协议（TCP/IP）属性”对话框，在“首选 DNS 服务器”文本框中输入刚刚部署的 DNS 服务器的 IP 地址，本例为 “192.168.2.104”。此时就可以使用 DNS 服务器提供的功能了。

9.6 DNS 测试

配置好 DNS 并启动进程后，应该对 DNS 进行测试，最常用的测试工具是 nslookup 和 ping 命令。

nslookup 是用来进行手动 DNS 查询的最常用工具，可以判断 DNS 服务器能否正常工作。如果有故障的话，可以判断可能的故障原因。它的一般命令用法为：

nslookup [-opt…] host server

这个工具可以用于以下两种模式。

- 非交互模式。这时要输入完整的命令，如：

nslookup　www.computer.com

- 交互模式。这时只要输入 nslookup，并按 Enter 键，不需要参数。

任何一种模式都可以将参数传递给 nslookup，但在域名服务器出现故障时，更多地使用交互模式。在交互模式下，可以在提示符“>”下输入 help 或“?”来获得帮助信息。

下面举例说明在交互模式下测试 DNS 的方法。假如 DNS 服务器的地址是 192.168.2.104，并且建立 computer.com 正向 DNS 区域和反向 DNS 区域，在该区域上新建主机 www 和 jw，www 对应 IP 地址为 192.168.2.99，jw 对应 IP 地址为 192.168.2.100。

（1）查找主机

```
C:\>nslookup
Default Server: www.computer.com
Address: 192.168.2.104

>www.computer.com
Server: www.computer.com
Address: 192.168.2.104

Name: www.computer.com
Address: 192.168.2.104
>exit
```

exit 命令用来退出 nslookup 交互模式。

（2）查找域名信息

```
C:\>nslookup
Default Server: www.computer.com
```

```
Address: 192.168.2.104

>set type=ns
>computer.com
Server: www.computer.com
Address: 192.168.2.104

computer.com nameserver = steven
>exit
```

set type 表示设置查找的类型。

如果查找 MX 邮件记录，set type=mx；如果查找别名记录，set type=cname。

（3）查找反向 DNS

假如要查找 IP 地址为 192.168.2.104 的域名，输入：

```
C:\>nslookup
Default Server: www.computer.com
Address: 192.168.2.104

>set type=ptr
>192.168.2.104
Server: www.computer.com
Address: 192.168.2.104

104.2.168.192.in-addr.arpa    name = www.computer.com
>exit
```

（4）检查 MX 邮件记录

要查找 computer.com 域的邮件记录地址，输入：

```
C:\>nslookup
Default Server;www.computer.com
Address:192.168.2.104

>set type=mx
>computer.com
Server:www.computer.com
Address:192.168.2.104

Computer.com
          Primary name server=steven
          responsible mail addr=hostmaster
          serial=10
          refresh=900(15mins)
          retry=600(10mins)
          expire=86400(1days)
          default TTL=3600(1hour)
>exit
```

（5）检查 CNAME 别名记录

假如要查找 win2003-1.computer.com 主机的别名，输入：

```
C:\>nslookup
Default Server:www.computer.com
Address:192.168.2.104

>set type=cname
```

```
>win2003-1.computer.com
Server:www.computer.com
Address:192.168.2.104

win2003-1.computer.com canonical name=www.computer.com
>exit
```

9.7 DNS 服务器的动态更新

Windows 2000/2003 系统在 DNS 客户端和服务器端支持 DNS 动态更新，允许在每个区域上启用或禁用动态更新。默认情况下，DNS 客户端服务在用于配置 TCP/IP 时，将动态更新 DNS 中的主机资源记录。Windows 2000/XP/2003 计算机支持动态 DNS，通过动态更新协议，允许 DNS 客户机变动时自动更新 DNS 服务器上的资源记录，而不需管理员的干涉。除了在 DNS 客户端和服务器之间实现 DNS 动态更新外，还可通过 DHCP 服务器来代理 DHCP 客户机向支持动态更新的 DNS 服务器进行 DNS 记录更新。

9.7.1 在 DNS 客户端和服务器之间实现 DNS 动态更新

动态更新允许 DNS 客户端在发生更改时，能够使用 DNS 服务器注册和动态地更新资源记录，从而减少手动管理工作。这对于频繁移动或改变位置，并使用 DHCP 获得 IP 地址的客户端特别有用。以下任何一种情况都可以导致 DNS 动态更新。

- 在 TCP/IP 配置中为任何一个已安装好的网络连接添加、删除或修改 IP 地址。
- 通过 DHCP 服务器更改或续订 IP 地址租约，如启动计算机或执行 ipconfig/renew 命令。
- 执行 ipconfig/registerdns 命令，手动执行 DNS 客户端名称注册的刷新。
- 启动计算机。
- 将成员服务器升级为域控制器。

要实现这项功能，既要在 DNS 服务器端启用动态更新功能，又要在客户端启用 DNS 动态更新。在客户端计算机上设置 DNS 时，打开“高级 TCP/IP 设置”对话框，选择“DNS”选项卡，设置以下选项，如图 9-35 所示。

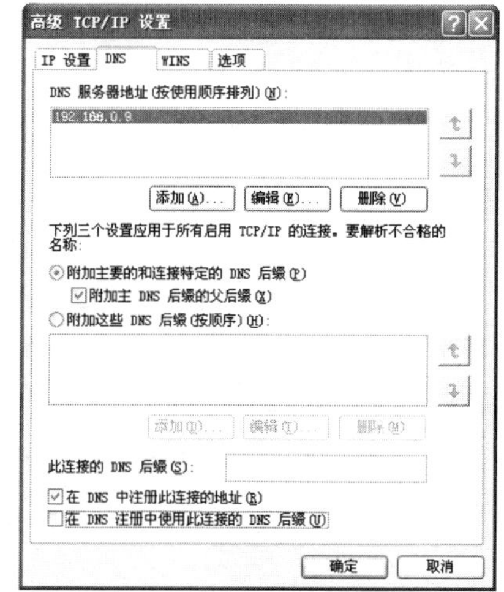

图 9-35 设置客户端

① “在 DNS 中注册此连接的地址”复选框：自动将该计算机的名称和 IP 地址注册到 DNS 服务器。

② “在 DNS 注册中使用此连接的 DNS 后缀”复选框：注册的 DNS 域名将由计算机名称和该网络连接的特定 DNS 后缀组成。例如，连接的 DNS 后缀为 computer.com，而计算机的完整名称为 www.computer.com，则注册的域名为 www.computer.com。

9.7.2 DHCP 服务器代理 DNS 动态更新

使用集成了 DHCP 的 DNS 服务器安装 Windows Server 2003 的 DHCP 服务时，可以配置 DHCP 服务器，使 DHCP 客户机对任何支持动态更新的域名系统 DNS 进行 DNS 更新。如果由于 DHCP 的原因而使 IP 地址信息发生了变化，则会在 DNS 中进行相应的更新，对该计算机的名称到地址的映射进行同步。

要使用 DHCP 服务器代理客户机实现 DNS 动态更新，可在相应的 DHCP 服务器和 DHCP 作用域上设置 DNS 选项，方法是在 DHCP 控制台对话框的左窗格中，右击相应的服务器或作用域，在弹出的快捷菜单中选择“属性”选项，打开“属性”对话框，选择“DNS”选项卡，设置以下选项即可。默认情况下，系统始终会对新安装的，并且运行 Windows Server 2003 的 DHCP 服务器，以及它们创建的任何新作用域执行更新操作。

在“DNS”选项卡中，实现 DNS 动态更新有以下 3 种模式。

- 按需动态更新，即 DHCP 服务器根据 DHCP 客户端请求进行注册和更新。这是默认配置，选中“根据下面的设置启用 DNS 动态更新”复选框和“只有在 DHCP 客户端请求时才动态更新 DNS　A 和 PTR 记录”单选按钮。在这种模式下，DHCP 客户端可以对 DHCP 服务器更新其主机（A）和指针（PTR）资源记录的方式提出请求。
- 总是动态更新，即 DHCP 服务器始终注册和更新 DNS 中的客户端信息。选中“根据下面的设置启用 DNS 动态更新”复选框和“总是动态更新 DNS　A 和 PTR 记录”单选按钮即可。在该模式下，不论客户端是否请求执行它自身的更新，DHCP 服务器都会执行该客户端的全称域名（FQDN）、租用的 IP 地址信息以及其主机和指针资源记录的更新。
- 不允许动态更新，即 DHCP 服务器从不注册和更新 DNS 中的客户端信息。清除“根据下面的设置启用 DNS 动态更新”复选框即可。禁用该功能后，在 DNS 中不会为 DHCP 客户端更新任何客户端或指针资源记录。

以上 3 种模式都是针对 Windows Server 2003 DHCP 服务器和 Windows 2000 Server 服务器 DHCP 客户端的设置。

9.8　习　　题

一、填空题

（1）DNS 提供了一个________的命名方案。（提示：分级、分层、多级、多层）

（2）DNS 顶级域名中表示商业组织的是________。

（3）________表示别名的资源记录。

（4）可以用来检测 DNS 资源创建的是否正确的两个工具是________、________。

（5）DNS 服务器的查询方式有：________、________。

二、简答题

（1）DNS 的查询模式有哪几种？

（2）DNS 的常见的资源记录有哪些？

（3）DNS 的管理与配置流程是什么？

（4）DNS 服务器的属性中的“转发器”的作用是什么？

（5）什么是 DNS 服务器的动态更新？

第 10 章

WINS 服务器的配置与管理

本章学习要点

- NetBIOS 相关原理
- WINS 的基本概念
- WINS 服务器的安装
- WINS 客户端的设置

10.1 NetBIOS 概述

在 TCP/IP 网络中，为解决计算机名称与 IP 地址的对应问题，用户可以利用 hosts 文件、DNS 等方法。但使用这些方法存在着一个很大的问题，就是网络管理员需要以手工方式将计算机名称（NetBIOS 名）及其 IP 地址一一输入到计算机中。一旦某台计算机的名称或 IP 地址发生变化，管理员则需要修改相应的设置，这对于管理员来说是一项繁重的工作。WINS 服务解决了这个问题，利用它可以让客户机在启动时主动将它的计算机名称（NetBIOS 名）及 IP 地址注册到 WINS 服务器的数据库中，在 WINS 客户机之间通信的时候它们可以通过 WINS 服务器的解析功能获得对方的 IP 地址。由于以上工作全部由 WINS 客户机与服务器自动完成，所以大大降低了管理员的工作负荷，同时也减少了网络中的广播。

不过在 Windows Server 2003 的网络中，WINS 不再是必需的组件，因为 Windows Server 2003 可以不依赖 NetBIOS 来实现网络通信。提供 WINS 服务的主要原因是考虑互连网络中还会有其他早期的 NetBIOS 客户机。

1. NetBIOS 名称

计算机有几种方法来标识自己。在数据链路层，它们通过 MAC 地址引用其他的计算机；在网络层，使用 IP 地址；在传输层，使用 TCP 和 UDP 端口号；另外，计算机还可以用 NetBIOS 名称来标识自己。

NetBIOS（Network Basic Input/Output System）不是一种命名服务，但它在 Windows 网络系统中具有一种正式的机制，称为 Windows Internet 名称服务（WINS）。NetBIOS 最初是作为小型网络中的 MS-DOS 计算机的应用程序设计接口出现的，前些年，由于微软公司的 Windows NT 及 Windows 2000 的巨大成功，使得 NetBIOS 的应用非常广泛。

2. NetBIOS 结点类型

NetBIOS 结点类型共有 4 种，它们标识了该计算机在进行 NetBIOS 名称解析时应该采用的方法，在 Windows Server 2003 中，可以通过设置结点类型来改变客户计算机的名称解析方法。运行 Windows Server 2003 的计算机默认是 B 结点，当设置为 WINS 客户时就变成了 H

结点。

● B 结点（广播）：使用广播 NetBIOS 名称查询进行名称注册和解析。B 结点有两个缺点：（1）广播干扰网络上每一结点；（2）路由器通常不转发广播包，因此只有本地网络上的 NetBIOS 名称可被解析。

● P 结点（对等）：P 结点使用 NetBIOS 名称服务器（如 WINS 服务器）解析 NetBIOS 名称。P 结点不使用广播，它直接查询名称服务器。

● M 结点（混合）：M 结点是 B 结点和 P 结点的联合。M 结点默认像 B 结点那样作用。如果 M 结点不能用广播解析名称，它就使用 P 结点查询 NetBIOS 名称服务器。

● H 结点（杂交）：H 结点是 P 结点和 B 结点的联合。H 结点默认像 P 结点那样作用。如果 H 结点不能通过 NetBIOS 名称服务器解析名称，它就使用广播解析名称。

3. NetBIOS 名称的约定

NetBIOS 的计算机名总长为 16 个字符。当名字少于 15 个字符时，系统将会自动地加上空格符到 15 个字符长，保留一个字符作为后缀。资源代码或服务代码将自动地加到第 15 个字符之后。后缀一般是不显示的，只有在观察 WINS 数据库或者如 nbtstat 这样的命令的输出结果时才能看到。

10.2　WINS 服务的工作原理

早期版本的 Microsoft Windows 操作系统使用 NetBIOS 名称以标识和定位计算机、其他共享或分组资源，以便注册或解析在网络上使用的名称。尽管 NetBIOS 命名协议可跟 TCP/IP 以外的其他网络协议一起使用，但还是为专门支持 TCP/IP 上的 NetBIOS 而设计了 WINS。现在的 DNS 服务可以实现客户机的动态更新，学习 WINS 服务主要是为了保持对旧版系统的支持。

10.2.1　WINS 服务的一个示例

WINS 简化了基于 TCP/IP 网络中 NetBIOS 名称空间的管理。图 10-1 显示了 WINS 客户端和服务器的一系列典型事件。

在该示例中，将发生以下事件。

● WINS 客户端 HOST-A 向 WINS-A（已配置为它的 WINS 服务器）注册其本地的任何 NetBIOS 名称。

● 另一个 WINS 客户端 HOST-B 查询 WINS-A 以定位网络上 HOST-A 的 IP 地址。

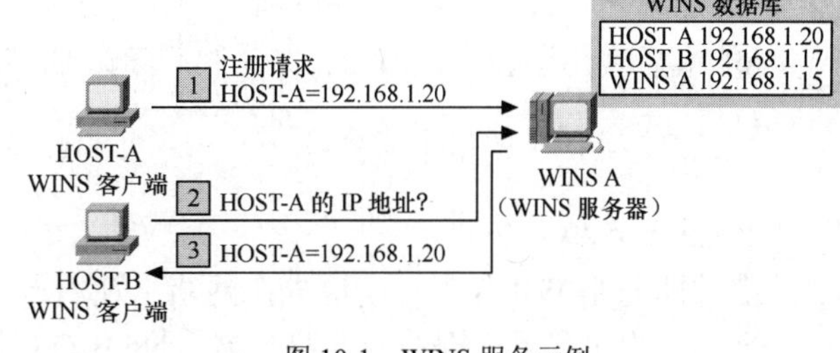

图 10-1　WINS 服务示例

● WINS-A 使用 HOST-A 的 IP 地址 192.168.1.20 作为应答。

WINS 减少使用 NetBIOS 名称解析的本地 IP 广播，并允许用户定位远程网络上的系统。因为 WINS 注册在每次客户端启动并加入网络时自动执行，所以当动态地址配置更改时 WINS 数据库将会自动更新。例如，当 DHCP 服务器将新的或者已更改的 IP 地址发布到启用 WINS 的客户端计算机时，将更新客户端的 WINS 信息。这不需要用户或网络管理员进行手动更改。

10.2.2 WINS 的解析机制

WINS 用于解析 NetBIOS 名称，但是为了使名称解析生效，客户端必须可以动态添加、删除或更新 WINS 中的名称。下面是这些过程的功能性描述，主要包括客户端如何注册、更新、释放和解析名称。

WINS 客户端/服务器通信的过程如图 10-2 所示。

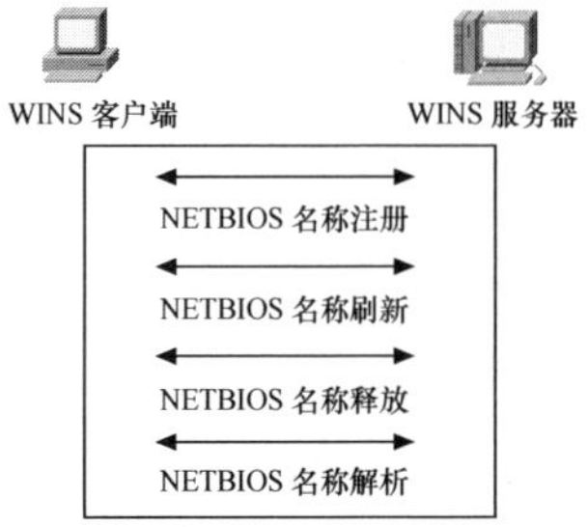

在 WINS 系统中，所有的名称都向 WINS 服务器注册。名称存储在 WINS 服务器上的数据库中，WINS 服务器响应基于该数据库项的名称 IP 地址解析请求。

通过在网络中使用多个 WINS 服务器来维护冗余和负载平衡。为了维护 NetBIOS 名称空间的一致性，服务器定期相互复制数据库项。

WINS 客户端
WINS 服务器
NETBIOS 名称注册
NETBIOS 名称刷新
NETBIOS 名称释放
NETBIOS 名称解析

图 10-2 WINS 通信过程

默认情况下，如果使用 WINS 服务器地址配置（手动或通过 DHCP）运行 Microsoft Windows 2000、Windows XP 或 Windows Server 2003 操作系统的计算机的名称解析时，除非配置了其他 NetBIOS 节点类型，否则该计算机将使用混合结点（H-结点）作为 NetBIOS 名称注册的结点类型。对于 NetBIOS 名称查询和解析，它也使用 H-结点行为，但略有差异。

对于 NetBIOS 名称解析，WINS 客户端通常执行下面步骤来解析名称。

① 客户端检查查询的名称是否是它所拥有的本地 NetBIOS 计算机名称。

② 客户端检查远程名称的本地 NetBIOS 名称缓存。客户端解析过的所有名称存放在该缓存中，并将保留 10 分钟的时间。

③ 客户端将 NetBIOS 查询转发到已配置的主 WINS 服务器中。如果主 WINS 服务器应答查询失败（因为该主 WINS 服务器不可用，或因为它没有名称项），该客户端将按照列出的顺序尝试与其他已配置的 WINS 服务器联系。

④ 客户端将 NetBIOS 查询广播到本地子网。

⑤ 如果配置客户端使用 Lmhosts 文件，则客户将检查 Lmhosts 文件。

⑥ 最后客户端会尝试 Hosts 文件然后尝试 DNS 服务器。

10.2.3 WINS 的基本服务

1. 注册名称

名称注册是 WINS 客户端请求在网络上使用 NetBIOS 名称。该请求可以是一个唯一（专有）名称，也可以是一个组（共享）名。NetBIOS 应用程序还可以注册一个或多个名称。

通过向客户端发送肯定或否定的名称注册响应，WINS 服务器可能接受或拒绝名称注册请求。WINS 服务器的操作取决于以下几个因素。

WINS 服务器数据库中是否已经有该名称。如果已经有该名称的记录，则服务器上该记录在数据库中的状态是否活动。所记录的该名称的 IP 地址与请求客户端的 IP 地址是相同还是不同。该请求是请求唯一名称还是组名项。

① 如果数据库中不存在该名称，那么它就会作为一个新注册被接受，并进行以下步骤。

a．使用新的版本 ID 输入客户端的名称，并授予一个时间戳，标记 WINS 服务器的所有者 ID。

b. 将给客户端发回一个肯定的注册响应，其中包含的存在时间（TTL）值等于服务器上记录该名称的时间戳。

② 相同 IP 地址的注册名称

如果要注册的名称已经输入到数据库中，而且名称 IP 地址与请求的相同，则所采取的操作取决于现有名称的状态和所有权。

- 如果该项标记为“活动”，并且该项为本地 WINS 服务器所有，那么该服务器就会更新该记录的时间戳，并给客户端返回一个肯定的响应。
- 如果该项标记为“已释放”或“已逻辑删除”，或者该项为另一台 WINS 服务器所有，则该注册将被视为新注册。时间戳、版本 ID 和所有权都将被更新，并返回一个肯定的响应。

③不同 IP 地址的注册名称

如果 WINS 数据库中已经有该名称，但 IP 地址不同，则 WINS 服务器会避免重复的名称。如果该数据库项处于被释放或逻辑删除状态，则 WINS 服务器可以分配该名称。但是，如果该项处于活动状态，具有该名称的节点就会被质询，以确定它是否仍在网络中。这种情况下，WINS 服务器可能执行一个名称质询，并采取以下步骤。

a. WINS 服务器向请求客户端发送一个等待认可（WACK）响应，指定 TTL 字段中的某个时间，在该时间内客户端应该等待响应。

b. 然后，WINS 服务器将向当前在服务器数据库中注册该名称的节点发送一个名称查询请求。

c. 如果该节点仍然存在，将给 WINS 服务器返回一个肯定的响应。

d. 接下来，WINS 服务器会向请求客户端发送一个否定的名称注册响应，拒绝该名称注册。

e. 如果 WINS 服务器发送的第一个质询没有收到肯定的响应，则随后会进行两次名称查询。如果 3 次尝试都没有响应，则质询过程完成，并向请求注册名称的客户端返回一个肯定的注册响应，而且服务器中更新的名称将用于新的客户端注册。

2. 更新名称

WINS 客户端计算机需要通过 WINS 服务器定期更新其 NetBIOS 名称注册。WINS 服务器按照与新名称注册类似的方法处理名称更新请求。

当客户端计算机第一次通过 WINS 服务器注册时，WINS 服务器将返回带有“生存时间（TTL）”值的消息，该消息表明客户端注册何时到期或需要更新。如果到时还不更新，则名称注册将在 WINS 服务器上过期，最终系统会将名称项从 WINS 数据库中删除。然而，静态 WINS 名称项不会到期，因此，不需要在 WINS 服务器数据库中对其更新。

WINS 数据库中项的默认“更新间隔”为 6 天。在过了 50%的 TTL 值时，WINS 客户端将尝试更新注册。大多数 WINS 客户端每 3 天更新 1 次。

在此时间间隔结束之前必须刷新名称，否则系统会将其释放。WINS 客户端通过将名称刷新请求发送到 WINS 服务器来刷新其名称。

3. 释放名称

当 WINS 客户端计算机完成使用特定的名称并正常关机时，会释放其注册名称。在释放注册名称时，WINS 客户端会通知其 WINS 服务器（或网络上其他可能的计算机），将不再使用其注册名称。

当启用 WINS 的客户端释放自己的名称时，将执行以下步骤。

① WINS 客户计算机正常关闭或用户输入 nbtstat -RR 命令，名称释放请求将被发送到 WINS 服务器。

② WINS 服务器将客户名称的有关数据库项标记为已释放。

③ 如果该项在一段时间内保持已释放状态，则 WINS 服务器将该项标记为已逻辑删除、更新该项的版本 ID，并将此更改通知给其他 WINS 服务器。

④ WINS 服务器将释放确认消息返回到 WINS 客户端。

如果名称项被标记为已释放，则当来自带有相同名称但 IP 地址不同的 WINS 客户端的新注册请求到达时，WINS 服务器可以立即更新或修订已标记的名称项。因为 WINS 数据库显示旧 IP 地址的 WINS 客户端不再使用该名称，所以这是可行的。

对于在网络上关闭并重新启动的客户端，名称释放常用于简化 WINS 注册。如果计算机在正常关闭期间释放自己的名称，则当计算机重新连接时，WINS 服务器将不会质询该名称。如果没有正常关闭，则带有新 IP 地址的名称注册会导致 WINS 服务器质询以前的注册。当质询失败时（因为客户端计算机不再使用旧的 IP 地址），注册成功。

在某些情况下，客户端不能通过与 WINS 服务器联系来释放自己的名称，因此必须使用广播释放名称。当启用 WINS 的客户端没有收到 WINS 服务器的名称释放确认就关闭时，会发生这种情况。

4. 解析名称

WINS 客户端的名称解析是所有 Microsoft TCP/IP 上的 NetBIOS 客户端用来解析网络上的 NetBIOS 名称查询的相同名称解析过程扩展。实际的名称解析方法对用户是透明的。

对于 Windows XP 和 Windows 2000，一旦使用 net use 或类似的基于 NetBIOS 的应用程序进行查询，将使用 10.2.1 节介绍的流程解析名称。

10.3 安装和管理 WINS 服务器

10.3.1 安装 WINS 服务器

使用“添加/删除程序”或“管理您的服务器”工具安装 WINS 服务。安装完成后，执行“开始”→“程序”→“管理工具”→“WINS”命令，可以打开“WINS”对话框，如图 10-3 所示。

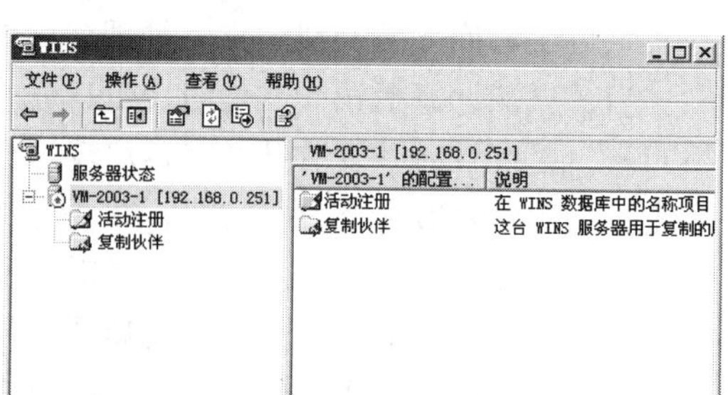

在“WINS”对话框中可以看到左窗格包括两个项目。

- 活动注册：用来查看已注册的名称。
- 复制伙伴：查看和设置复制伙伴。

图 10-3 WINS 控制台

10.3.2 查看活动注册

在“WINS”对话框中，可以查找特定的记录，也可以按照所有者查找特定 WINS 服务器上的所有记录。在“WINS”对话框左窗格中，右击“活动注册”图标，并在弹出的快捷菜单中选择“显示记录”选项，打开如图 10-4 所示的“显示记录”对话框。

如图 10-4 所示，“显示记录”对话框由 3 个选项卡组成。

- 记录映射：输入名称或 IP 信息进行检索。
- 记录所有者：接受名称注册的 WINS 服务器是该记录的所有者，可以选择某个服务器，查看该服务器拥有的所有记录。
- 记录类型：按照注册记录的 NetBIOS 名称类型进行检索。

以图 10-4 所示的查询类型为例，单击“立即查找”按钮后，会出现如图 10-5 所示的对话框。

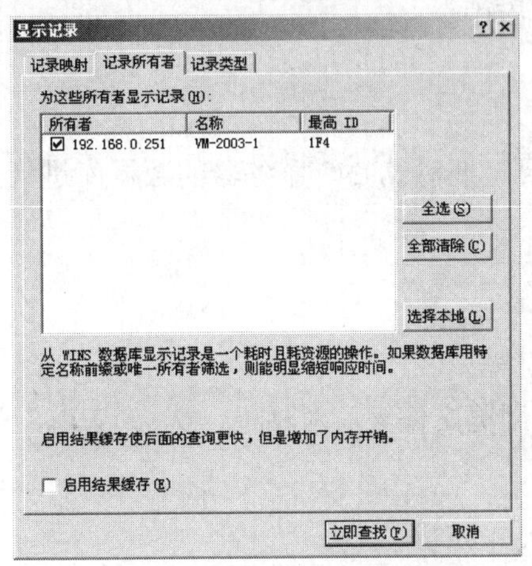

图 10-4　“显示记录”对话框

图 10-5　已注册的 WINS 记录

10.3.3　使用静态映射

所映射的名称到地址项可以用以下两种方法之一添加到 WINS。

- 动态：由启用 WINS 的客户端直接联系 WINS 服务器来注册、释放或更新服务器数据库中的 NetBIOS 名称。
- 静态：由管理员使用 WINS 控制台或命令行工具来添加或删除服务器数据库中的静态映射项。

静态项只有在需要向服务器数据库添加不直接使用 WINS 的计算机的名称到地址映射时才有用。例如，某些网络中，运行其他操作系统的服务器不能直接由 WINS 服务器注册 NetBIOS 名称。虽然这些名称可能从 Lmhosts 文件或通过查询 DNS 服务器来添加和解析，但是可以考虑使用静态 WINS 映射来代替。

与动态映射会老化并可自动从 WINS 删除不同，静态映射能在 WINS 中无限期保存，除非采取管理措施。

默认情况下，如果更新过程中 WINS 对同一名称存在动态和静态项，将保留静态项。但是，可以使用 WINS 提供的“改写服务器上的唯一静态映射（启用迁移）”功能来更改此行为。

添加静态映射项的步骤如下。

① 打开“WINS”对话框。

② 在左窗格中，选择“活动注册”图标。

③ 执行“操作”→“新建静态映射”命令，打开“新建静态映射”对话框。

④ 输入以下信息以完成静态映射。

a. 在“计算机名”框中，输入计算机的 NetBIOS 名称。

b. 在“NetBIOS 作用域(可选)”中，如果已使用其中一个，则可以为计算机输入 NetBIOS 作用域标识符。否则，将该字段保留为空白。

c. 在“类型”中，单击所支持的一种类型以表明该项是否是“唯一”、“组”、“域名”、“Internet 组”或“多主”类型项。

d. 在“IP 地址”中，输入计算机的 IP 地址。

⑤ 单击“应用”按钮以将静态映射项添加到数据库中。

10.3.4 维护 WINS 数据库

为了保证 WINS 服务器在失败后的数据恢复，需要定期对 WINS 服务器的数据库进行备份。WINS 服务器的数据库文件位置通常为

```
C:\WINDOWS\system32\wins
```

1. 备份 WINS 数据库的步骤

① 打开“WINS”对话框，选择合适的 WINS 服务器。

② 执行“操作”→“备份数据库”命令，打开“浏览文件夹”对话框，选择 WINS 数据备份的位置，单击“确定”按钮。

③ 备份过程完成之后，单击“确定”按钮。

2. 还原 WINS 数据库的步骤

① 使用命令 net stop wins 停止 WINS 服务。

② 删除要还原数据库的 WINS 服务器的数据库文件夹路径中的所有文件。

③ 打开“WINS”对话框，选择要还原的 WINS 服务器。

④ 执行“操作”→“还原数据库”命令，打开“浏览文件夹”对话框，选择曾用于备份本地 WINS 数据库的文件夹，然后单击“确定”按钮。

10.4 配置 WINS 客户端

客户端必须指定要使用的 WINS 服务器才能正确地解析 NetBIOS 名称，配置步骤如下。

① 执行“开始”→“控制面板”命令，然后双击“网络连接”图标。

② 右击要配置的网络连接，在弹出的快捷菜单中选择“属性”按钮。

③ 在“常规”选项卡（用于本地连接）或“网络”选项卡（用于所有其他连接）中，选择“Internet 协议 （TCP/IP）”选项，然后单击“属性”按钮。

④ 单击“高级”按钮，打开“高级 TCP/IP 设置”对话框，选择“WINS”选项卡，如图 10-6 所示。然后单击“添加”按钮。

⑤ 在“TCP/IP WINS 服务器”对话框中，输入 WINS 服务器的 IP 地址，单击“添加”按钮。

要启用 LMHOSTS 文件来解析远程 NetBIOS 名称，请选择“启用 LMHOSTS 查找”

复选框。默认情况下该选项处于选中状态。

指定要导入到 LMHOSTS 文件中的文件位置，请单击“导入 LMHOSTS”按钮，然后选择“打开”对话框中的文件。

要启用或禁用 TCP/IP 上的 NetBIOS，请执行下列操作。

- 要启用 TCP/IP 上的 NetBIOS，请选择“启用 TCP/IP 上的 NetBIOS”单选项。
- 要禁用 TCP/IP 上的 NetBIOS，请选择“禁用 TCP/IP 上的 NetBIOS”单选项。
- 要让 DHCP 服务器决定是启用还是禁用 TCP/IP 上的 NetBIOS，请选择“默认”单选项。

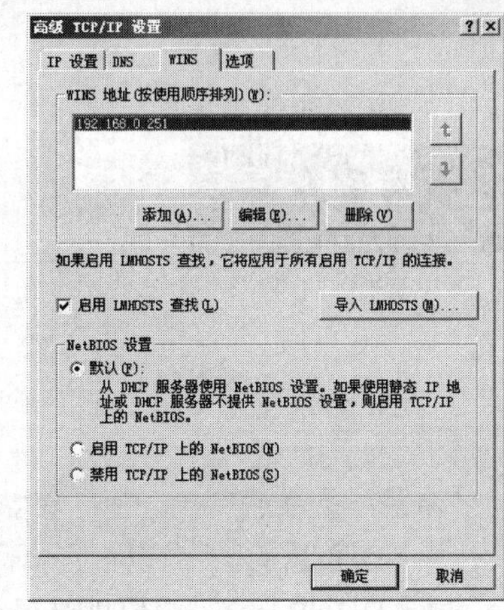

图 10-6　WINS　客户机配置

10.5　习　　题

一、填空题

（1）NetBIOS 名长度为________个字符，结点类型有________、________、________、________。

（2）WINS 工作过程有________、________、________、________4 个阶段。

二、简答题

（1）已经有了 DNS，为什么还需要 NetBIOS 名？

（2）简述 WINS 的工作过程。

（3）如何备份 WINS 数据库？

第 11 章 DHCP 服务器的配置与管理

本章学习要点

- DHCP 的工作过程
- DHCP 服务器的安装与配置
- DHCP 客户机的设置
- 复杂网络 DHCP 服务器的部署
- DHCP 服务器的维护

11.1 DHCP 服务及其工作过程

手动设置每一台计算机的 IP 地址是管理员最不愿意做的一件事，于是出现了自动配置 IP 地址的方法，这就是 DHCP。DHCP（Dynamic Host Configuration Protocol，动态主机配置协议），可以自动为局域网中的每一台计算机分配 IP 地址，并完成每台计算机的 TCP/IP 配置，包括 IP 地址、子网掩码、网关，以及 DNS 服务器等。DHCP 服务器能够从预先设置的 IP 地址池中自动给主机分配 IP 地址，它不仅能够解决 IP 地址冲突的问题，也能及时回收 IP 地址以提高 IP 地址的利用率。

11.1.1 何时使用 DHCP 服务

网络中每一台主机的 IP 地址与相关配置，可以采用以下两种方式获得，手工配置和自动获得（自动向 DHCP 服务器获取）。

在网络主机数目少的情况下，可以手工为网络中的主机分配静态的 IP 地址，但有时工作量很大，这就需要动态 IP 地址方案。在该方案中，每台计算机并不设定固定的 IP 地址，而是在计算机开机时才被分配一个 IP 地址，这台计算机被称为 DHCP 客户端（DHCP Client）。在网络中提供 DHCP 服务的计算机称为 DHCP 服务器。DHCP 服务器利用 DHCP（动态主机配置协议）为网络中的主机分配动态 IP 地址，并提供子网掩码、默认网关、路由器的 IP 地址以及一个 DNS 服务器的 IP 地址等。

动态 IP 地址方案可以减少管理员的工作量，只要 DHCP 服务器正常工作，IP 地址就不会发生冲突。要大批量更改计算机的所在子网或其他 IP 参数，只要在 DHCP 服务器上进行即可，管理员不必设置每一台计算机。

需要动态分配 IP 地址的情况包括以下 3 种。

- 网络的规模较大，网络中需要分配 IP 地址的主机很多，特别是要在网络中增加和删除网络主机或者要重新配置网络时，使用手工分配工作量很大，而且常常会因为用户不遵守规则而出现错误，例如导致 IP 地址的冲突等。

● 网络中的主机多，而 IP 地址不够用，这时也可以使用 DHCP 服务器来解决这一问题。例如某个网络上有 200 台计算机，采用静态 IP 地址时，每台计算机都需要预留一个 IP 地址，即共需要 200 个 IP 地址。然而这 200 台计算机并不同时开机，甚至可能只有 20 台同时开机，这样就浪费了 180 个 IP 地址。这种情况对 ISP（Internet Service Provider，互联网服务供应商）来说是一个十分严重的问题，如果 ISP 有 100 000 个用户，是否需要 100 000 个 IP 地址？解决这个问题的方法就是使用 DHCP 服务。

● DHCP 服务使得移动客户可以在不同的子网中移动，并在他们连接到网络时自动获得网络中的 IP 地址。随着笔记本电脑的普及，移动办公成为习以为常的事情，当计算机从一个网络移动到另一个网络时，每次移动也需要改变 IP 地址，并且移动的计算机在每个网络都需要占用一个 IP 地址。

我们利用拨号上网实际上就是从 ISP 那里动态获得了一个共有的 IP 地址。

11.1.2　DHCP 地址分配类型

DHCP 允许有 3 种类型的地址分配。

● 自动分配方式：当 DHCP 客户端第一次成功地从 DHCP 服务器端租用到 IP 地址之后，就永远使用这个地址。

● 动态分配方式：当 DHCP 客户端第一次从 DHCP 服务器端租用到 IP 地址之后，并非永久地使用该地址，只要租约到期，客户端就得释放这个 IP 地址，以给其他工作站使用。当然，客户端可以比其他主机更优先地更新租约，或是租用其他的 IP 地址。

● 手工分配方式：DHCP 客户端的 IP 地址是由网络管理员指定的，DHCP 服务器只是把指定的 IP 地址告诉客户端。

11.1.3　DHCP 服务的工作过程

1．DHCP 工作站第一次登录网络

当 DHCP 客户机启动登录网络时通过以下步骤从 DHCP 服务器获得租约。

① DHCP 客户机在本地子网中先发送 DHCP Discover 报文，此报文以广播的形式发送，因为客户机现在不知道 DHCP 服务器的 IP 地址。

② 在 DHCP 服务器收到 DHCP 客户机广播的 DHCP Discover 报文后，它向 DHCP 客户机发送 DHCP Offer 报文，其中包括一个可租用的 IP 地址。

如果没有 DHCP 服务器对客户机的请求作出反应，可能发生以下 2 种情况。

● 如果客户使用的是 Windows 2000 及后续版本 Windows 操作系统，且自动设置 IP 地址的功能处于激活状态，那么客户端将自动从 Microsoft 保留 IP 地址段中选择一个自动私有地址（APIPA，Automatic Private IP Address）作为自己的 IP 地址。自动私有 IP 地址的范围是 169.254.0.1～169.254.255.254。使用自动私有 IP 地址可以在 DHCP 服务器不可用时，DHCP 客户端之间仍然可以利用私有 IP 地址进行通信。所以，即使在网络中没有 DHCP 服务器，计算机之间仍能通过网上邻居发现彼此。

● 如果使用其他的操作系统或自动设置 IP 地址的功能被禁止，则客户机无法获得 IP 地址，初始化失败。但客户机在后台每隔 5 分钟发送 4 次 DHCP Discover 报文直到它收到 DHCP

Offer 报文。

● 一旦客户机收到 DHCP Offer 报文，它发送 DHCP Request 报文到服务器，表示它将使用服务器所提供的 IP 地址。

● DHCP 服务器在收到 DHCP Request 报文后，立即发送 DHCP YACK 确认报文，以确定此租约成立，且此报文中还包含其他 DHCP 选项信息。

客户机收到确认信息后，利用其中的信息，配置它的 TCP/IP 并加入到网络中。上述过程如图 11-1 所示。

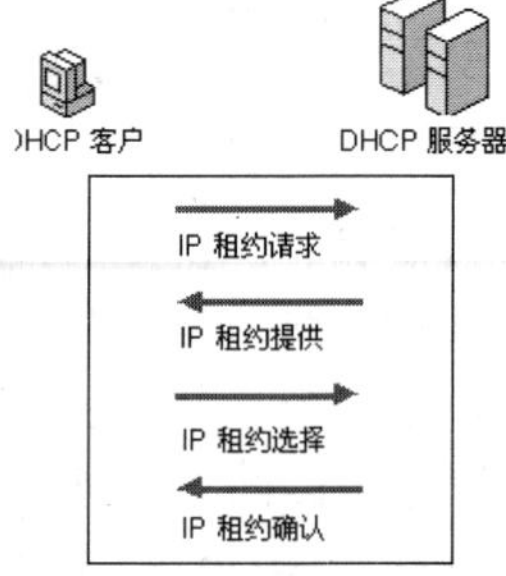

图 11-1 DHCP 租约生成过程

2. DHCP 工作站第 2 次登录网络

DHCP 客户机获得 IP 地址后再次登陆网络时，就不需要再发送 DHCP Discover 报文了，而是直接发送包含前一次所分配的 IP 地址的 DHCP Request 报文。当 DHCP 服务器收到 DHCP Request 报文，会尝试让客户机继续使用原来的 IP 地址，并回答一个 DHCP YACK（确认信息）报文。

如果 DHCP 服务器无法分配给客户机原来的 IP 地址，则回答一个 DHCP NACK（不确认信息）报文。当客户机接收到 DHCP NACK 报文后，就必须重新发送 DHCP Discover 报文来请求新的 IP 地址。

3. DHCP 租约的更新

DHCP 服务器将 IP 地址分配给 DHCP 客户机后，有租用时间的限制，DHCP 客户机必须在该次租用过期前对它进行更新。客户机在 50%租借时间过去以后，每隔一段时间就开始请求 DHCP 服务器更新当前租借，如果 DHCP 服务器应答则租用延期。如果 DHCP 服务器始终没有应答，在有效租借期的 87.5%时，客户机应该与任何一个其他的 DHCP 服务器通信，并请求更新它的配置信息。如果客户机不能和所有的 DHCP 服务器取得联系，租借时间到期后，它必须放弃当前的 IP 地址，并重新发送一个 DHCP Discover 报文开始上述的 IP 地址获得过程。

客户端可以主动向服务器发出 DHCP Release 报文，将当前的 IP 地址释放。

11.2 DHCP 服务的安装和配置

11.2.1 安装 DHCP 服务器

DHCP 服务器需要安装 TCP/IP，并设置固定的 IP 地址信息。

在 Windows Server 2003 操作系统中，除了可以使用“Windows 组件向导”安装 DHCP 服务以外，还可通过“配置您的服务器向导”实现。

① 在“服务器角色”对话框（如图 11-2 所示）中选择“DHCP 服务器”选项，将该计算机安装为 DHCP 服务器。

② 单击“下一步”按钮，打开“作用域名”对话框，如图 11-3 所示，指定该 DHCP 服务器作用域的名称。

③ 单击“下一步”按钮，打开“IP 地址范围”对话框，如图 11-4 所示，设置由该 DHCP 服务器分配的 IP 地址范围（称作 IP 地址池），并设置“子网掩码”或子网掩码的“长度”。

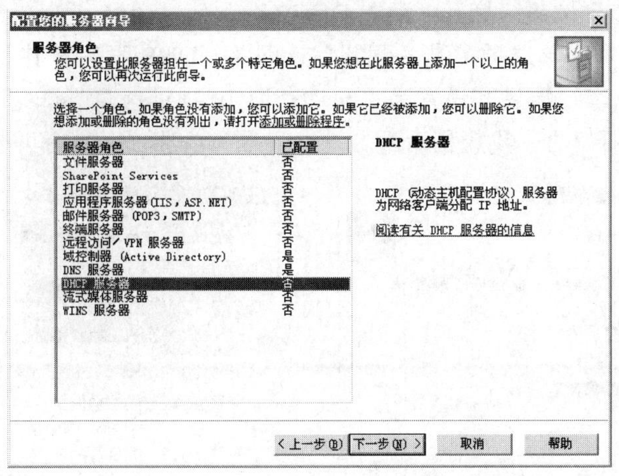

图 11-2 “服务器角色”对话框

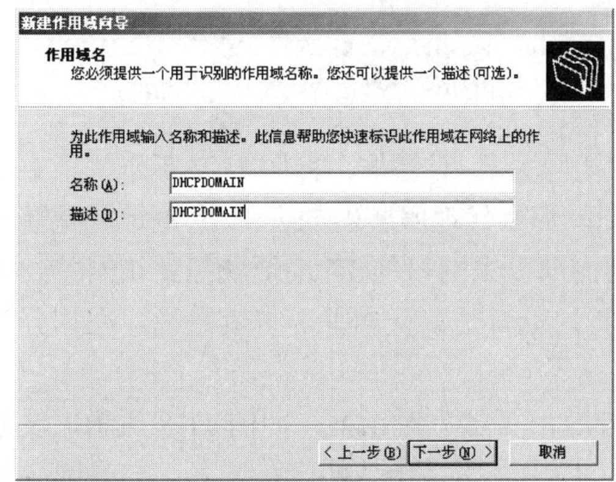

图 11-3　“作用域名”对话框

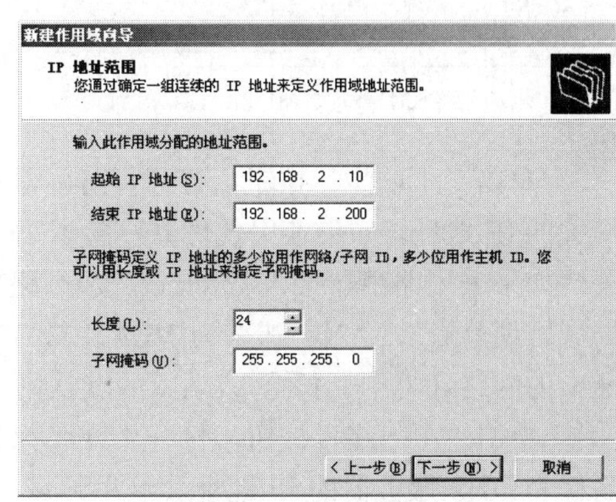

图 11-4　IP 地址范围

创建作用域时一定要准确设定子网掩码，因为作用域创建完成后，将不能再更改子网掩码。

④ 单击“下一步”按钮，打开“添加排除”对话框，如图 11-5 所示，设置保留的、不再动态分配的 IP 地址的起止范围。由于所有的服务器都需要采用静态 IP 地址，另外某些特殊用户（如管理员，以及其他超级用户）往往也需要采用静态 IP 地址，此时就应当将这些 IP 地址添加至“排除的 IP 地址范围”列表框中，而不再由 DHCP 动态分配。

⑤ 单击“下一步”按钮，打开“租约期限”对话框，设置租约时间。租约期限默认为 8 天。

对于台式机较多的网络而言，租约期限应当相对较长一些，这样将有利于减少网络广播流量，从而提高网络传输效率。对于笔记本较多的网络而言，租约期限则应当设置较短一些，从而有利于在新的位置及时获取新的 IP 地址，特别是对于划分有较多 VLAN 的网络，如果原有 VLAN 的 IP 地址得不到释放，那么就无法获取新的 IP 地址，接入新的 VLAN。

⑥ 单击“下一步”按钮，打开“配置 DHCP 选项”对话框，如图 11-6 所示，选择“是，我想现在配置这些选项”单选项，准备配置默认网关、DNS 服务器 IP 地址等重要的 IP 地址信息，从而使 DHCP 客户端只需设置为“自动获取 IP 地址信息”即可，无须再指定任何 IP 地址信息。也可以选择“否，我想稍后配置这些选项”单选项，以后再配置这些选项也可以。

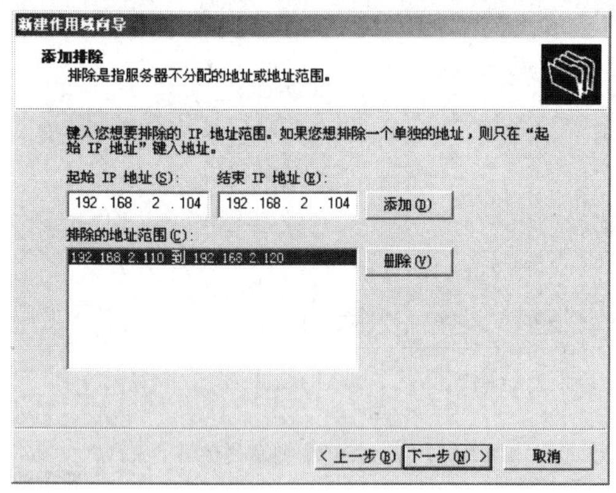

图 11-5 添加排除

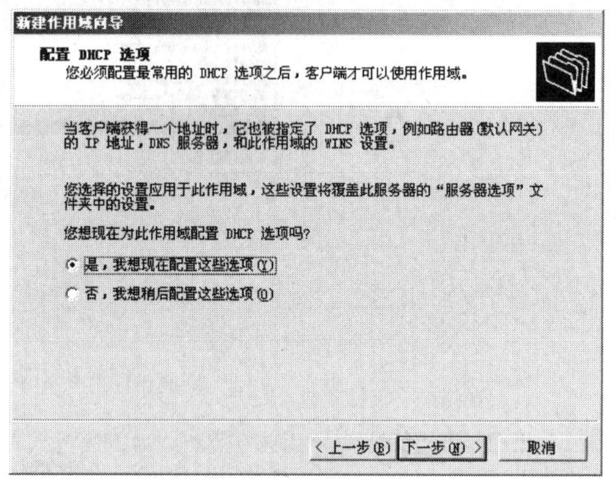

图 11-6 选择是否配置 DHCP 选项

⑦ 单击“下一步”按钮，打开“路由器（默认网关）”对话框，如图 11-7 所示，指定默认网关的 IP 地址。如果使用代理共享接入 Internet，那么代理服务器的内部 IP 地址就是默认网关。如果采用路由器接入 Internet，那么路由器内部以太网口的 IP 地址就是默认网关。如果局域网划分有 VLAN，那么为 VLAN 指定的 IP 地址就是默认网关。也就是说，在划分有 VLAN 的网络环境中，每个 VLAN 的默认网关都是不同的。

⑧ 单击“下一步”按钮，打开“域名称和 DNS 服务器”对话框，如图 11-8 所示，设置域名称和 DNS 服务器的 IP 地址。这里的域名称，应当是网络申请的合法域名。如果网络内部安装有 DNS 服务器，那么这里的 DNS 应当指定内部 DNS 服务器的 IP 地址。如果网络没有提供 DNS 服务，那么就应当输入 ISP 提供的 DNS 服务器的 IP 地址。另外，应当提供两个以上的 DNS 服务器，保证当第一个 DNS 服务器发生故障后，仍然可以借助其他 DNS 服务器实现 DNS 解析。

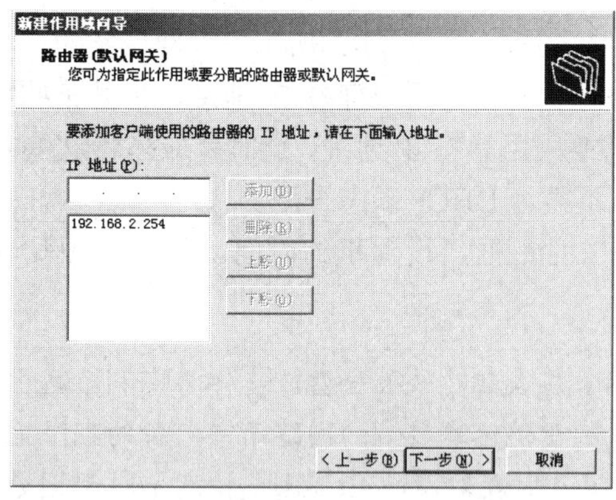

图 11-7 路由器（默认网关）

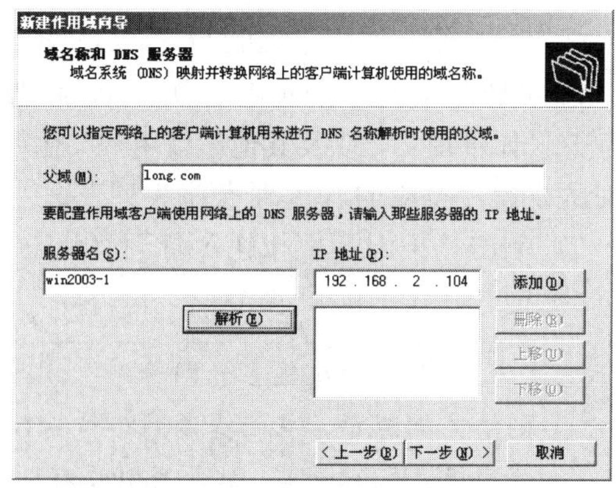

图 11-8 DNS 服务器

⑨ 单击“下一步”按钮，打开“激活作用框”对话框，选中“是，我想现在激活此作

用域”单选项，激活该 DHCP 服务器，为网络提供 DHCP 服务。

DHCP 服务器必须在激活作用域后才能提供 DHCP 服务。

DHCP 服务也可以在“控制面板”对话框中，采用传统的“添加/删除程序”的方式来安装。通过“Windows 组件”对话框打开“网络服务”对话框，选择“动态主机配置协议（DHCP）”复选框即可，如图 11-9 所示。

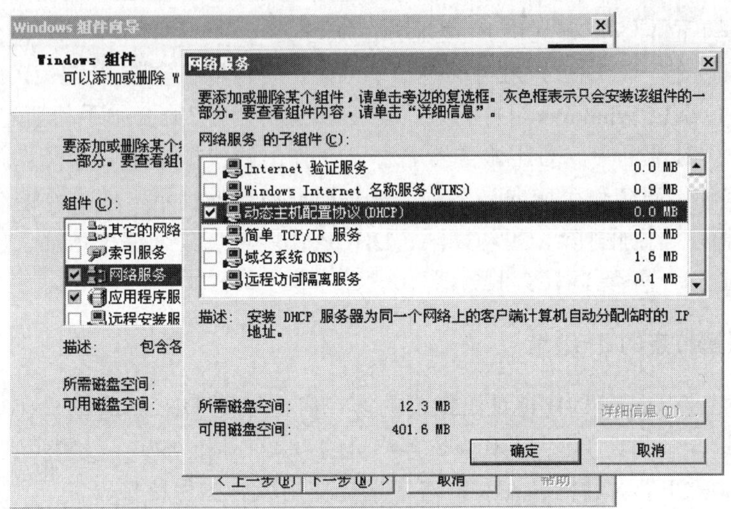

图 11-9　采用“添加/删除程序”的方式安装 DHCP

11.2.2　授权 DHCP 服务器

在安装 DHCP 服务后，用户必须首先添加一个授权的 DHCP 服务器，并在服务器中添加作用域，设置相应的 IP 地址范围及选项类型，以便 DHCP 客户机在登录到网络时，能够获得 IP 地址租约和相关选项的设置参数。

打开“DHCP”对话框，在左窗格中右击“DHCP”图标，在弹出的快捷菜单中选择“管理授权的服务器”选项，如图 11-10 所示。打开“管理授权的服务器”对话框如图 11-11 所示，单击“授权”按钮，添加要授权的服务器的名称或 IP 地址。

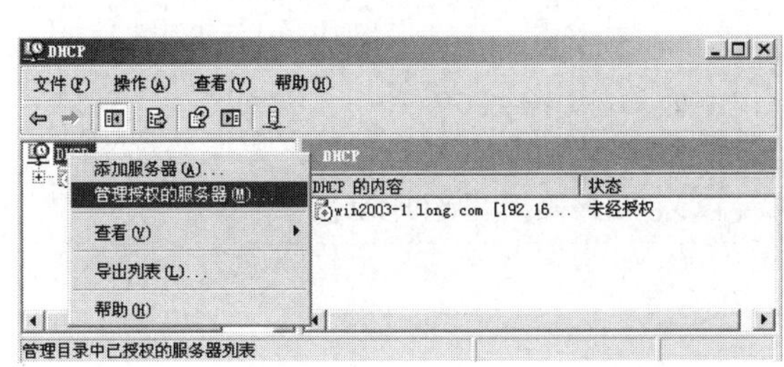

图 11-10　DHCP 授权

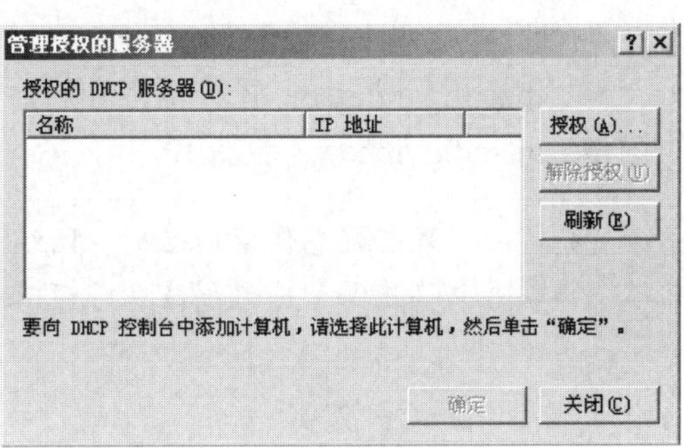

图 11-11　管理授权的服务器

域中的 DHCP 服务器必须经过授权才能正确地提供 IP 地址，工作组中的 DHCP 服务器不需要授权就可以向客户端提供 IP 地址。

11.2.3 创建 DHCP 作用域

在安装 DHCP 服务之后，可使用“配置 DHCP 服务器向导”配置 DHCP 服务器。

每一个 DHCP 服务器都需要设置作用域，也称为 IP 地址池或 IP 地址范围。DHCP 以作用域为基本管理单位向客户端提供 IP 地址分配服务。

作用域既可以在安装 DHCP 服务的过程中创建，也可以在安装了 DHCP 服务以后，再手动创建。如果是以添加 Windows 组件的方式安装 DHCP 服务，则必须手动创建 DHCP 作用域。

在“DHCP”对话框中，右击服务器名称，在弹出的快捷菜单中选择“新建作用域”选项，打开“欢迎使用新建作用域向导”对话框。根据向导的提示，依次设置作用域名、IP 地址范围、子网掩码、添加排除、租约期限、DHCP 作用域选项、保留地址（可选）等信息。具体过程见“11.2.1 安装 DHCP 服务器”。

11.2.4 保留特定的 IP 地址

如果用户想保留特定的 IP 地址给指定的客户机，以便 DHCP 客户机在每次启动时都获得相同的 IP 地址，就需要将该 IP 地址与客户机的 MAC 地址绑定。设置步骤如下所示。

① 打开“DHCP”对话框，在左窗格中选择作用域中的保留项。

② 执行“操作”→“添加”命令，打开“添加保留”对话框，如图 11-12 所示。

③ 在 “IP 地址”文本框中输入要保留的 IP 地址。

④ 在 “MAC 地址”文本框中输入 IP 地址要保留给哪一个网卡。

⑤ 在“保留名称”文本框中输入客户名称。注意此名称只是一般的说明文字，并不是用户账号的名称，但此处不能为空白。

⑥ 如果有需要，可以在“描述”文本框内输入一些描述此客户的说明性文字。

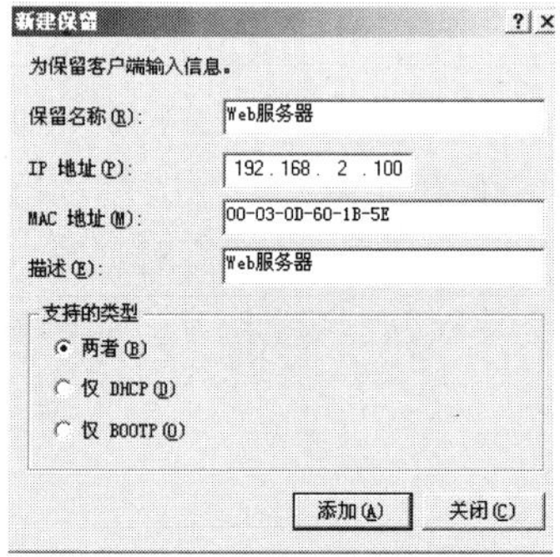

图 11-12 新建保留

添加完成后，用户可利用作用域中的“地址租约”选项进行查看。大部分情况下，客户机使用的仍然是以前的 IP 地址。也可用以下方法进行更新。

- ipconfig /release：释放现有 IP。
- ipconfig /renew：更新 IP。

如果在设置保留地址时，网络上有多台 DHCP 服务器存在，用户需要在其他服务器中将此保留地址排除，以便客户机可以获得正确的保留地址。

11.2.5 DHCP 选项

DHCP 服务器除了可以为 DHCP 客户机提供 IP 地址外，还可以设置 DHCP 客户机启动时的工作环境，如可以设置客户机登录的域名称、DNS 服务器、WINS 服务器、路由器、默认网关等。在客户机启动或更新租约时，DHCP 服务器可以自动设置客户机启动后的 TCP/IP 环境。

DHCP 服务器提供了许多选项，如默认网关、域名、DNS、WINS、路由器等。选项包括 4 种类型。

- 默认服务器选项：这些选项的设置，影响 DHCP 控制台窗口下该服务器下所有的作用域中的客户和类选项。
- 作用域选项：这些选项的设置，只影响该作用域下的地址租约。
- 类选项：这些选项的设置，只影响被指定使用该 DHCP 类 ID 的客户机。
- 保留客户选项：这些选项的设置只影响指定的保留客户。

如果在服务器选项与作用域选项中设置了不同的选项，则作用域的选项起作用，即在应用时作用域选项将覆盖服务器选项，同理，类选项会覆盖作用域选项、保留客户选项覆盖以上 3 种选项，它们的优先级表示如下。

保留客户选项 > 类选项 > 作用域的选项 > 服务器选项

为了进一步了解选项设置，以在作用域中添加 DNS 选项为例，说明 DHCP 的选项设置。

① 打开“DHCP”对话框，在左窗格中展开服务器，选择作用域，执行“操作”→“配置选项”命令。

② 打开“配置 DHCP 选项”对话框，如图 11-13 所示，在“常规”选项卡的“可用选项”列表中选择“006 DNS 服务器”复选框 ，输入 IP 地址。单击“确定”按钮结束。

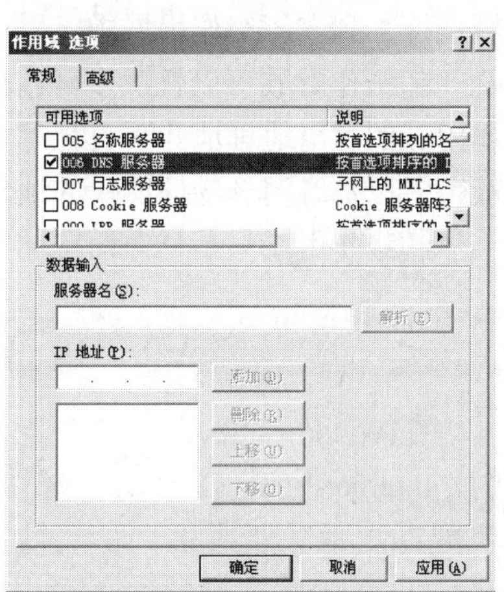

图 11-13　设置作用域选项

11.2.6　超级作用域

当 DHCP 服务器上有多个作用域时，就可组成超级作用域，作为单个实体来管理。超级作用域常用于多网配置。多网是指在同一物理网段上使用两个或多个 DHCP 服务器以管理分离的逻辑 IP 网络。在多网配置中，可以使用 DHCP 超级作用域来组合多个作用域，为网络中的客户机提供来自多个作用域的租约。

超级作用域是运行 Windows Server 2003 的 DHCP 服务器的一种管理功能。使用超级作用域在多网配置中，可以使用 DHCP 超级作用域来组合并激活网络上使用的 IP 地址的单独作用域范围。通过这种方式，DHCP 服务器可为单个物理网络上的客户端激活，并提供来自多个作用域的租约。

每一台 DHCP 客户机在初始启动时都需要在子网中以有限广播的形式发送 DHCP Discover 消息，如果网络中有多台 DHCP 服务器，用户将无法预知是哪一台服务器响应客户机的请求。假设网络上有两台服务器，服务器 1 和服务器 2，分别提供不同的地址范围。如果服务器 1 为客户机通过地址租约，在租期达到 50%时，客户机要与服务器 1 取得通信以便更新租约。如果无法与服务器 1 进行通信，在租期达到 87.5%的时候，客户机进入重新申请状态，客户机在子网上发送广播。如果服务器 2 首先响应，由于服务器 2 提供的是不同 IP 地址范围，它不知道客户机现在所使用的是有效的 IP 地址，因此它将发送 DHCP Ncak 给客户机，客户机无法获得有效的地址租约。在服务器 1 处于激活状态时，这种情况也可能发生。所以需要在每个服务器上都配置超级作用域防止上述问题的发生。超级作用域要包括子网中所有的有效地址范围作为它的成员范围，在设置成员范围时把子网中其他服务器所提供的地址范围设置成排除地址。

超级作用域设置方法如下。

① 在“DHCP”对话框中，右击 DHCP 服务器，在弹出的快捷菜单中选择“新建超级作用域”选项，打开“新建超级作用域向导”对话框。在“选择作用域”对话框中，可选择要加入超级作用域管理的作用域。

② 当超级作用域创建完成以后，会显示在“DHCP”对话框中，而且还可以将其他作用域也添加到该超级作用域中。

超级作用域可以解决多网结构中的某些 DHCP 部署问题，比较典型的情况就是当前活动作用域的可用地址池几乎已耗尽，而又要向网络添加更多的计算机，可使用另一个 IP 网络地址范围以扩展同一物理网段的地址空间。

超级作用域只是一个简单的容器，删除超级作用域时并不会删除其中的子作用域。

11.3 配置 DHCP 客户端

在 Windows Sever 2003 中配置 DHCP 客户端非常简单。打开“本地连接属性”对话框中的“Internet 协议（TCP/IP）属性”对话框。在该对话框选择“自动获得 IP 地址”和“自动获得 DNS 服务器地址”两项。

提示 由于 DHCP 客户机是在开机的时候自动获得 IP 地址的，因此并不能保证每次获得的 IP 地址是相同的。

11.4 复杂网络的 DHCP 服务器的部署

根据网络的规模，可在网络中安装一台或多台 DHCP 服务器。对于较复杂的网络，主要涉及 3 种情况：配置多个 DHCP 服务器、多宿主 DHCP 服务器和跨网段的 DHCP 中继代理。

11.4.1 配置多个 DHCP 服务器

在一些比较重要的网络中，需要在一个网段中配置多个 DHCP 服务器。这样做有两大好处：一是提供容错，如果一个 DHCP 服务器出现故障或不可用，另一个服务器就可以取代它，并继续提供租用新的地址或续租现有地址的服务；二是负载均衡，起到在网络中平衡 DHCP 服务器的作用。

为了平衡 DHCP 服务器的使用，较好的方法是使用 80/20 规则划分两个 DHCP 服务器之间的作用域地址。例如将服务器 1 配置成可使用大多数地址（约 80%），则服务器 2 可以配置成让客户机使用其他地址（约 20%）。

11.4.2　多宿主 DHCP 服务器

所谓多宿主 DHCP 服务器，是一台 DHCP 服务器为多个独立的网段提供服务，其中每个网络连接都必须连入独立的物理网络。这种情况要求在计算机上使用额外的硬件，典型的情况是安装多个网卡。

例如，某个 DHCP 服务器连接了两个网络，网卡 1 的 IP 地址为 192.168.1.1，网卡 2 的 IP 地址为 192.168.2.1。在服务器上创建两个作用域，一个面向的网络为 192.168.1.0，另一个面向的网络为 192.168.2.0。这样当与网卡 1 位于同一网段的 DHCP 客户机访问 DHCP 服务器时，将从与网卡 1 对应的作用域中获取 IP 地址。同样，与网卡 2 位于同一网段的 DHCP 客户机也将获得相应的 IP 地址。

11.4.3　跨网段的 DHCP 中继

由于 DHCP 依赖于广播信息，因此，一般情况下应将 DHCP 客户机和 DHCP 服务器置于同一网段内。而对于多个网段向 DHCP 请求 IP 地址时，由于广播不能穿过路由器，因此 DHCP 不能跨网段操作，所以需要在没有 DHCP 服务器的网段内设置 DHCP 中继代理。

DHCP 中继代理有两种解决方案。一种方案是路由器必须支持 DHCP/BOOTP 中继代理功能，即符合 RFC1542 规范，能够中转 DHCP 和 BOOTP 通信；另一种方案是在路由器不支持 DHCP/BOOTP 中继代理的情况下，可以在一台运行 Windows Server 2000/2003 的计算机上安装 DHCP 中继代理组件。

1. 配置 DHCP 中继代理服务

① 执行“开始”→“管理工具”→“路由和远程访问”命令，打开“路由和远程访问”对话框。

② 在左窗格中选择“IP 路由选择”选项，右击“常规”图标，在弹出的快捷菜单中选择“新路由协议”选项，打开如图 11-14 所示的“新路由协议”对话框。

③ 在“新路由协议”对话框中选择“DHCP 中继代理程序”选项，单击“确定”按钮，就会在“IP 路由选择”目录树下添加一个“DHCP 中继代理程序”选项，右击该选项，在弹出的快捷菜单中选择“属性”选项，打开“DHCP 中继代理程序属性”对话框，在“服务器地址”文本框中输入 DHCP 服务器的 IP 地址，并单击“添加”按钮，DHCP 服务器的 IP 地址会被添加到下面的列表框中，如图 11-15 所示。重复操作，可向该列表中添加多个 DHCP 服务器的 IP 地址。

④ 启用 DHCP 中继代理的网络接口。在“路由和远程访问”对话框的左窗格中，右击“DHCP 中继代理程序”图标，在弹出的快捷菜单中选择“新增接口”选项，打开如图 11-16 所示的“DHCP 中继代理程序的新接口”对话框。

⑤ 在“DHCP 中继代理程序的新接口”对话框中选择要添加的接口，单击“确定”按钮，打开如图 11-17 所示的对话框。首先选择“中继 DHCP 数据包”复选框，再按需修改阈值。

- 跃点计数阈值：用于设置当 DHCP 中继代理程序允许 DHCP 信息中转的最大次数，若超过则忽略此 DHCP 信息。
- 启动阈值：用于设置当 DHCP 中继代理程序收到 DHCP 信息后，需要等待多少秒后才将此信息传送出去，其目的是希望在这段时间内，能够让本地的 DHCP 服务器先响应此 DHCP 信息。

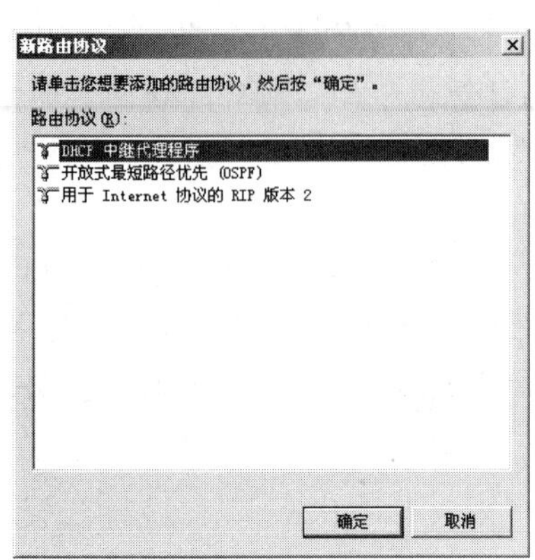

图 11-14 “新路由协议“对话框

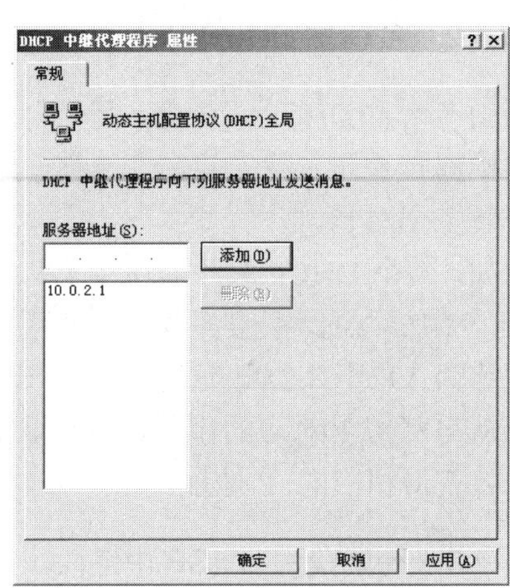

图 11-15 添加 DHCP 服务器的 IP 地址

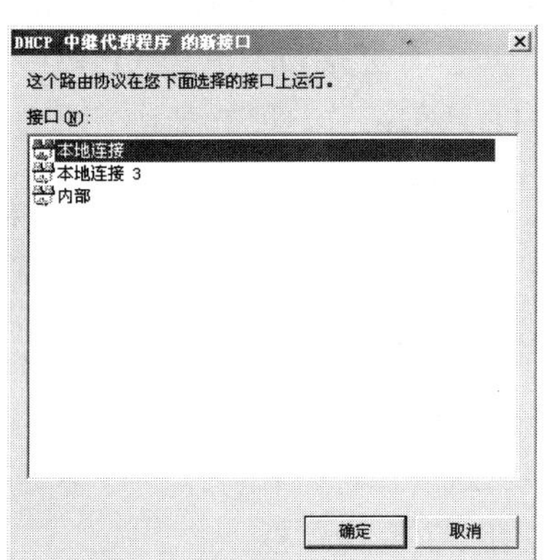

图 11-16 “DHCP 中继代理程序的新接口”对话框

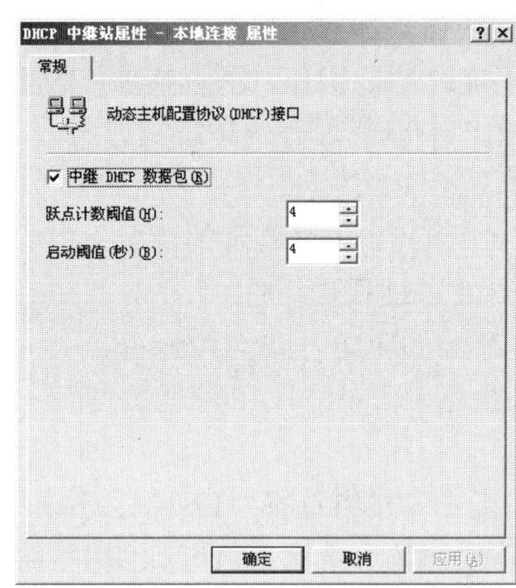

图 11-17 设置 DHCP 中继站属性

这样，一个实用的 DHCP 中继代理服务器就建立了。

2. 在交换机上配置 DHCP 代理

由于所有 Cisco 二层和三层交换机都支持 DHCP 代理，因此，只需进行简单设置，即可实现跨 VLAN 的 DHCP 服务。

在 Cisco 交换机上执行以下操作。

启用 DHCP 中继代理。

```
Switch (Config) service dhcp
Switch (Config) ip dhcp relay information option
```

分别在各个 VLAN 指定 DHCP 服务器地址，DHCP 服务器所在的 VLAN 不必指定。

```
Switch (Config-vlan) ip heIPer-address DHCP_IP_Address
```

11.5 DHCP 服务器的维护

服务器有时不得不重新安装或恢复服务器。借助定时备份的 DHCP 数据库，就可以在系统恢复后迅速提供网络服务，并减少重新配置 DHCP 服务的难度。

11.5.1　数据库的备份

DHCP 服务器中的设置数据全部存放在名为 dhcp.mdb 的数据库文件中，在 Windows Server 2003 系统中，该文件位于%Systemroot%\system32\dhcp 文件夹内，如图 11-18 所示。该文件夹内，dhcp.mdb 是主要的数据库文件，其他文件是 dhcp.mdb 数据库文件的辅助文件。这些文件对 DHCP 服务器的正常运行起着关键作用，建议用户不要随意修改或删除。同时数据库的默认备份在%Systemroot%\system32\dhcp\backup\new 目录下。

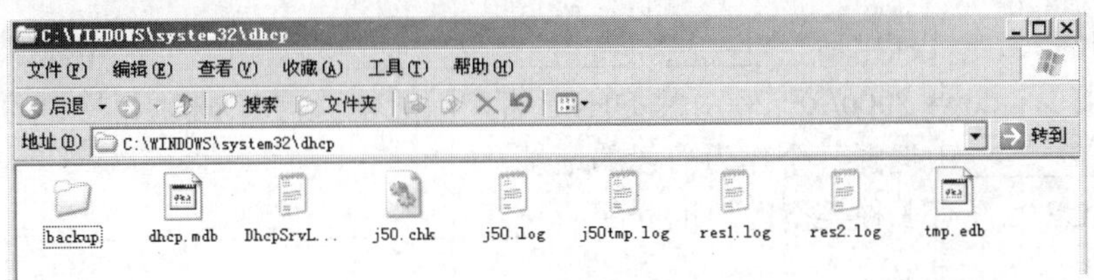

图 11-18　DHCP 的数据库文件

出于安全的考虑，建议用户将% Systemroot%\system32\dhcp\backup\new 文件夹内的所有内容进行备份，可以备份到其他磁盘、磁带机上，以备系统出现故障时还原。或者直接将%Systemroot%\system32\dhcp 文件中的 dhcp.mdb 数据库文件备份出来。

为了保证所备份/还原数据的完整性和备份/还原过程的安全性，在对 DHCP 服务器进行备份/还原时，必须先停止 DHCP 服务器。

11.5.2　数据库的还原

当 DHCP 服务器在启动时，它会自动检查 DHCP 数据库是否损坏，如果发现损坏，将自动用%Systemroot%\system32\dhcp\backup 文件夹内的数据进行还原。但如果 backup 文件夹的数据也被损坏时，系统将无法自动完成还原工作，无法提供相关的服务。还原过程如下。

① 停止 DHCP 服务。

② 在%Systemroot%\system32\dhcp（数据库文件的路径）目录下，删除 J50.log，j50xxxxx.log 和 dhcp.tmp 文件。

③ 复制备份的 dhcp.mdb 文件到%Systemroot%\system32\dhcp 目录下。

④ 重新启动 DHCP 服务。

11.5.3　数据库的重整

在 DHCP 数据库的使用过程中，相关的数据因为不断被更改（如重新设置 DHCP 服务器的选项，新增 DHCP 客户端或者 DHCP 客户端离开网络等），所以其分布变得非常凌乱，会影响系统的运行效率。为此，当 DHCP 服务器使用一段时间后，一般建议用户利用系统提供的 jetpack.exe 程序对数据库中的数据进行重新调整，从而实现对数据库的优化。

jetpack.exe 程序是一个字符型的命令程序，必须手工进行操作。

```
cd  \winnt\system32\dhcp   （进入 dhcp 目录）
```

net stop dhcp　　（让 DHCP 服务器停止运行）

Jetpack dhcp.mdb temp.mdb（对DHCP数据库进行重新调整，其中dhcp.mdb是DHCP数据库文件，而 temp.mdb 是用于调整的临时文件）

net start dhcp　　（让 DHCP 服务器开始运行）

11.6 习　题

一、填空题

（1）DHCP 工作过程包括________、________、________、________4 种报文。

（2）如果 Windows 2000/XP/2003 的 DHCP 客户端无法获得 IP 地址，将自动从 Microsoft 保留地址段________中选择一个作为自己的地址。

（3）DHCP 允许有 3 种类型的地址分配：________、________、________。

二、简答题

（1）动态 IP 地址方案有什么优点和缺点？简述 DHCP 服务器的工作过程。

（2）如何配置 DHCP 作用域选项？如何备份与还原 DHCP 数据库？

第 12 章

IIS 服务器的配置与管理

本章学习要点

- IIS 的安装与配置
- Web 网站的配置与管理
- 创建 Web 网站和虚拟主机
- Web 网站的目录管理
- 实现安全的 Web 网站
- 远程管理网站
- 创建与管理 FTP 服务

12.1 安装 IIS

WWW（万维网）正在逐步改变全球用户的通信方式，这种新的大众传媒比以往的任何一种通信媒体都要快，因而受到人们的普遍欢迎。利用 IIS 建立 Web 服务器、FTP 服务器是目前世界上使用最广泛的手段之一。

12.1.1 IIS 6.0 提供的服务

微软 Windows Server 2003 家族的 Internet 信息服务（IIS）在 Intranet、Internet 或 Extranet 上提供了集成、可靠、可伸缩、安全和可管理的 Web 服务器功能。IIS 6.0 包括一些面向组织、IT 专家和 Web 管理员的新功能，它们旨在为单台 IIS 服务器或多台服务器上可能拥有的数千个网站实现性能、可靠性和安全性目标。

IIS 提供了发布信息、传输文件、支持用户通信和更新这些服务所依赖的数据存储等基本服务。

1. 万维网发布服务

通过将客户端 HTTP 请求连接到 IIS 运行的网站上，万维网发布服务向 IIS 最终用户提供 Web 发布。WWW 服务管理 IIS 的核心组件，这些组件处理 HTTP 请求并配置和管理 Web 应用程序。

2. 文件传输协议服务

通过文件传输协议（FTP）服务，IIS 提供对管理和处理文件的完全支持。该服务使用传输控制协议（TCP），确保了文件传输的完成和数据传输的准确。该版本的 FTP 支持在站点级别上隔离用户以帮助管理员保护其 Internet 站点的安全并使之商业化。

3. 简单邮件传输协议服务

通过使用简单邮件传输协议（SMTP）服务，IIS 能够发送和接收电子邮件。例如，为确认用户提交表格成功，可以对服务器进行编程，以自动发送邮件来响应事件。也可以使用SMTP 服务以接收来自网站客户反馈的消息。SMTP 不支持完整的电子邮件服务，要提供完整的电子邮件服务，可使用 Microsoft Exchange Server。

4. 网络新闻传输协议服务

可以使用网络新闻传输协议（NNTP）服务主控单个计算机上的 NNTP 本地讨论组。因为该功能完全符合 NNTP，所以用户可以使用任何新闻阅读客户端程序加入新闻组，进行讨论。

5. 管理服务

该项功能管理 IIS 配置数据库，并为 WWW 服务、FTP 服务、SMTP 服务和 NNTP 服务更新 Microsoft Windows 操作系统注册表。配置数据库用来保存 IIS 的各种配置参数。IIS 管理服务对其他应用程序公开配置数据库，这些应用程序包括 IIS 核心组件、在 IIS 上建立的应用程序以及独立于 IIS 的第三方应用程序（如管理或监视工具）。

12.1.2　安装 IIS 6.0

为了更好地预防恶意用户和攻击者的攻击，在默认情况下，没有将 IIS 安装到 Microsoft Windows Server 2003 家族的成员上。而且，最初安装 IIS 时，该服务在高度安全和“锁定”模式下安装。在默认情况下，IIS 只为静态内容提供服务，即 ASP、ASP.NET、在服务器端的包含文件、WebDAV 发布和 FrontPage Server Extensions 等功能只有在启用时才工作。安装 IIS 有两种方法，分别是从“控制面板”对话框中安装和通过“配置您的服务器向导”安装。

1. 从“控制面板”对话框中安装

① 打开“控制面板”对话框，双击“添加或删除程序”图标，打开“添加或删除程序”对话框，单击“添加或删除 Windows 组件”按钮，打开“Windows 组件向导”对话框。在“组件”列表框中选择“应用程序服务器”单选项，单击“详细信息”按钮，如图 12-1 所示。打开“应用程序服务器”对话框，默认没有选中“ASP.NET”复选框，在此处需选中该复选框以启用 ASP.NET 功能。

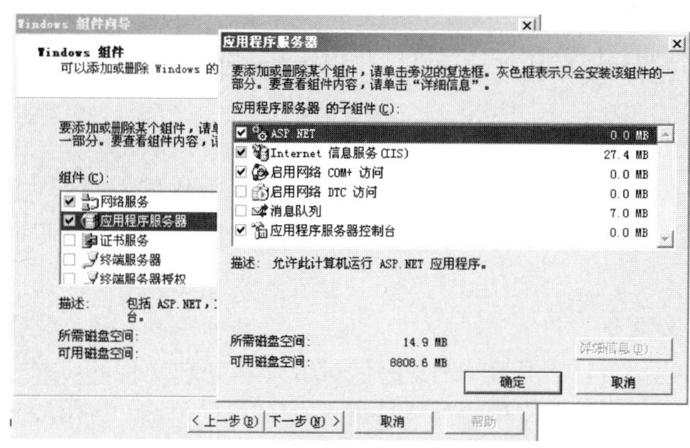

图 12-1　选择安装 IIS 组件

② 选择“Internet 信息服务（IIS）”复选框，然后单击“详细信息”按钮，在打开的对

话框中选择“文件传输协议（FTP）”复选框，同时选择“万维网服务”复选框，并单击“详细信息”按钮，在打开的“万维网服务”对话框中选择“Active Server Pages”复选框，如图 12-2 所示。如果不选择该复选框，将导致在 IIS 中不能运行 ASP 程序。另外，如果服务器感染了冲击波病毒，同样也不能运行 ASP 程序。

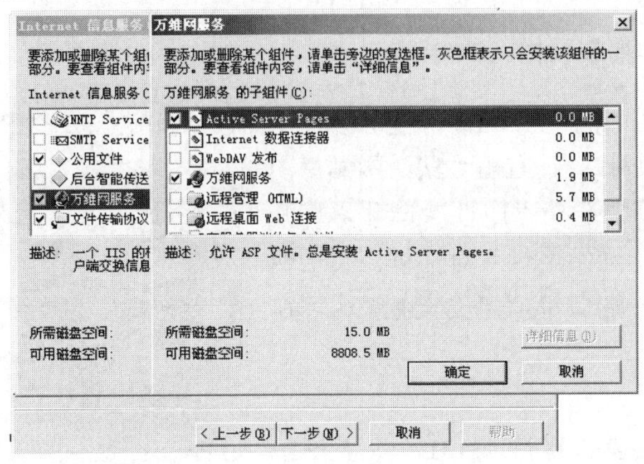

图 12-2　“万维网服务”对话框

③ 依次单击“确定”按钮，返回“Windows 组件”对话框，并单击“下一步”按钮，按照系统提示插入 Windows Server 2003 安装光盘，即可安装成功。

2. 通过“配置您的服务器向导”安装

① 运行“管理工具”中的“配置您的服务器向导”，双击“添加或删除角色”图标。在“服务器角色”对话框中，选择“应用程序服务器（IIS，ASP.NET）”复选框。

② 单击“下一步”按钮，打开“应用程序服务器选项”对话框，如图 12-3 所示。若要使 Web 服务器启用 ASP.NET，必须选择“启用 ASP.NET”复选框；而选择“FrontPage Server Extension”复选框，可以利用该工具向自己的网站发布网页。

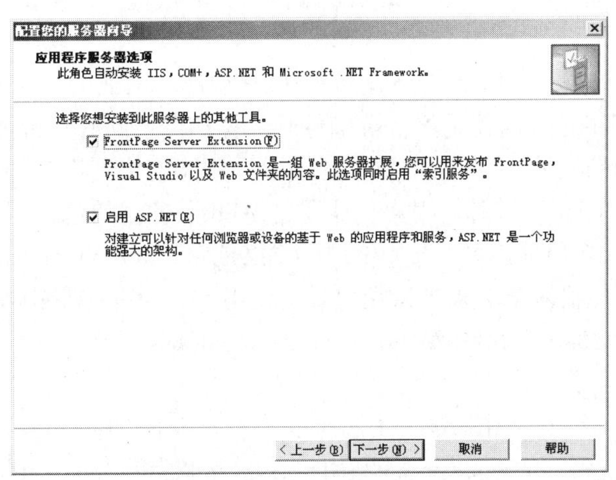

图 12-3　“应用程序服务器选项”对话框

③ 单击“下一步”按钮，并根据系统提示插入 Window Server 2003 安装光盘，IIS 即可安装成功。

12.2 Web 网站的管理和配置

IIS 安装完毕后，在 IIS 管理器窗口中就有了个默认网站，下面以默认网站为例对网站管理和配置进行讲解。如设置网站属性、IP 地址、指定主目录等。

12.2.1 设置网站基本属性

打开“管理工具”中的“Internet 信息服务管理器”对话框，在 IIS 对话框中，展开左窗格中的目录树，展开“网站”，右击“默认网站”图标，在弹出的快捷菜单中选择“属性”选项，打开如图 12-4 所示的“默认网站属性”对话框。关于网站标识、IP 地址和 TCP 端口等信息的设置，均可在“网站”选项卡中完成。

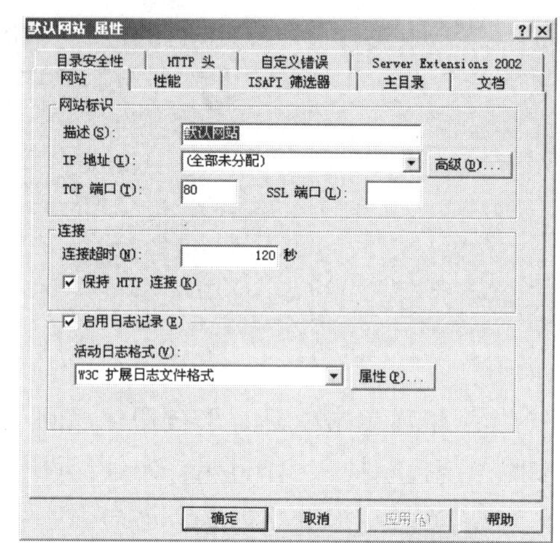

12-4 “默认网站属性”对话框

1. 网站标识

在“网站标识”选项区域的“描述”文本框中可以设置该网站站点的标识。该标识对于用户的访问没有任何意义，只是当服务器中安装有多个 Web 服务器时，用不同的名称进行标识可便于网络管理员区分。默认值名称为“默认 Web 站点”。

2. 指定 IP 地址

在“IP 地址”下拉列表中指定该 Web 站点的唯一 IP 地址。由于 Windows Server 2003 可安装多块网卡，每块网卡又可绑定多个 IP 地址，因此服务器可能会拥有多个 IP 地址，而默认可使用该服务器绑定的任何一个地址访问 Web 网站。例如，当该服务器拥有 3 个 IP 地址 192.168.22.98、192.168.22.99 和 10.0.0.2 时，那么利用其中的任何一个 IP 地址都可以访问该 Web 服务器。默认值为“全部未分配”。

3. 设置端口

在“TCP 端口”文本框中指定 Web 服务的 TCP 端口。默认端口为 80，也可以更改为其他任意唯一的 TCP 端口号。当使用默认端口号时，客户端访问时直接使用 IP 地址或域名即可访问，而当端口号更改后，客户端必须知道端口号才能连接到该 Web 服务器。

例如，使用默认值 80 端口时，用户只需通过 Web 服务器的地址即可访问该网站，地址形式为：http://域名或 IP 地址，如 http://192.168.22.98 或 http://Windows.long.com。而如果端口号不是 80，访问服务器时就必须提供端口号，使用 http://域名或 IP 地址:端口号的方式，如 http://192.168.22.99:8080 或 http://Windows.long.com:8080，“TCP 端口”不能为空。

4. SSL 端口

如果 Web 网站中的信息非常敏感，为防止中途被人截获，就可采用 SSL 加密方式。Web 服务器安全套接字层（SSL）的安全功能利用一种称为“公用密钥”的加密技术，保证会话密钥在传输过程中不被截取。要使用 SSL，加密并且指定 SSL 加密使用的端口，必须在“SSL 端口”文本框中输入端口号。默认端口号为“443”，同样，如果改变该端口号，客户端访问该服务器就必须事先知道该端口。当使用 SSL 加密方式时，用户需要通过“https://域名或 IP

地址:端口号”方式访问 Web 服务器，如 https:// 192.168.22.99:1454。

5. 连接超时

连接超时用来设置服务器断开未活动用户的时间（以秒为单位）。如果客户端在连续的一段时间内没有与服务器发生活动，就会被服务器强行断开，以确保 HTTP 在关闭连接失败时可以关闭所有连接。默认值为 120 秒。选中“保持 HTTP 连接”复选框则可使客户端与服务器保持打开连接，而不是根据每个新请求重新打开客户端连接。禁用该选项可能会降低服务器性能。

12.2.2 设置主目录与默认文档

任何一个网站都需要有主目录作为默认目录，当客户端请求链接时，就会将主目录中的网页等内容显示给用户。而默认文档用来设置网站或虚拟目录中默认的显示页。

1. 设置主目录

主目录是指保存 Web 网站的文件夹，当用户访问该网站时，Web 服务器会自动将该文件夹中的默认网页显示给客户端用户。对于 Web 服务而言，必须修改主目录的默认值，将主目录定位到相应的磁盘或文件夹。

（1）设置主目录的路径

即网站的根目录，当用户访问网站时，服务器会先从根目录调取相应的文件。默认的 Web 主目录为“%Systemroot%\inetpub\wwwroot”文件夹。但在实际应用中通常不采用该默认文件夹。因为将数据文件和操作系统放在同一磁盘分区中，会出现失去安全保障、系统不能干净安装等问题，且当保存大量的音视频文件时，可能造成磁盘或分区的空间不足。

在 IIS 管理器中，右击要配置主目录的网站，在弹出的快捷菜单中选择“属性”选项，打开该网站的属性对话框，选择“主目录”选项卡，如图 12-5 所示。

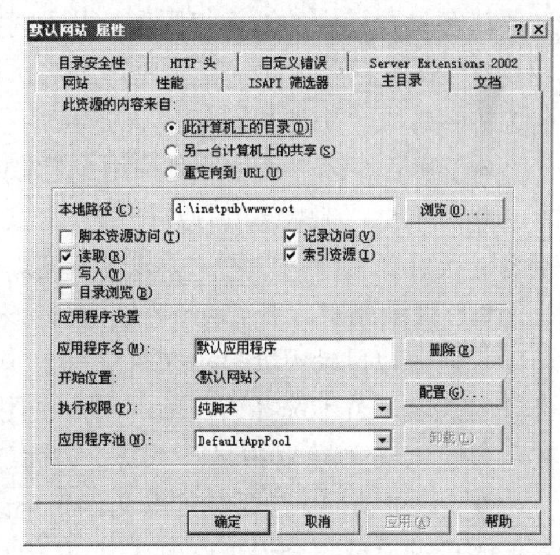

图 12-5　“主目录“选项卡

① 此计算机上的目录：表示主目录的内容位于本地服务器的磁盘中，默认为“%Systemroot%\inetpub\wwwroot”文件夹。可先在本地计算机上设置好主目录的文件夹和内容，然后在“本地路径”文本框中设置主目录为该文件夹的路径。

② 另一台计算机上的共享：表示将主目录指定到位于另一台计算机上的共享文件夹。在“本地路径”文本框中输入共享目录的网络路径，其格式为“\\服务器名或 IP 地址\共享名”，并单击“连接为”按钮设置访问该网络资源的 Windows 账户和密码，如图 12-6 所示。

③ 重定向到 URL：重定向用来将当前网站的地址指向其他地址。选择“重定向到 URL”单选项，在“重定向到”文本框中输入要转接的 URL 地址，如图 12-7 所示。例如，将网站 Windows.long.com 重定向到 www.163.com，当用户访问 Windows.long.com 时，显示的将是网易网站。

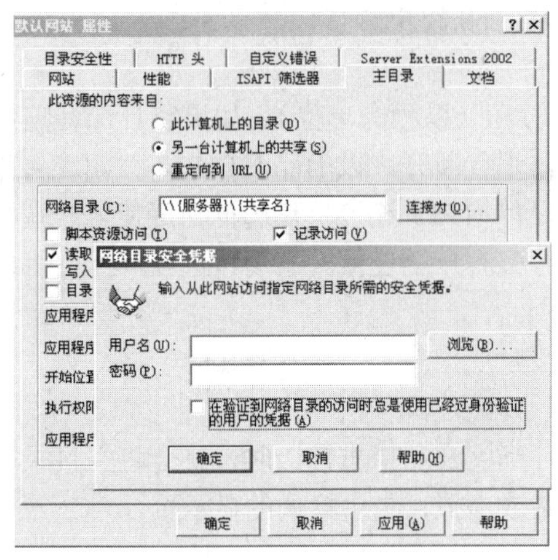

图 12-6 “网络目录安全凭据”对话框

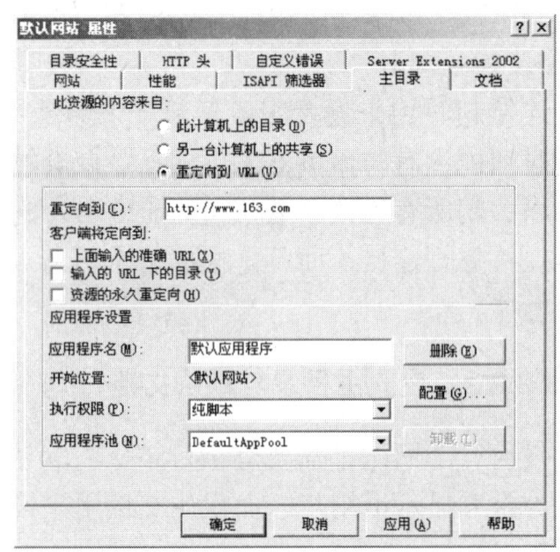

图 12-7 “重定向到 URL”对话框

- “上面输入的准确 URL”：表示将客户端需求重定向到某个网站或目录。使用该选项可以将整个虚拟目录重定向到某一个文件。
- “输入的 URL 下的目录”：表示将父目录重定向到子目录。
- “资源的永久重定向”：表示将消息“301 永久重定向”发送到客户。重定向被认为是临时的，而且客户浏览器收到消息“302 临时重定向”。某些浏览器会将“301 永久重定向”消息作为信号来永久地更改 URL，如书签。

（2）设置主目录访问权限

如果在“主目录”选项卡中选择“此计算机上的目录”或“另一计算机上的共享位置”选项，可设置相应的访问权限和应用程序。这里提供了 6 个选项，其意义如下。

- 脚本资源访问。若要允许用户访问已经设置了“读取”或“写入”权限的资源代码，请选中该选项。资源代码包括 ASP 应用程序中的脚本。
- 读取。选中该项后允许用户读取或下载文件（目录）及其相关属性。
- 写入。选中该项后允许用户将文件及其相关属性上传到服务器上已启用的目录中，或者更改可写文件的内容。为安全起见，默认为不选中。
- 目录浏览。若要允许用户查看该虚拟目录中文件和子目录的超文本列表，应选中该选项。但虚拟目录不会显示在目录列表中，因此，如果用户要访问虚拟目录，必须知道虚拟目录的别名。若不选择该选项，用户试图访问文件或目录且又没有指定明确的文件名时，将在用户的 Web 浏览器中显示“禁止访问”的错误消息。
- 记录访问。若要在日志文件中记录对该目录的访问，请选中该选项。只有启用该 Web 站点的日志记录才会记录访问。
- 索引资源。选中该选项会允许 Microsoft Indexing Service 将该目录包含在 Web 站点的全文本索引中。

2. 设置默认文档

直接在浏览器中输入“http://www.jnrp.cn”即可打开“http://www.jnrp.cn/index.htm”，显示出主页内容，而不必再输入“index.htm”，这就是默认文档的功能。

所谓默认文档，是指在 Web 浏览器中输入 Web 网站的 IP 地址或域名即显示出 Web 页面，也就是通常所说的主页(HomePage)。IIS 6.0 默认文档的文件名有 5 种，分别为 Default.htm、Default.asp、Index.htm、IISstar.htm 和 Default.aspx，这也是一般网站中最常用的主页名。如果 Web 网站无法找到这 5 个文件中的任何一个，那么，将在 Web 浏览器上显示“该页无法显示”的提示。默认文档既可以是一个，也可以是多个。当设置多个默认文档时，IIS 将按照排列的前后顺序依次调用这些文档。当第 1 个文档存在时，将直接把它显示在用户的浏览器上，而不再调用后面的文档；当第 1 个文档不存在时，则将第 2 个文件显示给用户，依次类推。

默认文档的添加、删除及更改顺序，都可以在属性对话框的“文档”选项卡中完成，如图 12-8 所示。

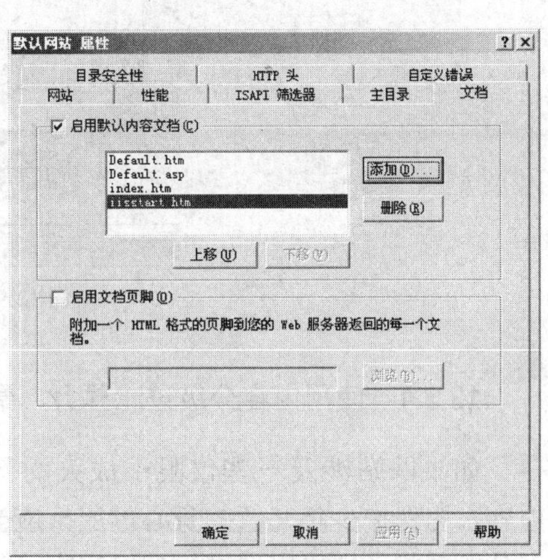

图 12-8　“网站属性-文档”选项卡

(1) 添加默认文档文件名

① 在“文档”选项卡对话框中，单击“添加”按钮，打开“添加默认文档”对话框，输入自定义的默认文档文件名，如 index.asp，单击“确定”按钮。

② 在默认文档列表中选中刚刚添加的文件名，单击“上移”或“下移”按钮即可调整其显示的优先级。文档在列表中的位置越靠上意味着其优先级越高。通常客户机首先尝试加载优先级最高的主页，如果不能成功，再降低优先级继续尝试。

③ 重复以上步骤可添加多个默认文档。

(2) 删除默认文档名

在默认文档列表中选择欲删除的文件名，单击“删除”按钮，即可将之删除。

(3) 调整文件名的位置

在默认文档列表中选择欲调整位置的文件名，单击“上移”或“下移”按钮即可调整其先后顺序。若欲将该文件名作为网站首选的默认文档，需将之调整至最顶端。

(4) 文档页脚

“文档”选项卡中不仅能够指定默认主页，还能配置文档页脚。文档页脚（footer），是一种特殊的 HTML 文件，用于使网站中全部的网页上都出现相同的标记。大公司常使用文档页脚将公司徽标添加到其网站全部网页的上部或下部，以增加网站的整体感。

使用文档页脚，首先要选择“文档”选项卡中的“启用文档页脚”复选框，然后单击“浏览”按钮指定页脚文件。文档页脚文件通常是一个.htm 格式的文件。页脚文件不应是一个完整的 HTML 文档，而应该只包括需用于格式化页眉页脚外观和功能的 HTML 标签。

12.2.3　设置内容过期来更新要发布的信息

在网站属性对话框中打开“HTTP 头”选项卡，如图 12-9 所示。

选择“启用内容过期”复选框，可设置失效时间。在对时间敏感的资料中，可能包括日期，如报价或事件公告，容易失效。浏览器将当前日期与失效日期进行比较，确定是显示高速缓存页还是从服务器请求一个更新过的页面。在这里，“立即过期”表示网页一经下载就过期，浏览器每次请求都会重新下载网页；“在此时间段以后过期”表示设置相对于当前时刻的时间；“过期时间”则设置到期的具体时间。

图 12-9 “HTTP 头”选项卡

12.2.4 使用内容分级过滤暴力、暴露和色情内容

如果网站涉及一些仅限于成人的暴力和暴露等内容，为保护少年儿童的身心健康，应当设法启用内容分级功能，便于用户进行分组审查。Web 的内容分级就是将说明性标签嵌入到 Web 页的 HTTP 头中。

在网站属性的“HTTP 头”选项卡中，单击“编辑分级”按钮，打开如图 12-10 所示的“内容分级”对话框，选择“对此内容启用分级”复选框启用分级服务。

在“类别”列表框中，选择一个分级类别，然后拖动“分级”滑块可调整级别。在“内容分级人员的电子邮件地址”文本框中可输入对内容进行分级的人的电子邮件地址，在“过期日期”文本框中可以定义分级过期日期。完成后单击“确定”按钮，完成内容分级的设置。

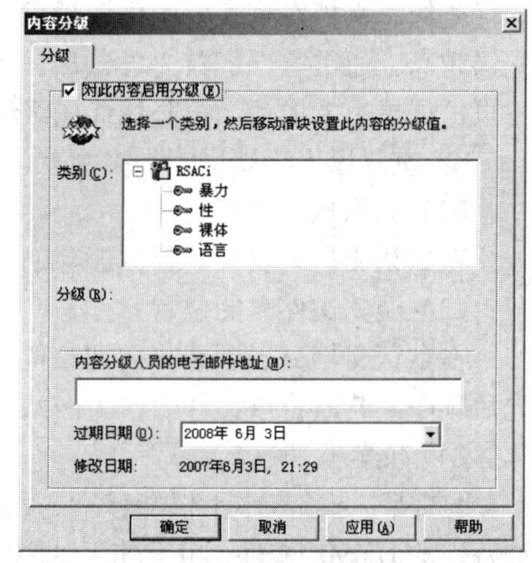

图 12-10 “内容分级”对话框

12.2.5 Web 网站性能调整

许多企业为了节省成本，减少不必要的开支，往往在一台服务器上运行多种服务，如将一台 Web 服务器同时兼作 FTP、Mail 等服务器。为了使 Web 服务适应不同的网络环境，还需进行网站性能调整，根据需要来限制各网站使用的带宽，以确保服务器的整体性能。选择要进行性能调整的网站，打开该网站的属性对话框，选择“性能”选项卡，如图 12-11 所示。默认并没有启用带宽限制和网站连接限制。

用户可以根据需要进行相应的设置，限制连接可以保留内存，并防止试图用大量客户端请求造成 Web 服务器负载的恶意攻击。选择“连接限制为”单选项，并在右侧文本框中设置所允许的同时连接最大数量，默认值为 1 000。

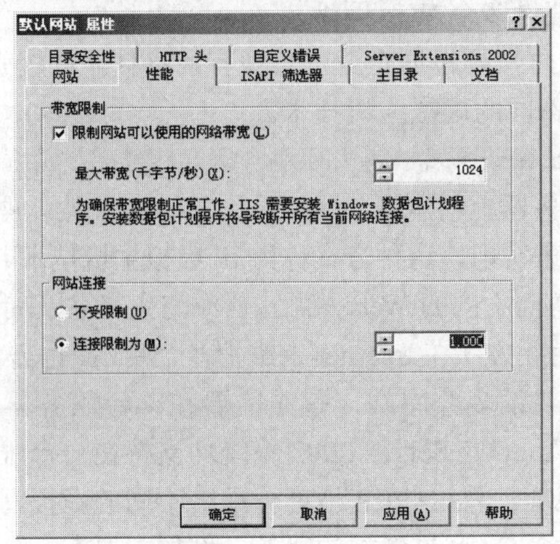

图 12-11　“性能”选项卡

12.3　创建 Web 网站和虚拟主机

Web 服务的实现采用客户/服务器模型，信息提供者称为服务器，信息的需要者或获取者称为客户。作为服务器的计算机中安装有 Web 服务器端程序（如 Netscape iplanet Web Server、Microsoft Internet Information Server 等），并且保存有大量的公用信息，随时等待用户的访问。作为客户的计算机中则安装有 Web 客户端程序，即 Web 浏览器，可通过局域网络或 Internet 从 Web 服务器中浏览或获取信息。

12.3.1　虚拟主机技术

使用 IIS 6.0 可以很方便地架设 Web 网站。虽然在安装 IIS 时系统已经建立了一个默认的 Web 网站，将网站内容放到其主目录或虚拟目录中即可直接浏览，但最好还是要重新设置，以保证网站的安全。如果需要，还可在一台服务器上建立多个虚拟主机，来创建多个 Web 网站，这样可以节约硬件资源、节省空间、降低能源成本。

使用 IIS 6.0 的虚拟主机技术，通过分配 TCP 端口、IP 地址和主机头名，可以在一台服务器上建立多个虚拟 Web 网站。每个网站都具有唯一的，由端口号、IP 地址和主机头名 3 部分组成的网站标识，用来接收来自客户端的请求。不同的 Web 网站可以提供不同的 Web 服务，而且每一个虚拟主机和一台独立的主机完全一样。这种方式适用于企业或组织需要创建多个网站的情况，可以节省成本。

不过，这种虚拟技术将一个物理主机分割成多个逻辑上的虚拟主机使用，虽然能够节省经费，对于访问量较小的网站来说比较经济实惠，但由于这些虚拟主机共享这台服务器的硬件资源和带宽，在访问量较大时就容易出现资源不够用的情况。

12.3.2　架设多个 Web 网站

架设多个 Web 网站可以通过以下 3 种方式。

- 使用不同 IP 地址架设多个 Web 网站。
- 使用不同端口号架设多个 Web 网站。

● 使用不同主机头架设多个 Web 网站。

在创建一个 Web 网站时，要根据企业本身现有的条件，如投资的多少、IP 地址的多少、网站性能的要求等，选择不同的虚拟主机技术。

1. 使用不同的 IP 地址架设多个 Web 网站

如果要在一台 Web 服务器上创建多个网站，为了使每个网站域名都能对应于独立的 IP 地址，一般都使用多 IP 地址来实现，这种方案称为 IP 虚拟主机技术。当然，为了使用户在浏览器中可使用不同的域名来访问不同的 Web 网站，必须将主机名及其对应的 IP 地址添加到域名解析系统（DNS）。如果使用此方法在 Internet 上维护多个网站，也需要通过 InterNIC 注册域名。

要使用多个 IP 地址架设多个网站，首先需要在一台服务器上绑定多个 IP 地址。而 Windows 2000 Server 及 Windows Server 2003 系统均支持在一台服务器上安装多块网卡，在一块网卡上绑定多个 IP 地址。将这些 IP 地址分配给不同的虚拟网站，就可以达到一台服务器利用多个 IP 地址来架设多个 Web 网站的目的。例如，要在一台服务器上创建两个网站：linux.long.com 和 windows.long.com，所对应的 IP 地址分别为 192.168.22.99 和 192.168.168.22.100。需要在服务器网卡中添加这两个地址。

具体步骤如下。

① 在网卡上添加上述两个 IP 地址，并在 DNS 对话框中添加与 IP 地址相对应的两台主机。

② 执行“开始”→“程序”→“管理工具”→“Internet 信息服务（IIS）管理器”命令，打开“Internet 信息服务（IIS）管理器”对话框。右击“网站”选项，在弹出的快捷菜单中选择“新建”→“网站”选项，如图 12-12 所示。

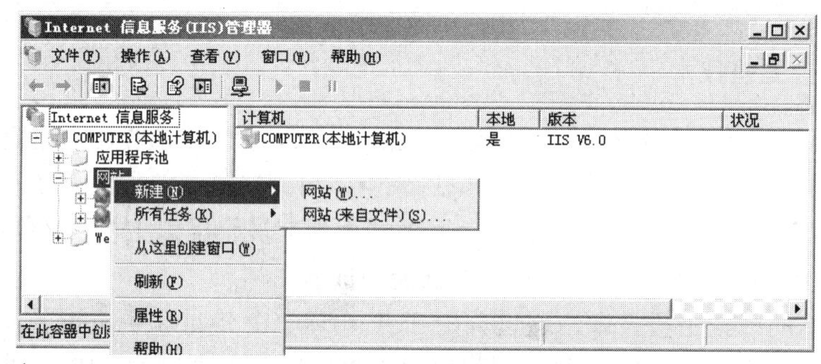

图 12-12 新建网站

③ 打开“网站创建向导”对话框，新建一个网站。在 “IP 地址和端口设置”对话框中的“网站 IP 地址”下拉列表中，分别为网站指定相应的 IP 地址，如图 12-13 所示。

④ 单击“下一步”按钮，打开“网站主目录”对话框，输入主目录的路径，如图 12-14 所示。

⑤ 单击“下一步”按钮，打开 “网络访问权限”对话框，如图 12-15 所示。选择“读取”复选框，若有 ASP 脚本运行，同时选择“运行脚本（如 ASP）”复选框。

⑥ 单击“下一步”按钮继续，按向导提示完成 192.168.22.99 对应的网站设置。192.168.22.100 对应的网站设置与上面的设置类似。

⑦ 两个网站创建完成以后，在“Internet 信息服务（IIS）管理器”中再分别为不同的网站进行配置。具体内容参见 12.2 节。

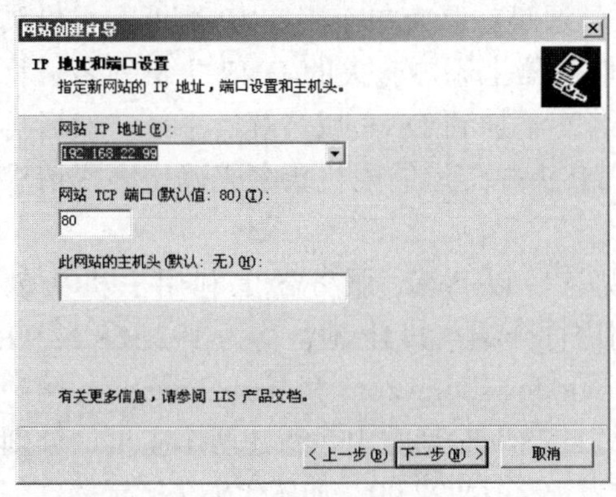

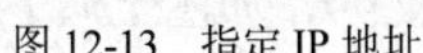
图 12-13　指定 IP 地址

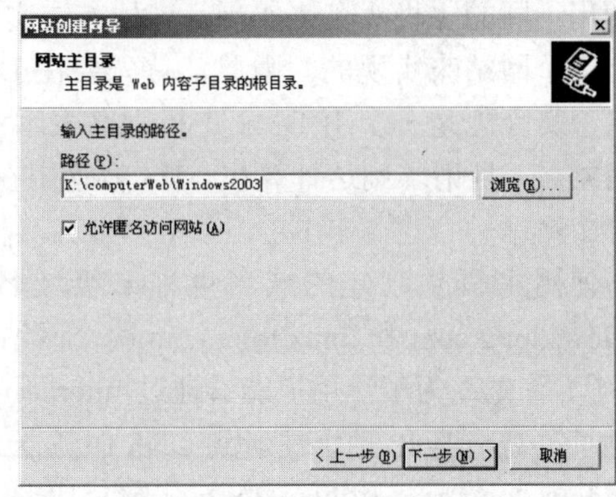

图 12-14　输入主目录路径

这样，在一台 Web 服务器上就可以创建多个网站了。

2．使用不同端口号架设多个 Web 网站

如今 IP 地址资源越来越紧张，有时需要在 Web 服务器上架设多个网站，但计算机却只有一个 IP 地址，这时该怎么办呢？此时，利用这一个 IP 地址，使用不同的端口号也可以达到架设多个网站的目的。

其实，用户访问所有的网站都需要使用相应的 TCP 端口。Web 服务器默认的 TCP 端口为 80，在用户访问时不需要输入。如果网站的 TCP 端口不为 80，在输入网址时就必须添加上端口号了。利用 Web 服务的这个特点，可以架设多个网站，每个网站均使用不同的端口号，这种方式创建的网站，其域名或 IP 地址部分完全相同，仅端口号不同。只是，用户在使用网址访问时，必须添加上相应的端口号。

若现在要架设一个与上面不同的网站，但 IP 地址仍使用 192.168.22.99。此时可在 IIS 管理器中，给新网站设置一个新的 TCP 端口号如 8080，如图 12-16 所示。这样，用户就可以使用网址 http://192.168.22.99:8080 来访问该网站。

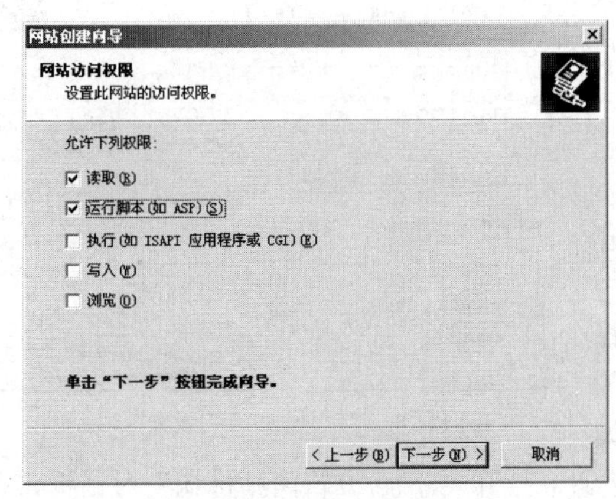

图 12-15　设置网络访问权限

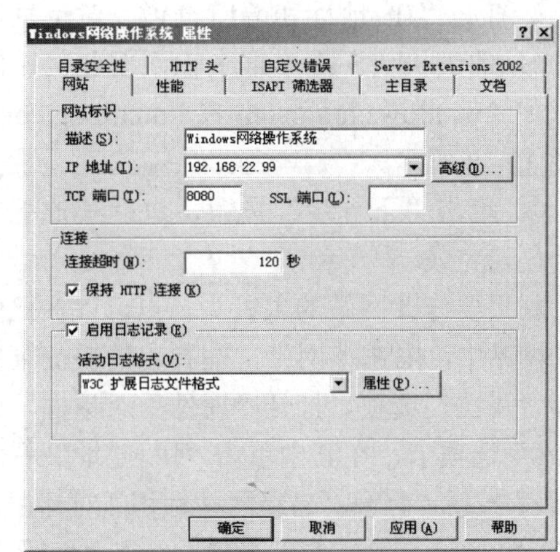

图 12-16　设置 TCP 端口

3．使用不同的主机头名架设多个 Web 网站

如果服务器只有一个 IP 地址，在架设多个 Web 网站时，除了使用不同的端口外，还可

以使用不同的主机头名来实现。这种方式实际上是通过在具有单个静态 IP 地址的主机头中建立多个网站来实现的。因此，首先要在 DNS 服务器上添加有关的 DNS 主机别名，将主机名（实际上是一个用 DNS 主机别名表示的域名）添加到 DNS 域名解析系统，然后再创建网站。一旦请求到达计算机，IIS 将使用在 HTTP 头中传递的主机头名来确定客户请求的是哪个网站。

使用主机头创建的域名也称二级域名。现在，以 Web 服务器上利用主机头创建 windows.long.com 和 linux.long.com 两个网站为例进行介绍，其 IP 地址均为 192.168.22.99。

① 首先，为了让用户能够通过 Internet 找到 windows.long.com 和 linux.long.com 网站的 IP 地址，需将其 IP 地址注册到 DNS 服务器。在“DNS”对话框中，新建两个主机，分别为“windows.long.com 和 linux.long.com”，IP 地址均为 192.168.22.99，如图 12-17 所示。

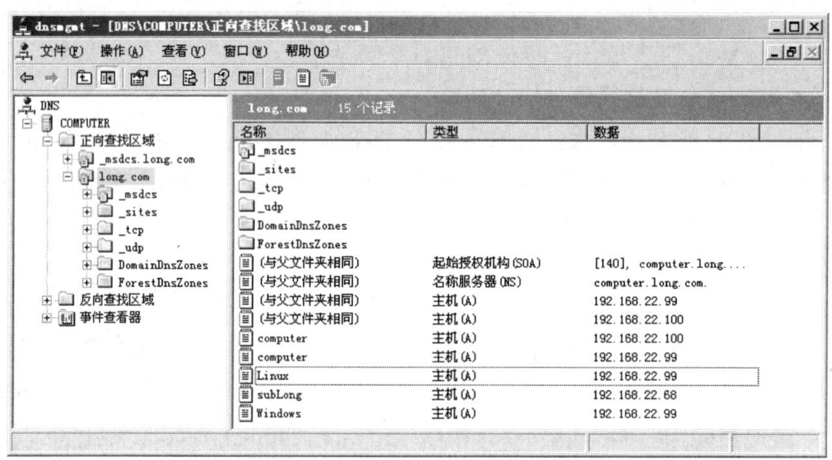

图 12-17　新建主机

② 打开“Internet 信息服务（IIS）管理器”对话框，使用“网站创建向导”创建两个网站。打开“IP 地址和端口设置”对话框，在“此网站的主机头”文本框中输入新建网站的域名，如“windows.long.com 或 linux.long.com”，如图 12-18 所示。

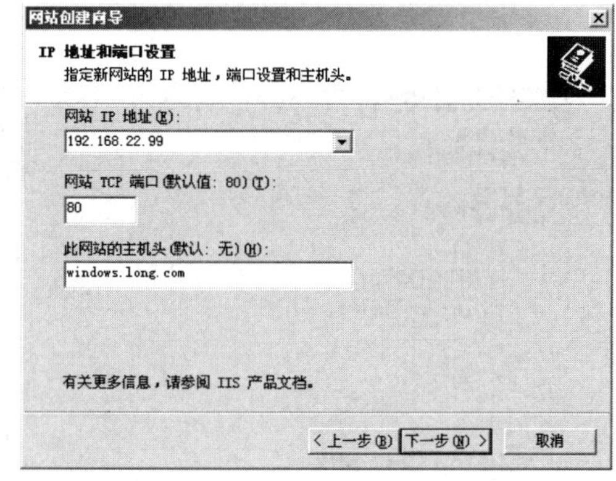

图 12-18　“IP 地址和端口设置”对话框

③ 单击“下一步”按钮，进行其他配置，直至创建完成。

如果要修改网站的主机头，也可以在已创建好的网站中，右击该网站，在弹出的快捷菜单中选择“属性”选项，打开“属性”对话框，选择“网站”选项卡，在其中单击“IP 地址”右侧的“高级”按钮，打开“高级网站标识”对话框，如图 12-19 所示。选择主机头名，单击“编辑”按钮，打开“添加/编辑网站标识”对话框，即可修改网站的主机头值，如图 12-20 所示。

使用主机头来搭建多个具有不同域名的 Web 网站，与利用不同 IP 地址建立虚拟主机的方式相比，更为经济实用，可以充分利用有限的 IP 地址资源，来为更多的客户提供虚拟主机服务。不过，虽然有独立的域名，但由于 IP 地址是与他人一起使用的，没有独立的 IP 地址，也就不能直接使用 IP 地址访问了。

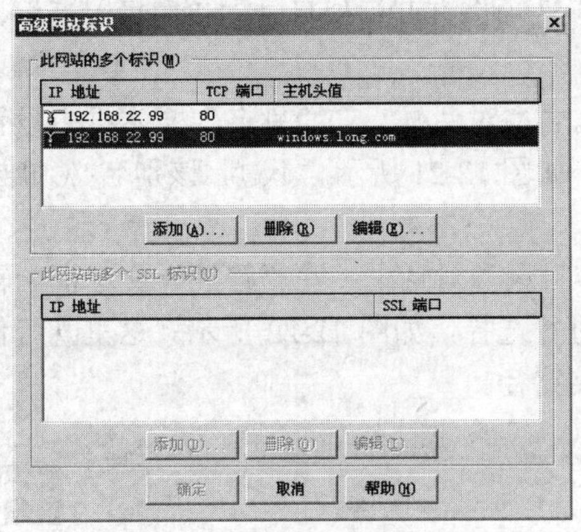

图 12-19 “高级网络标识”对话框

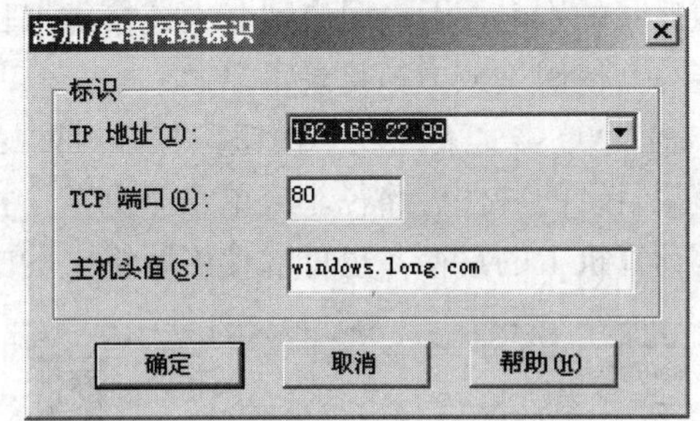

图 12-20 “添加/编辑网络标识”对话框

12.4 Web 网站的目录管理

在 Web 网站中，Web 内容文件都会保存在一个或多个目录树下，包括 HTML 内容文件、Web 应用程序和数据库等，甚至有的会保存在多个计算机上的多个目录中。因此，为了使其他目录中的内容和信息也能够通过 Web 网站发布，可通过创建虚拟目录来实现。当然，也可以在物理目录下直接创建目录来管理内容。

12.4.1 虚拟目录与物理目录

在 Internet 上浏览网页时，经常会看到一个网站下面有许多子目录，这就是虚拟目录。虚拟目录只是一个文件夹，并不一定包含于主目录内，但在浏览 Web 站点的用户看来，就像位于主目录中一样。

对于任何一个网站，都需要使用目录来保存文件，既可以将所有的网页及相关文件都存放到网站的主目录之下，也就是在主目录之下建立文件夹，然后将文件放到这些子文件夹内，这些文件夹也称物理目录；也可以将文件保存到其他物理文件夹内，如本地计算机或其他计算机内，然后通过虚拟目录映射到这个文件夹。每个虚拟目录都有一个别名。虚拟目录的好处是在不需要改变别名的情况下，可以随时改变其对应的文件夹。

在 Web 网站中，默认发布主目录中的内容。但如果要发布其他物理目录中的内容，就需要创建虚拟目录。虚拟目录也就是网站的子目录，每个网站都可能会有多个子目录，不同的子目录内容不同，在磁盘中会用不同的文件夹来存放不同的文件。例如，使用 BBS 文件夹来存放论坛程序，用 image 文件夹来存放网站图片等。

12.4.2 创建虚拟目录

创建虚拟目录有多种方法，最常用的有 2 种：使用虚拟目录创建向导和使用 Web 共享。我们只讲述“使用虚拟目录创建向导”创建虚拟目录。

假如在 windows.long.com 对应的网站上创建一个名为 BBS 的虚拟目录，其路径为本地磁盘中的“E:\BBS”文件夹。创建过程如下。

① 在IIS管理器对话框中，展开左窗格的“网站”目录树，右击要创建虚拟目录的网站，在弹出的快捷菜单中选择“新建”→“虚拟目录”选项，打开虚拟目录创建向导对话框，利用该向导便可为该虚拟网站创建不同的虚拟目录。

② 单击“下一步”按钮，打开“虚拟目录别名”对话框。在“别名”文本框中设置该虚拟目录的别名，用户用该别名来连接虚拟目录，如图12-21所示。不过，该别名必须唯一，不能与其他网站或虚拟目录重名。

③ “单击“下一步”按钮，打开“网站内容目录”对话框。在“路径”文本框中输入该虚拟目录的文件夹路径，或单击“浏览”按钮进行选择，如图12-22所示。这里既可使用本地计算机上的路径，也可以使用网络中的文件夹路径。

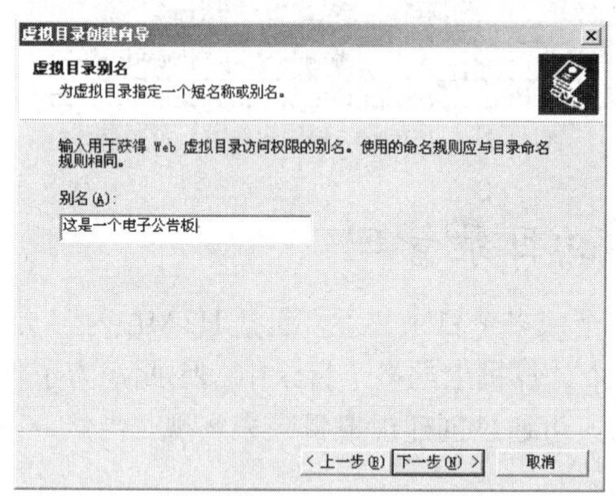

图12-21 “虚拟目录别名”对话框

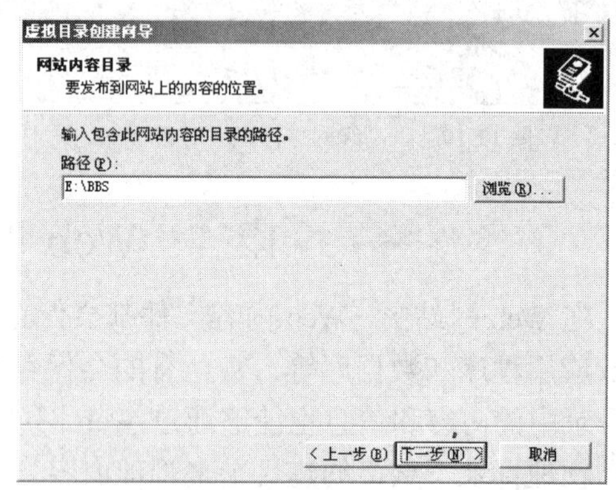

图12-22 “网站内容目录“对话框

④ 单击“下一步”按钮，打开“虚拟目录访问权限”对话框。此处用来选择该虚拟目录要使用的访问权限。默认选中“读取”和“运行脚本（如 ASP）”复选框，使该网站可以执行ASP程序。

如果该网站要执行ASP.NET或CGI应用程序，例如要搭建一个CGI论坛，就需要选中“执行（如ISAPI应用程序或CGI）”复选框。

⑤ 单击“下一步”按钮，打开“已完成虚拟目录创建向导”对话框。单击“完成”按钮，虚拟目录创建完成。

虚拟目录的创建过程和虚拟网站的创建过程有些类似，但不需要指定IP地址和TCP端口，只需设置虚拟目录别名、网站内容目录和虚拟目录访问权限。

若要访问E:\BBS里的默认网站，可在浏览器上输入：http://windows.long.com/bbs。

12.4.3 设置虚拟目录

虚拟目录作为一个网站的组成部分，其基本属性与虚拟网站的属性类似。

在IIS管理器对话框中，展开“网站”树形目录，右击要设置的虚拟目录，在弹出的快捷菜单中选择“属性”选项，打开网站属性对话框。

在这里即可设置并修改该虚拟目录的各种配置，其设置信息与虚拟网站类似，只是少了IP地址、网站性能等配置信息，可参见前面所述的虚拟网站管理部分的内容，不再重复。

12.5　Web 网站安全及其实现

Web 网站安全的重要性是由 Web 应用的广泛性和 Web 在网络信息系统中的重要地位决定的。尤其是当 Web 网站中的信息非常敏感，只允许特殊用户才能浏览时，数据的加密传输和用户的授权就成为网络安全的重要组成部分。

12.5.1　Web 网站安全概述

在 IIS 管理器中，加密传输和用户授权均可在“网站属性”对话框的“目录安全性”选项卡中进行设置，如图 12-23 所示。

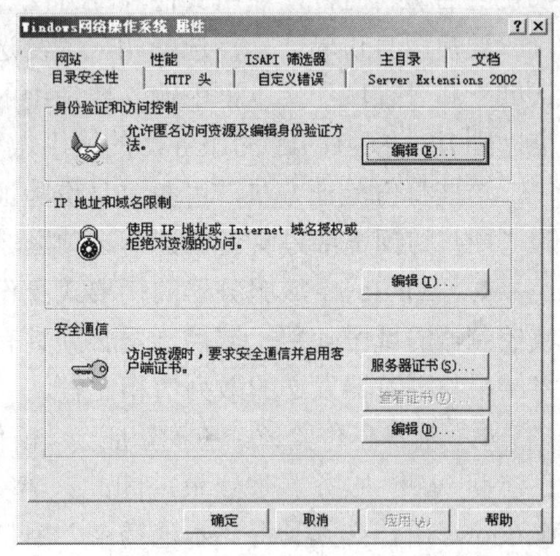

图 12-23　“目录安全性”选项卡

在 IIS 6.0 中，Internet 信息服务提供与 Windows 完全集成的安全功能，支持以下 6 种身份验证方法。

- 匿名身份验证。允许网络中的任意用户进行访问，不需要使用用户名和密码登录。
- 基本身份验证。需要输入用户名和密码，然后以明文方式通过网络将这些信息传送到服务器，经过验证后方可允许用户访问。
- 摘要式身份验证。与“基本身份验证”非常类似，所不同的是将密码作为散列值发送。摘要式身份验证仅用于 Windows 域控制器的域。
- 高级摘要式身份验证。与“摘要式身份验证”基本相同，所不同的是“高级摘要式身份验证”将客户端凭据作为 MD5 散列存储在 Windows Server 2003 域控制器的 Active Directory 目录服务中，从而提高了安全性。
- 集成 Windows 身份验证。使用散列技术来标识用户，而不通过网络实际发送密码。
- 证书。可以用来建立安全套接字层（SSL）连接的数字凭据，也可以用于验证。

使用这些方法可以确认任何请求访问网站的用户的身份，以及授予访问站点公共区域的权限，同时又可防止未经授权的用户访问专用文件和目录。

12.5.2　通过身份验证控制特定用户访问网站

在使用 IIS 创建的网站中，默认允许所有的用户连接，客户端访问时不需要使用用户名和密码。但对安全要求高的网站，或网站中有机密信息，就需要对用户进行身份验证，只有使用正确的用户名和密码才能访问。

1. 启用匿名访问

在“网站属性”对话框的“目录安全性”选项卡中，单击“身份验证和访问控制”选项区域中的“编辑”按钮，打开如图 12-24 所示的“身份验证方法”对话框。默认使用匿名访问，为了网站安全，管理员也可设置不同的身份验证方式。

在默认情况下，Web 服务器启用匿名访问，网络中的用户无须输入用户名和密码便可任意访问 Web 网站的网页。其实，匿名访问也是需要身份验证的，我们称其为匿名验证。当用户访问 Web 站点的时候，所有 Web 客户使用“IUSR_计算机名”账号自动登录。如果允许访问，就向用户返回网页页面；如果不允许访问，IIS 将尝试使用其他验证方法。

2. 使用身份验证

在IIS 6.0的身份验证方式中，还提供基本身份验证、Windows 域服务器的摘要式验证、集成的 Windows 身份验证，以及.NET Passport 等多种身份验证方法，一般在禁止匿名访问时，才使用其他验证方法。

要启用身份验证，需选择相应的复选框，并在“默认域”和“领域”文本框中输入要使用的域名。如果置空，则 IIS 将运行 IIS 的服务器的域用做默认域。

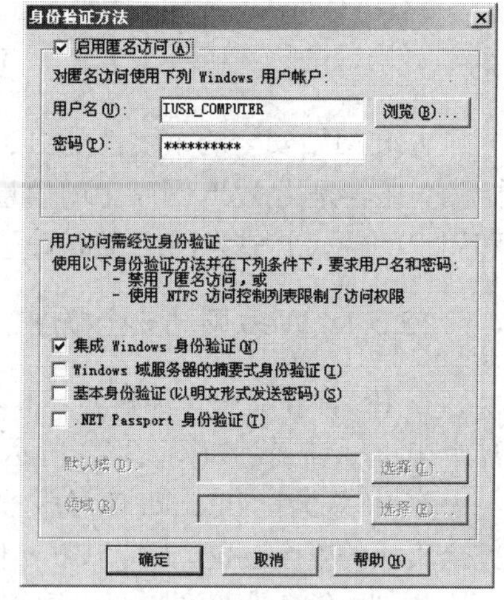

图 12-24 “身份验证方法”对话框

这些身份验证方法，可在“身份验证方法”对话框的“用户访问需经过身份验证”选项区域中进行设置。而且其作用及意义各有不同。

- Windows 域服务器的摘要式身份验证。摘要式验证只能在带有 Windows 2000/2003 域控制器的域中使用。域控制器必须具有所用密码的纯文本复件，因为必须执行散列操作并将结果与浏览器发送的散列值相比较。
- 基本身份验证。基本验证会“模仿”为一个本地用户（即实际登录到服务器的用户），在访问 Web 服务器时登录。因此，若要以基本验证方式确认用户身份，用于基本验证的 Windows 用户必须具有“本地登录”用户权限。默认情况下，Windows 主域控制器（PDC）中的用户账户不授予“本地登录”用户的权限。但使用基本身份验证方法将导致密码以未加密形式在网络上传输。蓄意破坏系统安全的人可以在身份验证过程中使用协议分析程序破译用户账户和密码。
- 集成 Windows 身份验证。集成 Windows 验证是一种安全的验证形式，它也需要用户输入用户名和密码，但用户名和密码在通过网络发送前会经过散列处理，因此可以确保安全性。当启用集成 Windows 验证时，用户的浏览器可以通过 Web 服务器进行密码交换。集成 Windows 身份验证使用 Kerberos V5 验证和 NTLM 验证。如果在 Windows 域控制器上安装了 Active Directory 服务，并且用户的浏览器支持 Kerberos V5 验证协议，则使用 Kerberos V5 验证，否则使用 NTLM 验证。

集成 Windows 身份验证优先于基本身份验证，但它并不首先提示用户输入用户名和密码，只有 Windows 身份验证失败后，浏览器才提示用户输入其用户名和密码。集成 Windows 身份验证非常安全，但是在通过 HTTP 代理连接时，集成 Windows 身份验证不起作用，无法在代理服务器或其他防火墙应用程序后使用。因此，集成 Windows 身份验证最适合企业 Intranet 环境。

12.5.3 通过 IP 地址限制保护网站

使用用户验证的方式，每次访问该 Web 站点都需要输入用户名和密码，对于授权用户而言比较麻烦。由于 IIS 会检查每个来访者的 IP 地址，因此可以通过限制 IP 地址的访问来防止或允许某些特定的计算机、计算机组、域甚至整个网络访问 Web 站点。

1. 设置拒绝访问的计算机

在“默认网站属性”对话框的“目录安全性”选项卡中，单击“IP 地址和域名限制”选项区域中的“编辑”按钮，打开如图 12-25 所示的“IP 地址和域名限制”对话框。默认选择允许网络中的所有计算机访问该 Web 服务器。以“授权访问”为例，通过使用“授权访问”可以为所有的计算机或域授予访问权限，同时可添加一系列将被拒绝访问的计算机，这些计算机将不能访问该 Web 服务器。当被拒绝访问的计算机数量较多时，只需指定少量授权访问的计算机即可。

在图 12-25 中选择“默认”情况下，所有计算机都将被“授权访问”单选项，并单击“添加”按钮，打开“拒绝访问”对话框，可以添加拒绝访问的一台、一组计算机或域名。

选择“一组计算机”单选项，可以用网络标识和子网掩码来选择一组计算机。网络标识是主机的 IP 地址，通常是“子网”的路由器，子网掩码用于解析出 IP 地址中子网标识和主机标识。在子网中所有计算机有共同的子网标识和自己唯一的主机标识。例如，如果主机拥有 IP 地址 192.168.22.99 和子网掩码 255.255.255.0，那么子网中的所有计算机将拥有以 192.168.22 开头的 IP 址。要选择子网中的计算机，可以在“网络标识”文本框中输入“192.168.22.0”，在“子网掩码”文本框中输入“255.255.255.0”，如图 12-26 所示。

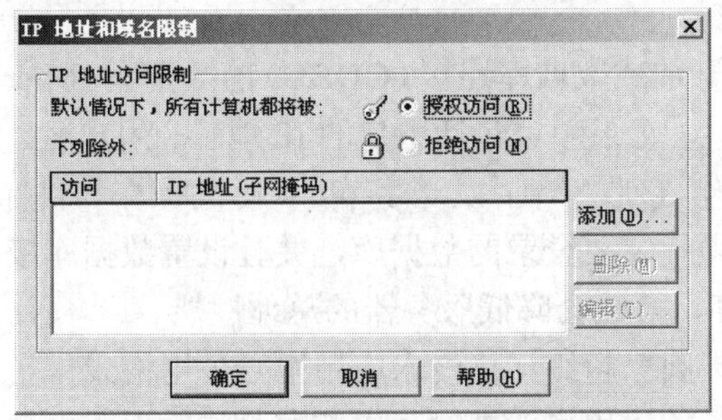

图 12-25 “IP 地址和域名限制”对话框

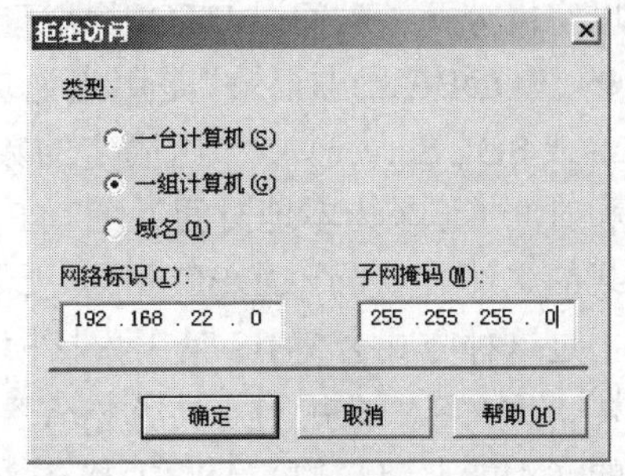

图 12-26 “拒绝访问”对话框

也可以根据域名来限制要访问的计算机。选择“域名”单选项，然后输入要拒绝访问的域名即可。

通过域名限制访问会要求 DNS 反向查询每一个连接，这将严重影响服务器的性能，建议不要使用。

所有被拒绝访问的计算机都会显示在“IP 地址访问限制”列表框中。以后，该列表中被拒绝访问的计算机在访问该 Web 网站时，就不能打开该 Web 网站的网页，而会显示“您未被授权查看该页”的页面。

2. 设置授权访问的计算机

“授权访问”与“拒绝访问”正好相反。通过“拒绝访问”设置将拒绝所有计算机和域对该 Web 服务器的访问，但特别授予访问权限的计算机除外。选择“默认情况下，所有计算机都将被：拒绝访问”单选项，并单击“添加”按钮，会打开“授权访问”对话框，用来添加授权访问的计算机。其操作步骤与“拒绝访问”中相同，这里不再重复。

12.5.4 审核 IIS 日志记录

每个网站的用户和服务器活动时都会生成相应的日志，这些日志中记录了用户和服务器的活动情况。IIS 日志数据可以记录用户对内容的访问，确定哪些内容比较受欢迎，还可以记录有哪些用户非法入侵网站，来确定计划安全要求和排除潜在的网站问题等。

在“网站属性”对话框的“网站”选项卡中，“默认启用日志记录”。可以以多种格式记录活动日志，在“活动日志格式”下拉列表中共有 4 种日志格式可供选择，如图 12-27 所示。默认使用“W3C 扩展日志文件格式”。

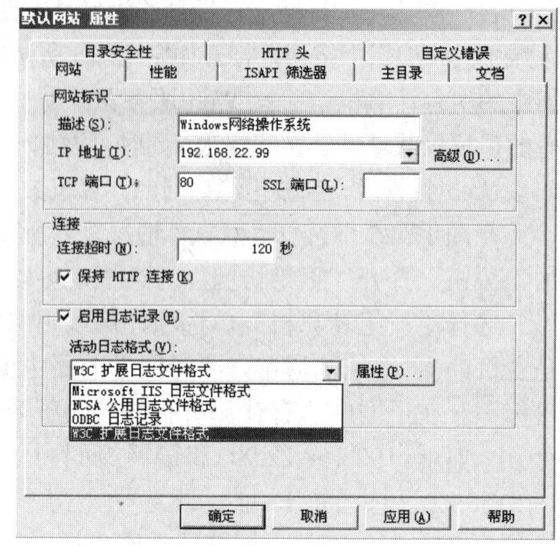

图 12-27 启用日志记录

这 4 种文件格式的日志所记录的内容各有不同，其区别如下。

- “W3C 扩展日志文件格式”是一个包含多个不同属性、可自定义的 ASCII 格式。可以记录对管理员来说重要的属性，可省略不需要的属性字段来限制日志文件的大小。各属性字段以空格分开。时间以 UTC 形式记录。
- “ODBC 日志记录”是用来记录符合开放式数据库连接（ODBC）的数据库（Microsoft Access 或 SQL Server）中一组固定的数据属性。记录项目包括用户的 IP 地址、用户名、请求日期和时间（记录为本地时间）、HTTP 状态码、接收字节、发送字节、执行的操作和目标（例如下载的文件）。对于 ODBC 日志记录，必须指定要登录的数据库，并且设置数据库接收数据。不过这种方式会使 IIS 禁用内核模式缓存，可能会降低服务器的总体性能。
- “NCSA 公用日志文件格式”是美国国家超级计算技术应用中心公用格式，是一种固定的（不能自定义的）ASCII 格式，记录了关于用户请求的基本信息，如远程主机名、用户名、日期、时间、请求类型、HTTP 状态码和服务器发送的字节数。项目之间用空格分开，时间记录为本地时间。
- “Microsoft IIS 日志文件格式”是固定的（不能自定义的）ASCII 格式。IIS 格式比 NCSA 公用格式记录的信息多。IIS 格式包括一些基本项目，如用户的 IP 地址、用户名、请求日期和时间、服务状态码和接收的字符数。另外，IIS 格式还包括详细的项目，如所用时间、发送的字节数、动作（例如，GET 命令执行的下载）和目标文件。这些项目用逗号分开，使得比使用空格作为分隔符的其他 ASCII 格式更易于阅读。时间记录为本地时间。

单击“属性”按钮，打开如图 12-28 所示的“日志记录属性”对话框，在“新日志计划”选项区域中可以选择多长时间记录一次。“日志文件目录”文本框中显示了日志文件所在的目录。而“日志文件名”则告知用户，日志文件所在的文件夹及日志文件命名的格式。例如，W3C 扩展日志文件命名格式为 exyymmdd.log，也就是“ex 年月日.log”，以年月日来命名。不同格式的日志，所在的文件夹及命名方式是不同的。

在“高级”选项卡中，还可以选择日志文件中可以记录的选项，所选中的选项，都会记录在日志文件中，如图 12-29 所示。

根据日志文件所在的目录，找到并打开日志文件，即可看到该日志文件记录的内容。

根据日志文件中记录的内容，便可得知访问该 Web 网站的用户的详细情况，如 IP 地址、所访问过的文件等，还可以查出有哪些人非法入侵网站，并根据入侵情况来加强网站的安全措施。

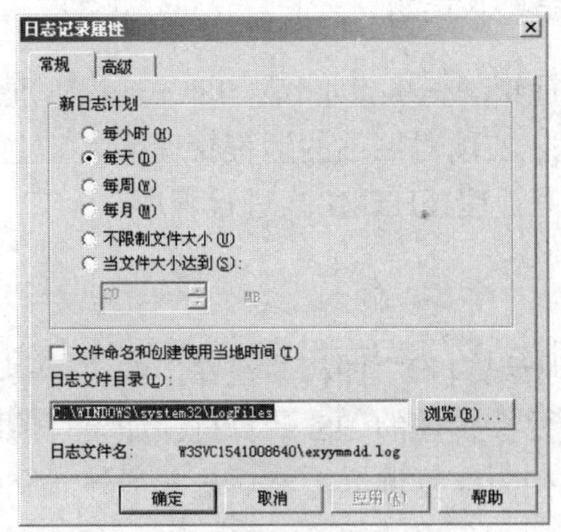

图 12-28 “日志记录属性”对话框

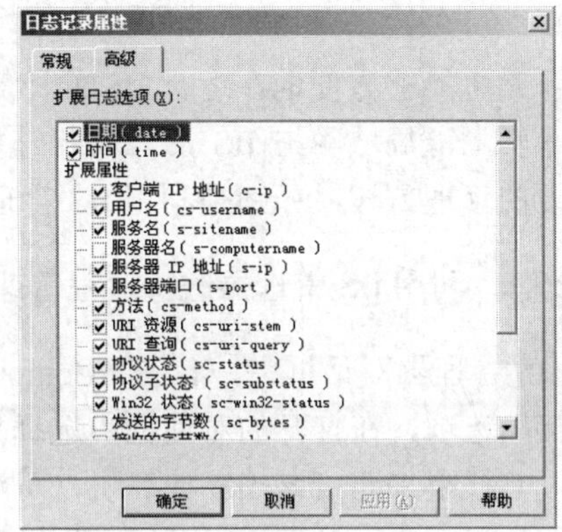

图 12-29 “高级”选项卡

IIS 站点活动的日志记录与 Windows Server 2003 中的事件记录不要混淆，IIS 中的日志记录功能用来记录用户与 Web 服务器间的活动，而 Windows 日志用来记录 Windows 系统中的活动情况，并可以通过使用“事件查看器”来查看。

12.5.5 其他网站安全措施

1. 使用网站权限保护 Web 网站

利用 IIS 搭建的 Web 网站，还可以设置网站来访用户的权限，对于一些对安全性要求比较高的网站，可只允许用户使用具有特殊权限的用户账户才能访问。不过，Web 服务器所发布的文件的目录必须保存在 NTFS 分区内，否则便不能设置权限。

打开 IIS 管理器对话框，展开左窗格树形目录，选择要设置权限的网站，右击鼠标，在弹出的快捷菜单中选择“权限”选项，打开如图 12-30 所示的“安全”选项卡。

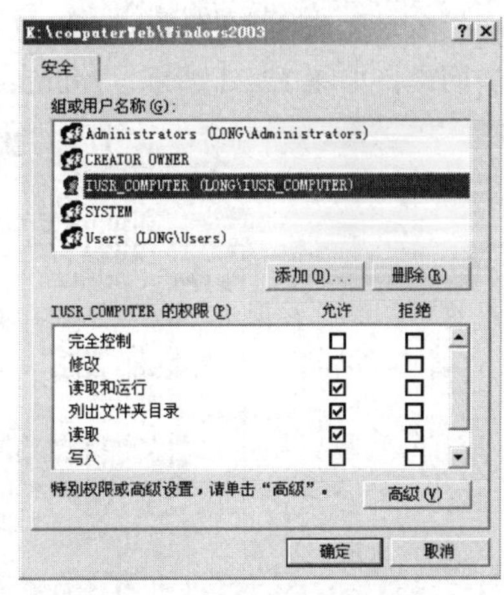

图 12-30 “安全”选项卡

在该对话框中，可以设置允许访问该网站的不同用户组的权限。默认允许“Internet 来宾账户”读取，如果删除该账户，则不允许匿名访问。

其实，对网站的权限设置，实际上就是设置网站主目录文件夹的权限。

“Internet 来宾账户”就是“IUSR_计算机名”账户。

2. 设置目录或文件的 NTFS 权限

网页文件应该存储在 NTFS 磁盘分区内，以便利用 NTFS 权限来增加网页的安全性。

要设置 NTFS 权限，可右击网页文件或文件夹，在弹出的快捷菜单中选择“属性”→“安全”选项，设置目录或文件的权限或加密。详细内容可参见第 6 章。

12.6 远程管理网站

并不是总能够方便地在运行 IIS 的计算机上执行管理任务，因此对 IIS 的远程管理就成为必要。事实上，局域网与 IIS 服务器相连接，就可以实现对网站的远程管理。本节主要介绍两种重要的管理方式，分别是利用 IIS 管理器和远程管理（HTML）进行管理。

12.6.1 利用 IIS 管理器进行远程管理

在 IIS 管理器对话框中，右击“Computer（本地计算机）”图标，在弹出的快捷菜单中选择“连接”选项，在打开的对话框中选择另外一台要被管理的 IIS 计算机。如果目前所登录的账号没有权限来连接该 IIS 计算机，可选择“连接为”复选框，然后输入另外一个有权限连接的账号和密码。接下来就可以远程管理网站了。

12.6.2 远程管理

可以使用远程管理（HTML）工具从 Intranet 上的任何 Web 浏览器管理 IIS Web 服务器。本版本的远程管理（HTML）工具只在运行 IIS 6.0 的服务器上运行。远程管理（HTML）的安装方法是执行“开始”→“控制面板”→“添加或删除程序”→“添加/删除 Windows 组件”→“应用程序服务器”→“详细信息”→“Internet 信息服务（IIS）”→“详细信息”→“万维网服务”→“详细信息”命令，选择“远程管理（HTML）”复选框。

安装完成后，在“Internet 信息服务（IIS）管理器”对话框中将多出一个名称为 Administration 的网站，如图 12-31 所示。Administration 网站默认的端口是 8099，SSL 端口为 8098。

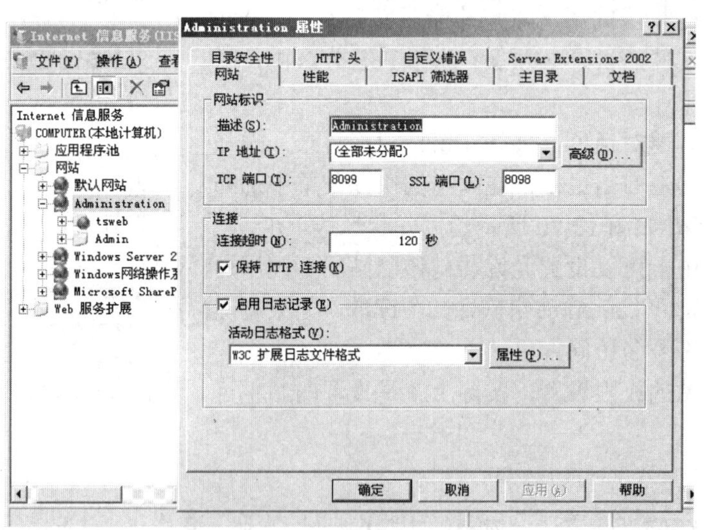

图 12-31　Administration 网站属性

下面将通过此 Administration 网站来远程管理 IIS 计算机。由于 Administration 网站的默认网页是用 Active Server Pages 编写的 default.asp，因此 Active Server Pages 会自动被启动。

假定远程 IIS 计算机的 IP 地址是 192.168.22.100，在该网络内的任何一台计算机的浏览器的地址栏输入“https://192.168.22.100:8098”，会打开如图 12-32 所示的警告信息，不必理会该信息，单击“是”按钮。然后在如图 12-33 所示的对话框中输入在远程 IIS 计算机内具备系统管理员权限的用户名和密码。

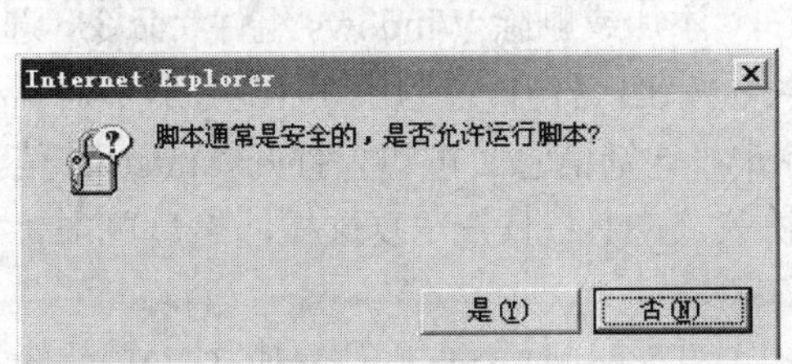

图 12-32　警告信息

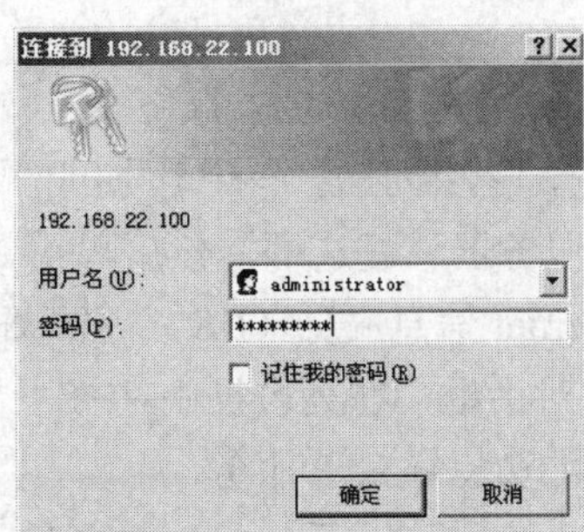

图 12-33　输入用户名和密码

验证通过后，会打开如图 12-34 所示的对话框，可以通过它来远程管理网站。

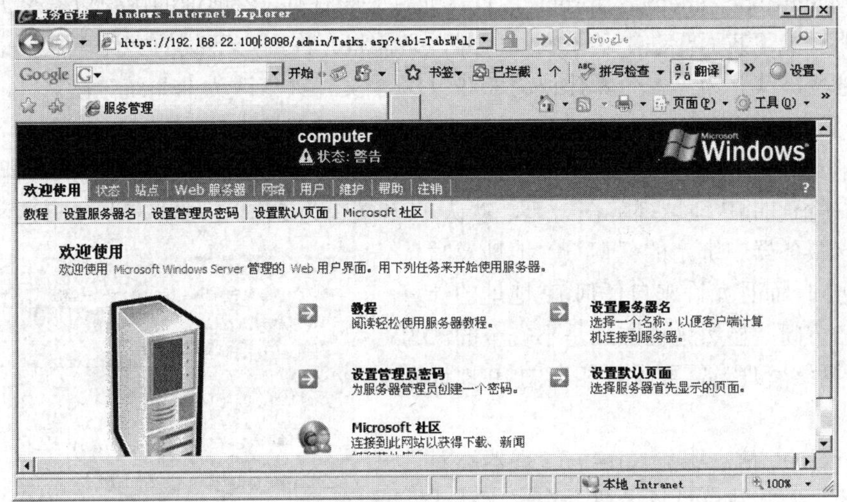

图 12-34　远程管理网站对话框

12.7　创建与管理 FTP 服务

FTP（File Transfer Protocol，文件传输协议），是用于在 TCP/IP 网络中的计算机传输文件的协议。FTP 服务器通常由 IIS 或者 Serv-U 软件来构建，其作用是用来在 FTP 服务器和 FTP 客户端之间完成文件的传输。传输是双向的，既可以从服务器下载到客户端，也可以从客户端上传到服务器。FTP 服务器使用 21 作为默认的 TCP 端口号。

FTP 服务器可以以两种方式登录，一种是匿名登录，另一种是使用授权账号与密码登录。一般匿名登录只能下载 FTP 服务器的文件，且传输速度相对要慢一些，对这类用户，FTP 需要加以限制，不宜开启过高的权限；而使用授权账号与密码登录，需要管理员针对不同的用户限制不同的访问权限等。

12.7.1　FTP 服务器的配置

FTP 服务的配置比 Web 服务的配置简单得多，主要是站点的安全性设置，包括指定不同的授权用户，如允许不同权限的用户访问，允许来自不同IP地址的用户访问，或限制不同IP地址的不同用户的访问等。和Web站点一样，FTP服务器也要设置FTP站点的主目录和性能等。

1. 安装与配置FTP服务器

执行“控制面板”→“添加或删除程序”→“添加或删除Windows组件”命令，选择“应用程序服务器”复选框，然后单击“详细信息”按钮，打开“应用程序服务器”对话框。选择“Internet信息服务（IIS）”复选框，然后单击“详细信息”按钮，打开“Internet信息服务（IIS）”对话框，在列表框中选择“文件传输协议（FTP）服务”复选框，然后单击“确定”按钮即可安装好FTP服务。

FTP 安装完成后，执行“开始”→“管理工具”→“Internet 信息服务（IIS）管理器”命令，打开“Internet信息服务（IIS）管理器”对话框，就可实现对FTP的配置与管理。

FTP服务在安装后会自动运行，并且在默认状态下，该FTP服务器的主目录所在的文件夹为“%SystemRoot%\inetpub\ftproot”，默认允许来自任何IP地址的用户以匿名方式进行只读访问，即只能下载而无法上传文件。因此，只需将允许用户下载的文件拷贝至该文件夹，即可实现匿名下载。为了安全，建议将FTP主目录文件夹修改为非系统分区。

2. 设置IP地址和端口

在刚刚安装好FTP服务以后，默认状态下IP地址为“全部未分配”方式，即FTP服务与计算机中所有的IP地址绑定在一起，默认TCP端口为21。这种状态下，FTP客户端用户可以使用该服务器中绑定的任何IP地址及默认端口进行访问，而且允许来自任何IP地址的计算机进行匿名访问，显然这种方式是不安全的。为安全起见，网络管理员需要设置相应的IP地址和端口号。

在“Internet信息服务（IIS）管理器”对话框中，展开“FTP站点”目录树，右击“默认网站”图标，在弹出的快捷菜单中选择“属性”选项，打开如图12-35所示的“默认FTP站点属性”对话框。在“FTP站点标识”选项区域中，需要设置站点描述、IP地址和TCP端口3个项目。

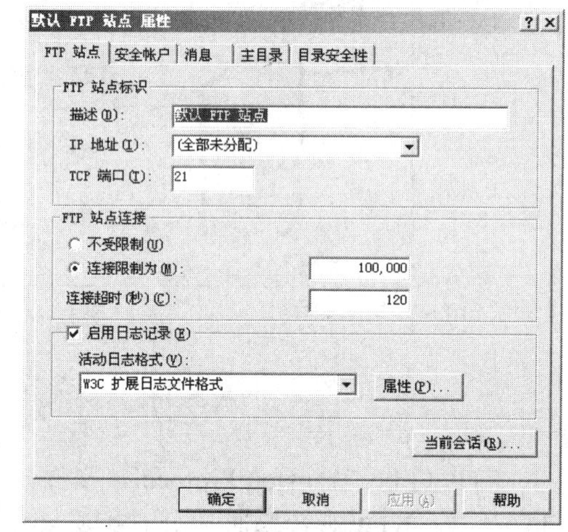

图12-35　“FTP站点属性”对话框

如果修改了默认的FTP端口，应当告知FTP客户端，否则访问请求将无法连接到该FTP服务器。例如，FTP服务器的IP地址为192.168.22.99，TCP端口默认值“21”，此时用户只需通过客户端访问FTP://192.168.22.99即可访问该FTP网站；而如果指定了非“21”的端口号，如8080时，则只有访问FTP://192.168.22.99:8080时，才能实现对该FTP网站的访问。需要注意的是，必须为FTP服务器指定一个端口号，“TCP端口”文本框不能置空。当然，在指定FTP服务端口时，应当避免使用常用服务的TCP端口。

3. 连接数量限制

当FTP服务器位于Internet上，并且拥有有价值的文件资源时，可能会产生大量的用户并发访问。如果服务器的配置较低、性能较差或Internet接入带宽较小时，就很容易造成系统响应迟缓或瘫痪，或者对企业的其他 Internet 服务（如 Web 服务、E-mail 服务等）造成严重影响，干扰了其他网络服务的正常提供。尤其是对于一些小型企业而言，在一台服务器上除了安装 FTP 服务外，还要提供其他网络服务（如 Web、Email、Windows Media Services 等），服务器无法同时处理过多的并发访问，从而导致所有服务的中断或超时。因此，这种情况下，就必须对 FTP 连接数量进行一定的限制。

在"FTP 站点"选项卡中的"FTP 站点连接"文本框中，可以设置连接是否受限制、限制的连接数量及连接超时，各选项的作用如下。

- 不受限制。不限制连接数量，适用于服务器配置和网络带宽都较高的情况，或者 FTP 服务仅为企业网络内部提供访问服务。
- 连接限制为。限制同时连接到该站点的连接数量，可指定该 FTP 站点所允许连接的最大数值。
- 连接超时。设置服务器断开未活动用户的时间（以秒为单位），从而确保及时关闭失败的连接，或者长时间没有活动的连接，及时释放系统性能和网络带宽，减少无谓的系统资源和网络资源浪费。默认连接超时为 120 秒。

4. 设置主目录

FTP 服务的主目录是指映射为 FTP 根目录的文件夹，FTP 站点中的所有文件全部保存在该文件夹中。当 FTP 客户访问该 FTP 站点时，只有该文件夹（即主目录）中的内容可见。

（1）设置主目录文件夹

在安装 FTP 服务时，默认为 FTP 站点创建一个主目录，路径为"%SystemRoot%\inetPub\ftproot"。在 FTP 站点"属性"对话框的"主目录"选项卡中，可以更改 FTP 站点的主目录或修改其属性，如图 12-36 所示。

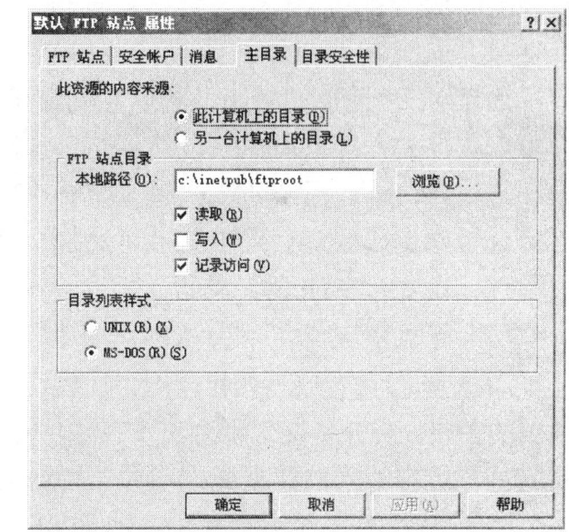

图 12-36　"主目录"选项卡

FTP 站点主目录的位置可以是本地计算机中的其他文件夹，也可以是另一台计算机上的共享文件夹。

（2）设置访问权限

设置用户对该文件夹的访问权限。仅仅在 FTP 站点中设置访问权限是不够的，同时还必须在 Windows 资源管理器中为 FTP 根目录设置 NTFS 文件夹权限。NTFS 权限优先于 FTP 站点权限。

（3）目录列表样式

目录列表样式用来设置显示在客户端计算机上的目录列表风格，不会影响访问权限。这两种样式的区别如下。

- MS-DOS。系统默认为"MS-DOS"方式，MS-DOS 目录列表风格以 2 位数格式显示年份。
- UNIX。UNIX 目录列表风格以 4 位数格式显示年份，如果文件日期与 FTP 服务器相同，则不会返回年份。

5. 设置欢迎和退出消息

设置欢迎和退出消息后，当用户连接或退出该 FTP 站点时，将显示相应的欢迎和告别信息。在“网站属性”的“消息”选项卡中可以设置“标题”、“欢迎”、“退出”和“最大连接数”，如图 12-37 所示。

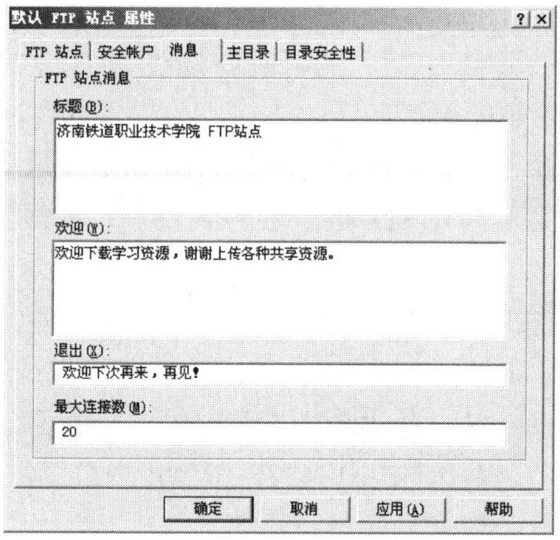

图 12-37 “FTP 站点属性-消息”对话框

6. 设置访问安全

由于FTP站点中往往存储着非常重要的文件或应用程序，甚至是 Web 网站的全部内容，所以，FTP 站点的访问安全显得尤为重要。对于一些比较特殊的 FTP 站点，必须进行用户身份验证，并限制允许访问该 FTP 服务器的 IP 地址，从而确保 FTP 站点的安全。

（1）禁止匿名访问

默认状态下，FTP 站点允许用户匿名连接，也就是说，所有用户无须经过身份认证就可列出、读取并下载 FTP 站点的内容。如果 FTP 站点中存储有重要的或敏感的信息，只允许授权用户访问，就应当禁用匿名访问。

选择站点属性对话框中的“安全账户”选项卡，清除“允许匿名连接”复选框，即可禁止用户匿名访问该 FTP 站点。

禁止匿名用户连接后，只有服务器或活动目录中有效的账户，才能通过身份认证，实现对该 FTP 站点的访问。

（2）限制 IP 地址

通过对 IP 地址的限制，可以允许或拒绝某些特定范围内的计算机访问该 FTP 站点，从而可以在很大程度上避免来自外界的恶意攻击，将授权用户限制在某一个范围内。将 IP 地址限制与用户认证访问结合在一起，能够进一步提高 FTP 站点访问的安全性。

选择站点属性对话框中的“目录安全性”选项卡，可以设置该 FTP 站点的 IP 地址访问限制。该设置与 Web 网站的设置非常相似，不再重复。

（3）磁盘限额

当赋予 FTP 客户写入权限时，往往会导致用户权限的滥用。许多用户可能会无视系统管理员的警告，将大量文件保存在 FTP 服务器中，从而导致宝贵的硬盘空间被迅速占用。因此，限制每个用户写入的数据量就成为一种必要。

FTP 服务本身并没有提供磁盘限额功能，但可以借助 Windows 的 NTFS 磁盘配额功能实现。在 FTP 站点赋予用户写入权限时，应当启用磁盘配额功能。首先要确认 FTP 主目录位于 NTFS 系统分区，FAT32 是无法设置磁盘配额的。有关磁盘配额的设置，请参见第 7 章。

为不同的用户组分别设置磁盘配额后，当用户上传的文件超出容量限制时，系统将自动发出警告，提示用户超出空间配额，上传操作不能完成。

12.7.2 虚拟站点

在一台主机上，可以创建多个虚拟 FTP 站点。例如，如果在一台服务器上同时提供 Web 服务和 FTP 服务，那么就应当安装两个 FTP 站点，一个用于 Web 站点的内容更新，另一个为客户提供文件下载服务。对于中小企业而言，这是一种很常见的应用方式。

1. 虚拟站点的作用

虚拟 FTP 站点与默认 FTP 站点几乎完全相同，都可以拥有自己的 IP 地址和主目录，可以单独进行配置和管理，可以独立启动、暂停和停止，并且能够建立虚拟目录。利用虚拟 FTP 站点可以分离敏感信息，从而提高数据的安全性，并便于数据的管理。

在创建虚拟站点之前，需要做好以下两个方面的准备工作。

（1）设置多个 IP 地址

FTP 站点的标识只有两个，即 IP 地址和端口号。若要使用默认的端口号访问虚拟 FTP 站点，就必须为主机指定多个 IP 地址，使每个 FTP 站点都拥有一个 IP 地址。

Web 服务与 FTP 服务使用的端口号不同，即使使用相同的 IP 地址，也不会导致两个服务的冲突。

（2）创建或指定主目录

每个虚拟 FTP 站点都拥有自己的主目录，因此，在创建虚拟 FTP 站点之前，必须先为其创建或指定主目录文件夹，并根据需要设置相应的访问权限，以实现更好的访问安全。

为便于进行访问权限和磁盘限额的限制，建议将主目录文件夹创建在 NTFS 系统分区。

2. 虚拟站点的创建

① 在“Internet 信息服务（IIS）管理器”对话框中，右击左窗格中的“FTP 站点”图标，在弹出的快捷菜单中依次选择“新建”→“站点”选项，打开“FTP 站点创建向导”对话框。

② 单击“下一步”按钮，打开“FTP 站点描述”对话框，为该 FTP 站点指定标识。该标识名称不会显示在 FTP 客户端，只用于在管理窗口中标识不同的 FTP 站点，便于系统管理员区分和管理。

③ 单击“下一步”按钮，打开“IP 地址和端口设置”对话框，为该 FTP 站点指定 IP 地址和使用的 TCP 端口。FTP 服务的默认端口号为“21”。

④ 单击“下一步”按钮，打开“FTP 用户隔离”对话框，设置 FTP 客户隔离模式，如图 12-38 所示。FTP 用户隔离是 IIS 6.0 的新增特性，它使 ISP 和应用服务提供商可以为客户提供上传文件和 Web 内容的个人 FTP 目录。FTP 用户隔离相当于专业 FTP 服务器的用户目录锁定功能，实际上是将用户限制在自己的目录中，防止用户查看或覆盖其他用户的内容。

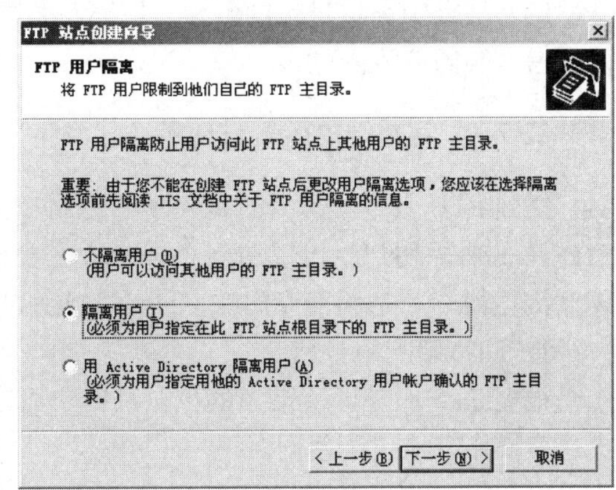

图 12-38 “FTP 用户隔离”对话框

有 3 种隔离模式可供选择，其含义如下。

- 不隔离用户：这是 FTP 的默认模式。该模式不启用 FTP 用户隔离。使用这种模式时，FTP 客户端用户可以访问其他用户的 FTP 主目录。这种模式适合于只提供共享内容下载功能的站点，或者不需要在用户间进行数据保护的站点。
- 隔离用户：使用这种模式时，所有用户的主目录都在单一 FTP 主目录下，每个用户均被限制在自己的主目录中，用户名必须与相应的主目录相同，不允许用户浏览除自己主目录之外的其他内容。如果用户需要访问特定的共享文件夹，需要为该用户再创建一个虚拟根目录。如果 FTP 是独立的服务器，并且用户数据需要相互隔离，那么，应当选择该方式。需要注意的是，当使用该模式创建了上百个主目录时，服务器性能会大幅下降。

● 用 Active Directory 隔离用户：使用这种模式时，服务器中必须安装 Active Directory。这种模式根据相应的 Active Directory 验证用户凭据，为每个客户指定特定的 FTP 服务器，以确保数据完整性和隔离性。当用户对象在活动目录中时，可以将 FTPRoot 和 FTPDir 属性提取出来，为用户主目录提供完整路径。如果 FTP 服务能成功地访问该路径，则用户被放在代表 FTP 根位置的该主目录中，用户只能看见自己的 FTP 根位置，由于受限制而无法向上浏览目录树。如果 FTPRoot 或 FTPDir 属性不存在，或它们无法共同构成有效的、可访问的路径，用户将无法访问。如果 FTP 服务器已经加入域，并且用户数据需要相互隔离，则应当选择该方式。

⑤ “FTP 站点目录”、“FTP 站点访问权限”等内容的设置与 Web 站点的设置类似，不再重复。

FTP 站点创建完成以后，将显示在“Internet 信息服务（IIS）管理器”对话框的“FTP 站点”目录树中。

3. 虚拟站点的配置与管理

虚拟 FTP 站点的配置和管理方式与默认 FTP 站点完全相同，不再重复。

12.7.3 虚拟目录

使用虚拟目录可以在服务器硬盘上创建多个物理目录，或者引用其他计算机上的主目录，从而为不同上传或下载服务的用户提供不同的目录，并且可以为不同的目录分别设置不同的权限，如读取、写入等。使用 FTP 虚拟目录时，由于用户不知道文件的具体储存位置，从而使得文件存储更加安全。

FTP 站点中虚拟目录的创建、配置与管理，与 Web 站点中很类似，不再赘述，相关内容请参考本书的课程网站。

12.7.4 客户端的配置与使用

搭建 FTP 服务器的目的是为了方便用户上传和下载文件。当 FTP 服务器建立成功并提供 FTP 服务后，用户就可以访问了，一般主要使用两种方式访问 FTP 站点，一是利用标准的 Web 浏览器，二是利用专门的 FTP 客户端软件。

1. FTP 站点的访问

根据 FTP 服务器所赋予的权限，用户可以浏览、上传或下载文件，但使用不同的访问方式，其操作方法也不相同。

（1）Web 浏览器访问

Web 浏览器除了可以访问 Web 网站外，还可以用来登录 FTP 服务器。

匿名访问时的格式为 ftp://FTP 服务器地址。

非匿名访问 FTP 服务器的格式为 ftp://用户名:密码@FTP 服务器地址。

登录到 FTP 网站以后，就可以像访问本地文件夹一样使用了，如果要下载文件，可以先复制一个文件，然后粘贴到本地文件夹中；如果要上传文件，可以先从本地文件夹中复制一个文件，然后粘贴到 FTP 站点文件夹中。如果具有“写入”权限，还可以重命名、新建或删除文件或文件夹。

（2）FTP 客户端软件访问

大多数访问 FTP 网站的用户都会使用 FTP 客户端软件，因为 FTP 客户端软件不仅方便，而且和 Web 浏览器相比，它的功能更加强大。比较常用的 FTP 客户端软件有 CuteFTP、FlashFXP、LeapFTP 等。

2. 虚拟目录的访问

当利用 FTP 客户端软件连接至 FTP 站点时，所列出的文件夹中并不会显示虚拟目录，因此，如果想显示虚拟目录，必须切换到虚拟目录。

如果使用 Web 浏览器方式访问 FTP 服务器，可在地址栏中输入地址的时候，直接在后面添加上虚拟目录的名称。格式为

ftp://FTP 服务器地址/虚拟目录名称

这样就可以直接连接到 FTP 服务器的虚拟目录中。

如果使用 FlashFXP 等 FTP 软件连接 FTP 网站，可以在建立连接时，在“远程路径”文本框中输入虚拟目录的名称；如果已经连接到了 FTP 网站，要切换到 FTP 虚拟目录，可以在文件列表框中右击，在弹出的快捷菜单中选择“更改文件夹”选项，在“文件夹名称”文本框中输入要切换到的虚拟目录名称。

12.8 习　　题

一、判断题

（1）若 Web 网站中的信息非常敏感，为防中途被人截获，就可采用 SSL 加密方式。（　　）

（2）IIS 提供了基本服务，包括发布信息、传输文件、支持用户通信和更新这些服务所依赖的数据存储。（　　）

（3）虚拟目录是一个文件夹，一定包含于主目录内。（　　）

（4）FTP 的全称是 File Transfer Protocol（文件传输协议），是用于传输文件的协议。（　　）

（5）当使用“用户隔离”模式时，所有用户的主目录都在单一 FTP 主目录下，每个用户均被限制在自己的主目录中，且用户名必须与相应的主目录相匹配，不允许用户浏览除自己主目录之外的其他内容。（　　）

二、简答题

（1）简述架设多个 Web 网站的方法。

（2）IIS 6.0 提供的服务有哪些？

（3）什么是虚拟主机？

（4）在 IIS 5.0 中创建 FTP 服务器与在 IIS 6.0 中创建 FTP 服务器最大的区别是什么？

（5）简述创建 FTP 虚拟站点的用户隔离方式。

第 13 章 终端服务与 Telnet 服务

本章学习要点

- 配置远程桌面
- 配置终端服务
- Telnet 服务

13.1 配置和使用“远程桌面”

在实际工作中常常需要对服务器进行远程控制，Windows Server 2003 提供了两种远程登录的途径：终端服务和 Telnet 服务。

从 Windows Server 2003 开始，Windows 提供的终端服务分为两部分：远程桌面和终端服务。其中远程桌面相当于 Windows 2000 Server 中远程管理模式的终端服务器，最多允许两个远程连接；而现在的终端服务则相当于 Windows 2000 Server 中应用程序服务器模式的终端服务器，允许更多的客户机连接到服务器上。远程桌面不需要特别的许可证，而终端服务需要安装“终端服务授权”组件，并为远程连接购买许可证，否则只能在 120 天的试用期内使用。二者并无更多区别，而且二者都使用远程桌面协议（RDP）提供服务。

远程桌面和终端服务功能提供了很多好处。

- 提供了基于图形环境的管理模式。
- 为低端硬件设备提供了访问 Windows Server 2003 桌面的能力。
- 提供了集中的应用程序和用户管理方式。

远程桌面功能允许管理员远程登录到一台计算机，并像在本地一样管理该计算机。此功能已包含在 Windows Server 2003 系统中，不需要另外安装，只要启用该功能即可。启用远程桌面的步骤如下。

① 在桌面上右击“我的电脑”图标，在弹出的快捷菜单中选择“属性”选项，打开“系统属性”对话框。然后选择“远程”选项卡，选择“启用这台计算机上的远程桌面”复选框，如图 13-1 所示。

为了允许某个用户能够连接到本计算机，还需要将用户添加到“Remote Desktop Users”组中。

② 配置好服务器之后，就可以从客户机上进行连接了。对于 Windows XP 和 Windows Server 2003 操作系统来说，系统已经内置了“远程桌面连接”工具。用户可以从“开始”→“程序”→“附件”→“通讯”中找到。启动该程序后，可以看到一个简单的连接界面。输入

远程服务器的名称或者 IP 地址就可以进行连接，也可以单击“选项”按钮，以设置更多选项，如图 13-2 所示。输入被连接的计算机中已存在的用户名和密码，单击“连接”按钮，登录到该计算机。在“本地资源”选项卡中，选择“磁盘驱动器”复选框，这样就使用户在远程桌面中可以看到本地磁盘。

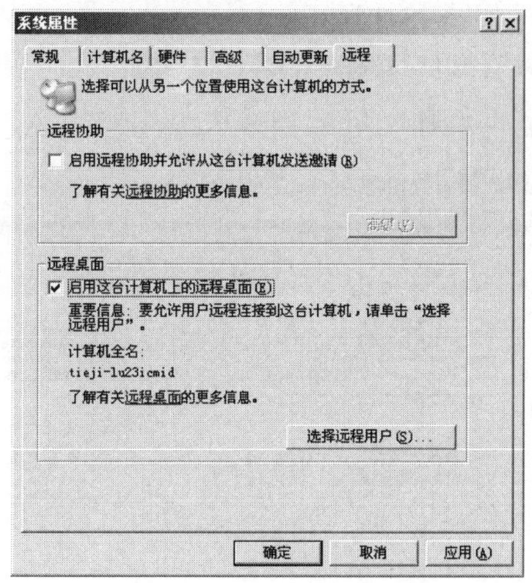

图 13-1　“系统属性”的“远程”选项卡

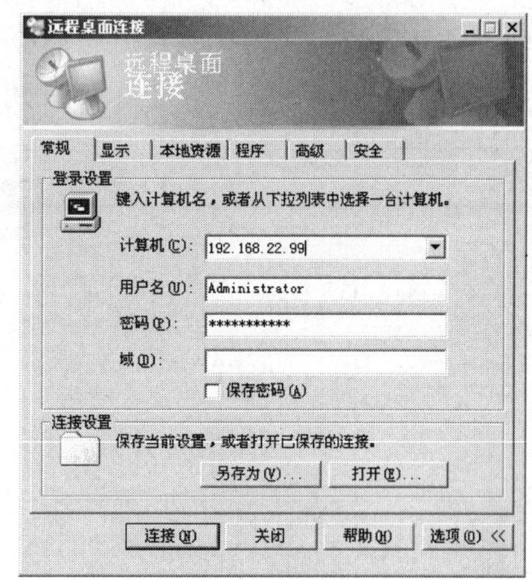

图 13-2　远程桌面连接

用户要进行远程桌面连接，要加入到 Remote Desktop Users 组。

③ 登录后，管理员就可以对该计算机进行远程管理了。

④ 要退出远程桌面，可执行“开始”→“关机”命令。在“关闭 Windows”对话框中选择“断开”选项，单击“确定”按钮。

对于旧版本 Windows 操作系统，需要专门安装终端服务器客户程序。Windows Server 2003 系统中已经有一个终端服务客户机程序的安装文件，位置通常是

%SystemRoot%\system32\clients\tsclient。

管理员可以共享该目录，以允许客户计算机连接到这个共享目录，进行终端服务客户程序的安装。

“断开”并不会结束用户在终端服务器已经启动的程序，程序仍然会继续运行，而且桌面环境也会被保留，用户下次重新从远程桌面登录时，还是继续上一次的环境。“注销”则会结束用户在终端服务器上执行的程序。

13.2　配置终端服务

终端服务允许管理员远程管理计算机，也允许多个用户同时运行终端服务器中的程序。

13.2.1　安装终端服务器

如果仅仅出于远程管理的目的，则不必安装终端服务，默认的远程桌面就可以提供足够

的支持了。为了允许更多用户连接到本计算机，可以安装终端服务，安装了终端服务的计算机可以被称为终端服务器。

要实现终端服务，需要先安装“终端服务器”服务，安装步骤如下。

① 执行“开始”→“设置”→“控制面板”→“添加或删除程序” →“添加/删除 Windows 组件”命令，打开“Windows 组件向导”对话框，如图 13-3 所示。

② 在“Windows 组件向导”对话框中，可以看到终端服务的各个安装选项。选择要安装的组件，单击“下一步”按钮，会看到安全模式的选择，如图 13-4 所示。

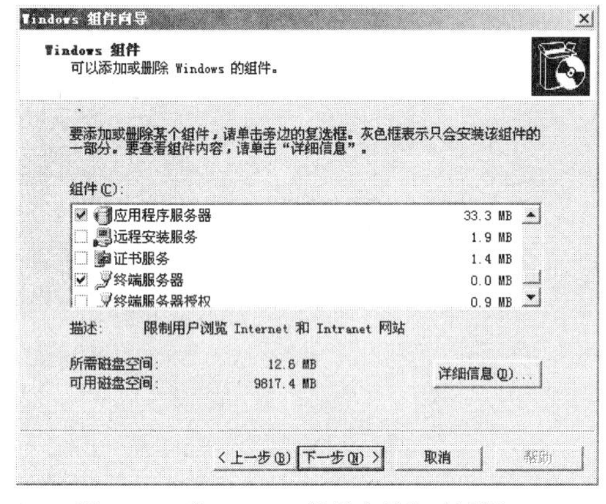

图 13-3 “Windows 组件向导”对话框

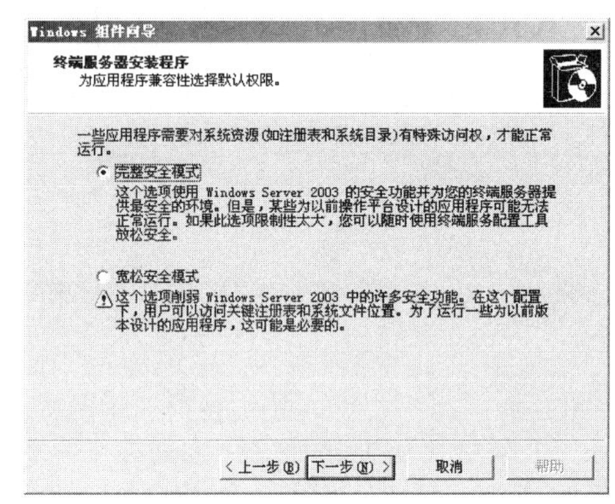

图 13-4 终端服务器安全模式

③ 单击“下一步”按钮，设置许可证服务器，如图 13-5 所示。

④ 单击“下一步”按钮，设置授权模式，如图 13-6 所示，授权模式有两种：“每设备授权模式”和“每用户授权模式”

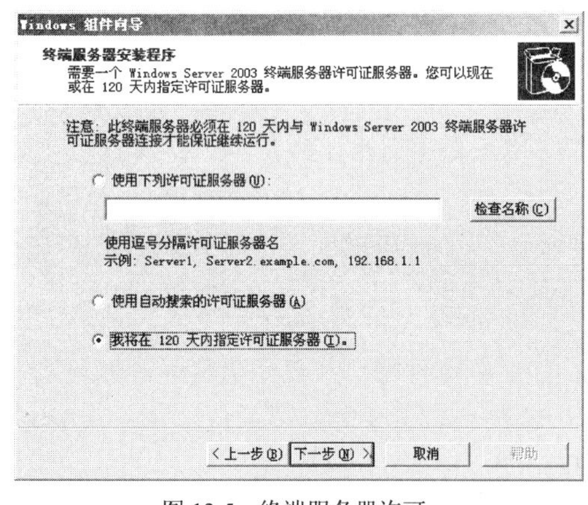

图 13-5 终端服务器许可

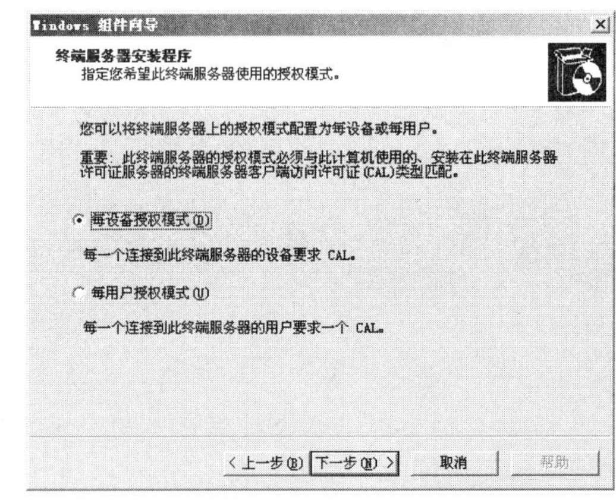

图 13-6 终端服务器授权模式

⑤ 终端服务器安装完成后，需要重新启动计算机。

13.2.2 连接到终端服务器

我们可以通过“远程桌面连接”和“远程桌面”两个程序连接到终端服务器计算机。通过“远程桌面连接”连接到终端服务器的过程和连接远程桌面相同，不再重复。下面介绍通过“远程桌面”连接到终端服务器的过程。

① 执行“开始”→“程序”→“管理工具→“远程桌面”命令。

② 在控制台对话框中右击“远程桌面”，在弹出的快捷菜单中选择“添加新连接”选项，打开“添加新连接”对话框，如图 13-7 所示。在该对话框中输入终端服务器名或 IP 地址，同时在“登录信息”下面的文本框中分别输入用户名、密码和域名。

③ 单击“确定”按钮，登录到终端服务器。

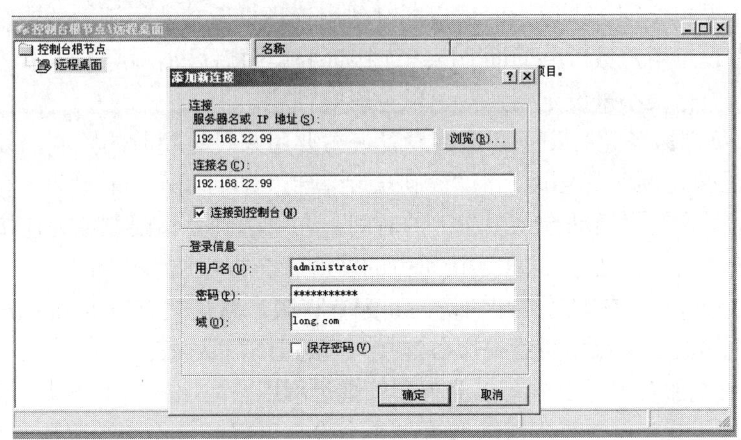

图 13-7　“添加新连接”对话框

13.2.3　配置和管理终端服务

不管使用远程桌面模式还是使用终端服务器模式，都可以在管理工具中找到“终端服务配置”和“终端服务管理器”两个工具。

① 使用终端服务配置可以更改本地计算机上 RDP 连接的属性。执行“开始”→“程序”→“管理工具”→“终端服务器配置”命令，打开终端服务配置对话框，如图 13-8 所示。

② 选择左窗格中的“连接”选项，右窗格中即出现可选的 RDP-Tcp 连接，右击 RDP-Tcp，在弹出的快捷菜单中选择“属性”选项，打开“RDP-Tcp 属性”对话框，如图 13-9 所示。

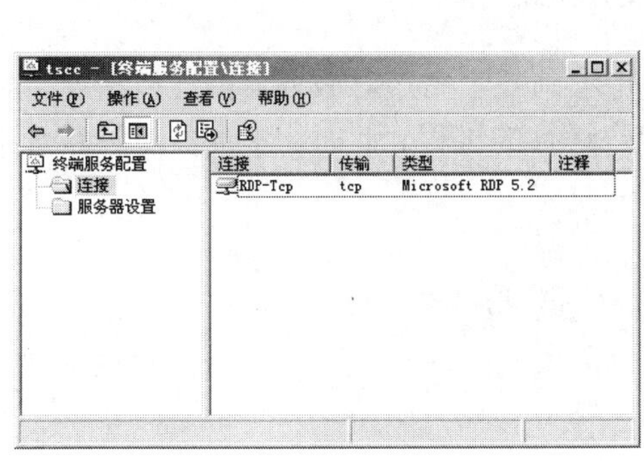

图 13-8　终端服务配置对话框

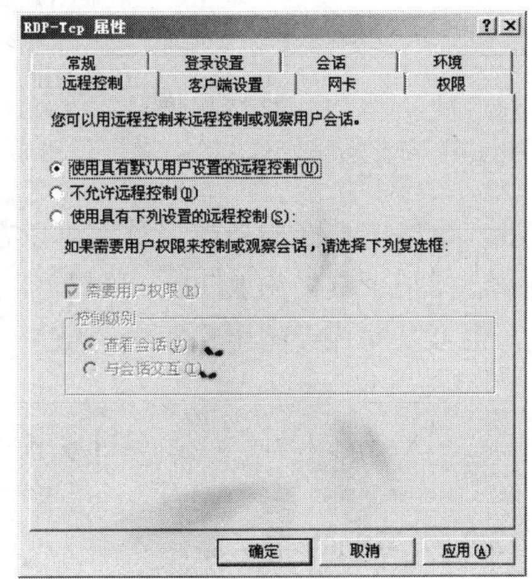

图 13-9　RDP-Tcp 属性

主要配置项有以下几种。

- 远程控制：设置是否允许用户远程控制本计算机。
- 客户端设置：客户端连接设置以及客户端颜色设置等。限制颜色深度可以增强连接性能，尤其是对于慢速链接，并且还可以减轻服务器负载。“远程桌面”连接的当前默认最大颜色深度设置为 16 位。
- 网卡：设置许可连接进入的网卡设备以及连接数。对于远程桌面，默认最多同时两个用户连接；如果想要使 3 个以上的用户同时使用远程桌面功能，则必须安装终端服务，安装后就可以任意设定用户数。由于每个用户连接远程桌面后最小占用 12 MB 左右的内存，因此可根据服务器内存大小来设定用户数，以免影响性能。
- 会话：终端服务超时和重新连接设置。主要用来设定超时的限制，以便释放会话所占用的资源，“结束已断开的会话”和“空闲会话限制”的时间，一般设为 5 分钟较好。对安全性要求高的也可设定“活动会话限制”的时间。在“达到会话限制或者连接被中断时”的选项下，建议选“结束会话”，这样连接所占的资源就会被释放。
- 权限：限制用户或组对终端的访问和配置权限。默认只有 Administrators 和 Remote Desktop Users 组的成员可以使用终端服务连接与远程计算机连接。

③ 使用“终端服务管理器”可以监视和管理远程用户对服务器的连接。执行“开始”→“程序”→“管理工具”→“终端服务管理器”命令，可以打开“终端服务管理器”对话框，如图 13-10 所示。

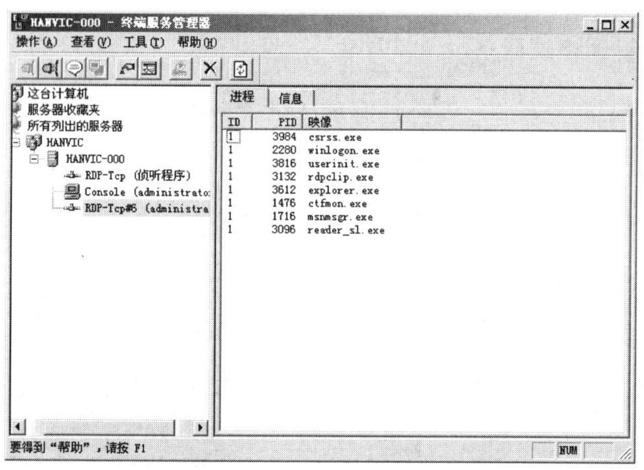

图 13-10 终端服务管理器

在左窗格中选择服务器名称，可以在右窗格中看到各个用户对服务器的连接情况。在左窗格中选择某个具体的 RDP，可以看到连接的用户运行的进程。此时，管理员可以断开某个连接，也可以向连接的用户发送消息。

13.3 Telnet 服务

13.3.1 Telnet 服务器概述

Telnet 是一个比较老的远程管理工具，在命令行方式下提供远程的计算机管理控制能力。

各个版本的 Windows Server 操作系统上都提供了 Telnet 服务器程序，同时 Telnet 客户程序也存在于各个版本的 Windows 操作系统中。当计算机上运行 Telnet 服务器时，远程用户可以使用 Telnet 命令连接到 Telnet 服务器。登录之后，用户将接收到命令提示符，然后用户就可以像在本地一样，在命令提示符窗口中使用命令了。由于 Telnet 明文传送用户名和密码，所以 Telnet 管理方式安全性不高。

可以使用本地 Windows 用户名和密码或域账户信息来访问 Telnet 服务器。如果不使用 NTLM 身份验证选项，则用户名和密码将以明文方式发送到 Telnet 服务器上。如果使用 NTLM 身份验证，Telnet 客户会使用 Windows 安全环境进行身份验证，不提示用户提供用户名和密码。这种情况下，用户名和密码是加密的。

如果将密码选项设置为“下次登录时必须更改密码”，则用户将无法利用 NTLM 身份验证登录 Telnet 服务器。要使登录成功，用户必须直接登录服务器，更改密码，然后通过 Telnet 登录。

13.3.2　使用 Windows Server 2003 Telnet 服务

默认情况下，Telnet 服务是关闭的，为了打开这个服务，可以打开“管理工具”中的“计算机管理”对话框，选择“服务”图标，找到 Telnet 项目并启动，如图 13-11 所示。

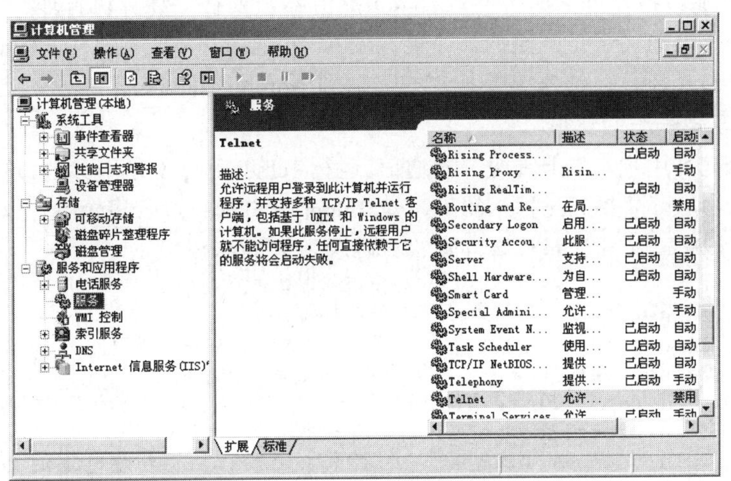

图 13-11　开启 Telnet 服务

也可以使用命令行工具：

```
tlntadmn start
```

还可以在服务器端管理和配置 Telnet 服务器，命令语法为

```
tlntadmn [\\RemoteServer] [start] [stop] [pause] [continue] [-u UserName -p Password] [-s -k -m] config config-option
```

各参数含义如下。

\\RemoteServer：指定要管理的远程服务器名称。如果没有指定服务器，则假定使用本地服务器。

start：启动 Telnet Server。

stop：停止 Telnet Server。

pause：中断 Telnet Server。

continue：恢复 Telnet Server。

-u UserName -p Password：指定要管理的远程服务器的管理凭据。如果您要管理远程服务器，但未使用管理凭据登录，则必须提供该参数。

-s：显示所有会话。

-k：中止会话。

-m：向会话发送消息。

/? ：在命令提示符下显示帮助。

Config：设置 Telnet 服务器参数。

例如要设置 Telnet 服务使用 NTLM 验证方式，可以输入命令：

```
tlntadmn config sec = +ntlm
```

13.3.3 Telnet 客户

Windows 95/98/Me/2000/XP/2003 中带有 Telnet 客户端程序，用户可以使用 Telnet 客户端程序登录到服务器进行管理。用户需要有相应权限才能登录到 Telnet 服务器。

1. 登录到 Telnet 服务器所需的权限

如果 Telnet 服务器是独立服务器或者成员服务器，要在"计算机管理"窗口中建立本地组 TelnetClients（组的名字是固定的，不能改变），并把用户添加到 TelnetClients 组中。如果 Telnet 服务器是域控制器，通常需要把用户添加到 Administrators 组中。

2. Telnet 客户程序的使用

Telnet 命令允许用户与 Telnet 服务器通信。运行 Telnet 时可不使用参数，这时进入到 Telnet 提示符（Telnet>）。可从 Telnet 提示符下，对 Telnet 客户程序进行设置。

下面举几个例子。("//" 是作者注释，黑体为输入的命令）

```
C:\> Telnet                          //使用不带参数的命令
Microsoft Telnet>?                   //使用帮助命令
Microsoft Telnet>d                   //显示操作参数，该命令是 display 命令的简写
Microsoft Telnet>set ?               //显示 set 命令的帮助
Microsoft Telnet>set logfile e:\telnet.log  //设置Telnet命令的日志文件为e:\Telnet.log
Microsoft Telnet>set logging         //打开日志功能
Microsoft Telnet>unset ntlm          //去除登录到 Telnet 服务器时的 NTLM 身份验证功能，
                                       将不验证身份（NTLM 身份验证）
Microsoft Telnet>open 192.168.2.104  //连接到 192.168.2.104 Telnet 服务器
Login:administrator                  //输入用户名
Password:                            //输入密码
D:\document and Settings\administrator.win2003-1>tlntadmn  -s
//在 Telnet 服务器上执行命令 "tlntadmn -s"：显示活动的 Telnet 会话
D:\document and Settings\administrator.win2003-1>exit  //从 Telnet 服务器退出，
                                     //失去了跟主机的连接
Microsoft Telnet>quit                //从 Telnet 提示符退出
C:\>                                 //回到 DOS 命令提示符
```

13.4 习　　题

一、填空

（1）Windows Server 2003 提供了两种远程登录的途径：________和________。

（2）用户要进行远程桌面连接，要加入到________组中。

（3）管理 Telnet 服务器的命令是________。

（4）用户要 Telnet 到 Telnet 服务器，要加入到________组中。

二、简答题

（1）终端服务的优点是什么？

（2）远程桌面连接，断开和注销有什么区别？

（3）如何设置使得用户在远程桌面中可以看到本地的磁盘？

第 14 章

配置路由和远程访问

本章学习要点

- 软路由
- 虚拟专用网（VPN）
- NAT 与基本防火墙

14.1 软 路 由

路由器是一种特殊的计算机，可看作是网络交通指挥中心，当源主机和目的计算机进行通信时，它根据目的计算机的网络 ID，再依据路由表来转发数据包。

14.1.1 路由概述

路由器可分为硬件路由器和软件路由器。

Windows Server 2003 的“路由和远程访问”是全功能的软件路由器。运行 Windows Server 2003“路由和远程访问”服务以及提供 LAN 及 WAN 路由服务的计算机，称作运行“路由和远程访问”的服务器。

运行“路由和远程访问”的服务器是专门为已经熟悉路由协议和路由服务的系统管理员而设计的。通过“路由和远程访问”服务，管理员可以查看和管理他们网络上的路由器和远程访问服务器。

执行“开始”→“运行”命令，打开“运行”对话框，输入“cmd”，打开命令提示符对话框，输入“route print”，即可查看路由表。

```
C:\>route print
===========================================================================
Interface List
0x1 ........................... MS TCP Loopback interface
0x1000003 ...00 90 27 16 84 10 ...... Intel(R) PRO PCI Adapter
===========================================================================
Active Routes:
Network Destination    Netmask           Gateway          Interface       Metric
0.0.0.0                0.0.0.0           192.168.1.200    192.168.1.201   1
127.0.0.0              255.0.0.0         127.0.0.1        127.0.0.1       1
192.168.0.0            255.255.248.0     192.168.1.201    192.168.1.201   1
192.168.1.201          255.255.255.255   127.0.0.1        127.0.0.1       1
192.168.1.255          255.255.255.255   192.168.1.201    192.168.1.201   1
```

```
224.0.0.0               224.0.0.0        192.168.1.201    192.168.1.201  1
255.255.255.255         255.255.255.255  192.168.1.201    192.168.1.201  1
Default Gateway:        192.168.1.200
==========================================================================
Persistent Routes:
None
```

在路由表中，可以看到以下几项。

- Network Destination：网络目的地址，可以是一个网络或是一个 IP 地址。
- Netmask：网络掩码，也就是子网掩码（subnetmask）。
- Gateway：网关，如果目的计算机的 IP 地址与 Netmask 执行逻辑 AND 运算后的结果，等于在 Network Destination 处的值，则会将信息转发给 Gateway 处的 IP 地址。但是如果 Gateway 处的 IP 地址等于计算机自己的 IP 地址，则表示此信息将直接传送给目的计算机，不需要再传送给其他的路由器。
- Interface：接口，表示信息是从计算机的这个 IP 地址送出的。
- Metric：跃点数，表示通过此路由来传送信息的成本，它代表的是传送速度的快慢、数据包从来源到目的地需要经过多少跳（hod）、此路由的稳定性等。

下列是默认的路由表条目。

- 0.0.0.0：默认路由，代表没有被指定其他路由的 IP 地址。
- 127.0.0.0：本地回送地址。
- 224.0.0.0：IP 多点传送地址。
- 255.255.255.255：IP 广播地址。

14.1.2　Windows Server 2003 路由器的设置

1. 启用 Windows Server 2003 路由

Windows Server 2003 通过“路由和远程访问”服务来提供路由器的功能。

① 执行“开始”→“管理工具”→“路由和远程访问”命令，打开“路由和远程访问”对话框，右击服务器，在弹出的快捷菜单中选择“配置并启动路由和远程访问”选项。

② 在“欢迎使用路由和远程访问服务器安装向导”对话框中单击“下一步”按钮。

③ 如图 14-1 所示，选择“两个专用网络之间的安全连接”单选项，然后选择“否”以便不使用“请求拨号”连接。

④ 打开“完成路由和远程访问服务器安装向导”对话框时，单击“完成”按钮。

也可以将现有的远程访问服务器设置成路由器，其方法是在“路由和远程访问”对话框中右击服务器，在弹出的快捷菜单中选择“属性”选项，打开属性对话框，如图 14-2 所示。选择“路由器”复选框，然后选择“仅用于局域网（LAN）路由选择”或“用于局域网和请求拨号路由选择”单选项。

2. 添加静态路由

除了默认的路由外，您可以自行添加静态路由，例如让路由器通过您所添加的路由来传送数据包。可以通过以下两种方式来添加静态路由。

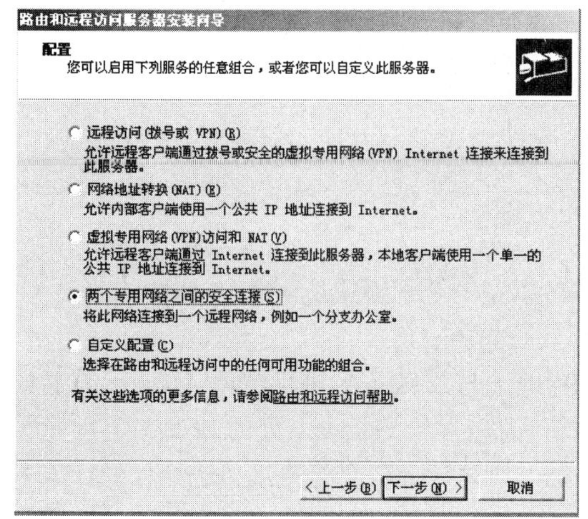

图 14-1 启用路由方法一

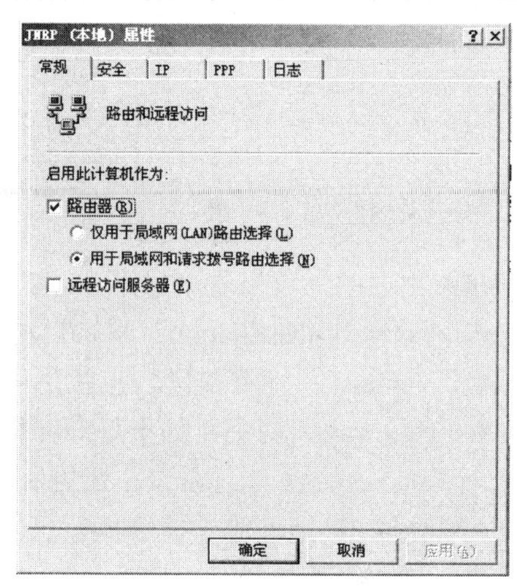

图 14-2 启用路由方法二

（1）利用“路由和远程访问”

如图 14-3 所示，右击“静态路由”图标，在弹出的快捷菜单中选择“新建静态路由”选项，打开“静态路由”对话框，然后输入新路由。图 14-4 所示，表示传送给 192.168.24.0 网络的数据包，将通过“本地连接”的网络接口（也就是 IP 地址为 192.168.25.254 的网卡）送出，并且会传给 IP 地址为 192.168.26.200 的路由器（网关），而此路由的跃点数为 1。

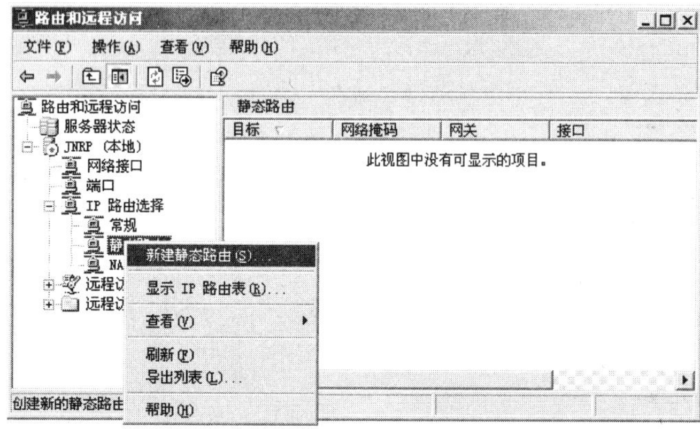

图 14-3 新建静态路由

（2）利用“route add”命令

假设我们所要添加的路由，是要传送到 192.168.23.0 网络的路由，而且是要通过“本地连接 2”的网络接口（也就是 IP 地址为 192.168.25.254 的网卡）送出，并且会传给 IP 地址为 192.168.25.200 的路由器（网关），而此路由的跃点数为 5。

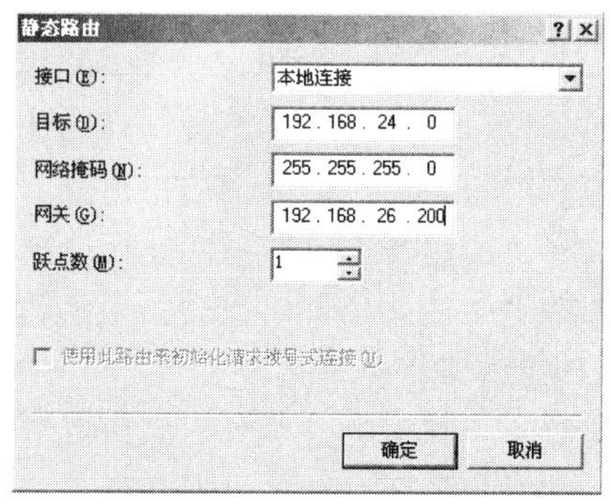

图 14-4 设置新建静态路由

进入命令提示符对话框中，先利用“route print”来查看 IP 地址为 192.168.25.254 的网络接口的代号，如图 14-5 所示，图中这个网络接口的代号为 0x10004（0x

表示十六进制)。

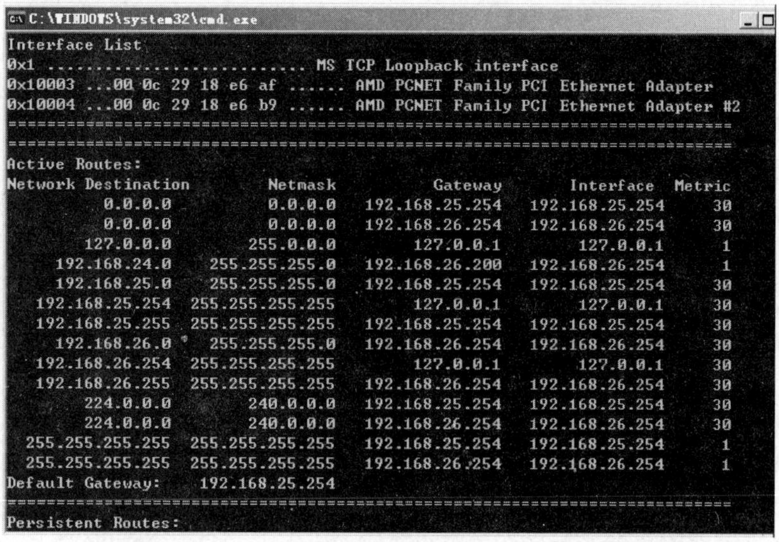

```
C:\WINDOWS\system32\cmd.exe
Interface List
0x1 ........................... MS TCP Loopback interface
0x10003 ...00 0c 29 18 e6 af ...... AMD PCNET Family PCI Ethernet Adapter
0x10004 ...00 0c 29 18 e6 b9 ...... AMD PCNET Family PCI Ethernet Adapter #2
===========================================================================
===========================================================================
Active Routes:
Network Destination        Netmask          Gateway       Interface  Metric
          0.0.0.0          0.0.0.0   192.168.25.254  192.168.25.254     30
          0.0.0.0          0.0.0.0   192.168.26.254  192.168.26.254     30
        127.0.0.0        255.0.0.0        127.0.0.1       127.0.0.1      1
     192.168.24.0    255.255.255.0   192.168.26.200  192.168.26.254      1
     192.168.25.0    255.255.255.0   192.168.25.254  192.168.25.254     30
   192.168.25.254  255.255.255.255        127.0.0.1       127.0.0.1     30
   192.168.25.255  255.255.255.255   192.168.25.254  192.168.25.254     30
     192.168.26.0    255.255.255.0   192.168.26.254  192.168.26.254     30
   192.168.26.254  255.255.255.255        127.0.0.1       127.0.0.1     30
   192.168.26.255  255.255.255.255   192.168.26.254  192.168.26.254     30
        224.0.0.0        240.0.0.0   192.168.25.254  192.168.25.254     30
        224.0.0.0        240.0.0.0   192.168.26.254  192.168.26.254     30
  255.255.255.255  255.255.255.255   192.168.25.254  192.168.25.254      1
  255.255.255.255  255.255.255.255   192.168.26.254  192.168.26.254      1
Default Gateway:    192.168.25.254
===========================================================================
Persistent Routes:
```

图 14-5 查看接口代号

接着执行以下命令：

```
route add 192.168.23.0 mask 255.255.255.0 192.168.25.200 metric 5 if 0x10004
```

这个命令所添加的路由，计算机重开机时就会消失，但是如果加上-P 参数就可以让此路由一直保留着，完整的命令如下

```
route -p add 192.168.23.0 mask 255.255.255.0 192.168.25.200 metric 5 if 0x10004
```

图 14-6 为完成后的画面，其中的 192.168.23.0 与 192.168.24.0 就是我们刚才分别利用两种方法建立的路由。

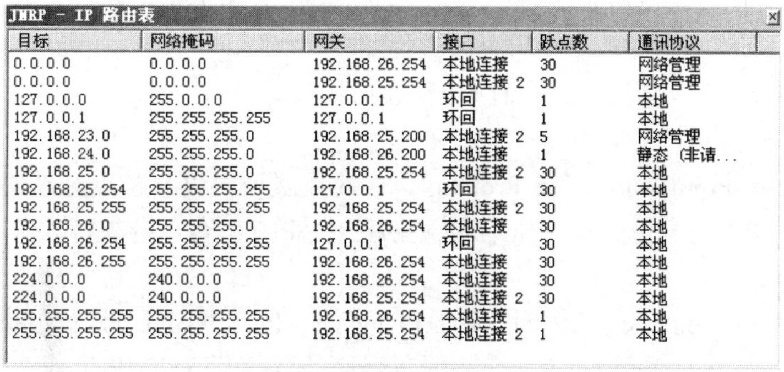

JWRP - IP 路由表

目标	网络掩码	网关	接口	跃点数	通讯协议
0.0.0.0	0.0.0.0	192.168.26.254	本地连接	30	网络管理
0.0.0.0	0.0.0.0	192.168.25.254	本地连接 2	30	网络管理
127.0.0.0	255.0.0.0	127.0.0.1	环回	1	本地
127.0.0.1	255.255.255.255	127.0.0.1	环回	1	本地
192.168.23.0	255.255.255.0	192.168.25.200	本地连接 2	5	网络管理
192.168.24.0	255.255.255.0	192.168.26.200	本地连接	1	静态 (非请...
192.168.25.0	255.255.255.0	192.168.25.254	本地连接 2	30	本地
192.168.25.254	255.255.255.255	127.0.0.1	环回	30	本地
192.168.25.255	255.255.255.255	192.168.25.254	本地连接 2	30	本地
192.168.26.0	255.255.255.0	192.168.26.254	本地连接	30	本地
192.168.26.254	255.255.255.255	127.0.0.1	环回	30	本地
192.168.26.255	255.255.255.255	192.168.26.254	本地连接	30	本地
224.0.0.0	240.0.0.0	192.168.26.254	本地连接	30	本地
224.0.0.0	240.0.0.0	192.168.25.254	本地连接 2	30	本地
255.255.255.255	255.255.255.255	192.168.26.254	本地连接	1	本地
255.255.255.255	255.255.255.255	192.168.25.254	本地连接 2	1	本地

图 14-6 IP 路由表

14.2 VPN 虚拟专用网络

多个企业网络可以利用 Internet 将其连接起来，但如果各个网络之间的数据需要机密传输，或者只提供给可信任的企业或伙伴访问，就可以利用 VPN 技术，通过加密技术、验证技术、数据确认技术的共同应用，在 Internet 上建立一个专用网络，让远程用户通过 Internet 来安全地访问网络内部的网络资源。

14.2.1 VPN 概述

Windows Server 2003 的“虚拟专用网（Virtual Private Network，VPN）”可以在远程用户与局域网（LAN）之间，通过 Internet（或其他的公众网络）建立起一个安全的通信管道。但是我们需要在局域网内建设一台 VPN 服务器以便让 VPN 客户端来连接。

当远程的 VPN 客户端通过 Internet 连接到 VPN 服务器时，它们之间所传送的信息会被加密，所以信息即使在 Internet 传送的过程中被拦截，也会因为已被加密而无法识别，这样就确保了信息的安全性。

VPN 是指在公共网络（通常为 Internet）中建立一个虚拟的、专用的网络，是 Internet 与 Intranet 之间的专用通道，为企业提供一个高安全的、高性能的、简便易用的环境。

1. VPN 应用场合

VPN 的实现可以分为软件和硬件 2 种方式。Windows 2000 Server 和 Windows Server 2003 以完全基于软件的方式实现了虚拟专用网，成本非常低廉。无论身处何地，只要能连接到 Internet，就可以与企业网在 Internet 上的虚拟专用网相关联，登录到内部网络浏览或交换信息。

一般来说，VPN 在以下两种场合使用。

（1）远程客户端通过 VPN 连接到局域网

总公司（局域网）的网络已经连接到 Internet，而用户在远程拨号连接 ISP 连上 Internet 后，就可以通过 Internet 来与总公司（局域网）的 VPN 服务器建立 PPTP 或 L2TP 的 VPN，并通过 VPN 来安全地传送信息。

（2）两个局域网通过 VPN 互联

两个局域网的 VPN 服务器都连接到 Internet，并且通过 Internet 建立 PPTP 或 L2TP 的 VPN，这种方式可以实现两个网络之间的安全通信，而不必担心在 Internet 上传送时泄密。

除了使用软件方式外，VPN 的实现需要建立在交换机、路由器等硬件设备上。目前，在 VPN 技术和产品方面，最具有代表性的当数 Cisco 和华为 3Com。

2. VPN 协议

Windows Server 2003 支持以下两种 VPN 通信协议。

（1）PPTP

PPTP（Point-to-Point Tunneling Protocol，点对点隧道协议）是点对点协议（PPP）的扩展，并协调使用 PPP 的身份验证、压缩和加密机制。PPTP 客户端支持内置于 Windows XP 远程访问客户端。

只有 IP 网络（如 Internet）才可以建立 PPTP 的 VPN。两个局域网之间若通过 PPTP 来连接，则两端直接连接到 Internet 的 VPN 服务器必须要执行 TCP/IP 通信协议，但网络内的其他计算机不一定需要支持 TCP/IP 协议，它们可执行 TCP/IP、IPX 或 NetBEUI 通信协议，因为当它们通过 VPN 服务器与远程计算机通信时，这些不同通信协议的数据包会被封装到 PPP 的数据包内，然后经过 Internet 传送，信息到达目的地后，再由远程的 VPN 服务器将其还原为 TCP/IP、IPX 或 NetBEUI 的数据包。

PPTP 利用 MPPE（Microsoft Point-to-Point Encryption）加密法来将信息加密。

PPTP 的 VPN 服务器支持内置于 Windows Server 2003 家族的成员。PPTP 与 TCP/IP 协议一同安装。根据运行“路由和远程访问服务器安装向导”时所做的选择，PPTP 可以配置为 5

个或 128 个 PPTP 端口。

PPTP 和“Microsoft 点对点加密（MPPE）”提供了对专用数据封装和加密的主要 VPN 服务。

（2）L2TP

L2TP（Layer Two Tunneling Protocol，第二层隧道协议）是基于 RFC 的隧道协议，该协议是一种业内标准。L2TP 同时具有身份验证、加密与数据压缩的功能。L2TP 的验证与加密方法都是采用 IPSec。

与 PPTP 类似，L2TP 也可以将 IP、IPX 或 NetBEUI 的数据包封装到 PPP 的数据包内。

与 PPTP 不同，运行在 Windows Server 2003 服务器上的 L2TP 不利用 Microsoft 点对点加密（MPPE）来加密点对点协议（PPP）数据报。L2TP 依赖于加密服务的 Internet 协议安全性（IPSec）。L2TP 和 IPSec 的组合被称为 L2TP/IPSec。L2TP/IPSec 提供专用数据的封装和加密的主要虚拟专用网（VPN）服务。

VPN 客户端和 VPN 服务器必须支持 L2TP 和 IPSec。L2TP 的客户端支持内置于 Windows XP 远程访问客户端，而 L2TP 的 VPN 服务器支持内置于 Windows Server 2003 家族的成员。

L2TP 与 TCP/IP 协议一同安装。根据运行“路由和远程访问服务器安装向导”时所做的选择，L2TP 可以配置为 5 个或 128 个 L2TP 端口。

14.2.2　远程访问 VPN 服务器

在 Windows Server 2003 Web Edition 和 Windows Server 2003 Standard Edition 上，最多可以创建 l000 个 PPTP 端口和 1 000 个 L2TP 端口。但是，Windows Server 2003 Web Edition 一次只能接收一个虚拟专用网（VPN）连接。Windows Server 2003 Standard Edition 最多可以接受 1 000 个并发的 VPN 连接。如果已经连接 1 000 个 VPN 客户端，则其他连接尝试将被拒绝，直到连接数目低于 1 000 为止。

远程访问 VPN 服务器的实现有 3 种方式：PPTP VPN、L2TP VPN（使用 IPSec 证书）和 L2TP（使用预共享密钥），下面重点介绍 PPTP VPN 的实现。

1. 架设 VPN 服务器

首先您的 VPN 服务器需要有两个网络接口,如果 VPN 服务器是利用固定连接式的 ADSL 来连接 Internet，则其需要有两个网卡，一个连接 ATU-R（也就是 ADSL 调制解调器），另一个是用来连接局域网。

① 执行“开始”→“管理工具”→“路由和远程访问”命令，打开“路由和远程访问”对话框，右击服务器，在弹出的快捷菜单中选择“配置并启用路由和远程访问”选项，打开“欢迎使用路由和远程访问服务器安装向导”对话框。

② 单击“下一步”按钮，选择“远程访问（拨号或 VPN）”单选项，如图 14-7 所示。

③ 单击“下一步”按钮，选择“VPN”复选框，如图 14-8 所示。

④ 单击“下一步”按钮，如图 14-9 所示，选择用来连接 Internet 的网络接口。

图中最下方的选项会限制只有 VPN 的数据包才可以通过此接口进来，其他的 IP 数据包会被拒绝，如此可增加安全性，但也会导致通过此接口无法与其他的非 VPN 客户端计算机通信。

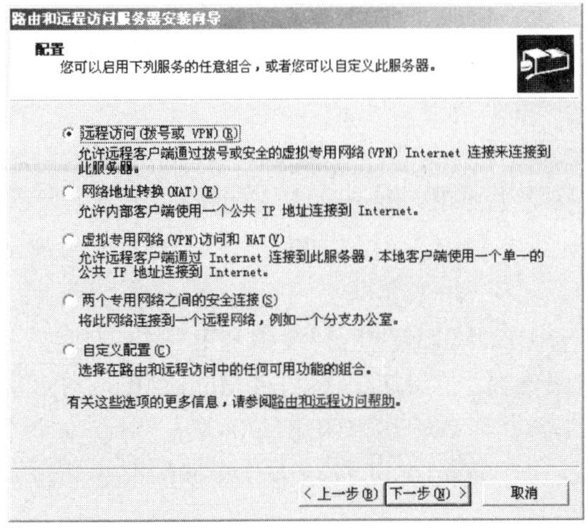

图 14-7 “配置”对话框

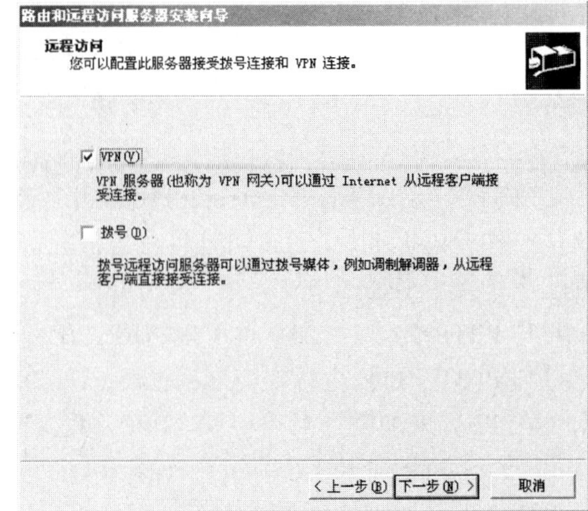

图 14-8 “远程访问”对话框

⑤ 单击“下一步”按钮，打开“IP 地址指定”对话框，如图 14-10 所示，可以选择：

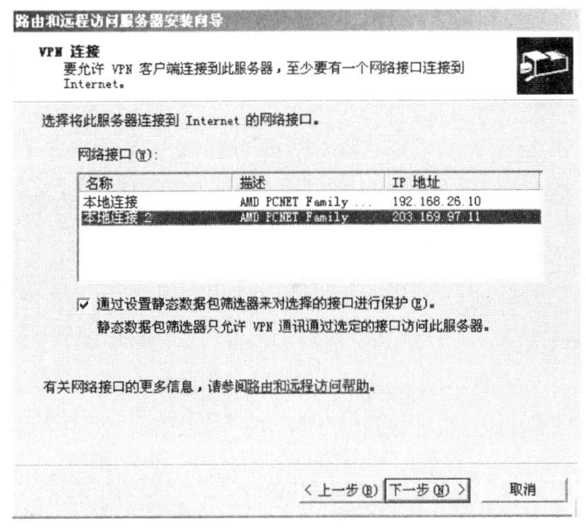

图 14-9 “VPN 连接”对话框

图 14-10 “IP 地址指定”对话框

● “自动”选项，由 VPN 服务器向 DHCP 服务器索取 IP 地址，然后指派给客户端。若无法从 DHCP 服务器取得 IP 地址，则这台 VPN 服务器会自动指派一个 169.254.0.1 到 169.254.255.254 范围内的 IP 地址给客户端。

● “来自一个指定的地址范围”选项，则在单击“下一步”按钮后设置一段 IP 地址范围，这些 IP 地址是要被用来指派给客户端使用的。

⑥ 单击“下一步”按钮，打开“管理多个远程访问服务器”对话框，如图 14-11 所示，选择“否，使用路由和远程访问来对连接着求进行身份验证”单选项。

⑦ 打开“完成路由和远程访问服务器安装向导”对话框时，单击“完成”按钮，如图 14-12 所示。

⑧ 打开如图 14-13 所示的对话框时，单击“确定”按钮，则 VPN 服务器具备 DHCP 中继代理的功能，可以将客户端索取 IP 地址的消息转发到位于其他网段内的 DHCP 服务器。此画面在提醒您 VPN 服务器设置完成后，需要再指定 DHCP 服务器的 IP 地址。

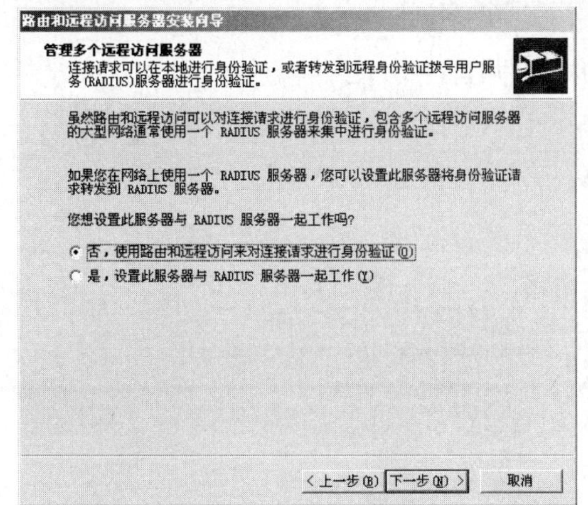

图 14-11　“管理多个远程访问服务器”对话框

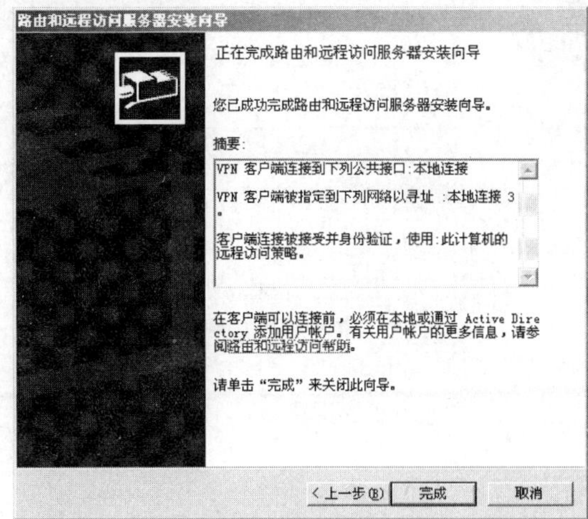

图 14-12　“完成”对话框

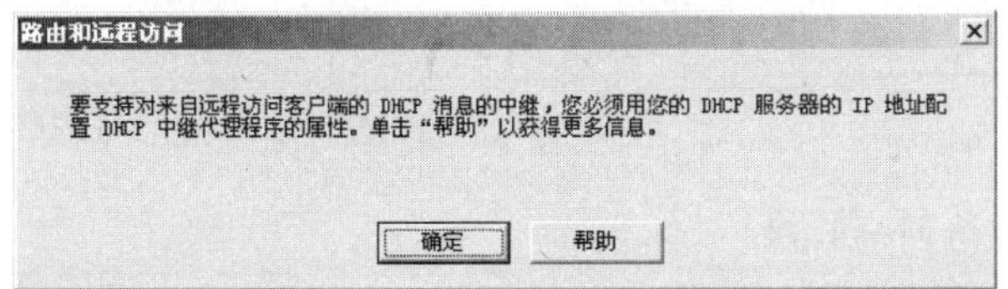

图 14-13　启用 DHCP 中继代理

系统默认会自动建立 128 个 PPTP 端口与 128 个 L2TP 端口，如图 14-14 所示，每一个端口可供一个 VPN 客户端来建立 VPN。

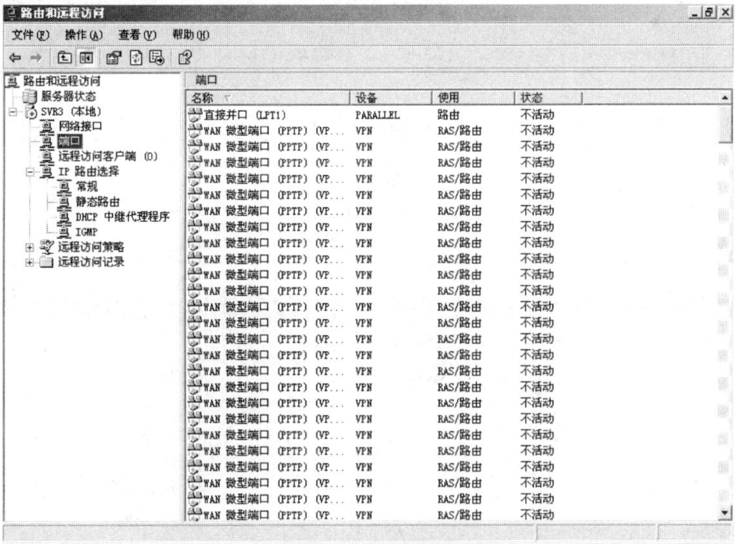

图 14-14　所建立的端口

如果要增加或减少 VPN 端口的数量，请右击“端口”图标，在弹出的快捷菜单中选择“属性”选项，如图 14-15 所示。双击“WAN 微型端口（PPTP）”或“WAN 微型端口（L2TP）”图标，然后修改 VPN 端口数量，如图 14-16 所示。

远程访问服务器默认也各有 5 个 PPTP 与 L2TP 端口。

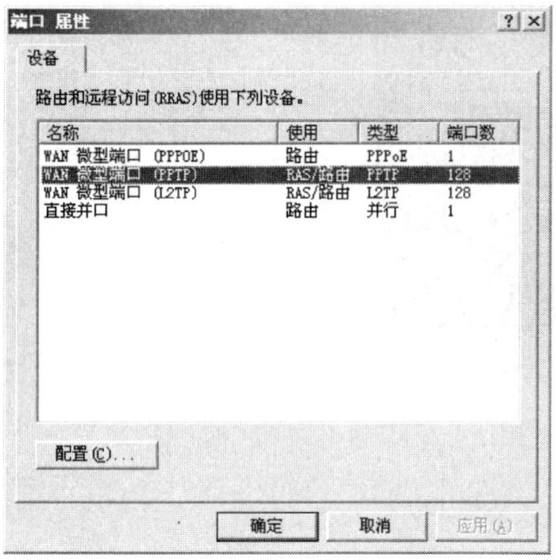

图 14-15 “端口 属性”对话框

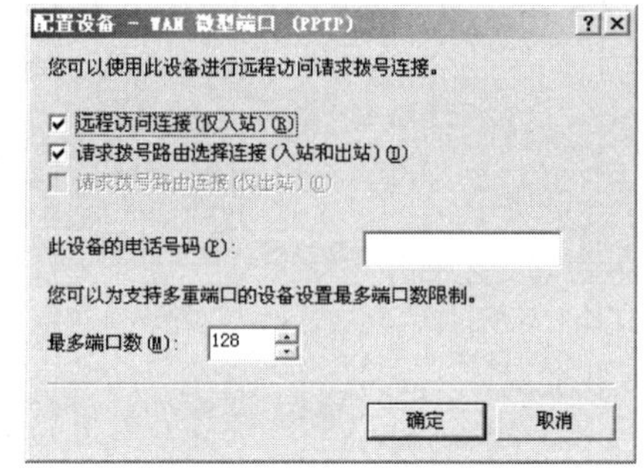

图 14-16 “配置设备 – WAN 微型端口（PPTP）”对话框

2. 给予用户远程访问的权限

系统默认是所有用户都没有拨号连接 VPN 服务器的权限，您必须另行开放权限给用户。

在“管理工具”→“计算机管理”→“本地用户和组”中，选择需要远程拨入的用户，在“拨入”选项卡中开放相应的权限。

3. VPN 客户端连接 Internet

此处我们假设客户端要利用 ADSL 拨号连接来连接 Internet，因此客户端除了要将 ATU-R（ADSL 调制解调器）连接好之外，还必须建立一个通过 ADSL 的 Internet 连接。这里以 Windows XP 为例来说明。

① 右击“网上邻居”图标，在弹出的快捷菜单中选择“属性”→“创建一个新的连接”选项，打开“欢迎使用新建连接向导”对话框，单击“下一步”按钮。

② 如图 14-17 所示选择“连接到 Internet”单选项，单击“下一步”按钮，在“准备好”对话框中选择“手动设置我的连接”单选项，如图 14-18 所示。

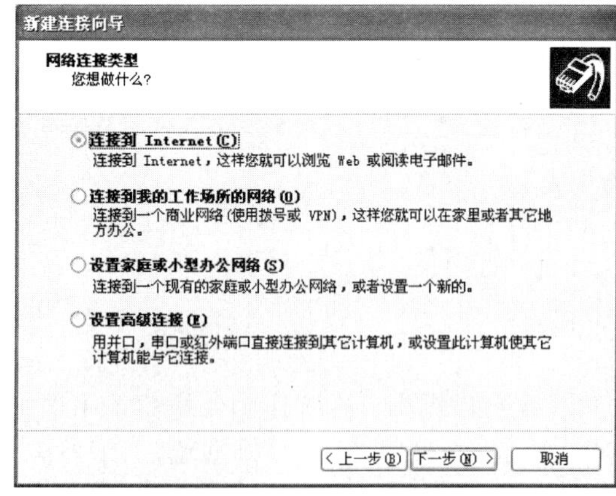

图 14-17 “网络连接类型”对话框

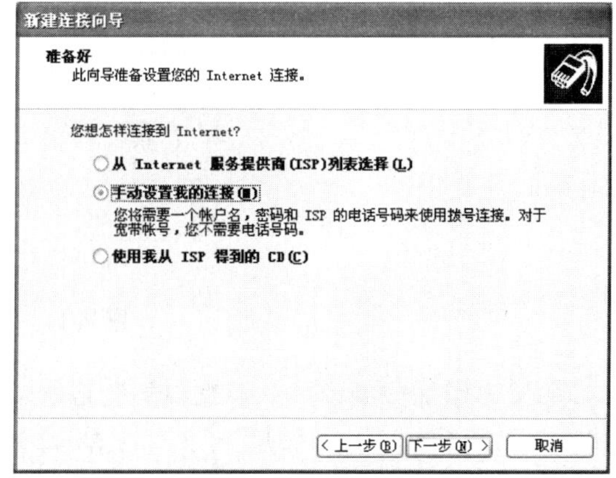

图 14-18 “准备好”对话框

③ 单击“下一步”按钮，打开“Internet 连接”对话框，如图 14-19 所示，选择连接到 Internet 的方式。单击“下一步”按钮，打开如图 14-20 所示的对话框，设置 ISP 的名称。

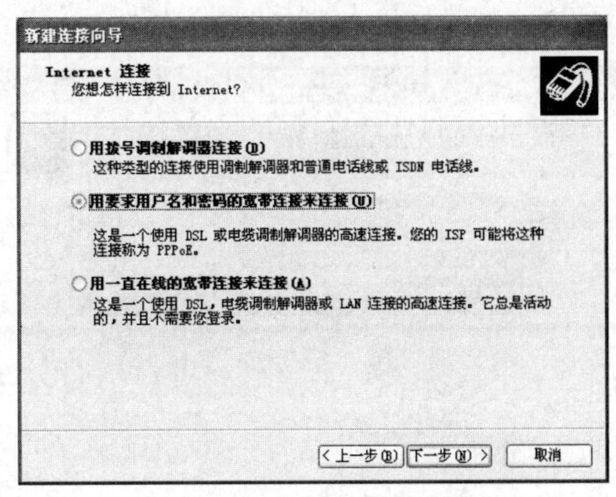

图 14-19　“Internet 连接”对话框

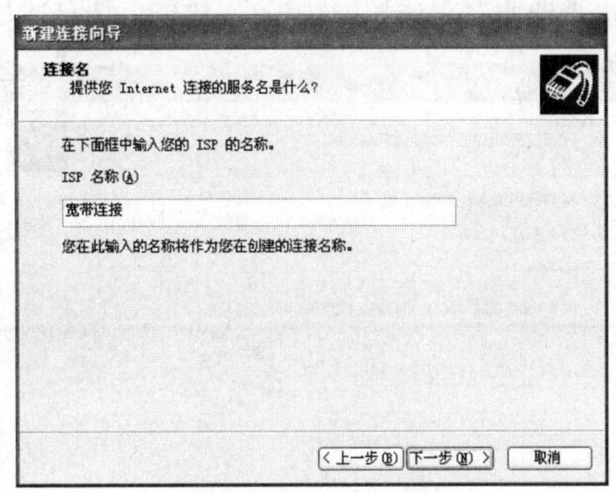

图 14-20　“连接名”对话框

④ 在图 14-21 中输入用来连接 ISP 的用户名与密码后单击“下一步”按钮。

⑤ 打开“完成新建连接向导”对话框，单击“完成”按钮。

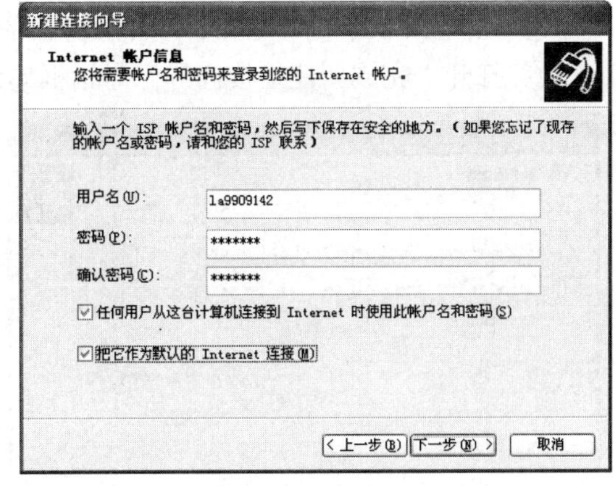

图 14-21　“Internet 账户信息”对话框

4. 在 VPN 客户端建立 VPN 拨号连接

客户端通过 ADSL 连接上 Internet 之后，还必须建立一个 VPN 连接，以便与 VPN 服务器建立 VPN。以下仍然是利用 Windows XP 来说明。

① 右击“网上邻居”图标，在弹出的快捷菜单中选择“属性”→“创建一个新的连接”选项，打开“欢迎使用新建连接向导”对话框，单击“下一步”按钮。

② 在如图 14-22 所示的对话框中选择“连接到我的工作场所的网络”单选项，单击“下一步”按钮，打开“网络连接”对话框，选择“虚拟专用网络连接”单选项，如图 14-23 所示。

图 14-22　“网络连接类型”对话框

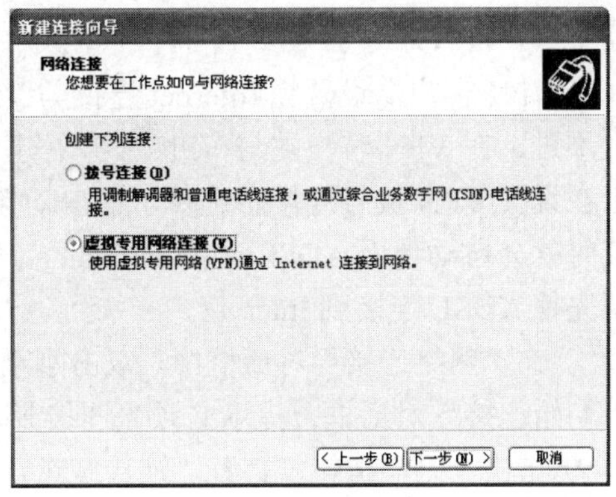

图 14-23　“网络连接”对话框

③ 单击“下一步”按钮，如图 14-24 所示，设置此连接的名称。单击“下一步”按钮。

④ 如图 14-25 所示，可以设置当要拨号连接此 VPN 前，先自动通过我们前面所建立的“宽带连接”来连接 Internet，然后再拨号连接此 VPN。完成后单击“下一步”按钮。

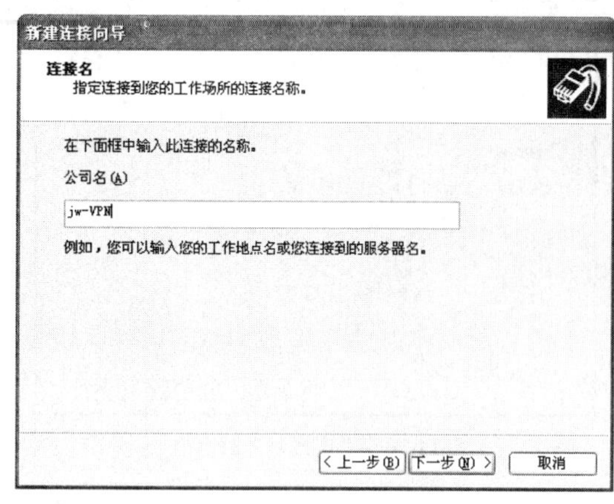

图 14-24 “连接名”对话框

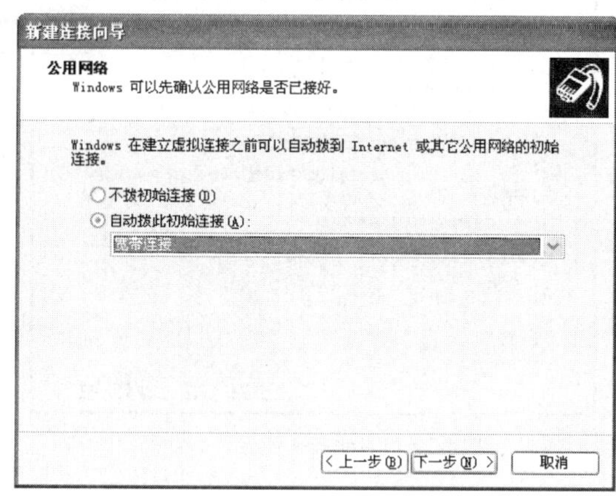

图 14-25 “公用网络”对话框

⑤ 如图 14-26 所示，输入 VPN 服务器的主机名或 IP 地址。

⑥ 打开“完成新建连接向导”对话框单击“完成”按钮，如图 14-27 所示。

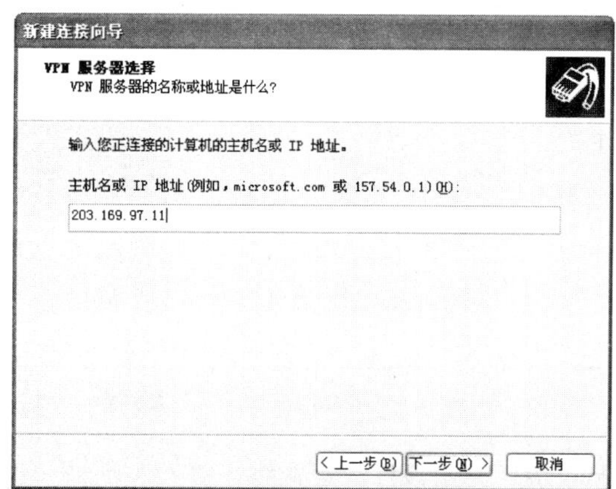

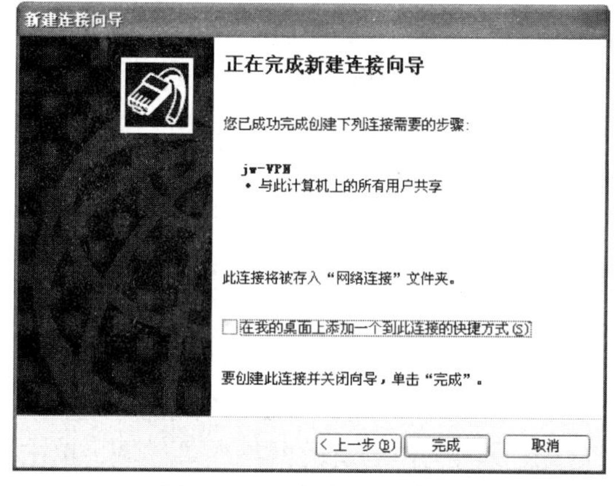

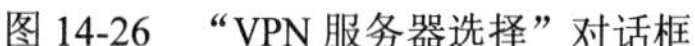

图 14-26 “VPN 服务器选择”对话框　　图 14-27 “完成”对话框

5. 与 VPN 服务器建立 PPTP VPN

当 VPN 客户端设置完 Internet 连接与 VPN 拨号连接后，就可以与 VPN 服务器建立 VPN 了。不过，在 VPN 客户端与 VPN 服务器建立 VPN 之前，VPN 客户端必须先连接 Internet。由于在设置 VPN 拨号连接时选择了“自动拨此初始连接”单选项，因此，在使用 VPN 拨号连接时就会自动使用 ADSL 连接 Internet。但如果没有选择“自动拨此初始连接”单选项，就需要先使 ADSL 连接到 Internet。

① 在“网络连接”对话框中，双击刚刚建立的虚拟专用网络连接，打开如图 14-28 所示的“初始连接”对话框，提示必须先连接到 Internet。

② 单击“是”按钮，打开“连接宽带连接”对话框，单击“连接”按钮连接到 Internet，然后打开“连接 jw-VPN”对话框，如图 14-29 所示。输入连接 VPN 的用户名和密码，单击

"连接"按钮即可连接到 VPN。

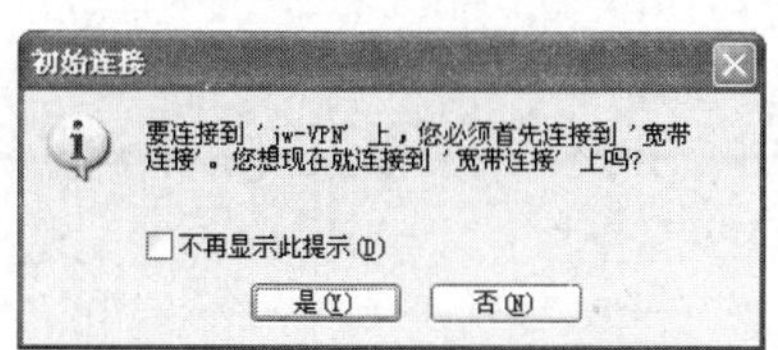

图 14-28　"初始连接"对话框

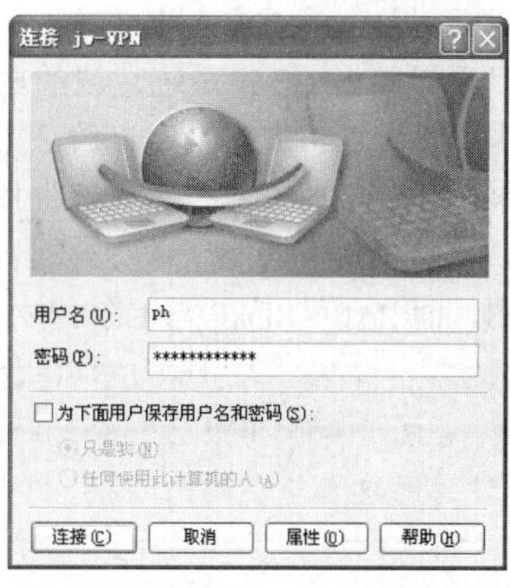

图 14-29　"连接 jw-VPN"对话框

VPN 客户端连接到 VPN 服务器，建立 VPN 后，就可以与 VPN 服务器通信，也可以与 VPN 服务器那一端的局域网内的计算机通信。

14.2.3　验证通信协议

客户端在连接到远程访问服务器时，必须输入用户账户名称与密码，以便用来验证用户的身份。身份验证成功后，用户就可以连接远程访问服务器并访问其有权访问的资源。

远程访问服务器验证方法的选择可通过在"路由和远程访问"对话框中右击服务器，在弹出的快捷菜单中选择"属性"选项，打开属性对话框，选择"安全"选项卡，如图 14-30 所示。单击"身份验证方法"按钮，打开"身份验证法"对话框，如图 14-31 所示，默认只支持 MS-CHAP、MS-CHAP v2 与 EAP。

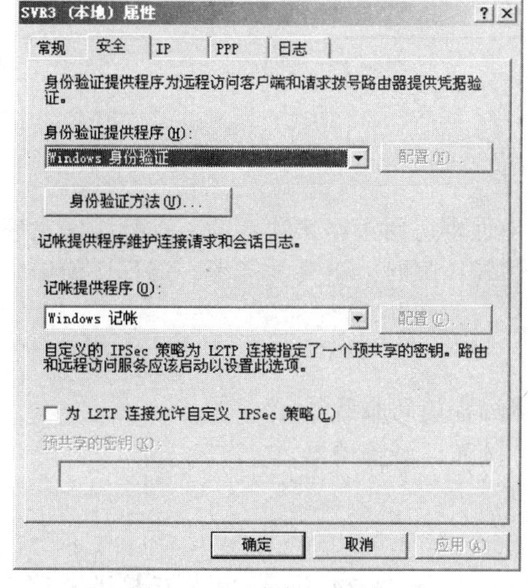

图 14-30　"安全"选项卡

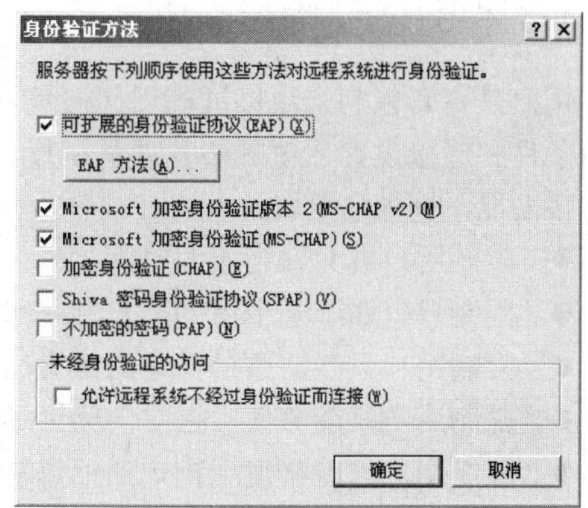

图 14-31　身份验证方法

而客户端的验证方法是右击"网上邻居"图标，在弹出的快捷菜单中选择"属性"选项，然后右击“连接”图标，在弹出的快捷菜单中选择“属性”选项，打开“虚拟专用网络连接属性”对话框，选择“安全”选项卡，如图 14-32 所示。

可以采用图 14-32 中系统建议的典型设置，也可以选择“高级（自定义设置)”单选项，然后单击“设置”按钮来自定义验证方法，如图 14-33 所示。图中的“登录安全措施”选项区域用来选择验证的方法。而“数据加密”是用来选择是否要针对信息加密，不过所选择的验证方法必须有信息加密功能，支持信息加密的验证方法有 MS-CHAP、MS-CHAP v2、EAP-TLS，而 PAP、SPAP 与 CHAP 并不支持加密功能。

提示 图 14-33 中最后一个选项表示若采用 MS-CHAP，则自动使用登录计算机或域时的用户名与密码来连接。

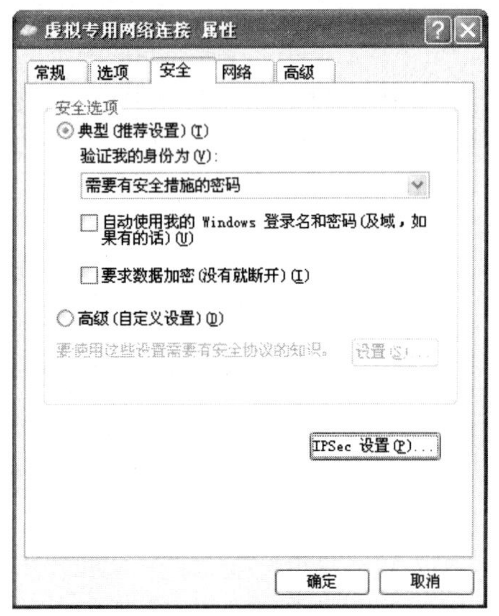

图 14-32 “安全”选项卡

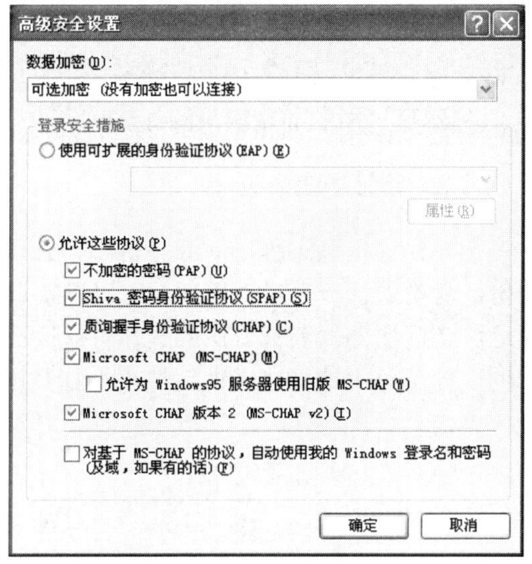

图 14-33 身份验证方法

14.2.4 远程访问策略

用户是否有权利来连接远程访问服务器，是由远程访问策略来决定的。远程访问策略是一组条件和连接设置，使网络管理员在授予远程访问权限时，更具灵活性。远程访问策略具备许多功能，例如它可以：

- 限制用户被允许连接的时间。
- 限制只有属于某个组的用户，才可以连接远程访问服务器。
- 限制用户只能够通过指定的媒介来连接，例如调制解调器。
- 限制用户只能够使用指定的验证通信协议。
- 限制用户只能够使用指定的信息加密方法。

Windows Server 2003 内建有 2 个远程访问策略，如图 14-34 所示，用户连接进来时，远程访问服务器会先从最上面的策略开始，来对比用户是否符合该策略内所定义的条件。若符合，则会以此策略内的设置来决定用户是否可以连接远程访问服务器。若不符合，则依次对比第 2 个策略、第 3 个策略……只要有一个策略符合，之后的策略就不会再对比了。

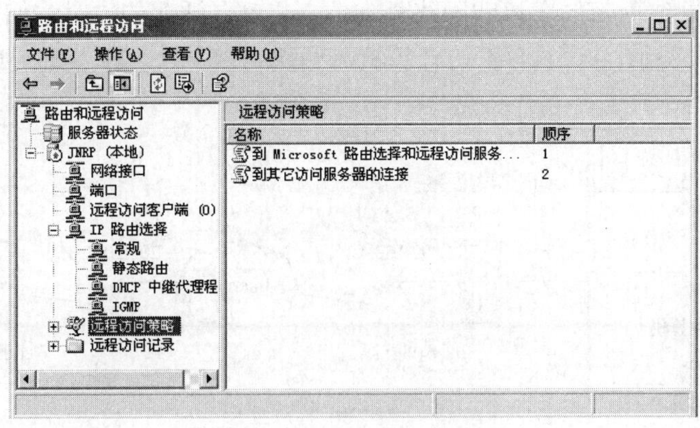

图 14-34　内置的远程访问策略

每一条远程访问策略都由以下组件构成。

● 条件：远程访问策略条件是与连接尝试设置相比较的一个或多个参数。

● 权限：对用户账号的拨入和远程访问策略加以组合，使用“授予远程访问权限”选项或“拒绝远程访问权限”选项以配置策略的远程访问权限。

● 配置文件：每个策略包含一个配置文件。每个配置文件包含如下设置值：拨入限制、IP、多链路、身份验证、加密、高级。

访问策略的具体设置请参见网站上的补充资料。

14.3　NAT

网络地址转换器 NAT（Network Address Translator）位于使用专用地址的 Intranet 和使用公用地址的 Internet 之间。从 Intranet 传出的数据包由 NAT 将它们的专用地址转换为公用地址。从 Internet 传入的数据包由 NAT 将它们的公用地址转换为专用地址。这样在内网中计算机使用未注册的专用 IP 地址，而在与外部网络通信时使用注册的公用 IP 地址，大大降低了连接成本。同时 NAT 也起到将内部网络隐藏起来，保护内部网络的作用，因为对外部用户来说只有使用公用 IP 地址的 NAT 是可见的。

14.3.1　NAT 的工作过程

NAT 地址转换协议的工作过程主要有以下 4 个步骤。

① 客户机将数据包发给运行 NAT 的计算机。

② NAT 将数据包中的端口号和专用的 IP 地址换成它自己的端口号和公用的 IP 地址，然后将数据包发给外部网络的目的主机，同时记录一个跟踪信息在映像表中，以便向客户机发送回答信息。

③ 外部网络发送回答信息给 NAT。

④ NAT 将所收到的数据包的端口号和公用 IP 地址转换为客户机的端口号和内部网络使

用的专用 IP 地址并转发给客户机。

以上步骤对于网络内部的主机和网络外部的主机都是透明的，对它们来讲就如同直接通信一样，如图 14-35 所示。担当 NAT 的计算机有两块网卡，两个 IP 地址。IP1 为 192.168.0.1，IP2 为 202.162.4.1。

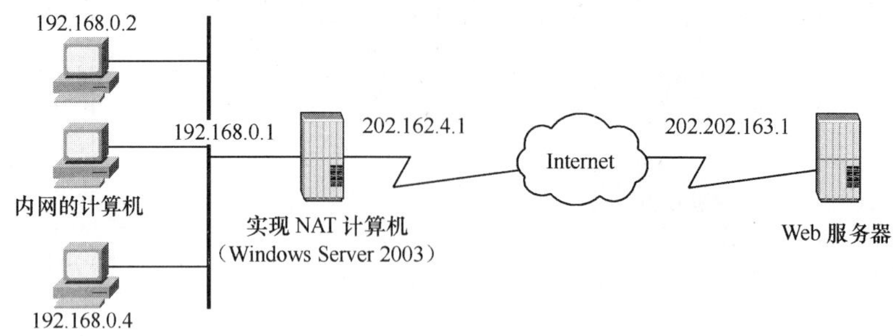

图 14-35　NAT 的工作过程

下面举例来说明。

① 192.168.0.2 用户使用 Web 浏览器连接到位于 202.202.163.1 的 Web 服务器，则用户计算机将创建带有下列信息的 IP 数据包。

- 目标 IP 地址：202.202.163.1
- 源 IP 地址：192.168.0.2
- 目标端口：TCP 端口 80
- 源端口：TCP 端口 1350

② IP 数据包转发到运行 NAT 的计算机上，它将传出的数据包地址转换成下面的形式，用自己的 IP 地址新打包后转发。

- 目标 IP 地址：202.202.163.1
- 源 IP 地址：202.162.4.1
- 目标端口：TCP 端口 80
- 源端口：TCP 端口 2500

③ NAT 协议在表中保留了{192.168.0.2,TCP 1350}到 {202.162.4.1,TCP 2500}的映射，以便回传。

④ 转发的 IP 数据包是通过 Internet 发送的。Web 服务器响应通过 NAT 协议发回和接收。当接收时，数据包包含下面的公用地址信息。

- 目标 IP 地址：202.162.4.1
- 源 IP 地址：202.202.163.1
- 目标端口：TCP 端口 2500
- 源端口：TCP 端口 80

⑤ NAT 协议检查转换表，将公用地址映射到专用地址，并将数据包转发给位于 192.168.0.2 的计算机。转发的数据包包含以下地址信息。

- 目标 IP 地址：192.168.0.2
- 源 IP 地址：202.202.163.1
- 目标端口：TCP 端口 1350

● 源端口：TCP 端口 80

对于来自 NAT 协议的传出数据包，源 IP 地址（专用地址）被映射到 ISP 分配的地址（公用地址），并且 TCP/IP 端口号也会被映射到不同的 TCP/IP 端口号。对于到 NAT 协议的传入数据包，目标 IP 地址（公用地址）被映射到源 Internet 地址（专用地址），并且 TCP/UDP 端口号被重新映射回源 TCP/UDP 端口号。

14.3.2 启用 NAT 服务

要将企业内部网络通过 NAT 连接到 Internet 上，需要进行两方面的配置，即启动 NAT 的计算机和网络中使用 NAT 的客户机。下面是 NAT 服务器的安装步骤，即启用 NAT 服务。

① 执行“开始”→“程序”→“管理工具”→“路由和远程访问”命令，打开“路由和远程访问”对话框，右击要启用 NAT 的服务器，在弹出的快捷菜单中选择“配置并启用路由和远程访问”选项。

② 在“路由和远程访问服务器安装向导”对话框中单击“下一步”按钮，打开“配置”对话框，如图 14-36 所示。选择“网络地址转换（NAT）”单选项，单击“下一步”按钮。

③ 在“NAT Internet 连接”对话框中，选择用来连接互联网的接口，如图 14-37 所示。单击“下一步”按钮，根据提示完成安装。

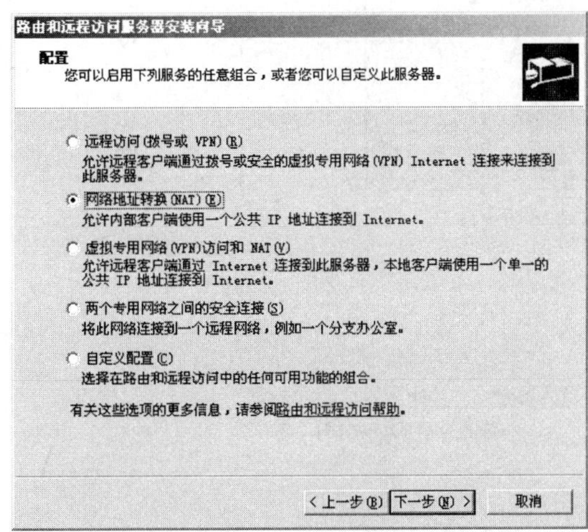

图 14-36　“配置”对话框

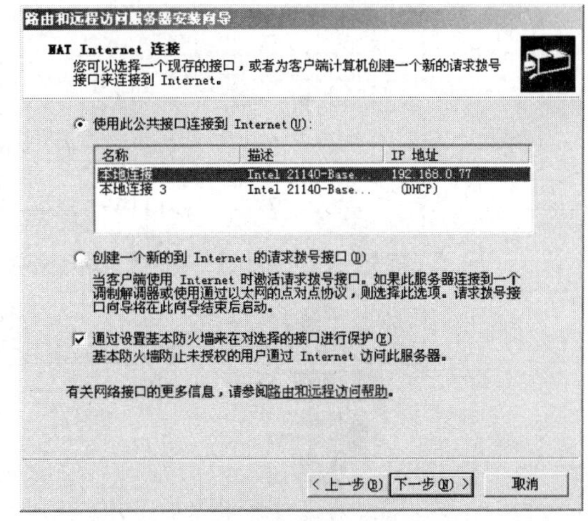

图 14-37　选择用来连接互联网的接口

此外，还可以使用新增路由协议的方法安装 NAT 服务。如图 14-38 所示，展开需要添加 NAT 的服务器，右击“IP 路由选择”的“常规”图标，在弹出的快捷菜单中选择“新增路由协议”选项，打开如图 14-38 所示的对话框，选择“NAT/基本防火墙”选项，单击“确定”按钮，完成安装。

④ 添加 NAT 接口。启用了 NAT 服务之后，如果在“NAT/基本防火墙”的右侧区域内没有网络接口，则需要进行添加，如图 14-40 和图 14-41 所示。

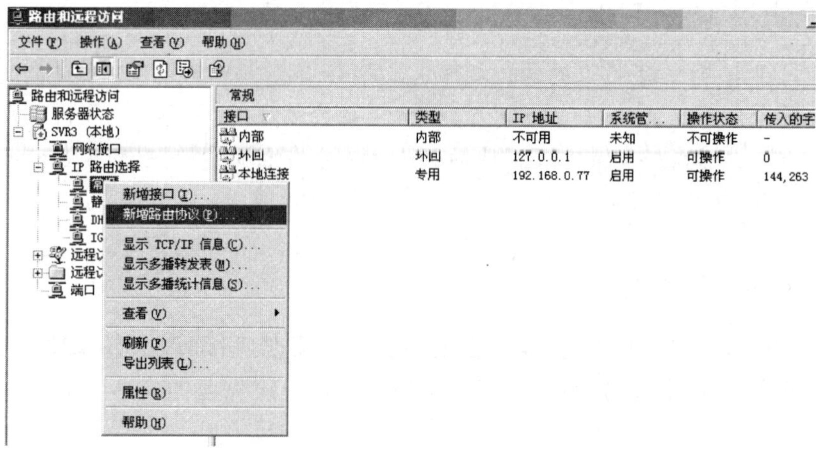

图 14-38 新增路由协议

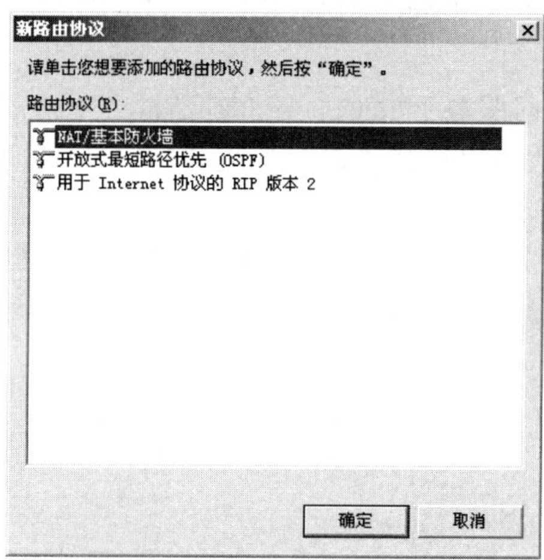

图 14-39 添加“NAT/基本防火墙”

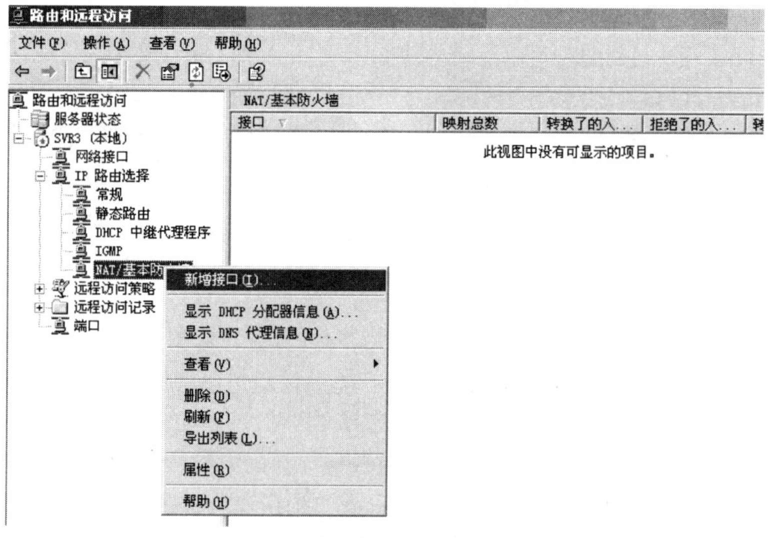

图 14-40 新增接口

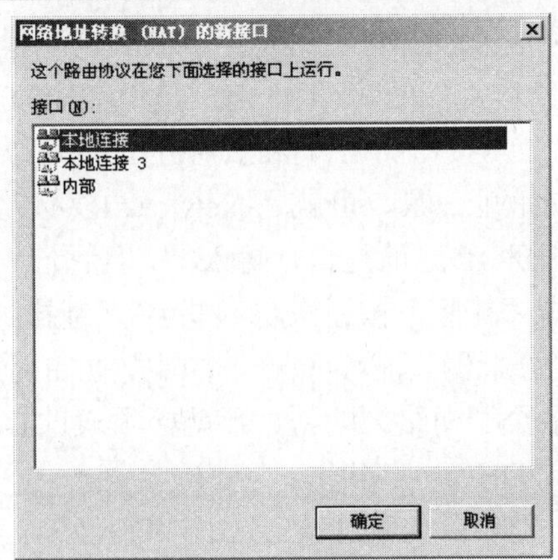

图 14-41　选择接口

14.3.3　NAT 客户端的设置

局域网 NAT 客户端只要修改 TCP/IP 的设置即可。可以选择以下两种设置方式。

（1）自动获得 TCP/IP

此时客户端会自动向 NAT 服务器或 DHCP 服务器来索取 IP 地址、默认网关、DNS 服务器的 IP 地址等设置。

（2）手工设置 TCP/IP

手工设置 IP 地址要求客户端的 IP 地址必须与 NAT 局域网接口的 IP 地址在相同的网段内，也就是 Network ID 必须相同。默认网关必须设置为 NAT 局域网接口的 IP 地址，本例中为 192.168.0.1。首选 DNS 服务器可以设置为 NAT 局域网接口的 IP 地址，或是任何一台合法的 DNS 服务器的 IP 地址。

完成后，客户端的用户只要上网、收发电子邮件、连接 FTP 服务器等，NAT 就会自动通过 PPPoE 请求拨号来连接 Internet。

14.3.4　DHCP 分配器与 DNS 代理

NAT 服务器另外还具备以下两个功能。

- DHCP 分配器（DHCP Allocator）：用来分配 IP 地址给内部的局域网客户端计算机。
- DNS 代理（DNS proxy）：可以替局域网内的计算机来查询 IP 地址。

1. DHCP 分配器

DHCP 分配器扮演着类似 DHCP 服务器的角色，用来分配 IP 地址给内部的局域网客户端。

在您设置 NAT 服务器时，如果系统检测到网络上有 DHCP 服务器的话，它就不会自动激活 DHCP 分配器。

启动或改变 DHCP 分配器的设置如下。

- 执行“开始”→“管理工具”→“路由和远程访问”命令，打开“路由和远程访问”对话框，选择服务器，并展开“IP 路由选择”目录树，右击“NAT/基本防火墙”在弹出的快捷菜单中选择“属性”选项，打开“NAT/基本防火墙属性”对话框，选择“地址指派”选项卡，如图 14-42 所示。在该选项卡中启动或是改变 DHCP 分配器的设置。

图中 DHCP 分配器分配给客户端的 IP 地址范围是 192.168.0.1 到 192.168.0.254，这个默认值是根据 NAT 服务器的局域网接口的 IP 地址产生的。您可以自行修改这个设置值，不过记住必须与 NAT 服务器的 IP 地址一致，也就是 Network ID 必须相同。

如果局域网内某些计算机的 IP 地址是自行输入的，且它们的 IP 地址是在此段 IP 地址范围内的话，则您必须通过单击“排除”按钮来将这些 IP 地址排除。

不过因为 NAT 的 DHCP 分配器只能够分配一个网段的 IP 地址，因此如果 NAT 服务器有多个专用接口（也就是连接多个子网络）的话，那就必须通过 DHCP 服务器来分配 IP 地址。您可以采用以下两种方法架设 DHCP 服务器。

① 在作为 NAT 服务器的这台计算机上安装 DHCP 服务器，并且替每一个专用接口各建立一个 IP 作用域，以便每一个子网内的计算机来索取 IP 地址时，都能够索取到该子网的 IP 地址。

② 在每一个子网络内各安装一台 DHCP 服务器，并且在各 DHCP 服务器内建立该子网络所需要的 IP 作用域，以便由各 DHCP 服务器来分配该网络所需要的 IP 地址。

2. DNS 代理

DNS 代理可以替局域网内的计算机来查询网站、FTP 站点、电子邮件服务器等主机的 IP 地址。

启动或改变 DNS 代理的设置如下。

单击图 14-42 中的“名称解析”选项卡，打开如图 14-43 所示对话框。

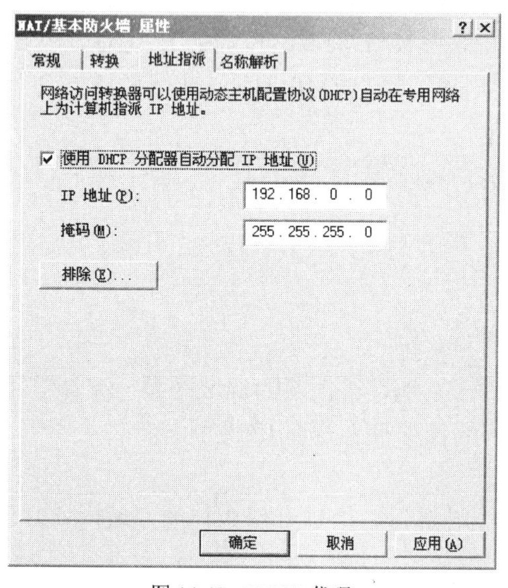

图 14-42 DHCP 代理

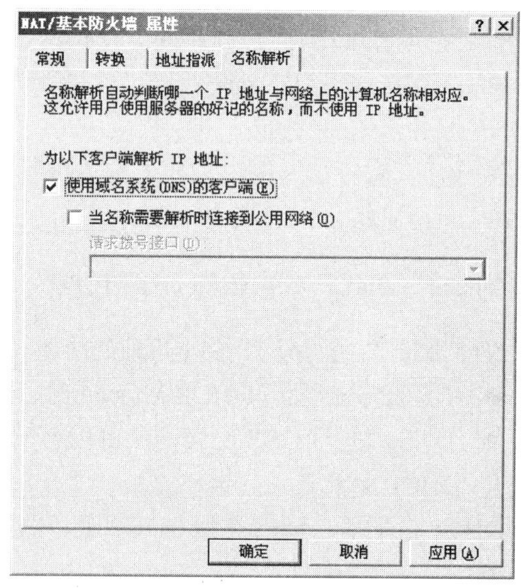

图 14-43 DNS 代理

图中选择了“使用域名系统（DNS）的客户端”复选框，表示要启用 DNS 代理的功能，以后只要客户端要上网、发送电子邮件等，NAT 服务器都会代替这些客户端来向 DNS 服务器查询网站、邮件服务器等主机（这些主机可能位于 Internet 或是局域网内）的 IP 地址。

那么 NAT 会向哪一台 DNS 服务器查询呢？它会向 NAT 在 TCP/IP 设置处所指定的 DNS 服务器查询。如果这些 DNS 服务器位于 Internet，则可以选取“当名称需要解析时连接到公用网络”，然后选择自动利用 PPPoE 指定拨号来连接 Internet。

14.4　习　　题

一、填空题

（1）在 Windows Server 2003 的命令提示符下，可以使用________命令查看本机的路由表信息。

（2）VPN 使用的两种隧道协议是________和________。

二、简答题

（1）什么是专用地址和公用地址？

（2）网络地址转换 NAT 的功能是什么？

（3）简述地址转换的原理，即 NAT 的工作过程。

（4）下列不同技术有何异同？（可参考课程网站上的补充资料）

① NAT 与路由的比较；② NAT 与代理服务器；③ NAT 与 Internet 共享

第四篇　网络安全与维护

第 15 章

系统监测与性能优化

本章学习要点

- 一般监视工具
- 性能工具
- 网络监视器
- 性能优化

15.1　一般监视工具

要完成对系统的有效监测，需要一系列的监视工具。这些监视工具分别对系统各方面的资源和事件进行监测，为管理员管理系统提供必要的支持。

15.1.1　任务管理器

任务管理器是一个非常容易使用的监视工具，可以提供正在计算机上运行的程序和进程的相关信息，还可以显示最常用的进程性能参数，查看正在运行的程序的状态，并终止已停止响应的程序。它可以使用多达 15 个参数评估正在运行的进程的活动，查看反映 CPU 和内存使用情况的图形和数据。

如果与网络连接，任务管理器可以查看网络状态，了解网络的运行情况。如果有多个用户连接到您的计算机，还可以看到是谁连接到了本地计算机以及他们在做什么，还可以给他们发送消息。

可以使用多种方法启动任务管理器。

- 在任务栏空白处右击，在弹出的快捷菜单中选择“任务管理器”选项。
- 按“Ctrl+Alt+Del”组合键，打开“Windows 安全”对话框，单击“任务管理器”按钮。
- 使用“Ctrl+Shift+Esc”组合键。

启动任务管理器后，可以看到如图 15-1 所示的对话框。在该对话框中，可以看到任务管理器由“应用程序”、“进程”、“性能”、“联网”、“用户”5 个选项卡组成，分别实现不同的监视功能。

- 应用程序：查看正在运行的应用程序，可以强行结束已经停止响应的应用程序，也可以通过输入程序路径和名称运行新程序。
- 进程：查看进程的基本信息以及相关的性能计数器。
- 性能：查看系统的基本性能参数，主要是 CPU 和内存的使用。
- 联网：查看本地网络连接的通信量。
- 用户：监视网络用户对本地计算机的连接，可以断开或注销用户，也可以给用户发送消息。

默认情况下，任务管理器的“进程”选项卡中只显示最常用的性能计数器数值。如果想看到关于进程的更详细的资料，可以在任务管理器的“查看”菜单中选择 “选择列”选项，并在如图 15-2 所示的对话框中进行选择。

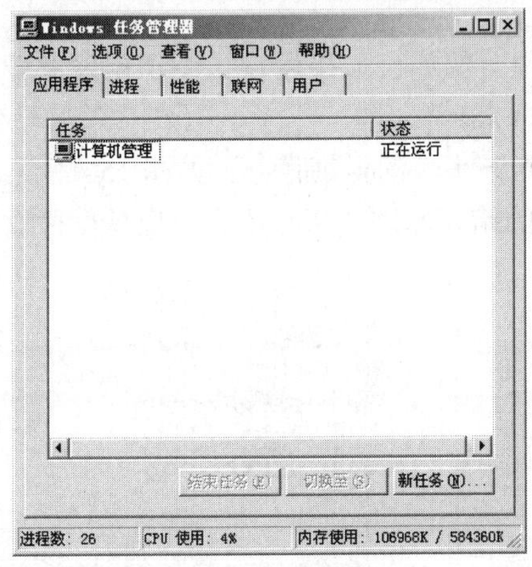

图 15-1　任务管理器

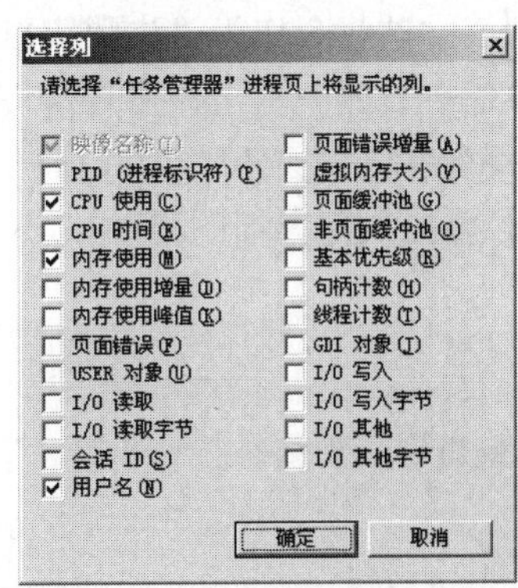

图 15-2　选择列

15.1.2　事件查看器

使用“事件查看器”，可以查看 Windows 系统上发生的事件，也可以设置事件日志的日志选项，以便收集有关硬件、软件和系统问题的信息，从而为诊断和排除系统故障提供信息支持。

默认情况下，运行 Windows Server 2003 家族操作系统的计算机以 3 种类型的日志记录事件。

- 应用程序日志：包含由应用程序或系统程序记录的事件。例如，数据库程序可在应用程序日志中记录文件错误。应用程序开发人员决定记录哪些事件。
- 安全日志：用于记录有效和无效的登录尝试等事件，以及与资源使用相关的事件，如创建、打开或删除文件以及其他对象。例如，如果已启用登录审核功能，登录系统的尝试将记录在安全日志中。
- 系统日志：包含 Windows 系统组件记录的事件。例如，在启动过程中加载驱动程序或其他系统组件失败将记录在系统日志中。服务器预先确定由系统组件记录的事件类型。

如果系统上安装了 DNS 服务、活动目录等项目，还可以看到更多的日志项目。

执行“开始”→“程序”→“管理工具”→“事件查看器”命令，可以打开如图 15-3 所示的事件查看器对话框。

常见的日志中包括以下 3 种事件类型。

● 信息：记录了应用程序、驱动程序或服务成功操作的事件。例如，当网络驱动程序加载成功时，将会记录一个“信息”事件。

● 警告：虽然不一定很重要，但是将来有可能导致问题的事件。例如，当磁盘空间不足时，将会记录“警告”。

● 错误：重要的问题，如数据丢失或功能丧失。例如，如果在启动过程中某个服务加载失败，将会记录“错误”。

对于安全日志，将会记录以下两种类型的事件。

● 成功审核：成功的任何已审核的安全事件。例如，用户试图登录系统成功会被作为“成功审核”事件记录下来。

● 失败审核：失败的任何已审核的安全事件。例如，如果用户试图访问网络驱动器失败了，则该尝试将会作为“失败审核”事件记录下来。

在事件查看器中双击该事件的图标，即可看到该事件的详细信息，如图 15-4 所示。对于“警告”和“错误”级别的事件，通常会给出具体的错误原因，有时还会给出一个微软官方网站的 URL 以提供更详细的帮助。

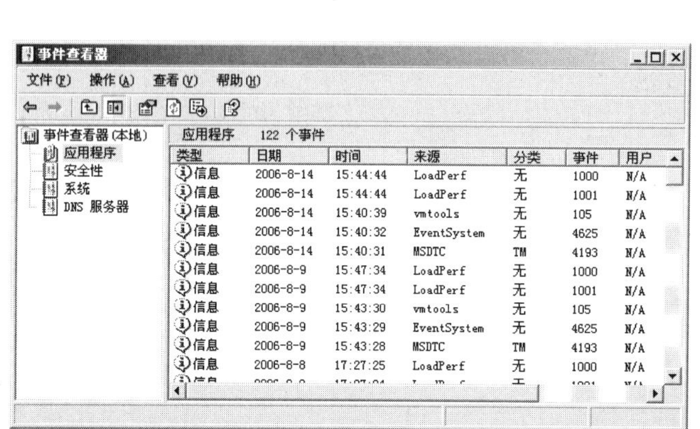

图 15-3 事件查看器

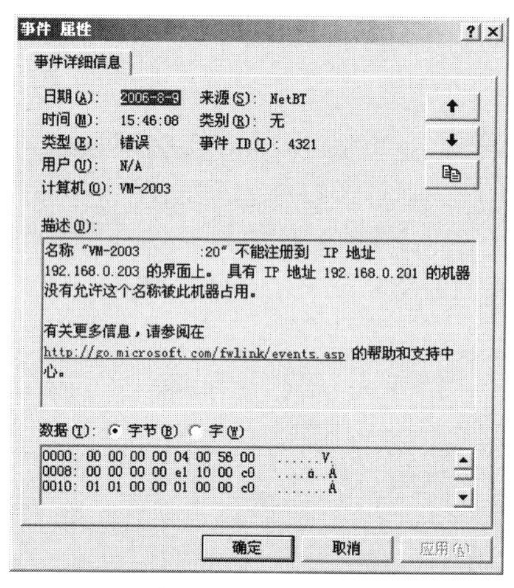

图 15-4 事件属性

系统运行一段时间以后，可能会记录很多事件以至于将日志文件填满。为了保证系统能够继续记录需要的事件，可以另存并清除原有的事件，或者修改日志属性以记录更多的事件。

右击事件查看器对话框中某种类型的日志，在弹出的快捷菜单上，选择“属性”选项，可以打开如图 15-5 所示的对话框。在该对话框中，显示了日志文件的保存位置，文件的当前尺寸以及创建时间等信息。为了记录更多事件，可以修改日志文件上限值。当日志文件尺寸达到上限时，可以采取 3 种措施。

● 按需要覆盖事件：这样可以保证记录新事件，但是可能会覆盖掉有用的信息。

● 覆盖时间超过 x 天的事件：系统只会覆盖存留时间已超过管理员设置天数的事件，如果日志已满并且所有事件的存留时间均未达到 x 天，系统将无法将新事件记录下来。

● 不覆盖事件：不管事件存留时间多长，都不会覆盖事件。

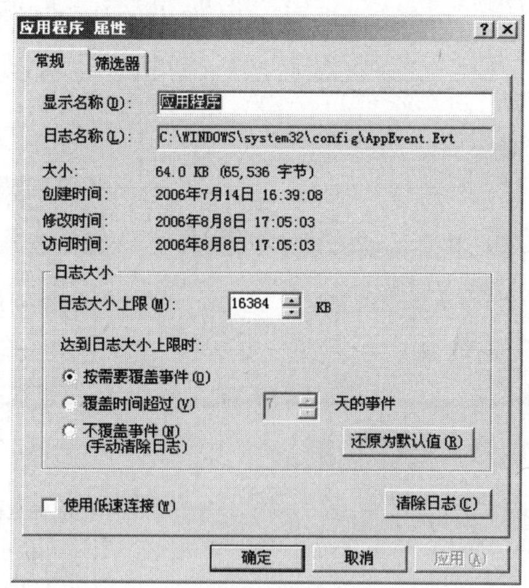

图 15-5　日志属性

15.2　使用性能工具

Windows Server 2003 提供了一个性能工具，对系统的各个性能指标进行详细的度量，是Windows 系统中主要的性能监视工具。

15.2.1　性能对象和计数器

Windows Server 2003 系列操作系统从各个组件中获得性能数据，该数据被描述为性能对象，通常以生成数据的组件命名。例如，处理器（Processor）对象是对系统上处理器性能数据的收集。

性能对象内置于操作系统中，通常对应于主要的硬件、软件组件，例如内存、处理器以及 DNS、终端服务等。其他应用程序可能安装特定的性能对象，例如 Microsoft Exchange 提供的性能对象。

每个性能对象提供性能计数器，它们记录系统或服务特定方面的数据，是具体的性能指标。例如，“Memory”对象提供的“Pages/sec”计数器跟踪内存换页的速率，“Processor”对象的“Processor Time”计数器跟踪处理器总体时间占用率。

在 Windows Server 2003 中，打开系统监视器后默认就添加了最常用的几个计数器。

15.2.2　使用系统监视器监视性能

执行“开始”→“程序”→“管理工具”命令，在“管理工具”对话框中可以看到一个“性能”图标。双击“性能”图标。打开“性能”对话框，如图 15-6 所示。该性能工具提供了详细的性能监视功能，包括“系统监视器”和“性能日志和警报”两项。

系统监视器提供即时的性能监测。为了进行性能监测，需要添加计数器到系统监视器中。将计数器添加到系统监视器的步骤如下。

① 执行”开始”→“程序”→“管理工具”命令，打开“管理工具”对话框，双击“性能”图标，打开“性能”对话框。

② 右击“系统监视器”右窗格的空白处，在弹出的快捷菜单中选择“添加计数器”选项。如图 15-7 所示，可以监视运行监视控制台的计算机，也可以监视网络上特定的计算机。

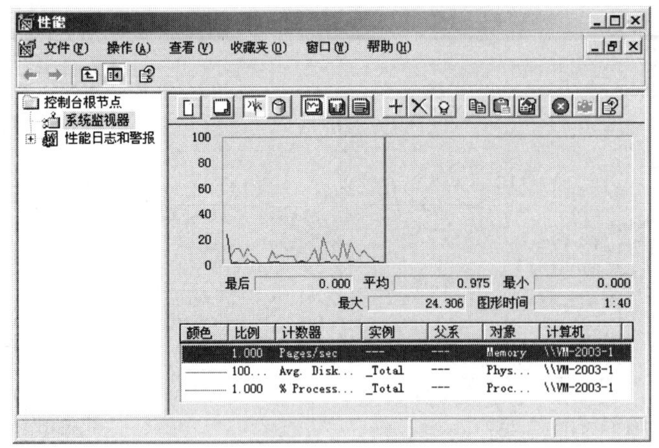

图 15-6　性能工具

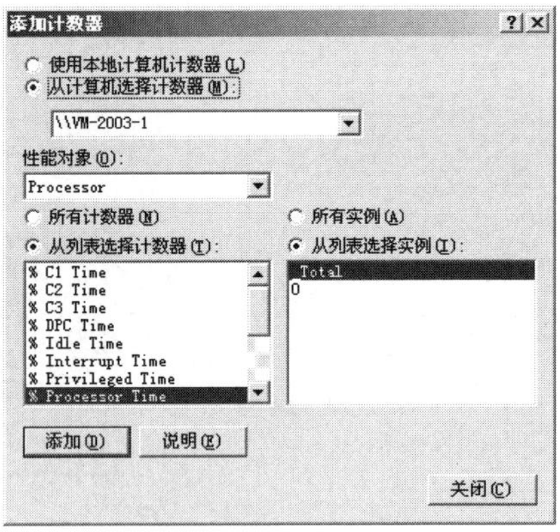

图 15-7　添加计数器

③ 在“性能对象”对话框中，选择要监视的对象。

④ 要监视所有计数器，选择“所有计数器”单选项。或者选择“从列表选择计数器”单选项，然后选择要监视的计数器。

⑤ 要监视所选计数器的全部实例，选择 “所有实例”单选项。或者选择“从列表选择实例”单选项，然后选择要监视的实例。

⑥ 单击“添加”按钮，然后单击“关闭”按钮。

系统监视器默认以图表的方式显示系统性能数据，管理员也可以使用直方图和报告的方式查看性能数据，方法是在“系统监视器”右窗格的顶部单击相应的按钮。为了高亮显示某个计数器性能数据，可以在“系统监视器”右窗格的底部单击某个计数器，然后按“Ctrl+H”组合键。为了详细设置性能数据的显示，可以在“系统监视器”右窗格的空白处右击，在弹出的快捷菜单中选择“属性”菜单。在如图 15-8 所示的对话框中进行设置。

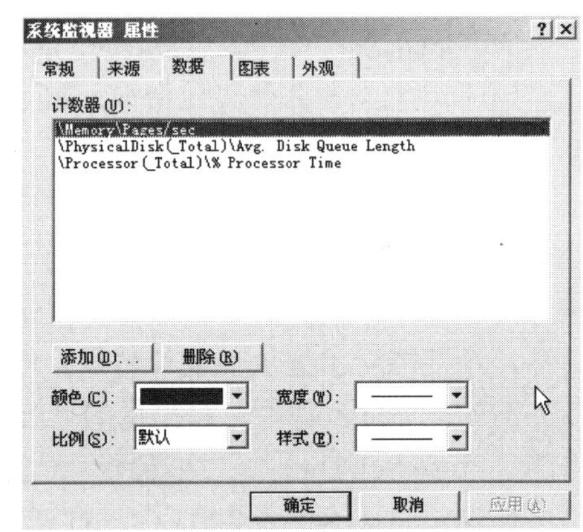

图 15-8　“系统监视器”属性对话框

15.2.3　性能日志和警报

要监视简单服务器配置的性能，需要收集某个时间段内的 3 种不同类型的性能数据。

- 一般性能数据：此信息可帮助管理员发现短期趋势，如内存泄漏等。经过一段时间的数据收集后，可以求出结果的平均值并用更紧凑的格式保存这些结果。这种存档数据可帮助管理员在业务增长时作出容量规划，并有助于管理员在日后评估上述规划的效果。
- 基准性能数据：此信息可帮助管理员发现随着时间的推移而慢慢发生的更改。通过将系统的当前状态与历史记录数据相比较，可以排除系统问题并调整系统。

● 用于服务级别报告的数据：此信息可帮助管理员确保系统达到特定的服务或性能级别，收集和维护该数据的频率取决于特定的业务需要。

要收集所有这 3 种类型的数据，可以使用“性能日志和警报”来创建计数器日志。使用计数器日志的方法是在“性能”对话框中选择“性能日志和警报”图标，然后选择“计数器日志”选项。可以启动系统原有的计数器日志，也可以建立新的计数器日志。性能日志默认保存在 c:\perflogs 目录中。

利用“性能日志和警报”中的警报，用户可以在计数器值高于或低于指定限制值时将消息写入事件日志、运行某个应用程序或发送网络消息。

15.3 网络监视器

15.3.1 安装网络监视器

Windows Server 2003 操作系统提供的“网络监视器”组件可以捕获所在计算机收到或发出的帧。如果要捕获远程计算机收到或发出的帧，必须使用随 Microsoft Systems Management Server 提供的“网络监视器”组件，它可以捕获任何装有“网络监视器”的计算机收到或发出的帧。

要安装网络监视器，可以使用如下步骤。

① 在“控制面板”对话框中，双击“添加或删除程序”图标。

② 单击“添加/删除 Windows 组件”按钮，打开 Windows 组件向导对话框。

③ 在“Windows 组件向导”对话框中，选择“管理和监视工具”选项，然后单击“详细信息”按钮。

④ 在“管理和监视工具的子组件”对话框中，选择“网络监视工具”复选框，然后单击“确定”按钮。

⑤ 如果系统提示您提供其他文件，插入操作系统的安装光盘，或输入指向网络上文件位置的路径。

安装完成后，可以在“开始”→“程序”→“管理工具”中找到网络监视器。

15.3.2 监视网络通信

第一次启动网络监视器时，会提示用户选择一个网络连接以进行网络数据捕获，如图 15-9 所示。

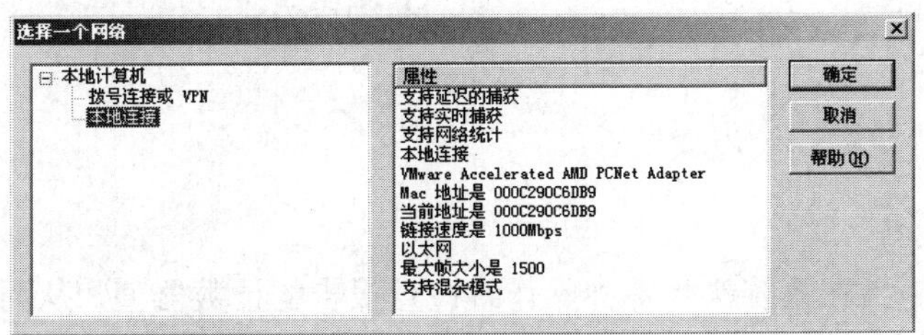

图 15-9　选择网络

打开后的网络监视器如图 15-10 所示，该窗口包括 4 个窗格。

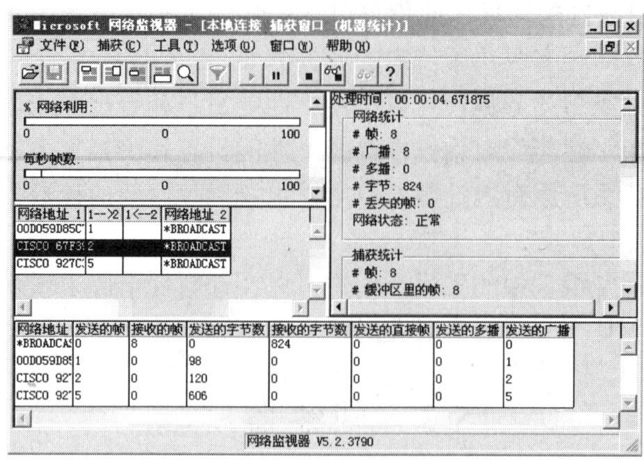

图 15-10 网络监视器

- 图表窗格：以图形显示当前捕获数据的总体捕获统计信息。
- 会话统计窗格：以每个会话为单位显示统计信息。
- 机器统计窗格：说明工作站的网络活动状态。
- 统计总数窗格：可以从整体上查看本地计算机发出和收到的网络通信。

为了查看详细的数据帧信息，可以在“捕获”菜单中选择“显示捕获的数据”选项，并双击某个帧。这样可以打开帧查看器，如图 15-11 所示。

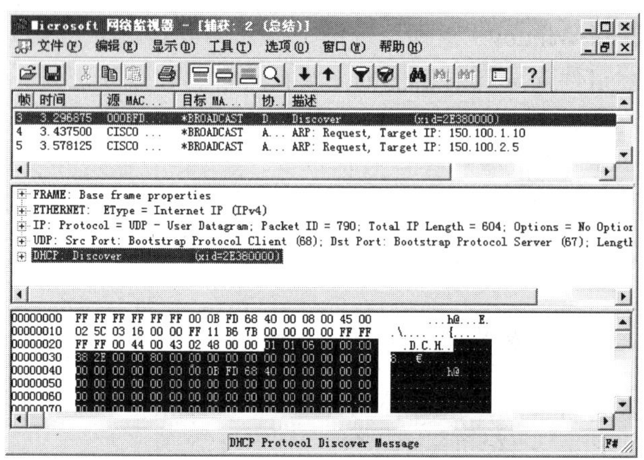

图 15-11 帧查看器

15.4 性能优化

15.4.1 性能优化的一般步骤

1．分析性能数据

分析监视数据是指在系统执行各种操作时检查报告的计数器值，从而确定哪些进程是最活跃的，以及哪些程序或线程（如果有的话）独占资源。使用此类性能数据分析，可以了解系统响应工作负载需求的方式。

作为此分析的结果，用户可能发现系统执行情况有时令人满意，有时并不令人满意。根据这些偏差的原因和差异程度，可以选择采取纠正操作或接受这些偏差，将调整或更新资源延迟到稍后进行。

系统处理典型的负载并运行所有必要的服务时认为可以接受的系统性能级别称为性能基准。这种基准是管理员根据工作环境确定的一种主观标准。性能基准可以与计数器值的范围对应，包括一些暂时无法接受的值，但是通常表示在管理员特定的条件下可能的最佳性能。基准是用来设置用户性能标准的度量标准，可以包含在使用的任何服务协议中。

2. 决定计数器的可接受值

通常，决定性能是否可以接受是一种主观判断，随用户环境的变化而明显地变化。表 15-1 提供了特定计数器的建议阈值，可以帮助用户判断系统报告的值是否表示出现了问题。如果“系统监视器”连续报告这些值，可能是系统存在瓶颈，应当采取措施来调整或升级受影响的资源。与即时计数器值的平均值相比，较长一段时间内使用比例的计数器是一种可以提供更多信息的衡量标准。例如，在性能数据衡量标准中，在比较短的一段时间内超出正常工作条件的两个数据点可能会使平均值偏离真实值，它并没有正确反映这段数据收集期间内的总体工作性能。

3. 调整系统资源以优化性能

结合表 15-1 给出的计数器阈值，用户可以根据实际情况适当调整系统资源以优化系统性能。

表 15-1　　建议的计数器阈值

资　源	对象\计数器	建议的阈值	注　释
磁盘	Physical Disk\% Free Space Logical Disk\% Free Space	15%	
磁盘	Physical Disk\% Disk Time Logical Disk\% Disk Time	90%	检查磁盘的指定传送速度，以验证此速度没有超出规格
磁盘	Physical Disk\Disk Reads/sec、Physical Disk\Disk Writes/sec	取决于制造商的规格	
磁盘	Physical Disk\Current Disk Queue Length	主轴数加 2	这是即时计数器；对于时间段内的平均值，请使用 Physical Disk\ Avg.Disk Queue Length
内存	Memory\Available Bytes	大于 4 MB	考察内存使用情况并在需要时添加内存
内存	Memory\Pages/sec		研究页交换活动，注意进入具有页面文件的磁盘的 I/O 数量
页面文件	Paging File\% Usage	70% 以上	将该值与 Available Bytes 和 Pages/sec 一起复查，了解计算机的页交换活动
处理器	Processor\% Processor Time	85%	查找占用处理器时间高百分比的进程，升级到更快的处理器或安装其他处理器
处理器	Processor\Interrupts/sec	取决于处理器；每秒 1 000 次中断是好的起点	此计数器的值明显增加，而系统活动没有相应的增加则表明存在硬件问题。确定引起中断的网络适配器、磁盘或其他硬件
服务器	Server\Bytes Total/sec		如果所有服务器的 Bytes Total/sec 和与网络的最大传送速度几乎相等，则可能需要将网络分段
服务器	Server\Pool Paged Peak	物理 RAM 的数量	此值是最大页面文件大小和物理内存数量的指示器
服务器	Server Work Queues\Queue Length	4	这是即时计数器；应该观察在多个间隔上的值。如果达到此阈值，则可能存在处理器瓶颈
多个处理器	System\Processor Queue Length	2	这是即时计数器；观察在多个间隔上的值

15.4.2 优化系统资源

1. 优化内存

在4个主要的性能瓶颈之中，内存通常是引起性能下降的首要资源。这是因为Windows Server 2003倾向于消耗内存。不过，增大内存是提高性能的最容易和最经济的方法。与内存相关的重要计数器有很多，应该一直被监视的两个计数器是Page Faults/sec和Pages/sec，它们用来表明系统是否被配置了合适数量的RAM。

Page Faults/sec计数器包括硬件错误（要求磁盘访问的错误）和软件错误（在内存的其他地方发现损坏的页面的地方）。多数系统可处理大量的软件错误而不影响性能。然而，由于硬盘访问时间的限制，硬件错误可引起显著的延迟。即使是市场上可见的最快的驱动器，其查找率和传输率与内存速度相比也是低的。

Pages/sec计数器反映了从磁盘读或写到磁盘的页面数量，以解决硬页面错误。当进程要求不在工作集中或内存中的代码或数据时，发生硬页面错误。该代码和数据必须被找到并从磁盘中找回。内存计数器是系统失效（过多依靠虚拟内存的硬盘驱动器）和页面过多的指示器。Microsoft表示，如果pages/sec的值一直大于5，那么可能是系统的内存不足。如果该值一直大于20，那么应该注意到这是因为内存不足而造成的性能降低。

2. 优化处理器

当系统性能显著降低时，处理器是首先应分析的资源。出于性能优化的目的，在处理器对象中有两个重要的计数器要监视：%Processor Time和Interrupts/sec。%Processor Time计数器表明整个处理器的利用百分比。如果系统上有不只一个处理器，那么每一个的实例与总（综合的）值计数器一起被包括在内。如果%Processor Time计数器显示处理器的使用率长时间保持在50%或更多，那么就应该考虑升级了。当平均处理器时间一直超过65%的使用率时，可能出现用户不能容忍的性能下降。

Interrupts/sec计数器也是一个处理器可利用的很好的指示器。它表明处理器每秒处理的设备中断的数量。设备中断可能是硬件也可能是软件造成的，并且可达到几千的高值。提高性能的方法包括将一些服务卸载到另一个不常使用的服务器上、添加另一个处理器、升级现有的处理器、群集和将负荷分发到整个新机器。

3. 优化磁盘子系统

由于硬件性能的提升，磁盘子系统性能对象的作用变得越来越容易被忽视。为性能优化而监视的磁盘性能计数器是%Disk Time和Avg.Disk Queue Length。

%Disk Time计数器监视选择的物理或逻辑驱动器满足读写要求所花费的时间量。Avg.Disk Queue Length表明物理或逻辑驱动器上未完成的要求（已要求但未满足）的数量。该值是一个瞬间测量值而不是一个指定时间间隔上的平均值，但它精确地代表了驱动器所经历的延迟的数量。驱动器所经历的要求延迟可以通过从Avg.Disk Queue Length测量值中减去磁盘上的主轴数量来计算。如果延迟经常大于2，那么表示该磁盘性能下降了。

4. 优化网络

因为组件很多，所以网络子系统是需要监视的最复杂的子系统之一。协议、网卡、网络应用程序和物理拓扑都在网络中起着重要的作用。另外，工作环境中可能要实现多个协议栈。因此，监视的网络性能计数器应根据系统的配置而变化。

从监视网络子系统组件获得的重要信息是网络行为和吞吐量的数量。当监视网络子系统组件时，应该使用除了“性能”管理单元以外的其他网络监视工具。例如，可考虑使用“网络监视器”（内置或 SMS 版本）之类的监视工具，或如 MOM 的系统管理应用程序。同时使用这些工具会拓宽监视范围，并可精确地表明网络基础结构中所发生的事情。

本节主要讨论 TCP/IP 方面网络子系统性能优化。在 TCP/IP 被安装后，其计数器被添加到系统并包括 Internet Protocol 版本 6（IPv6）的计数器。

许多与 TCP/IP 相关的对象内都有需要进行监视的重要计数器。其中两个用于 TCP/IP 监视的重要计数器与 NIC 对象相关。它们是 Bytes Total/sec 和 Output Queue Length 计数器。Bytes Total/sec 计数器表明服务器的 TCP/IP 通信量入站和出站的总数量。Output Queue Length 表明在 NIC 上是否存在拥挤和争用问题。如果 Output　Queue Length 值一直大于 2，那么应检查 Bytes Total/sec 计数器是否存在异常的高值。两个计数器皆为高值表明在该网络子系统中存在瓶颈，应该升级服务器的网络组件。

在分析异常计数器值或网络性能下降的原因时，还有许多其他需要监视和考虑的计数器。服务器性能的下降有时并不是由单个因素造成的。例如，如果磁盘访问量的增加是由内存不足引起的，那么这时应该优化的系统资源是内存而不是磁盘。

15.5　习　　题

一、填空题

要完成对系统的有效监测，需要一系列的监视工具。主要包括________、________、________、________、________。

二、简答题

（1）简述任务管理器结束进程的步骤。

（2）如何安装和使用网络监视器？

（3）简述性能优化的一般步骤。

（4）如何优化系统资源？

第 16 章 Windows Server 2003 安全管理

本章学习要点

- 设置本地安全策略
- 基于域的安全设置
- 审核
- 安全记录
- 安全模板

16.1 设置本地安全策略

在 Windows Server 2003 中，允许管理员对本地安全进行设置，从而达到提高系统安全性的目的。Windows Server 2003 对登录到本地计算机的用户都定义了一些安全设置。所谓本地计算机是指用户登录执行 Windows Server 2003 的计算机，在没有活动目录集中管理的情况下，本地管理员必须为计算机进行本地安全设置，例如，限制用户如何设置密码、通过账户策略设置账户安全性、通过锁定账户策略避免他人登录计算机、指派用户权限等。将这些安全设置分组管理，就组成了 Windows Server 2003 的本地安全策略。

系统管理员可以通过本地安全原则，确保执行的 Windows Server 2003 计算机的安全。例如，通过判断账户的密码长度和复杂性是否符合要求，系统管理员可以设置允许哪些用户登录本地计算机，以及从网络访问这台计算机的资源，进而控制用户对本地计算机资源和共享资源的访问。

Windows Server 2003 在“管理工具”对话框中提供了“本地安全设置”控制台，可以集中管理本地计算机的安全设置原则。使用管理员账户登录到本地计算机，即可打开“本地安全设置”对话框，如图 16-1 所示。

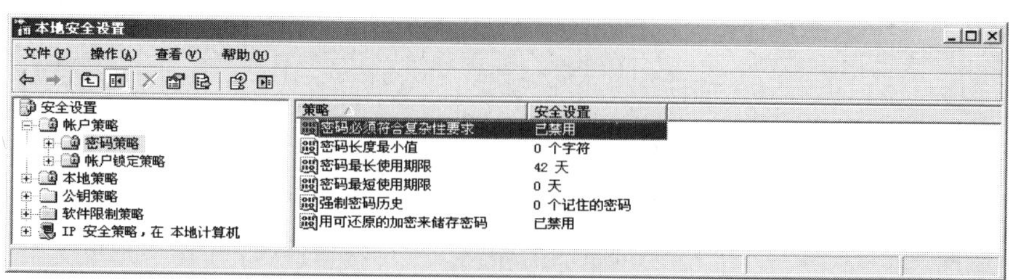

图 16-1 “本地安全设置”对话框

1. 密码安全设置

用户密码是保证计算机安全的第一道屏障，是计算机安全的基础。如果用户账户特别是管理员账户没有设置密码，或者设置的密码非常简单，那么计算机将很容易被非授权用户登录，进而访问计算机资源或更改系统配置。目前互联网上的攻击很多都是因为密码设置过于简单或根本没设置密码造成的，因此应该设置合适的密码和密码设置原则，从而保证系统的安全。

Windows Server 2003 的密码原则主要包括以下 4 项：密码必须符合复杂性要求，密码长度最小值，密码使用期限和强制密码历史等。

① 密码必须符合复杂性要求。对于工作组环境的 Windows 系统，默认密码没有设置复杂性要求，用户可以使用空密码或简单密码，如“123”、“abc”等，这样黑客很容易通过一些扫描工具得到系统管理员的密码。对于域环境的 Windows Server 2003，默认即启用了密码复杂性要求。要使本地计算机启用密码复杂性要求，只要在“本地安全设置”对话框中选择“账户策略”下的“密码策略”选项，双击右窗格中的“密码必须符合复杂性要求”图标，打开其属性对话框，选择“已启用”单选项即可，如图 16-2 所示。

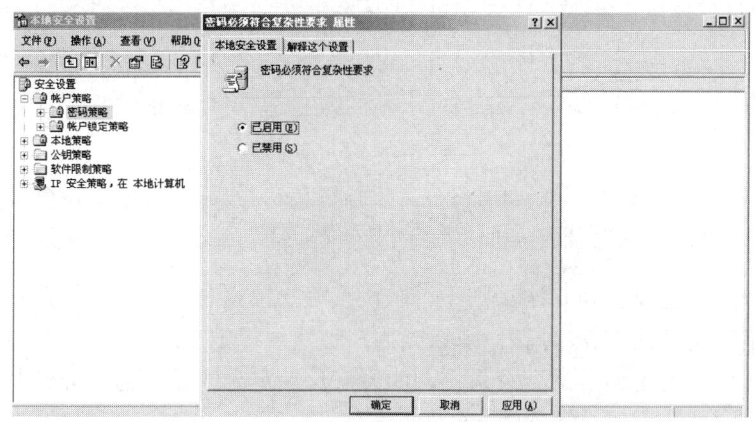

图 16-2 启用密码复杂性要求

启用密码复杂性要求后，则所有用户设置的密码，必须包含字母、数字和标点符号等才能符合要求。例如，密码“ab%&3D80”符合要求，而密码“asdfgh”不符合要求。

② 密码长度最小值。默认密码长度最小值为 0 个字符。在设置密码复杂性要求之前，系统允许用户不设置密码。但为了系统的安全，最好设置最小密码长度为 6 或更长的字符。在“本地安全设置”对话框中选择“账户策略”下的“密码策略”选项，双击右边的“密码长度最小值”，在打开的对话框中输入密码最小长度即可。

③ 密码使用期限。默认的密码最长有效期为 42 天，用户账户的密码必须在 42 天之后修改，也就是说密码会在 42 天之后过期。默认的密码最短有效期为 0 天，即用户账户的密码可以立即修改。与前面类似可以修改默认密码的最长有效期和最短有效期。

④ 强制密码历史。默认强制密码历史为 0 个。如果将强制密码历史改为 3 个，即系统会记住最后 3 个用户设置过的密码。当用户修改密码时，如果为最后 3 个密码之一，系统将拒绝用户的要求，这样可以防止用户重复使用相同的字符来组成密码。与前面类似可以修改强制密码历史设置。

2. 账户锁定策略密码安全

Windows Server 2003 在默认情况下，没有对账户锁定进行设置，此时，对黑客的攻击没有任何限制，黑客可以通过自动登录工具和密码猜解字典进行攻击，甚至可以进行暴力模式的攻击。因此，为了保证系统的安全，最好设置账户锁定策略。账户锁定原则包括如下设置：账户锁定阈值、账户锁定时间和重设账户锁定计算机的时间间隔。

账户锁定阈值默认为“0 次无效登录”，可以设置为 5 次或更多的次数以确保系统安全，如图 16-3 所示。

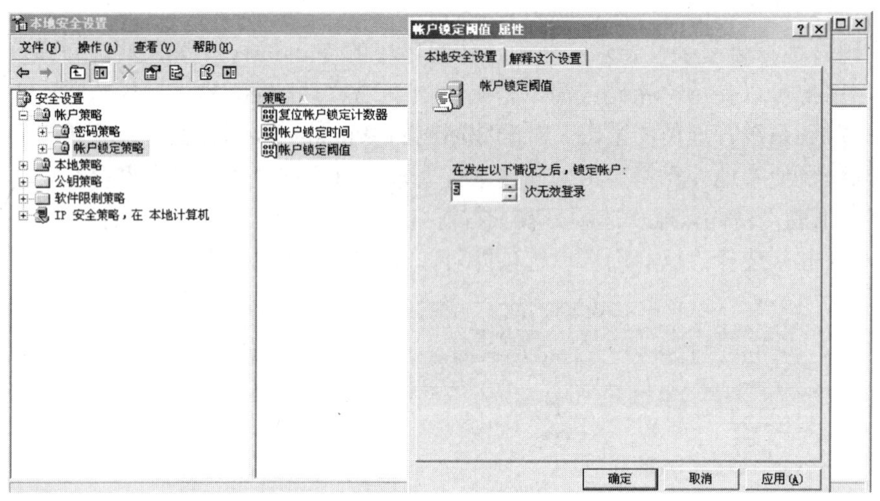

图 16-3 账户锁定阈值设置

如果账户锁定阈值设置为 0 次，则不可以设置账户锁定时间。在修改账户锁定阈值后，如果将账户锁定时间设置为 30 分钟，那么当账户被系统锁定 30 分钟之后会自动解锁。这个值的设置可以延迟它们继续尝试登录系统。如果账户锁定时间设定为 0 分钟，则表示账户将被自动锁定，直到系统管理员解除锁定。

复位账户锁定计数器设置在登录尝试失败计数器被复位为 0（即 0 次失败登录尝试）之前，尝试登录失败之后所需的分钟数。有效范围为 1～99 999 分钟之间。如果定义了账户锁定阈值，则该复位时间必须小于或等于账户锁定时间。

3．用户权限分配

Windows Server 2003 将计算机管理各项任务设置为默认的权限，例如，从本地登录系统、更改系统时间、从网络连接到该计算机、关闭系统等。系统管理员在新增了用户账户和组账户后，如果需要指派这些账户管理计算机的某项任务，可以将这些账户加入到内置组，但这种方式不够灵活。系统管理员可以单独为用户或组指派权限，这种方式提供了更好的灵活性。

用户权限的分配在“本地安全设置”对话框的“本地策略”下设置。下面举例来说明如何配置用户权限。

① 从网络访问此计算机。从网络访问这台计算机是指允许哪些用户及组通过网络连接到该计算机，默认为 Administrators、BackupOperators、Power Users 和 Everyone 组，如图 16-4 所示。由于允许 Everyone 组通过网络连接到此计算机，所以网络中的所有用户，默认都可以访问这台计算机。从安全角度考虑，建议将 Everyone 组删除，这样当网络用户连接到这台计算机时，就需要输入用户名和密码，而不是直接连接访问。

与该设置相反的是“拒绝从网络访问这台计算机”，该安全设置决定哪些用户被明确禁止通过网络访问计算机。如果某用户账户同时符合此项设置和“从网络访问此计算机”，那么禁止访问优先于允许访问。

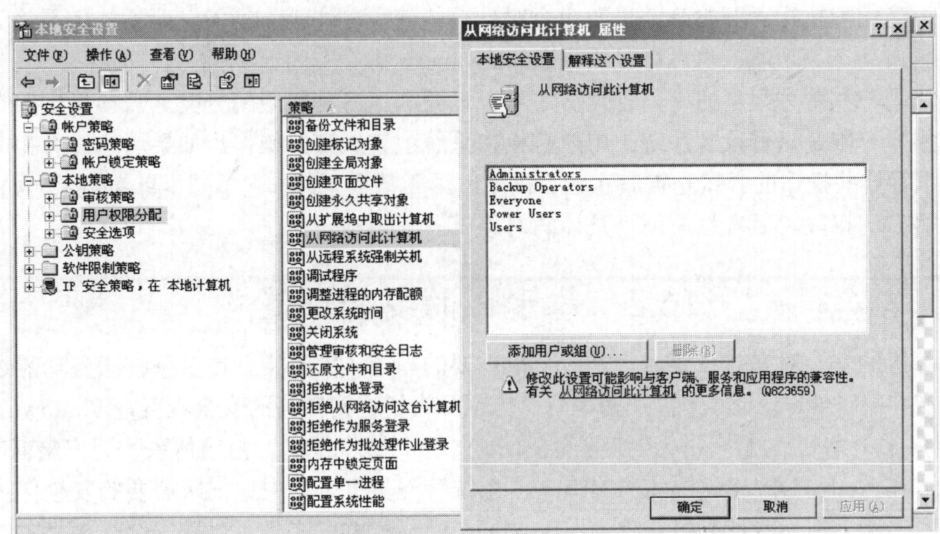

图 16-4　设置从网络访问此计算机

② 在本地登录。在本地登录是指允许哪些用户可以交互式地登录此计算机，默认为 Administrators、BackupOperators、Power Users，如图 16-5 所示。另一个安全设置是“拒绝本地登录”，默认用户或组为空。同样的，如果某用户既属于“在本地登录”又属于“拒绝本地登录”，那么该用户将无法在本地登录计算机。

③ 关闭系统。关闭系统是指允许哪些本地登录计算机的用户可以关闭操作系统。默认能够关闭系统的是 Administrators、BackupOperators 和 Power Users。

注意：如果在以上各种属性中单击“解释这个设置”选项卡，计算机会显示帮助信息。图 16-6 所示为“关闭系统属性”对话框中的“解释这个设置”选项卡。

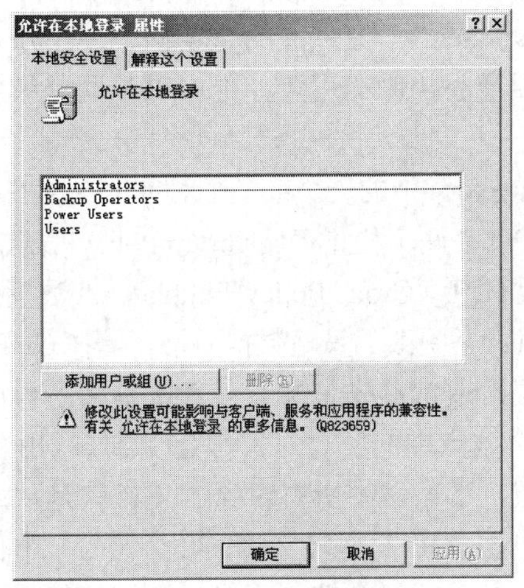

图 16-5　允许本地登录

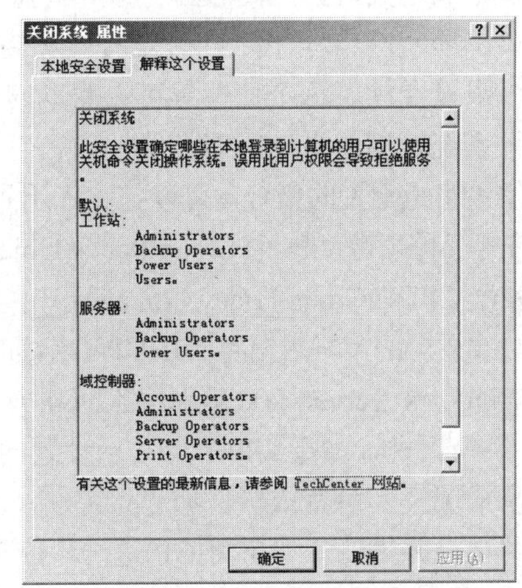

图 16-6　“关闭系统”属性中的“解释这个设置”选项卡

默认 Users 组用户可以从本地登录计算机，但是不在“关闭系统”成员列表中，所以 Users

组用户能从本地登录计算机，但是登录后无法关闭计算机。这样可避免普通权限用户误操作导致关闭计算机而影响关键业务系统的正常运行。例如，属于 Users 组的用户 user1 本地登录到系统，当用户执行"开始→关机"命令时，只能使用"注销"功能，而不能使用"关机"和"重新启动"等功能，也不可以执行 shutdown.exe 命令关闭计算机。

在"用户权限分配"树中，管理员还可以设置其他各种权限的分配。需要指出的是，这里讲的用户权限是指登录到系统的用户有权在系统上完成某些操作。如果用户没有相应的权限，则执行这些操作的尝试是被禁止的。权限适用于整个系统，它不同于针对对象（如文件、文件夹等）的权限，后者只适用于具体的对象。

16.2 基于域的安全设置

计算机的安全对操作系统而言是一个很重要的问题，它贯穿到许多系统服务功能之中，涉及网络、密码学、认证、文件加密等各个方面。为了达到较高的安全程度，Windows Server 2003 提供了一系列措施来保障系统的安全，如加密、数字签名、密钥体系、用户验证等。

通过在 Active Directory 中使用组策略，系统管理员可以集中地把所需要的安全保护加到某个容器的所有用户或计算机对象上。Windows Server 2003 提供了一些安全性模板，既可以针对计算机所担当的角色来实施，也可以作为自己定制安全模板的基础。

16.2.1 认识组策略

组策略，简单地说，与修改注册表配置所完成的功能是一样的。但是，组策略使用更完善的管理组织方法，对各种对象中的设置进行管理和配置，比手工修改注册表方便、灵活，功能也更加强大。

组策略通常是系统管理员为加强整个域或网络共同的策略而设置的。组策略会影响到用户账户、组、计算机和组织单位，它是存储在 Active Directory 中的配置，一个对象可能有多个组策略来创建动态环境。使用组策略，可以对整个计算机或者特定用户进行广泛配置，包括从安全锁定桌面到应用程序分发，从脚本处理到文件和文件夹复制。例如，定制桌面和"开始"菜单项、应用程序的自动分发和安装、"My Documents"文件夹的重定向、用户账户和组的权限设置等。这个特性集可以帮助对其桌面需要最小控制的用户，也可以帮助登录到网络进行系统管理的系统管理员。

组策略是配置的集合，可以把它应用到 Active Directory 中的一个或多个对象上，这些设置包含在组策略对象 GPO（Group Policy Object）内。GPO 在两个位置存储 Group Policy 信息：组策略容器 GPC（Group Policy Container）和组策略模板 GPT（Group Policy Template）。数量很少并且更改很少的策略数据存储在 GPC 中，而数量很大且经常更改的策略数据通常存储在 GPT 中。

Windows Server 2003 组策略（GP）应用程序层次通常首先是站点，其次是域，再次是 OU。换句话说，如果 GP 是为站点设置的，那么这个站点中的所有对象都会受到该 GP 的影响，包括域及其所有成员。如果接着将 GP 应用于域，那么域中所有对象的 GP 就是从站点和域继承合并来的。如果将 GP 进一步应用于组织单位（OU），那么组织单位（OU）中任何对象的 GP 就是这三者的结合。所以，组织单位（OU）中的组合控制可能来源于域策略，也可能来源于站点策略，除非继承的策略很明显被内在的覆盖机制阻碍。这个覆盖机制可以被激活或者被禁用，或者被组和用户的访问控制机制阻碍。

16.2.2　创建组策略对象

组策略对象的容器可以是 Active Directory 的任何逻辑结构单位，包括站点、域或组织单位（OU）。在设置组策略之前必须创建一个或多个组策略对象，然后通过组策略编辑器设置所创建的组策略对象。下面以在域 long.com 上创建组策略对象为例介绍创建组策略对象的步骤。

① 执行“开始”→“程序”→“管理工具”→“Active Directory”用户和计算机”命令，打开如图 16-7 所示的对话框。右击要建立组策略对象的域控制器，在弹出的快捷菜单中选择“属性”选项，打开“域控制器属性”对话框。

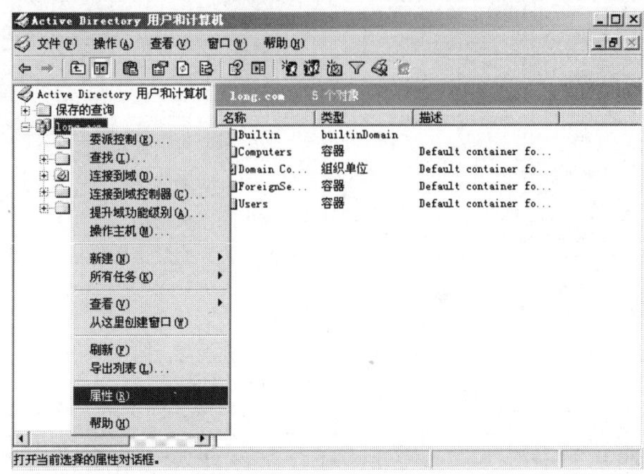

图 16-7　“AD 用户和计算机”控制台窗口

② 选择“组策略”选项卡，如图 16-8 所示，单击“新建”按钮，在打开的对话框中输入要创建的组策略对象名称，如“GPO_ONE”。

③ 单击“添加”按钮，打开“添加组策略对象链接”对话框，可以将已经创建但还没有指定链接的组策略链接到任何的 Active Directory 逻辑结构单元中。其中有“域/OUs”、“站点”和“全部”3 个选项卡。选择“全部”选项卡，然后选择对应的项目如 GPO_ONE，就可以将其链接到这个单元，如图 16-9 所示。

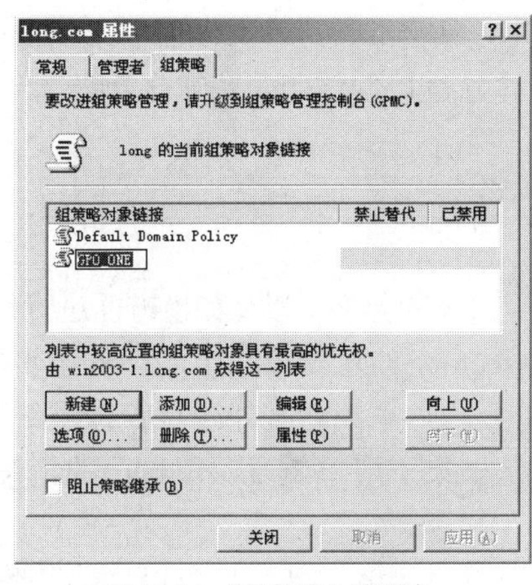

图 16-8　“组策略”选项卡

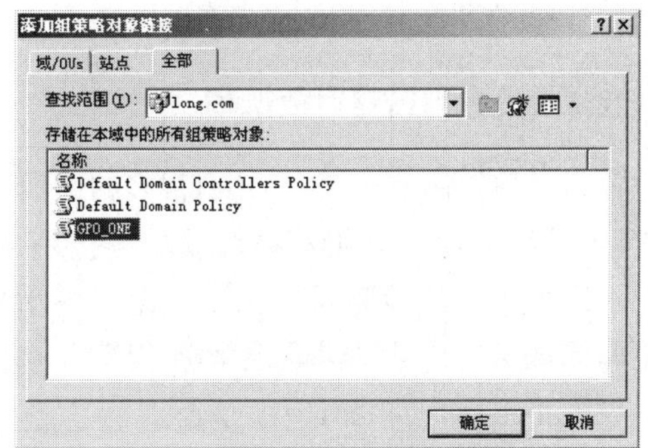

图 16-9　“添加组策略对象链接”窗口

④ 单击“确定”按钮，返回到“组策略”选项卡。选择要管理的组策略，单击“编辑”，

按钮，打开“组策略编辑器”对话框，如图 16-10 所示要进行某项设置，先在左窗格中选择某个类别，如“密码策略”，在右窗格中将会显示各个设置项目的列表。双击某个项目，如“密码必须符合复杂性要求”，会打开“密码必须符合复杂性要求属性”对话框。要启用该项设置，可选择“已启用”单选项；要禁用该项设置，可选择“已禁用”单选项；要保留原设置，可选择“未配置”单选项。其他项设置依次类推。然后就可以对其进行具体的组策略应用了。

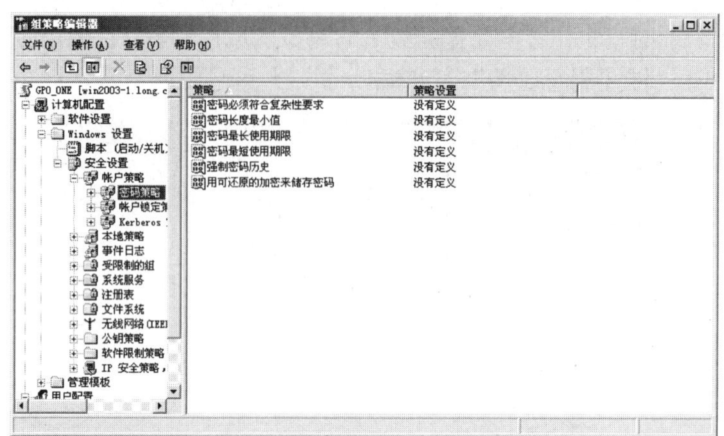

图 16-10　“组策略编辑器”对话框

为防止管理员用户 Administrutor 被组策略限制，在建立组策略时最好在 Active Directory 中建立组织单元，并在组织单元中建立用户或将原有用户移入组织单元中，再对组织单元设置组策略。

16.2.3　删除组策略对象

组策略对象设置不合理或者不再需要时，可以将其删除，因为多余的组策略对系统有一定的影响，会导致用户登录速度变慢。

在图 16-8 所示的“组策略”选项卡中，选择要删除的对象，单击“删除”按钮，然后选择删除的方式。如果选择“从列表中移除链接”，组策略对象会继续存在，以后需要的时候还可以链接到 Active Directory 逻辑单元中。如果选择“移除链接并将组策略永久删除”，则会删除该组策略的所有相关信息，不能重新添加链接。

16.2.4　设置组策略对象选项

组策略对象创建完毕之后，还有很多的选项可以设置。具体的选项可以从如下方面进行设置。

① 组策略的继承。组策略对象是链接到 Active Directory 的逻辑单元上的，各逻辑单元有其上下级关系，组策略可以由上层单元继承到下层单元。继承策略既能减少管理员统一设置组策略的任务，又可以保证组策略设置的一致性。但是如果下层单位要保留自己的组策略，也可以设置不继承，如图 16-11 所示。

② 组策略的禁用。暂时不用的组策略对象，除了可以直接删除外，也可以先将其禁用，等需要时再重新启用。单击图 16-8 的“组策略”选项卡中的“选项”按钮，打开选项对话框，可以设置禁用组策略，如图 16-12 所示。

系统提示是否确认禁用，禁用部分或全部组策略对象，会造成该对象包含的所有策略从客户机上收回。

③ 组策略的优先顺序调整。当同一个容器中应用了多个组策略对象时，最好不要定义相同的组策略设置。如果有相同的策略，客户端会应用排在最前面的、拥有较高优先级的组策略。通过图 16-8 的“组策略”选项卡的“向上”、“向下”按钮可以调整组策略对象的优先顺序。

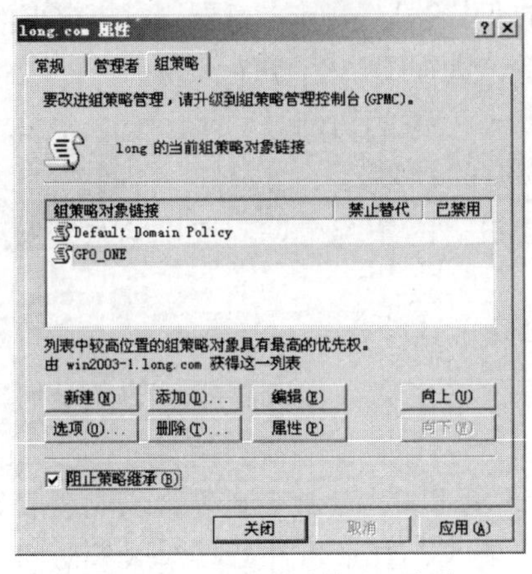

图 16-11　“组策略继承”选项

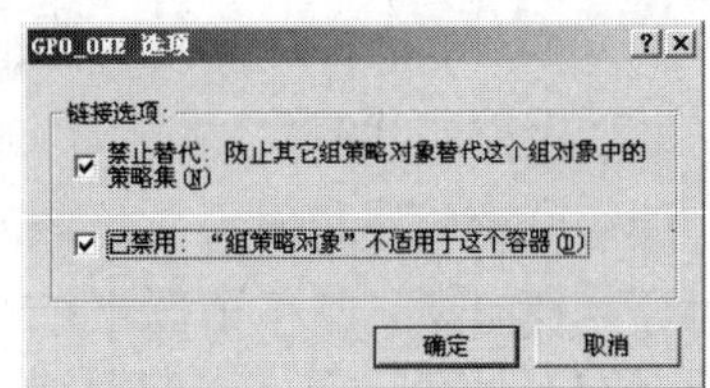

图 16-12　“组策略禁用”选项

④ 组策略的属性。在图 16-8 的“组策略”选项卡中选择某一组策略对象，单击“属性”按钮，可以查看和设置这个组策略对象的属性，包括“常规”、“链接”、“安全”和“WMI 筛选器”4 个选项。

- 在“常规”选项卡中，可以查看这个组策略的摘要信息，包括创建时间、修改日期、修订、域、唯一的名称等。
- 在“链接”选项卡中，可以搜索使用这个组策略对象的站点、域或组织单位。
- 在“安全”选项卡中，可以设置组或用户对于组策略对象的使用权限。这些权限包括：完全控制、读取、写入、创建所有子对象、删除所有子对象、应用组策略、特别的权限。
- “WMI 筛选器”选项卡，可用于为给定的组策略对象指定 WMI 筛选器。“WMI 筛选器”选项卡包括“浏览/管理”功能，使用该功能可以创建和编辑筛选器。管理员可以用 WMI 筛选器来指定基于 WMI 的查询，这样就能对组策略对象的效果进行筛选，并可对异常事件进行管理。WMI 筛选器是用 WMI 查询语言（WQL）编写的。

16.3　审　核

审核提供了一种在 Windows Server 2003 中跟踪所有事件从而监视系统访问的方法。它是保证系统安全的一个重要工具。审核允许跟踪特定的事件，具体地说，审核允许跟踪特定事件的成败，例如，可以通过审核登录来跟踪谁登录成功以及谁（以及何时）登录失败；还可以审核对给定文件夹或文件对象的访问，跟踪是谁在使用这些文件夹和文件以及对它们进行了什么操作。这些事件都可以记录在安全日志中。

虽然可以审核每一个事件，但这样做并不实际，因为如果设置或使用不当，它会使服务器超载。不提倡打开所有的审核，也不建议完全关闭审核，而是要有选择地审核关键的用户、关键的文件、关键的事件和服务。

Windows Servet 2003 允许设置的审核策略包括如下几项。

- 审核策略更改：跟踪用户权限或审核策略的改变。
- 审核登录事件：跟踪用户登录、注销任务或本地系统账户的远程登录服务。
- 审核对象访问：跟踪对象何时被访问以及访问的类型。例如，跟踪对文件夹、文件、打印机等的使用。利用对象的属性（如文件夹或文件的“安全”选项卡）可配置对指定事件的审核。
- 审核过程跟踪：跟踪诸如程序启动、复制、进程退出等事件。
- 审核目录服务访问：跟踪对 Active Directory 对象的访问。
- 审核特权使用：跟踪用户何时使用了不应有的权限。
- 审核系统事件：跟踪重新启动、启动或关机等的系统事件，或影响系统安全或安全日志的事件。
- 审核账户登录事件：跟踪用户账户的登录和退出。
- 审核账户管理：跟踪某个用户账户或组是何时建立、修改和删除的，是何时改名、启用或禁止的，其密码是何时设置或修改的。

为了节省系统资源，默认情况下，Windows Server 2003 的独立服务器或成员服务器的本地审核策略并没有打开；而域控制器则打开了策略更改、登录事件、目录服务访问、系统事件、账户登录事件和账户管理的域控制器审核策略。

“管理工具”对话框中的“域安全策略”和“域控制器安全策略”图标分别可以打开木地审核策略和域控制器审核策略。下面以域控制器审核策略的配置过程为例介绍其配置方法。

① 执行“开始”→“程序”→“管理工具”→“域控制器安全策略”命令，打开如图 16-13 所示的对话框，依次选择“安全设置”→“本地策略”→“审核策略”，展开具体的审核策略。

② 在图 16-13 所示的对话框的右窗格中，双击某个策略可以显示出其设置，例如双击审核登录事件，将打开“审核登录事件属性”对话框。可以审核成功登录事件，也可以审核失败的登录事件以便跟踪非授权使用系统的企图。

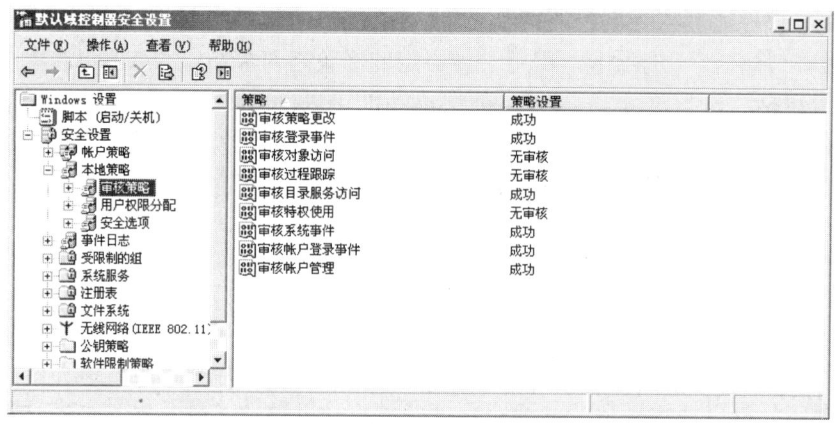

图 16-13　域控制器安全设置

③ 选择“成功”复选框或“失败”复选框或两者都选，然后单击“确定”按钮，完成配置。这样每次用户的登录或注销事件都能在事件查看器的“安全性”中看到审核的记录。

如果要审核对给定文件夹或文件对象的访问，可通过如下方法设置。

● 打开“Windows 资源管理器”对话框，右击文件夹（如“C:\Windows”文件夹）或文件，在弹出的快捷菜单中选择“属性”选项，打开其属性对话框。

● 选择“安全”选项卡，如图 6-14 所示，然后单击“高级”按钮，打开“高级安全设置”对话框。

● 在“高级安全设置”对话框中，选择“审核”选项卡显示审核属性，如图 16-15 所示，然后单击“添加”按钮。

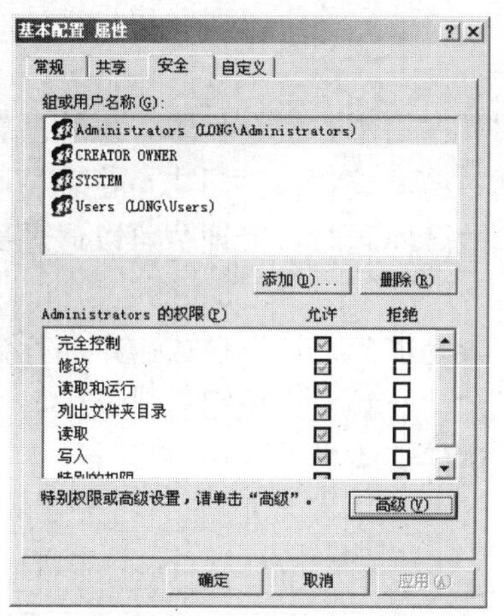

图 16-14　Windows 文件夹“安全选项卡”

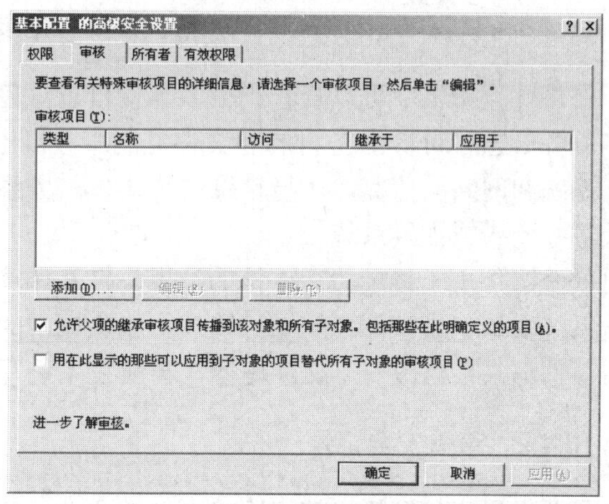

图 16-15　高级安全设置的“审核”选项卡

④ 如图 16-16 所示，选择所要审核的用户、计算机或组，输入要选择的对象名称，如“Administrators”，单击“确定”按钮。

⑤ 系统打开“审核项目”对话框，在“访问”选项区域中列出了被选中对象的可审核的事件，包括“完全控制”、“遍历文件夹/运行文件”、“读取属性”、“写入属性”、“删除”等事件，如图 16-17 所示。

⑥ 定义完对象的审核策略后，关闭对象的属性对话框，审核将立即开始生效。

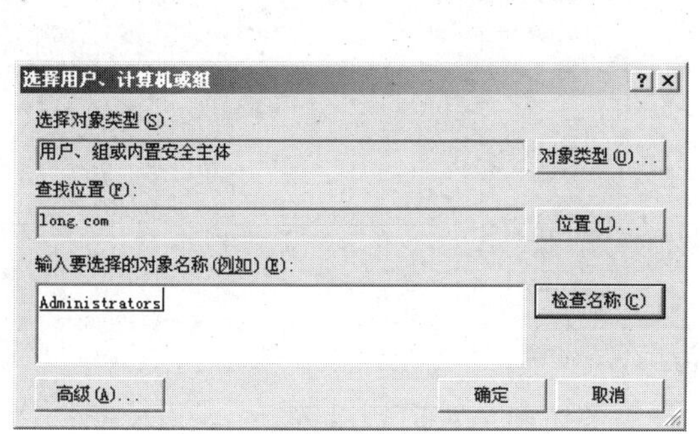

图 16-16　选择用户、计算机或组

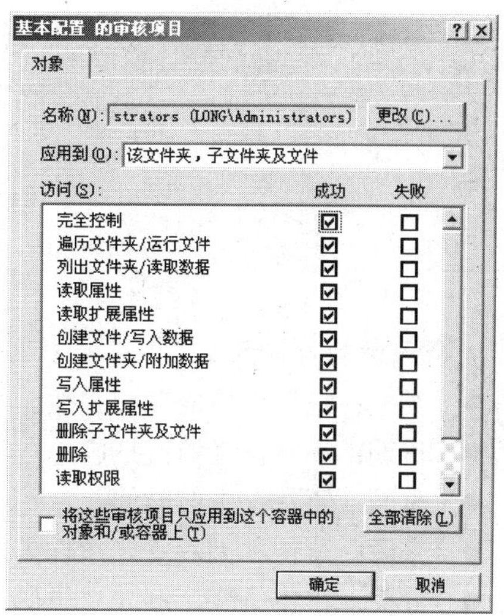

图 16-17　Windows 文件夹的审核项目

16.4 安全记录

审核策略配置好后，相应的审核记录都将记录在安全日志文件中，日志文件名为SecEvent.Evt，位于%Systemroot%\System32\config 目录下。用户可以设置安全日志文件的大小，方法是打开“事件查看器”对话框，在左窗格中右击“安全性”图标，在弹出的快捷菜单中选择“属性”选项，打开“安全性属性”对话框，在“日志大小”选项区域中进行调整。

16.4.1 认识 Windows Server 2003 安全记录

在事件查看器中可以查看到很多事件日志，包括应用程序日志、安全日志、系统日志、目录服务日志、DNS 服务日志和文件复制服务日志等。通过查看这些事件日志，管理员可以了解系统和网络的情况，也能跟踪安全事件。当系统出现故障问题时，管理员可以通过日志记录进行查错或恢复系统。

安全事件用于记录关于审核的结果，打开计算机的审核功能后，计算机或用户的行为会触发系统安全记录事件。例如，管理员删除域中的用户账户，会触发系统写入目录服务访问策略事件记录；修改一个文件内容，会触发系统写入对象访问策略事件记录。

16.4.2 查看安全记录

只要做了审核策略，被审核的事件都会被记录到安全记录中，可以通过事件查看器查到每一条安全记录。

执行“开始”→“程序”→“管理工具”→“事件查看器”命令或者在命令行对话框中输入“eventvwr. msc”，打开“事件查看器”对话框，即可查看安全记录，如图 16-18 所示。

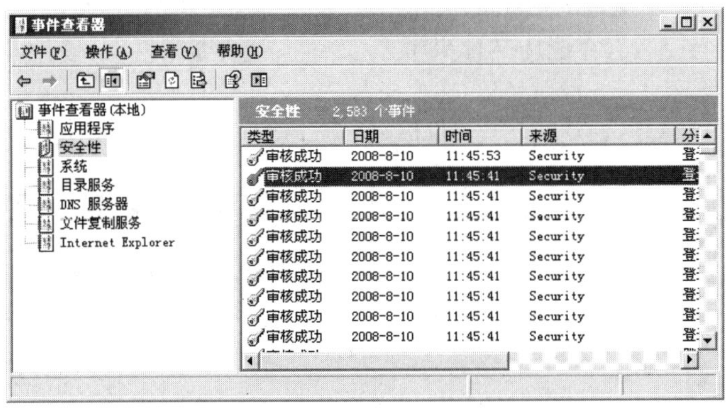

图 16-18 事件查看器

安全记录的内容包括：

- 类型：包括审核成功或失败。
- 日期：事件发生的日期。
- 时间：事件发生的时间。
- 来源：事件种类，安全事件为 Security。
- 分类：审核策略，例如登录/注销、目录服务访问、账户登录等。
- 事件：指定事件标识符，标明事件 ID，为整数值。

- 用户：触发事件的用户名称。
- 计算机：指定事件发生的计算机名称，一般是本地计算机名称。

事件 ID 可以用来识别登录事件，系统使用的多为默认的事件 ID，一般值都小于 1 024 B，常见的事件 ID 如表 16-1 所示。

表 16-1　常用的事件 ID 及描述

事件 ID	ID 描述
528	用户已成功登录计算机
529	登录失败。尝试以不明的用户名称，或已知用户名称与错误密码登录
530	登录失败。尝试在允许的时间之外登录
531	登录失败。尝试使用已禁用的账户登录
532	登录失败。尝试使用过期的账户登录
533	登录失败。不允许登录此计算机的用户尝试登录
534	登录失败。尝试以不允许的类型登录
535	登录失败。特定账户的密码已经过期
536	登录失败。NetLogon 服务不在使用中
537	登录失败。登录尝试因为其他原因而失败
538	用户的注销程序已完成
539	登录失败。尝试登录时账户已锁定
540	用户已成功登录网络
542	数据信道已终止
543	主要模式已终止
544	主要模式验证失败。因为对方并未提供有效的验证，或签章未经确认
545	主要模式验证失败。因为 Kerberos 失败或密码无效
548	登录失败。来自受信任域的安全标识符(SID)与客户端的账户域 SID 不符合
549	登录失败。所有对应到不受信任的 SID 都会在跨树系的验证时被筛选掉
550	通知信息，指出可能遭拒绝服务的攻击事件
551	用户已启动注销程序
552	用户在认证成功登录计算机的同时，又使用不同的用户身份登录
682	用户重新连接到中断连接的终端服务器会话
683	用户没有注销，但中断与终端服务器会话的连接

16.5　安全模板

安全模板是一种表示安全配置的文件。安全模板可被应用于本地计算机，导入到组策略对象中或用于安全性分析。Windows Server 2003 内置了很多安全模板，这些模板提供了不同等级的安全，作为管理员只需要根据企业安全的需要，应用一种安全模板即可。本节将介绍安全模板的概念和功能，以及如何管理安全模板。

16.5.1　认识安全模板

本机管理员可以在“本地安全策略”对话框上，设置本机的安全策略；而域管理员可以在“域安全策略”对话框上，设置整个域范围的安全策略，或是在“域控制器安全策略”对话框中设置组织单位（OU）的安全策略。

单独设置每个安全策略，需要花费管理员很多的精力，Windows Server 2003 提供了安全模板，以方便管理员管理安全设置。安全模板是单一文件，用于保存一组安全设置。每一个模板都是保存为文本格式的.inf 文件，管理员可以对模板的部分或全部进行、复制、剪切、粘贴、导入或导出等操作。

Windows Server 2003 包含一套预先定义的安全模板，依据计算机的角色和共同的安全设置不同，分别有几个策略：低级安全策略、基本安全策略、高级安全策略、最高级安全策略。预定义的安全模板是作为创建安全策略的初始点而提供的，这些策略都可以进行自定义设置以满足不同的组织要求。可以使用安全模板管理单元对该模板进行自定义。对预定义的安全模板进行了自定义后，就可以用它们配置单台或数以千计的计算机的安全。

在默认情况下，这些模板保存在“%Systemroot%\Security\templates\”文件夹中，如图 16-19 所示。

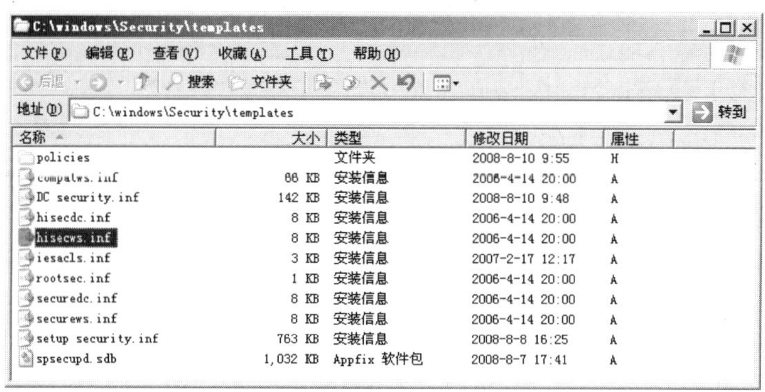

图 16-19 默认安全模板文件

预先定义的安全模板有以下几种。

① 默认安全（setup security.inf），这个模板是在安装期间针对每台计算机创建的，它代表了在安装操作系统期间所应用的默认安全设置。可以将它应用至 Windows Server 2003 的独立服务器或成员服务器，不过依据安装类型的不同，模板在不同的计算机中会有不同的变化。

② 域控制器默认安全（DC security.inf），该模板是在服务器被升级为域控制器时创建的。这个模板会反映文件、注册表和系统服务的默认安全设置，重新应用此模板会将这些领域重新设为默认值，但是可能会覆盖新文件及其他应用程序所创建的使用权限、注册表项和系统服务。

③ 兼容（compatws.inf），与以前版本的 Windows 2000 Server 兼容安全设置，通过赋予隶属 Users 组的用户更大的权限。因为要确保最终用户都是 Users 成员，宁愿放宽默认的 Users 权限也不愿让最终用户成为 Power Users 组的成员，这正是兼容模板的目的所在。

④ 安全（secure*.inf），安全模板定义了可能影响应用程序兼容性的增强安全设置。例如，安全模板定义了更严密的密码、锁定和审核设置。

⑤ 高级安全（hisec*.inf），高级安全模板是对加密和签名做进一步限制的安全模板的扩展集，这些加密和签名是进行身份认证、保证数据通过安全通道和在 SMB 客户端和服务器之间进行安全传输所必需的。例如，安全模板可以使服务器拒绝 LAN Manager 的响应，而高

级安全模板则可同时拒绝对LAN Manager和NTLM响应。安全模板可以启用服务器端的SMB信息包签名，而高级安全模板则要求这种签名。此外，高级安全模板还要求对形成域到成员以及域到域的信任关系的安全通道进行加密和签名，并对数据进行强力加密和签名。这样会导致旧版本的 Windows 不能与之通信，它要求客户端所加入的域的所有域控制器都必须运行 Windows 2000 或更新版本。

⑥ 系统根目录安全（rootsec.inf），指定根目录的使用权限，这个安全模板会为系统磁盘驱动器的根目录定义一些权限。如果不慎更改了根目录的权限，可以重新应用或修改这个安全模板，将相同根目录权限应用到其他卷。

⑦ IE 浏览器安全（iesacls.inf），Windows Server 2003 系统采用了更为严格的安全机制和默认配置，进一步提高了系统的安全性，对 Internet Explorer 浏览器的安全进行了增强设置。

16.5.2　安全设置分析

Windows Server 2003 使用默认的安全模板应用到本地计算机或域，经过管理员的不断编辑，安全设置会产生比较大的变化，管理员需要进行安全分析。

① 在命令行对话框中输入“MMC”，打开空白的控制台对话框后，执行“文件”→“添加/删除管理单元”命令，新增一个名为“安全配置和分析”的管理单元，如图 16-20 所示，选中要添加的项目“安全配置和分析”选项，单击“添加”按钮之后关闭。

② 回到控制台对话框，可以看到添加的“安全配置和分析”项目，如图 16-21 所示，右击“安全设置和分析”图标，在弹出的快捷菜单中选择“打开数据库”选项。在“打开数据库”对话框中可以创建新数据库来保存分析的结果。

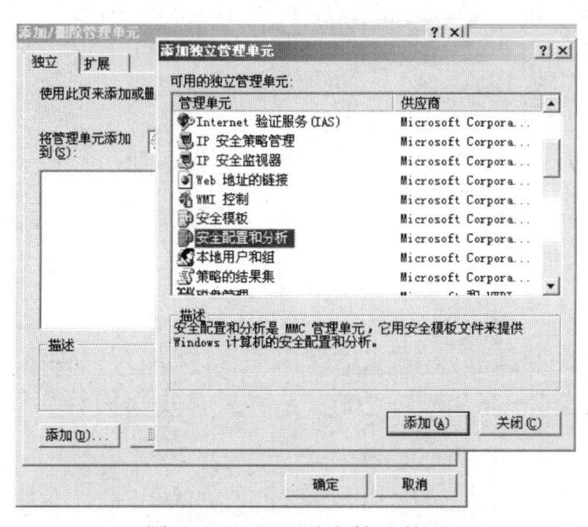

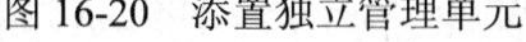

图 16-20　添置独立管理单元

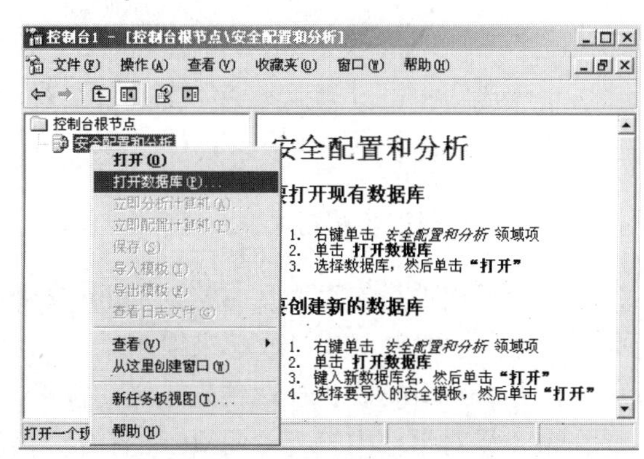

图 16-21　“安全配置和分析”控制台

③ 如图 16-22 所示，在“打开数据库”对话框中选择已存在的数据库，或在“文件名”文本框中输入新数据库的名称，创建一个新的数据库，我们创建一个新数据库 samsec.sdb，单击“打开”按钮。

④ 接着打开“导入模板”对话框，选择一个安全模板，如图 16-23 所示。

⑤ 导入模板后，在控制台对话框中右击“安全配置和分析”图标，执行“立即分析计算机”命令，可以利用这个数据库的安全设置，分析目前的计算机。

⑥ 在分析过程中必须记录产生的错误，在“进行分析”对话框中，输入错误日志文件

的路径，如图 16-24 所示。

图 16-22 “打开数据库”对话框

图 16-23 “导入模板”对话框

⑦ 分析系统安全的过程，包括分析用户权限分配、受限制的组、注册表、文件系统、Active Directorly 对象、系统服务、安全策略等，如图 16-25 所示。

图 16-24 输入错误日志文件路径

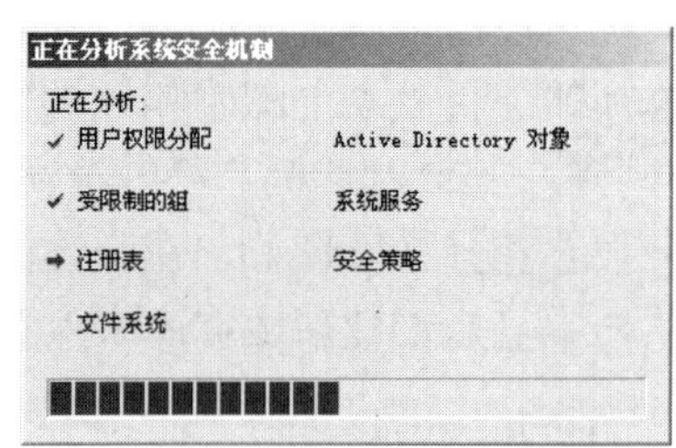

图 16-25 “分析系统安全”的过程

分析完成后，可以将这个安全策略导出到文件，如果在其他计算机中应用，则可以获得与该计算机相同的安全策略。

16.5.3 管理安全模板

每一个模板都是保存为文本格式的.inf 文件，管理员可以修改这个文件以设置安全模板，但是，使用文字编辑工具修改起来很困难，所以 Windows Server 2003 提供了“安全模板”管理单元，可以新增模板和管理预先定义的模板。

在命令行对话框中输入“MMC”打开空白的控制台对话框后，执行“文件”→“添加/删除管理单元”命令后，选择“安全模板”选项，单击“添加”按钮，完成安全模板的添加。

管理员可以修改预先定义的模板或删除不需要的模板，还可以另存为新文件以产生新的模板，这里将产生的新模板命名为“tmp security”，如图 16-26 所示。管理员也可以按照自己的要求重新设置一个全新的模板，应用于自己的对象中，“新加模板”如图 16-27 所示。

新增的模板或根据默认模板修改后的模板，都可以保存为自己特定的模板。这些模板也能在不同的计算机之间复制使用。将它保存到安全模板默认路径中，便可通过控制台打开，然后将这些模板应用到本地计算机、组织单位、域或者站点中。例如，要将前面另存的安全模板“tmp security”应用到域中，可以通过以下方法来实现。

① 执行“开始”→“程序”→“管理工具”→“Active Directory 用户和计算机”命令，打开控制台对话框，右击要编辑的域控制器，在弹出的快捷菜单中选择“属性”选项，打开“域控制器属性”对话框，选择“组策略”选项卡，如图 16-28 所示。

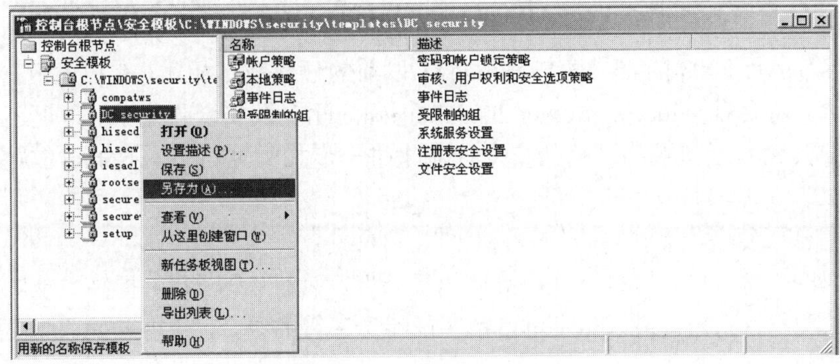

图 16-26　“模板另存为”命令

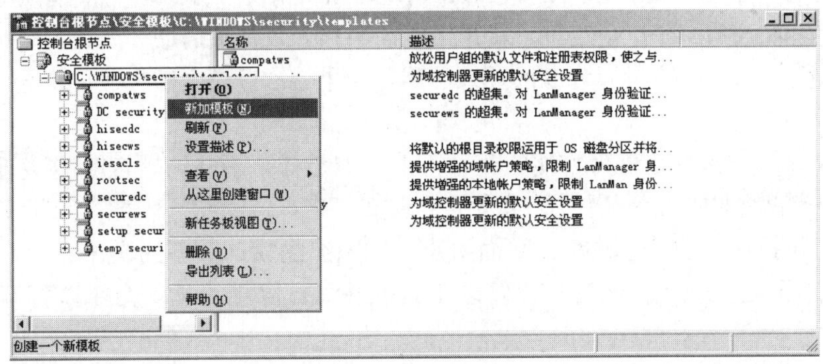

图 16-27　新增模板命令

② 在“组策略“选项卡”中，编辑组策略对象“Default Domain Policy”，打开“组策略编辑器”对话框，在组策略编辑器中展开“计算机配置”目录树，右击“安全设置”图标，在弹出的快捷菜单中选择“导入策略”，如图 16-29 所示。

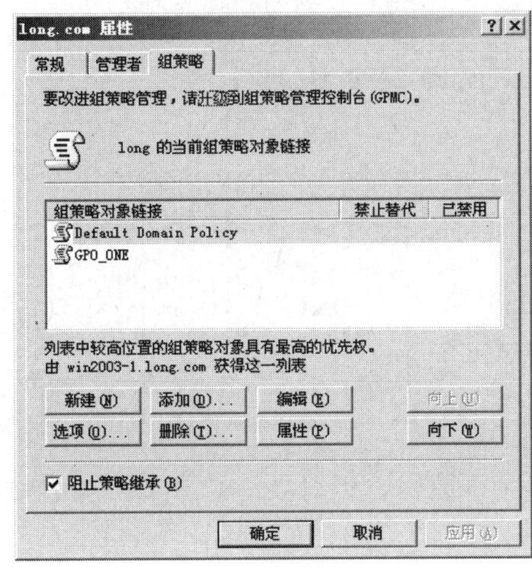

图 16-28　组策略选项卡

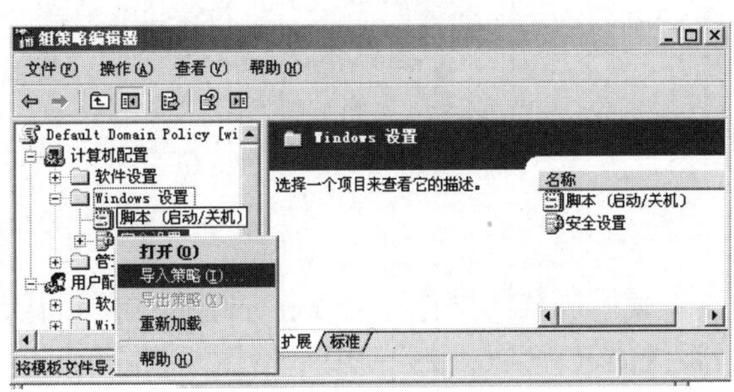

图 16-29　“导入策略”命令

③ 在“策略导入来源”对话框中，选择前面建立的安全模板“tmp security.inf”，单击“打开”按钮，便可将其导入并应用到域中。

16.6 强化 Windows Server 2003 安全的方法

Windows Server 2003 的安全性与 Windows 以前的任何版本相比，有很大的提高，但要保证系统的安全，需要对 Windows Server 2003 做正确的配置及安全强化（但是也还有一些不安全的因素需要强化）。通过更为严格的安全控制来进一步加强 Windows Server 2003 的安全性，主要措施有以下 3 点。

（1）启用密码复杂性要求

提高密码的破解难度主要是通过提高密码复杂性、增加密码长度、提高更换频率等措施来实现。密码长度不宜太短，最好是字母、数字及特殊字符的组合，并且注意及时更换新密码。

（2）启用账户锁定策略

为了方便用户登陆，Windows Server 2003 系统在默认情况下并未启用密码锁定策略，此时，很容易遭受黑客的攻击。账户锁定策略就是指定该账户无效登录的最大次数。例如，设置锁定登录最大次数为 5 次，这样只允许 5 次登录尝试。如果 5 次登录全部失败，就会锁定该账户。

（3）删除共享

通过共享来入侵系统是最为方便的一种方法。如果防范不严，黑客就能够通过扫描到的 IP 和用户密码连接到共享，利用系统隐含的管理文件来入侵系统。因此，为了安全最好关掉所有的共享，包括默认的管理共享。下面给出关闭系统的默认共享的操作。

① 执行“开始”→“程序”→“管理工具”→“计算机管理”命令，打开“计算机管理”对话框。

② 展开“共享文件夹”目录树，选择“共享”选项，在右窗格中可以看到系统提供的默认共享，如图 16-30 所示。若想要删除 C 盘的共享，可以在“C$”上右击，在弹出的快捷菜单中选择“停止共享”。

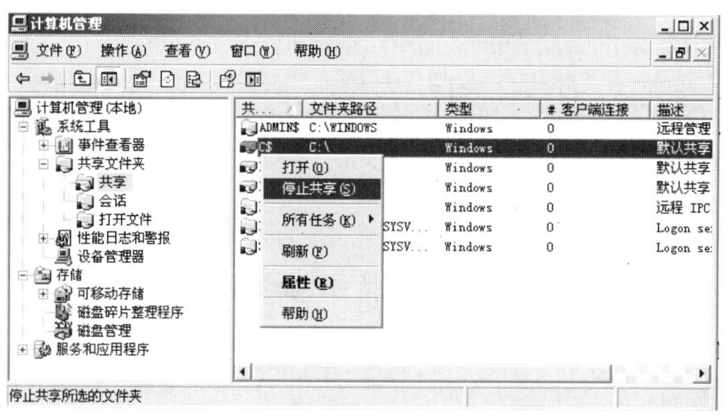

图 16-30 停止共享

③ 使用同样的操作，可以将系统提供的默认共享全部删除，但是要注意 IPC$的共享由于被系统的远程 IPC 服务使用是不能被删除的。

④ 防范网络嗅探。局域网采用广播的方式进行通信，因而信息很容易被窃听。网络嗅

探就是通过侦听所在网络中传输的数据来获得有价值的信息。对于普通的网络嗅探，可以采用交换网络、加密会话等手段来防御。

⑤ 禁用不必要的服务，提高安全性和系统效率。例如，只做 DNS 服务的就没必要打开 Web 或 FTP 服务等；做 Web 服务的也没必要打开 FTP 服务或者其他服务。尽量做到只开放要用到的服务，禁用不必要的服务。

⑥ 启用系统审核和日志监视机制。系统审核机制可以对系统中的各类事件进行跟踪记录并写入日志文件，以供管理员进行分析、查找系统中应用程序的故障和各类安全事件，以及发现攻击者的入侵和入侵后的行为。如果没有审核策略或者审核策略的项目太少，则在安全日志中就无从查起。

⑦ 监视开放的端口和连接。对日志的监视可以发现已经发生的入侵事件，对正在进行的入侵和破坏行为则需要管理员掌握一些基本的实时监视技术。通过采用一些专用的检测程序对端口和连接进行检测，以防破坏行为的发生。

16.7　习　　题

一、简答题

（1）什么是本地安全策略？

（2）如何设置本地安全策略？

（3）简述组策略的概念。

（4）试着创建一组策略对象，并将此组策略对象应用到 Active Directory 域中。

（5）Windows Server 2003 的审核策略有哪几种？

（6）试着更改几项审核策略，并在安全日志中查看相应的记录。

（7）将默认安全模板（setup security.inf）的安全设置进行一些适当的修改，创建为一个新的安全模板（newsecurity.inf），并将其策略导入到域的组策略对象中。

（8）提高 Windows Server 2003 的安全可以从哪些方面着手？

第五篇　实　　训

实训 1　Windows Server 2003 的安装配置与对等网实训

一、实训目的

- 掌握 Windows Server 2003 网络模型和组织方式的选择和确定方法。
- 学会磁盘空间的规划，以及系统文件格式的选择。
- 了解各种安装方式，能根据情况正确选择不同的方式来安装系统。
- 掌握 Windows Server 2003 操作系统的启动和安装步骤。
- 理解 Windows Server 2003 的基本配置。
- 掌握在 Windows Server 2003 操作系统中组建对等网（工作组网络）的方法。

二、实训环境

- 已建好的 10/100BASET 网络，两台以上的计算机（或用虚拟机）。
- 计算机配置：CPU 为 Intel Pentium 4 以上，内存不小于 256MB，硬盘不小于 2GB，有光驱。

三、实训要求

- 从 CD-ROM（或虚拟机）开始全新的 Windows Server 2003 安装。要求 Windows Server 2003 的安装分区大小为 2GB，文件系统格式为 NTFS，授权模式为每服务器 30 个连接，计算机名为 win2003-××（××可以是学生的学号），管理员密码为 admin，服务器的 IP 地址为 192.168.210. ××（××可以是学生的学号），子网掩码为 255.255.255.0，DNS 服务器为 192.168.0.1，默认网关为 192.168.210.254，属于工作组 COMP。
- 用安装管理器产生无人值守安装的应答文件，应答信息参见上面的要求。
- 配置计算机为桌面上显示“我的电脑”和“网上邻居”图标，通过单击打开项目，系统开机时自动启动 Messenger 项目，系统失败时不自动重新启动，虚拟内存大小为实际内存的 2 倍。
- 建立两个硬件配置文件，分别为 profile1 和 profile2，在 profile1 中启用网卡，在 profile2 中禁用网卡，用户可以在 1 分钟内选择硬件配置文件。
- 组建工作组网络并共享资源。

四、实训指导

1．全新安装 Windows Server 2003

（1）进入计算机的 BIOS，设置从 CD-ROM 上启动系统。

（2）按照第 2 章讲解的内容进行全新安装 Windows Server 2003。

（3）安装过程中按照实训要求对文件系统格式、授权模式、计算机名、管理员密码、IP、子网掩码、DNS、网关、工作组等各项内容进行配置。

（4）安装 Service Pack 2（从网上可以下载）。

（5）安装主板及其他板卡的驱动程序。

（6）安装防病毒程序，如金山毒霸。

（7）利用“程序”中的“Windows Update”对系统进行在线更新，并设置为自动更新方式。

2. 生成无人值守安装文件

（1）使用“安装管理器”来创建应答文件。该工具位于 Windows Server 2003 安装光盘的 support\tools\deploy.cab 文件中。将 deploy.cab 解压缩后，可以找到 setupmgr.exe。

（2）运行 setupmgr.exe，启动安装管理器向导。按照实训要求生成 unattent.txt（应答文件）和 unattent.bat（启动安装过程的批处理文件）。

在命令提示符状态下输入 unattend.bat 命令，安装程序会自动完成 Windows Server 2003 系统的安装，无须用户进行干预。

3. 基本配置

（1）按照实训要求配置“文件夹选项”。

（2）按照实训要求在“系统属性”的“高级”选项卡里配置“启动和故障恢复”和“虚拟内存”。

请关注系统盘上的 boot.ini 文件，该文件是被隐藏保护的文件。在双启动的系统中，该文件的设置很关键。下面是 boot.ini 文件的一个示例：

```
[boot loader]
timeout=30
default=multi(0)disk(0)rdisk(0)partition(2)\WINDOWS
[operating systems]
multi(0)disk(0)rdisk(0)partition(2)\WINDOWS="Windows Server 2003, Standard" /noexecute=optout /fastdetect
multi(0)disk(0)rdisk(0)partition(1)\WINDOWS="Windows Server 2000, Standard" /noexecute=optout /fastdetect
```

4. 组建工作组网络，共享资源

（1）创建本地用户组。建立两个账户 u1，u2 和一个本地组 w1（包括 u1 和 u2）。

（2）开放共享资源。在“计算机管理”窗口，进行共享资源与访问控制权限的设置，实现网络资源的安全互访，应当包括开放共享资源（共享、添加用户和设置用户的访问权限）。例如，建立一个共享目录“D:\software”，将其设置为共享，添加 w1 组，并赋予其更改权限，删除 everyone 组的默认权限。

（3）直接使用已开放的共享资源。在工作组的其他计算机中登录，在“网上邻居”对话框中直接访问共享资源所在计算机已开放的共享目录“D:\software”。

（4）映射使用已开放的共享资源。在工作组的其他计算机上登录，通过映射网络驱动器的方法进行访问，并验证访问权限是否是“更改”。

（5）UNC 方法使用已开放的共享资源。在工作组的其他计算机上登录；在“运行”对话框，输入以 UNC 方式命名的网络资源，并验证访问权限是否是“更改”。

五、在虚拟机中安装 Windows Server 2003 的注意事项

在虚拟机中安装 Windows Server 2003 比较简单，但安装的过程中需要注意以下事项。

（1）Windows Server 2003 安装完成后，必须安装“VMware 工具”。我们知道，在安装完操作系统后，需要安装计算机的驱动程序。VMware 专门为 Windows、Linux、Netware 等操作系统“定制”了驱动程序光盘，称做“VMware Tools”。VMware 工具除了包括驱动程序外，还有一系列的功能。

安装方法：执行“虚拟机”→“安装 VMware 工具”命令，根据向导完成安装。

安装 VMware 工具并且重新启动后，从虚拟机返回主机，不再需要按下 Ctrl+Alt 组合键，只要把鼠标指针从虚拟机中向外“移动”超出虚拟机窗口后，就可以返回到主机按钮，在没有安装 VMware 工具之前，移动鼠标指针会受到窗口的限制。另外，启用 VMware 工具之后，虚拟机的性能会提高很多。

（2）启用显示卡的硬件加速功能。在桌面上右击，在弹出的快捷菜单中，选择“属性”→“设置”→“高级”→“疑难解答”命令，启用硬件加速。

（3）修改本地策略，去掉按 Ctrl+Alt+Del 组合键登录选项，步骤如下。

执行“开始”→“运行”命令，输入“gpedit.msc”，打开“组策略编辑器”对话框，执行“计算机配置”→“Windows 设置”→“安全设置”→“本地策略”→“安全选项”命令，双击“交互式登录：不需要按 CTRL+ALT+DEL 已禁用”图标，改为“已启用”，如图 SX-1 所示。

这样设置后可避免与主机的热键发生冲突。

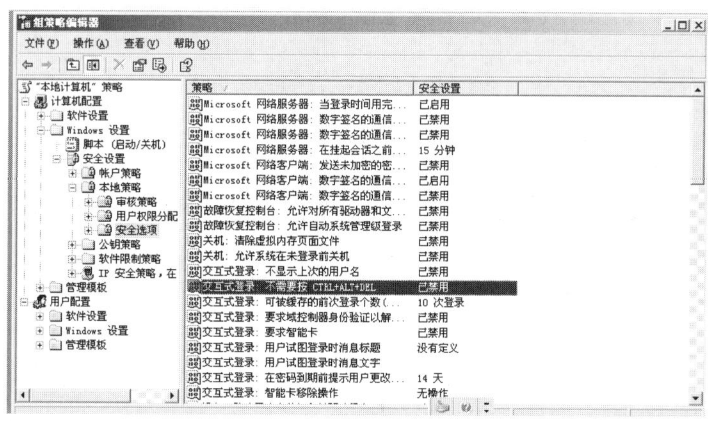

图 SX-1　不需要按 Ctrl+Alt+Del 组合键

六、实训思考题

- 安装 Windows Server 2003 网络操作系统时需要哪些准备工作。
- 安装 Windows Server 2003 网络操作系统时应注意哪些问题。
- 如何选择分区格式？同一分区中有多个系统又该如何选择文件格式？如何选择授权

模式？

- 如果服务器上只有一个网卡，而又需要多个 IP 地址，该如何操作？
- 在 VMware 中安装 Windows Server 2003 网络操作系统时，如果不安装 VMware Tools 会出现什么问题？
- 什么是资源的安全互访？如何实现？实现时的设置内容有哪些？
- 什么是默认的特殊共享？是否可以删除这些隐含的特殊共享资源？
- 在 Microsoft 工作组的什么数据库中保存有本地的用户和组的安全信息？

七、实训报告要求

- 实训目的。
- 实训环境。
- 实训要求。
- 实训步骤。
- 实训中的问题和解决方法。
- 回答实训思考题。
- 实训心得与体会。
- 建议与意见。

实训 2 Windows Server 2003 下网络命令的应用实训

一、实训目的

- 了解 Arp、ICMP、NETBIOS、FTP 和 Telnet 等网络协议的功能。
- 熟悉各种常用网络命令的功能，了解如何利用网络命令检查和排除网络故障。
- 熟练掌握 Windows Server 2003 下常用网络命令的用法。

二、实训要求

- 利用 Arp 工具检验 MAC 地址解析。
- 利用 Hostname 工具查看主机名。
- 利用 ipconfig 工具检测网络配置。
- 利用 Nbtstat 工具查看 NetBIOS 使用情况。
- 利用 Netstat 工具查看协议统计信息。
- 利用 Ping 工具检测网络连通性。
- 利用 Telnet 工具进行远程管理。
- 利用 Tracert 进行路由检测。
- 使用其他网络命令。

三、实训指导

1. 通过 ping 检测网络故障

正常情况下，当用 ping 命令来查找问题所在或检验网络运行情况时，如果所有都运行正确，就可以确认基本的连通性和配置参数没有问题；如果某些ping命令出现运行故障，它也可以指明到何处去查找问题。下面就给出一个典型的检测顺序及可能出现的故障。

（1）ping 127.0.0.1，如果没有收到正确回应，就表示TCP/IP的安装或运行存在某些最基本的问题。

（2）ping本地IP，如ping 192.168.22.10，本地计算机始终都应该对该ping命令做出应答。如果没有收到应答，则表示本地配置或安装存在问题。出现此问题时，请断开网线，然后重新发送该命令。如果网线断开后本命令正确，则有可能网络中的另一台计算机配置了与本机相同的IP地址。

（3）ping局域网内其他IP，如ping 192.1 68.22.98，该命令经过网卡及网线到达其他计算机，再返回。收到回送应答表明本地网络中的网卡和载体运行正确。但如果没有收到回送应答，则表示子网掩码不正确，或网卡配置错误，或网线有问题。

（4）ping 网关IP，如ping 192.168.22.254，该命令如果应答正确，表示局域网中的网关正在运行。

（5）ping远程IP，如ping 202.115.22.11，如果收到4个正确应答，表示成功使用了默认网关。

（6）ping localhost，localhost是操作系统的网络保留名，它是127.0.0.1的别名，每台计算机都应该能够将该名字转换成该地址。如果没有做到，则表示主机文件（/Windows /host）中存在问题。

（7）ping域名地址，如ping www.sina.com.cn，对这个域名执行ping命令，计算机必须先将域名转换成IP地址，通常是通过DNS服务器。如果这里出现故障，则表示DNS服务器的IP地址配置不正确，或DNS服务器有故障；也可以利用该命令实现域名对IP地址的转换功能。

如果上面列出的所有ping命令都能正常运行，就表示计算机进行本地和远程通信的功能基本上没有问题。事实上，在实际网络中，这些命令的成功并不表示所有的网络配置都没有问题，例如，某些子网掩码错误就可能无法用这些方法检测到。同样地，由于ping的目的主机可以自行设置是否对收到的ping包产生回应，因此当收不到返回数据包时，也不一定说明网络有问题。

2. 通过ipconfig命令查看网络配置

执行“开始”→“运行”命令，打开“运行”对话框，输入 “cmd”，打开命令行对话框，在提示符下，输入“ipconfig /all”，仔细观察输出信息。

3. 通过arp命令查看ARP高速缓存中的信息

在命令行对话框的提示符下，输入“arp –a”，其输出信息列出了arp缓存中的内容，如图SX-2所示。

输入“arp -s 192.168.22.98 00-1a-46-35-5d-50”，添加静态的项目，实现IP地址与网卡地址的绑定。

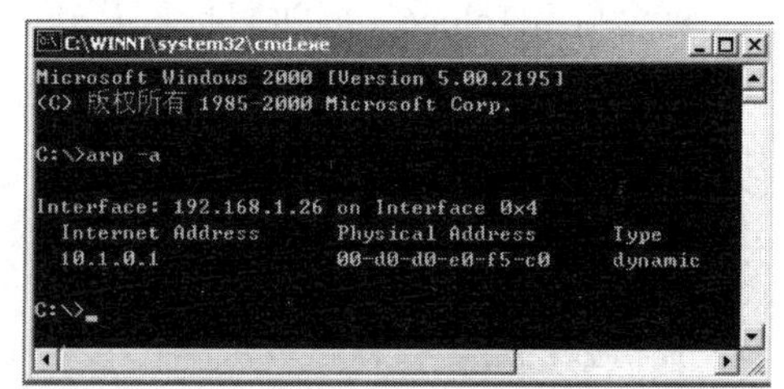

图SX-2 arp缓存内容

4. 通过tracert命令检测故障

tracert一般用来检测故障的位置，用户可以用tracert IP来查找从本地计算机到远程计算机路径中哪个环节出了问题。虽然还是没有确定是什么问题，但它已经告诉了我们问题所在的地方。

● 可以利用 tracert 工具来检查到达目标地址所经过的路由器的 IP 地址，显示到达 www.263.net 主机所经过的路径，如图 SX-3 所示。

```
C:\>tracert www.263.net

Tracing route to www.263.net [211.100.24.131]
over a maximum of 30 hops:

  1   <10 ms   <10 ms   <10 ms  10.1.0.1
  2   <10 ms   <10 ms   <10 ms  192.168.1.13
  3     *        *        *     Request timed out.
  4     *        *        *     Request timed out.
  5     *        *        *     Request timed out.
  6     *        *        *     Request timed out.
  7     *        *        *     Request timed out.
  8     *        *        *     Request timed out.
  9     *        *        *     Request timed out.
 10     *        *        *     Request timed out.
 11    10 ms    10 ms    10 ms  211.100.24.131

Trace complete.
```

图 SX-3 测试 www.263.net 主机所经过的路径

● 与 tracert 工具的功能类似的还有 pathping。pathping 命令是进行路由跟踪的工具。pathping 命令首先检测路由结果，然后会列出所有路由器之间转发数据包的信息，如图 SX-4 所示。

```
C:\>pathping www.263.net

Tracing route to www.263.net [211.100.24.131]
over a maximum of 30 hops:
  0  sdu-57e57e32d4e [10.1.2.184]
  1  10.1.0.1
  2  192.168.1.13
  3  ...
Computing statistics for 75 seconds...
            Source to Here   This Node/Link
Hop  RTT    Lost/Sent = Pct  Lost/Sent = Pct  Address
  0                                           sdu-57e57e32d4e [10.1.2.184]
                                0/ 100 =  0%   |
  1    0ms     0/ 100 =  0%     0/ 100 =  0%  10.1.0.1
                                0/ 100 =  0%   |
  2    0ms     0/ 100 =  0%     0/ 100 =  0%  192.168.1.13
                              100/ 100 =100%   |
  3  ---     100/ 100 =100%     0/ 100 =  0%  sdu-57e57e32d4e [0.0.0.0]

Trace complete.

C:\>
```

图 SX-4 利用 pathping 命令跟踪路由

输入“tracert www.sina.com.cn”，可以查看从源主机到目的主机所经过的路由器 IP 地址。仔细观察输出信息。

5. 通过 route 命令查看路由表信息

输入“route print”显示主机路由表中的当前项目。请仔细观察。

6. 通过 nbtstat 查看本地计算机的名称缓存和名称列表

输入“nbtstat –n”显示本地计算机的名称列表。

输入“nbtstat –c”用于显示 NetBIOS 名字高速缓存的内容。NetBIOS 名字高速缓存存放与本计算机最近进行通信的其他计算机的 NetBIOS 名字和 IP 地址对。请仔细观察。

7. 通过 net view 命令显示计算机及其注释列表

输入“net view”显示计算机及其注释列表。要查看由\\bobby 计算机共享的资源列表，输入“net view bobby”，结果将显示 bobby 计算机上可以访问的共享资源，如图 SX-5 所示。

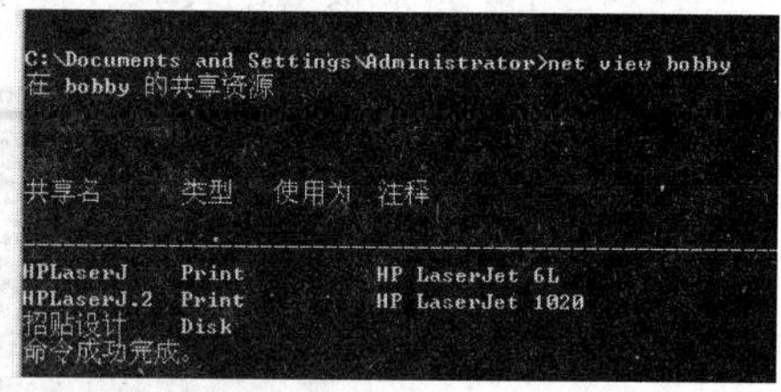

图 SX-5 net view bobby 命令输出

8. 通过 net use 命令连接到网络资源

使用“net use 命令”可以连接到网络资源或断开连接，并查看当前到网络资源的连接。

连接到 bobby 计算机的“招贴设计”共享资源，输入“net use \\bobby\招贴设计”，然后输入不带参数的“net use”，检查网络连接。仔细观察输出信息。

四、实训思考题

- 当用户使用 ping 命令来 ping 一目标主机时，若收不到该主机的应答，能否说明该主机工作不正常或到该主机的连接不通，为什么?
- ping 命令的返回结果有几种可能。分别代表何种含义。
- 实验输出结果与本节讲述的内容有何不同的地方，分析产生差异的原因。
- 解释“route print”命令显示的主机路由表中各表项的含义。还有什么命令也能够打印输出主机路由表。

五、实训报告要求

参见实训 1。

实训 3 配置活动目录与用户管理实训

一、实训目的

- 掌握活动目录的安装与删除。
- 掌握活动目录中的组和用户账户。
- 掌握创建组织单元、组和用户账户的方法。
- 掌握管理组和用户账户的方法。
- 掌握工作站加入域的方法。

二、实训要求

- 这个项目需要多人完成。如图 4-3 所示，安装 5 台独立服务器 win2003-1、win2003-2、win2003-3、win2003-4 和 win2003-5；把 win2003-1 提升为域树 long.com 的第一台域控制器，把 win2003-2 提升为 long.com 的额外域控制器；把 win2003-4 提升为域树 smile.com 的第一台域控制器，long.com 和 smile.com 在同一域林中；把 win2003-3 提升为 china.long.com 的域控制器，把 win2003-5 加入到 china.long.com 中，成为成员服务器。各服务器的 IP 地址自行分配。实训前一定要分配好 IP 地址，组与组间不要冲突。
- 在上面项目完成的基础上建立 china.long.com 和 smile.com 域的双向的快捷信任关系。

● 在任一域控制器中建立组织单元 outest，建立本地域组 Group_test，域账户 User1 和 User2，把 User1 和 User2 加入到 Group_test；控制用户 User1 下次登录时要修改密码，用户 User2 可以登录的时间设置为周六、周日 8:00～12:00，其他日期为全天。

三、实训指导

1. 创建第一个域 long.com

（1）在 win2003-1 上首先确认 DNS 指向了自己。

（2）直接在"运行"对话框中输入"dcpromo"，按实训要求完成 Active Directory 的安装。

2. 安装后检查

（1）查看计算机名。

（2）查看管理工具。

（3）查看活动目录对象。

（4）查看 Active Directory 数据库。

（5）查看 DNS 记录。

3. 安装额外的域控制器 win2003-2

（1）首先要在 win2003-2 服务器上检查"本地连接"属性，确认 win2003-2 服务器和现在的域控制器 win2003-1 能否正常通信；更为关健的是要确认"本地连接"属性中 TCP/IP 的首选 DNS 指向了原有域中支持活动目录的 DNS 服务器，这里是 win2003-1。

（2）运行"Active Directory"安装向导。完成安装后，重新启动计算机。

4. 创建子域 china.long.com

（1）在 win2003-3 上，设置"本地连接"属性中的 TCP/IP，把首选 DNS 地址指向用来支持父域 long.com 的 DNS 服务器，即 long.com 域控制器的 IP 地址。该步骤很重要，这样才能保证服务器找到父域域控制器，同时在建立新的子域后，把自己登记到 DNS 服务器上，以便其他计算机能够通过 DNS 服务器找到新的子域域控制器。

（2）运行"Active Directory"安装向导。完成安装后，重新启动计算机。

5. 创建域林中的第 2 棵域树 smile.com

（1）在 win2003-1.long.com 服务器上要创建新的 DNS 域 smile.com。

（2）安装 smile.com 域树的域控制器。

（3）设置好 DNS 服务器后，下一步将 win2003-3 服务器提升为 smile.com 域树的域控制器。

（4）确认 win2003-4 服务器上"本地连接"属性中的 TCP/IP 的首选 DNS 地址指向了 win2003-1.long. com。

（5）运行"Active Directory"安装向导。完成安装后，重新启动计算机。

6. 将域控制器 win2003-2.long.com 降级为成员服务器

7. 独立服务器提升为成员服务器

将 win2003-5 服务器加入到 china.long.com 域。

8. 将成员服务器 win2003-2.long.com 降级为独立服务器

9. 建立 china.long.com 和 smile.com 域的双向快捷信任关系

10. 按实训要求建立域本地组、组织单元、域用户并设置属性

四、实训思考题

- 组与组织单元有何不同。
- 组可以设置策略吗?
- 作为工作站的计算机要连接到域控制器，IP 与 DNS 应如何设置。
- 分析用户、组和组织单元的关系。
- 简述用户账户的管理方法与注意事项。
- 简述组的管理方法。
- 简述用户、组和组织单元关系更改的方法。

五、实训报告要求

参见实训 1。

实训 4 DNS 服务器的配置与管理实训

一、实训目的

- 掌握 DNS 的安装与配置。
- 掌握两个以上的 DNS 服务器的建立与管理。
- 了解 DNS 正向查询和反向查询的功能。
- 掌握反向查询的配置方法。
- 掌握 DNS 资源记录的规划和创建方法。

二、实训要求

- 完成单个 DNS 服务器区域的建立。实现使用 ftp.china.long.com 和 www.china.long.com 名称访问网络中 FTP 站点资源和 Web 站点的目的。
- 配置辅助 DNS 服务器，并实现与主 DNS 服务器的同步。
- 配置多个 DNS 服务器。

三、实训指导

1. 完成单个 DNS 服务器区域的建立

（1）准备好 3 台已安装好 Windows Server 2003 的服务器，其地址和名称分配如下。

- 一台 DNS 服务器，IP 地址为 192.168.0.1，计算机域名为 dnspc.china.long.com。
- 一台 WWW 服务器，IP 地址为 192.168.0.2，计算机域名为 www.china.long.com。
- 一台 FTP 服务器，IP 地址为 192.168.0.3，计算机域名为 ftp.china.long.com。

（2）DNS 服务器端，启用 DNS 服务。

（3）创建 DNS 正向查找区域和反向查找区域。

（4）添加主机记录。

先建区域“long.com”，再建子域“china”，最后建主机记录“WWW”、“FTP”等。

（5）配置 DNS 客户机（例如 www.china.long.com 对应 IP 地址，192.168.0.2），包括 TCP/IP、高级 DNS 属性。

（6）在 DNS 服务器或其他客户机上使用“ping　www.china.long.com”检查 DNS 服务是否正常。同时用 nslookup 来测试。

2. 配置辅助 DNS 服务器

参见 9.3.4。

3. 完成多个区域 DNS 服务器系统的建立

（1）在 DNS 服务器的控制台中，对两个以上的 DNS 服务器（例如域名分别为 china.long.com 和 jinan.smile.com）进行管理，例如添加、删除和修改 DNS 服务器。

（2）在上述的 DNS 服务器的区域内，添加主机记录，并在浏览器中使用所设置的主机名或别名进行访问，例如，别名为 ftp1、mail1、www1 的主机。

（3）经过转发器设置实现客户机对两个区域，以及 Internet 中主机名的解析服务。

四、实训思考题

- DNS 服务的工作原理是什么。
- 要实现 DNS 服务，服务器和客户端各自应如何配置。
- 如何测试 DNS 服务是否成功。
- 如何实现不同的域名转换为同一个 IP 地址。
- 如何实现不同的域名转换为不同的 IP 地址。

五、实训报告要求

- 参见实训 1。

实训 5　DHCP 服务器配置与管理实训

一、实训目的

- 掌握 DHCP 服务器的配置方法。
- 掌握 DHCP 客户端的配置方法。
- 掌握测试 DHCP 服务器的方法。

二、实训环境及要求

1. 硬件环境

- 服务器一台，测试用 PC 至少一台。
- 交换机或集线器一台，直连双绞线（视连接计算机而定）。

2. 设置参数

- IP 地址池：192.168..111.10～192.168.111.200，子网掩码：255.255.255.0。
- 默认网关：192.168.111.1，DNS 服务器：192.168.111.254。
- 保留地址：192.168.111.101，排除地址：192.168.111.20～192.168.111.26。

3. 设置用户类别

三、实训指导

1. 完成 DHCP 服务器和客户机端的设置

（1）DHCP 服务器端的设置。

- 安装和配置 DHCP 服务器，含静态 IP 地址、子网掩码等信息。
- 设置 IP 地址池，添加“作用域”和“排除地址”。添加保留地址。
- 配置“作用域选项”，子网掩码、路由器（默认网关）、DNS 服务器和 WINS 服务器等。
- 设置租约为“1 天”。

（2）分别在 DHCP 客户机上完成客户端的设置。

- 使用“ipconfig /all”命令，并对其响应进行分析和记录。
- 使用“ipconfig /release”和“ipconfig /renew”命令释放并再次获得 IP 地址。

（3）在 DHCP 服务器端的管理。

- 记录和管理有效租用的客户机的计算机名称。

2. 创建 DHCP 的用户类别

假如有一台 DHCP 服务器（Windows Server 2003 企业版），两台 DHCP 客户端计算机（A 客户端和 B 客户端），要使 A 客户端与 B 客户端自动获取的路由器和 DNS 服务器地址不同，步骤如下。

（1）服务器端的设置。

① 执行“新建”→“作用域”命令。将路由器地址配置为 192.168.111.1，DNS 服务器配置为 192.168.111.254。

② 执行“新建”→“用户类别”命令。右击 DHCP 对话框中的 DHCP 服务器，在弹出的快捷菜单中选择“定义用户类别”→“添加”选项，如图 SX-6 所示。输入用户类别识别码的显示名称、描述和识别码。直接在 ASCII 处输入类别的识别码。需要说明一下的是，用户类别识别码中的字符是区分大小写的。

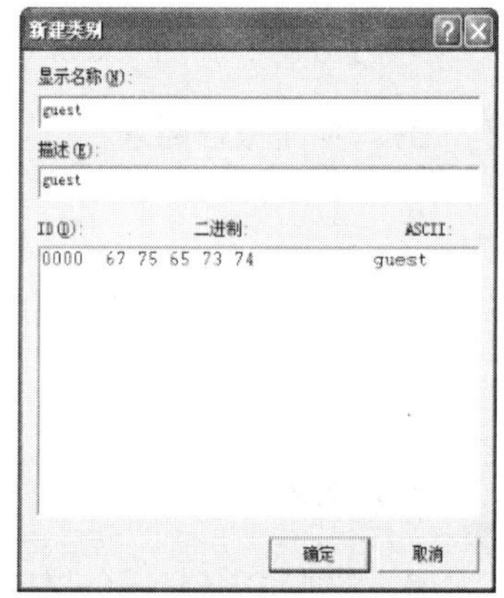

SX-6 新建类别

③ 在 DHCP 的服务器端，针对识别码 guest 配置类别选项。

右击“作用域选项”图标，在弹出的快捷菜单中选择“配置选项”选项，打开“作用域选项”对话框。在打开的对话框中选择“高级”选项卡。在用户类别中选择“guest”，然后在可用选项里设置“003 路由器”和“006 DNS 服务器”均为 192.168.111.254。

（2）客户端的设置。

- 将 A 客户端的用户类别识别码配置为 guest。

执行“开始”→“运行”命令，打开“运行”对话框，输入“cmd”打开如图 SX-7 所示的对话框，利用 ipconfig /setclassid 命令进行配置。特别要注意的是，用户类别识别码是区分大小写的，并且识别码为“新建类别”对话框“显示名称”中填写的名字。

- B 客户端不设置用户类别识别码。

（3）实验结果。

- A 客户端自动获取的路由器和 DNS 服务器为 192.168.111.254。

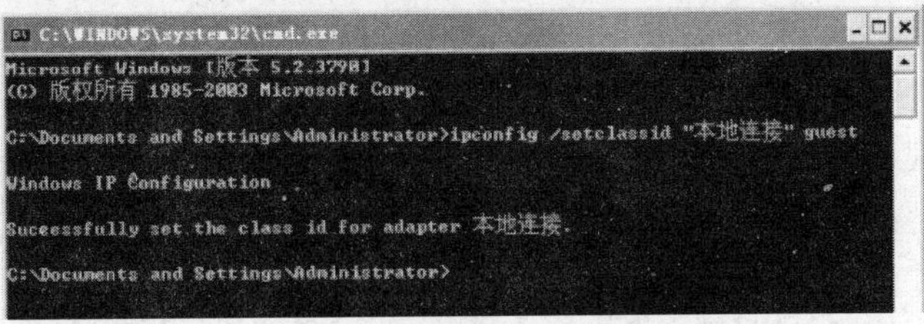

图 SX-7 客户端应用用户类别

B 客户端自动获取的路由器地址为 192.168.111.1，DNS 服务器地址为 192.168.111.254。

只有那些标识自己属于此类别的DHCP客户端才能分配到为此类别明确配置的选项，否则为其使用“常规”选项卡中的定义。

四、实训思考题

- 分析 DHCP 服务的工作原理。
- 如何安装 DHCP 服务器。
- 要实现 DHCP 服务，服务器和客户端各自应如何设置。
- 如何查看 DHCP 客户端从 DHCP 服务器中获取的 IP 地址配置参数。
- 如何创建 DHCP 的用户类别。
- 如何设置 DHCP 中继代理。

五、实训报告要求

参见实训 1。

实训 6　网络信息服务器配置实训

一、实训目的

- 掌握 Web 服务器的配置与使用。
- 掌握在一台服务器上架设多个 Web 网站的方法。
- 掌握 FTP 服务器的配置与使用。

二、实训环境及网络拓扑

1. 实训环境

- 服务器一台。
- 测试用 PC 至少一台。
- 交换机或集线器一台。
- 直连双绞线（视连接计算机而定）。

2. 网络规划及要求

为了使 Web 服务与 DNS 服务有机结合，并尽可能地利用现有计算机资源，可以将 Web 服务器和 DNS 服务器安装在同一台计算机上。Web 服务器的计算机名为 Server1，IP 地址为

192.168.0.1。为便于测试，至少需要一台 PC，当服务器 Server1 上安装 IIS 后，可通过 PC 上的 IE 浏览器进行测试。

一般情况下，根据应用习惯，如果 DNS 的主域名为 long.com（在一台 DNS 服务器上可以实现多个域名的解析，在安装活动目录时创建的域名称之为主域名，其他域名可以在 DNS 中通过“新建区域”来实现），那么在该域名下创建的 www 记录对应的网站，称为主站点，long.com 域中主站点的域名为 www.long.com。

本次实训要完成虚拟目录、TCP 端口、多主机头等各种情况下的站点发布，首先要将所用的域名和 IP 地址统一规划好。

网络规划如下：

计算机名：Server1　IP 地址：192.168.0.1/24

- 第一个域名：long.com。

Web 主站点：www.long.com　对应主目录为：e:\myweb

FTP 主站点：ftp.long.com　对应主目录为：e:\ftp

- 第二个域名：secomputer.net。

主站点：www.secomputer.net　对应主目录为：e:\secomputer

虚拟目录：www.secomputer.com/bbs 对应主目录为：e:\bbs

站点 1：www.long.com:8080　对应主目录为：e:\8080

站点 2：www.long.com:8090　对应主目录为：e:\8090

3. 实训拓扑

实训拓扑如图 SX-8 所示。

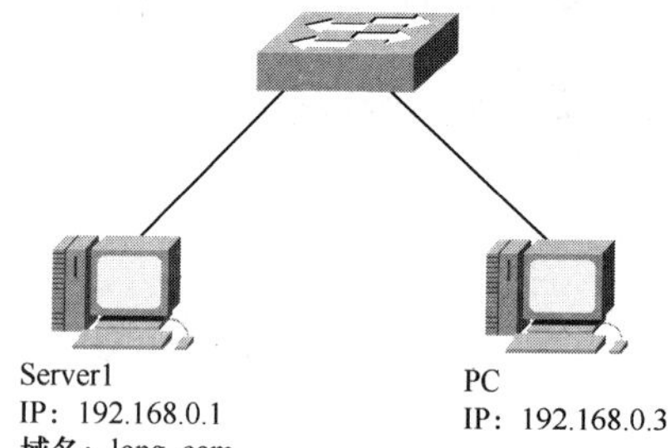

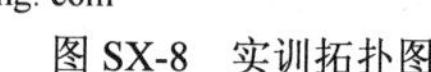
图 SX-8　实训拓扑图

三、实训指导

1. 安装 IIS 6.0
2. 启用 IIS 中所需的服务
3. 配置“默认网站”

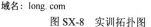

（1）自己创建网页文件，并保存在 e:\myweb 下。

（2）在 DNS 服务器的 long.com 域名下创建一个 www 主机记录，并将 IP 地址指向 Web 服务器 192.168.0.1（本实验中，DNS 和 Web 位于同一台服务器）。

（3）打开“Internet 服务管理器”对话框，右击“默认 Web 站点”图标，在弹出的快捷菜单中选择“属性”选项，打开属性对话框。

- “网站”选项卡：输入服务器的“说明”、“IP 地址”（Web 服务器的 IP 地址，本例为 192.168.0.1），“TCP 端口”（默认为 80）。
- “主目录”选项卡：单击“浏览”按钮，选择网页文件所在的磁盘路径（文件夹）。本实训中网页文件路径为：e:\myweb。
- “文档”选项卡：单击“添加”按钮，为 Web 站点选择网页文件名。输入默认网页文件名，单击“确定”按钮，将所输入的网页文件移到默认文件的首位。

（4）使用以下方式浏览 Web 站点。

在服务器上浏览本机的 Web 站点：http://localhost、http://127.0.0.1。

在 PC 机上浏览 Server1 的 Web 站点：http://www.long.com、http://192.168.0.1。

4. 新建 Web 站点

Web 主站点的发布有两种方法：一种是直接将要发布的网站内容复制到“默认网站”的主目录下，这样不需要做太多的设置就可以完成 Web 主站点的发布；另一种方式是单独发布。实际应用中，“默认网站”的主目录位于 Windows Server 2003 安装目录的\inetpub\wwwroot 目录下，出于安全和磁盘管理的需要一般不采取这样的方式。

下面，我们将要发布的网站内容首先复制到 e:\myweb 目录，停止 IIS 中的默认网站（右击“默认网站”，在弹出的快捷菜单中选择“停止”选项即可），然后再进行发布。

5. 测试新建的 Web 站点

在“Internet 信息服务（IIS）管理器”对话框，右击已创建的“test”站点，在弹出的快捷菜单中选择“浏览”选项，如果网站发布正常，则会显示该网站的内容。同时，还可以在任意一台与该 Web 服务器连接的测试用 PC 上，在浏览器的地址栏中输入 www.long.com，如果 Web 站点的发布正常，同样会显示该网站的内容。

如果通过以上方式无法打开网站的页面，在确认网页编写没有问题的前提下，一般是网站的主页面文件与系统默认的名称不同。这时，可右击已创建的网站名称（“test”），在弹出的快捷菜单中选择“属性”选项，在打开的对话框中，将网站使用的主页面文件“添加”到“启用默认内容文档”列表中。另外，为了加快网站的响应速度，还可以将该网站的主页面文件上移（单击“向上”按钮）到列表框的顶端。

6. 发布虚拟目录 www.long.com/bbs 站点

虚拟目录 Web 站点必须依赖其父站点（如 www.long.com），所以在发布和访问方式上也同样与其父站点紧密相关。例如，在父站点 www.long.com 下发布一个名为 bbs 的虚拟目录站点，那么该虚拟目录网站的访问方式应为 www.long.com/bbs。该虚拟目录站点的具体发布方法请参见第 12 章。

虚拟目录的创建过程和虚拟网站的创建过程有些类似，但不需要指定 IP 地址和 TCP 端口，只需设置虚拟目录别名、网站内容目录和虚拟目录访问权限。

7. 利用 TCP 端口发布 www.long.com:8080 站点

8. 使用不同主机头发布不同 Web 网站

（1）在 DNS 中创建第二个域名 secomputer.net，并新建主机 www。由于 www.secomputer.net 负责对一个站点的解析，所以该“IP 地址”即为发布该 Web 站点的 Web 服务器的 IP 地址。在本实验中将 DNS 和 Web 服务集中在同一台服务器上，所以 Web 服务器的 IP 地址也为 192.168.0.1。

（2）发布第二个 Web 站点 www.secomputer.net。IP 地址为 192.168.0.1。对应主目录为：e:\secomputer。

（3）对上述实训内容进行验证。这时，在任意一台与该 Web 服务器连接的 PC（DNS 地址必须设置为 192.168.0.1）的浏览器地址栏中输入 http://www.secomputer.net，如果设置无误，则会打开该网站的正确页面。

在前面的操作中，如果未输入正确的主机头名，则该站点会由于与前一个站点（www.long.com）设置冲突（IP 地址相同）而无法正确运行（将显示为“停止”发布状态）。

如果出现以上的问题，请修改已设置的主机头名，或直接“添加”新的主机头名。

如果在浏览器地址栏中输入 http://192.168.0.1，会输出什么结果呢？

9. 使用多个 IP 地址发布不同 Web 网站

例如，要在一台服务器上创建两个网站 Linux.long.com 和 Windows.long.com，所对应的 IP 地址分别为 192.168.22.99 和 192.168.168.22.100。需要在服务器网卡中添加这两个地址。

10. 配置网站的安全性

11. FTP 服务器配置

在实际应用中，往往需要远程传输文件（比如要发布的网站内容），这时通常使用 FTP 服务器完成上传和下载任务。

以本次实训为例，上面的实验中多次用到将网站内容复制到相应目录，我们可以为上传网站的用户设置 FTP 用户账号。本次实训中仍沿用前面的设定：DNS 服务器和 FTP 服务器安装在同一台计算机上，名称为 Server1，IP 地址为 192.168.0.1，并且 FTP 服务器的域名如前面所设为 ftp://ftp.long.com，主目录为 e:\ftp。完成以下 3 步。

（1）创建 ftp 主机记录。

（2）安装 FTP 服务。

（3）发布 FTP 站点。

12. 验证 FTP

四、实训思考题

- 如何安装 IIS 服务组件。
- 如何建立安全的 Web 站点。
- Web 站点的虚拟目录有什么作用？它与物理目录有何不同？
- 如何在一台服务器上架设多台网站。
- 如果在客户端访问 Web 站点失败，可能的原因有哪些？
- FTP 服务器是否可以实现不同的 FTP 站点使用同一个 IP 地址？
- 在客户端访问 FTP 站点的方法有哪些？

五、实训报告要求

参见实训 1。

实训 7 接入 Internet 实训

一、实训目的

- 了解掌握使局域网内部的计算机连接到 Internet 的方法。
- 掌握使用 NAT 实现网络互联的方法。

二、实训环境及网络拓扑

运用 4 台计算机模拟如图 SX-9 所示的拓扑结构。

一台计算机充当 NAT 服务器（公有 IP 202.162.4.1，私有 IP 192.168.0.1），其余充当局域网内的计算机（IP 分别为 192.168.0.2，192.168.0.3 和 192.168.0.4），NAT 服务器能够访问互联网。

要求：配置 NAT 服务器，使局域网中的计算机能够访问互联网的 Web 站点。

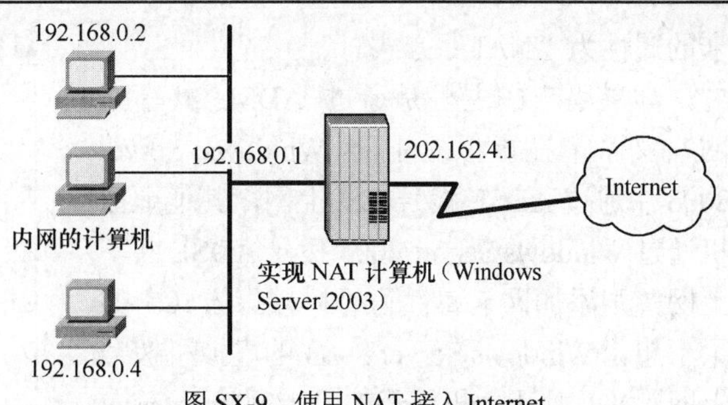

图 SX-9　使用 NAT 接入 Internet

三、实训指导

1. NAT 服务器端

硬件安装（接入设备和局域网网卡）和软件配置方法。

2. NAT 客户端的设置

局域网 NAT 客户端只要修改 TCP/IP 的设置即可，可以选择以下两种设置方式。

- 自动获得 TCP/IP。
- 手工设置 TCP/IP。

手工设置 IP 地址要求客户端的 IP 地址必须与 NAT 局域网接口的 IP 地址在相同的网段内，也就是 NetworkID 必须相同。默认网关必须设置为 NAT 局域网接口的 IP 地址。本实训中，客户机的 IP 地址是 192.168.0.2，默认网关为 192.168.0.1。

首选 DNS 服务器可以设置为 NAT 局域网接口的 IP 地址（192.168.0.1）或是任何一台合法的 DNS 服务器的 IP 地址。

完成后，客户端的用户只要上网、收发电子邮件、连接 FTP 服务器等，NAT 就会自动通过 PPPoE 请求拨号来连接 Internet。

3. 在工作站中测试

配置完成后，工作站就可以通过配置好的连接 NAT 服务器连接到 Internet 了。在客户机上，比如 IP 地址为 192.168.0.2 的那台计算机，使用 ipconfig /all 检查配置，然后浏览打开网站，如果能正常打开连网的网站，就证明配置正确，否则要查找原因。

四、在虚拟机中实现共享上网

1. 实训准备条件

安装好 Windows Server 2003 操作系统的虚拟机一台，安装好的 Windows 2000 Professional、Windows XP Professional 的虚拟机各一台。

2. 准备实验环境

要创建该实验环境，首先在此虚拟机的基础上，为每个虚拟机创建一个“克隆”链接。然后在 VMware Workstation 中创建“组”，将创建好的“克隆”链接的虚拟机添加到新建的“组”中，具体步骤请参阅附书的电子文档“虚拟机与 VMware Workstation”（见网站资料）。

（1）关闭所有的虚拟机，编辑组，为 Windows Server 2003 再添加一块网卡，因为共享上网需要两块网卡，一块网卡连接局域网，一块网卡连接 Internet。

（2）单击“编辑组设置”按钮，打开“组设置”对话框，单击“添加适配器”按钮，如图 SX-10 所示，为 Windows Server 2003 添加以太网 2。

根据用户连接 Internet 的方式不同，新添加的虚拟网卡其属性与设置也不同。如果主机可以直接上网，如有固定的 IP 地址（不管是局域网还是直接公网地址），并且还有可用的 IP 地址可以使用，则添加的网卡属性可以是“桥接”方式。如果没有可用的 IP 地址，则添加网卡的属性为“NAT”方式。

如果用户的主机是通过 ADSL 共享上网，又希望在虚拟机中的 Windows Server 2003 中通过 ADSL 拨号方式上网，其他虚拟机通过 Windows Server 2003 拨号 ADSL 共享上网，则添加网卡属性为“桥接”方式。如果不想让 Windows Server 2003 的虚拟机拨号上网，并且使用主机已经拨号上网的 Internet 连接，则虚拟机网卡属性为“NAT”方式。

不管选择哪种方式，都可以根据需要修改每块网卡的属性，以满足需求。

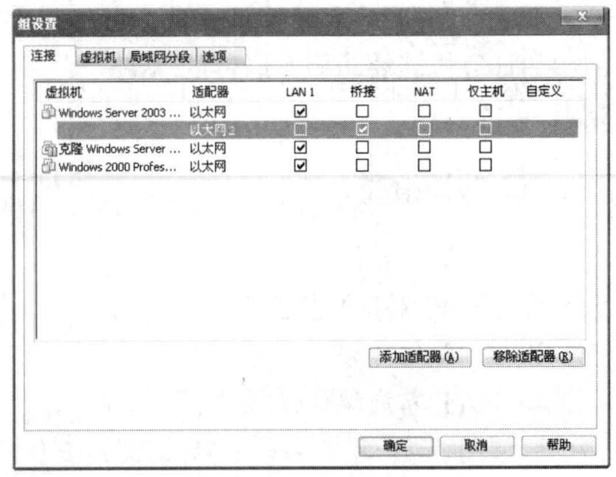

图 SX-10　添加适配器的组设置

（3）在本次实训中，设置网卡属性为“桥接”方式，在 Windows Server 2003 虚拟机中，可以使用“路由和远程访问服务”中的“NAT”为其他两台虚拟机提供共享上网服务。

3．在 Windows Server 2003 虚拟机中启用 NAT

在 Windows Server 2003 虚拟机共享上网服务器的配置步骤如下。

（1）启动组，当所有的虚拟机都启动后，进入 Windows Server 2003 虚拟机，等待一会儿，系统会自动为新添加的第二块网卡安装驱动程序，并自动把网卡名称命名为“本地连接 2”，原来的网卡名称则为“本地连接”。

（2）打开“网络连接属性”对话框，把原来的网卡命名为“LAN”，把新添加的网卡命名为“Internet”，如图 SX-11 所示。

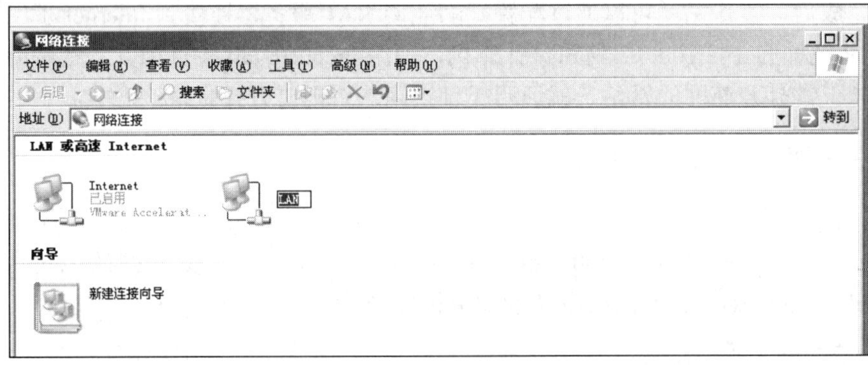

图 SX-11　网络连接

（3）设置 LAN 的 IP 地址为 192.168.0.1，连接到 Internet 网卡的 IP 地址为 202.162.4.1、网关地址为 202.162.4.2、DNS 地址为 202.162.4.3。

（4）运行“路由和远程访问”服务，并进行配置。

4．在工作站中测试

（1）设置工作站的 IP 地址为 192.168.0.2，默认网关为 192.168.0.1，DNS 为 192.168.0.1。

（2）使用 ipconfig /all 检查配置，然后浏览网站，用来测试配置正确与否。

五、实训思考题

- 什么是专用地址和公用地址？

- Windows 内置的使网络内部的计算机连接到 Internet 的方法有几种？是什么？
- 在 Windows Server 版的操作系统中，提供了哪两种地址转换方法？

六、实训报告要求

参见实训 1。

实训 8 磁盘阵列实训（虚拟机中实现）

一、实训背景

大多数用户都听说过磁盘阵列、RAID 0、RAID 5 等名词，但很少有条件亲手实践一下。这些实验需要专业的服务器或者专用的硬盘，如 SCSI 卡、RAID 卡、多个 SCIS 硬盘，当然也有 IDE 的 RAID，但 IDE 的 RAID 大多只支持 RAID 0 和 RAID1，很少有支持 RAID 5 的。

本节内容是使用 Windows Server 2003 实现软件的磁盘阵列，虽然软件磁盘阵列与硬件的阵列效果类似，但对实现专用服务器的“硬件”磁盘阵列来说，实现的操作步骤是不同的。硬件的磁盘阵列，需要在安装操作系统之前创建；而软件的磁盘阵列，则是在安装系统之后实现。

本次实训需要 Windows Server 2003 虚拟机一台。

二、实训目的

- 学习磁盘阵列，以及 RAID 0、RAID 1、RAID 5 的知识。
- 掌握做磁盘阵列的条件及方法。

三、实训要求

- 创建一个 Windows Server 2003 虚拟机。
- 向此虚拟机中添加 5 块虚拟硬盘。
- 在 Windows Server 2003 中完成磁盘阵列的实验。

四、实训指导

本节实验需要创建一个 Windows Server 2003 虚拟机，然后向此虚拟机中添加 5 块虚拟硬盘即可组成实验环境，具体操作步骤如下。

1. *添加硬盘并初始化*

（1）在已经安装好的 Windows Server 2003 虚拟机中，创建克隆链接的虚拟机。

（2）编辑虚拟机，向虚拟机中添加 5 块硬盘，每块硬盘大小 4 GB 即可。执行“虚拟机”→“设置”命令，打开“虚拟机设置”对话框，如图 SX-12 所示。单击“添加”按钮，按向导提示完成 5 块硬盘的添加。

（3）初始化新添加的硬盘。首先运行 Windows Server 2003 虚拟机，执行“开始”→“管理工具”→“计算机管理”→“磁盘管理”命令。在做磁盘 RAID 的实训之前，操作系统要对添加的硬盘进行初始化工作，自动打开“欢迎使用磁盘初始化和转换向导”对话框。

（4）选择要转换的磁盘。根据向导提示，将基本磁盘转换成动态磁盘。

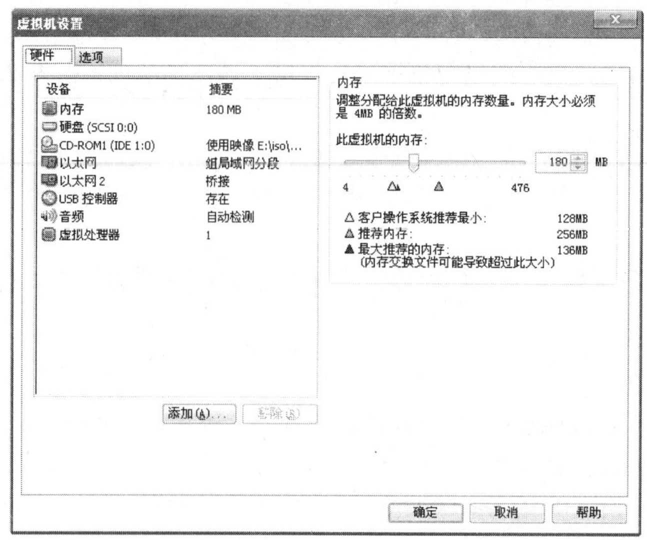

图 SX-12　虚拟机设置

2. *磁盘镜像实验*（RAID 1）

磁盘镜像卷是指在两个物理磁盘上复制数据的容错卷。通过使用两个相同的卷（被称为“镜像”），镜像卷提供了数据冗余以便复制包含在卷上的信息。镜像总是位于另一个磁盘上。如果其中一个物理磁盘出现故障，则该故障磁盘上的数据将不可用，但是系统可以在位于其他磁盘上的镜像中继续进行操作。只能在运行 Windows 2000 Server 或 Windows Server 2003 操作系统的计算机的动态磁盘上创建镜像卷，镜像卷也叫 RAID 1。在本次实验中，创建一个 RAID 1 的磁盘组，大小为 1GB，操作步骤如下。

（1）在“磁盘管理”对话框中，右击第 2 个磁盘，在弹出的快捷菜单中选择“新建卷”选项，打开“新建卷向导”对话框，如图 SX-13 所示。在“卷类型”对话框中，选择“镜像”单选项，单击“下一步”按钮，打开“添加磁盘”对话框。

（2）镜像只能添一个硬盘，在本例中添加硬盘 2，并设置空间量 1 GB。接下来为新卷指派驱动器号 G，对新加卷格式化并指定卷标，创建完成。

3. RAID 5 实验

在 Windows Server 2003 中，RAID 5 卷是带有数据和奇偶校验带区的容错卷，间歇分布于 3 个或更多物理磁盘。奇偶校验是用于在发生故障后重建数据的计算值。如果物理磁盘的某一部分发生故障，Windows 会根据其余的数据和奇偶校验重新创建发生故障的那部分磁盘上的数据。只能在运行 Windows 2000 Server 或 Windows Server 2003 操作系统的计算机的动态磁盘上创建 RAID 5 卷。用户无法镜像或扩展 RAID 5 卷。在 Windows NT 4.0 中，RAID 5 卷也被称为“带奇偶校验的带区集”。在本次实验中，将创建一个 RAID 5 的磁盘组，大小为 2 GB，操作步骤如下。

（1）在“磁盘管理”对话框中，右击第 3 个磁盘，在弹出的快捷菜单中选择“新建卷”选项，打开“新建卷向导”对话框，在“卷类型”对话框中，选择“RAID-5”，如图 SX-14 所示。

（2）单击“下一步”按钮，打开“添加磁盘”对话框，添加第 2 块、第 4 块、第 5 块硬盘，设置卷大小为 2 000 MB。

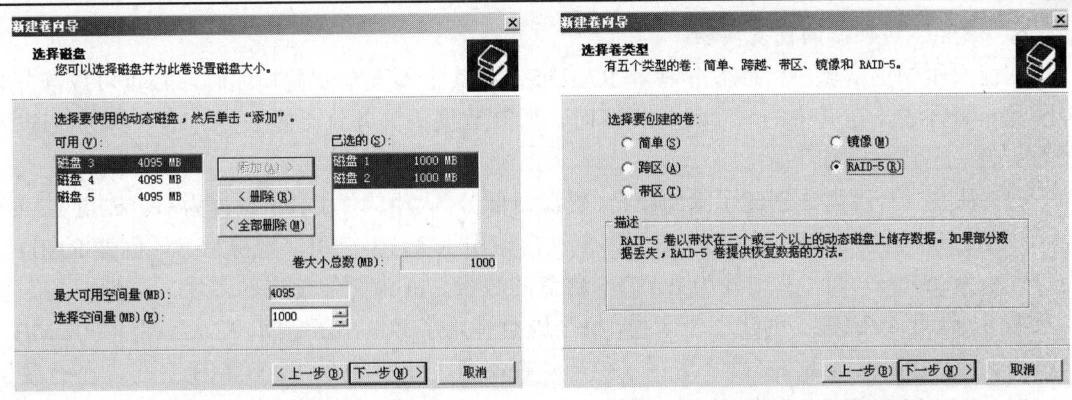

图 SX-13 选择磁盘　　图 SX-14 选择卷类型

（3）为新卷指派驱动器号 H，对新加卷格式化并指定卷标，创建完成。

4. 带区卷实验（RAID 0）

带区卷是以带区形式在两个或多个物理磁盘上存储数据的卷。带区卷上的数据被交替、均匀（以带区形式）地跨磁盘分配。带区卷是 Windows 的所有可用卷中性能最佳的卷，但它不提供容错。如果带区卷中的磁盘发生故障，则整个卷中的数据都将丢失。只能在动态磁盘上创建带区卷。带区卷不能被镜像或扩展。Windows Server 2003 中的“带区卷”相当于 RAID 0。本次实验将使用 5 块硬盘，每个磁盘使用 800 MB 空间创建“带区卷”，创建之后，该卷空间为 800 MB×5=4 GB，具体步骤如下。

（1）在“磁盘管理”对话框中，右击第 3 块磁盘，在弹出的快捷菜单中选择“新建卷”选项，打开“新建卷向导”对话框，在“卷类型”对话框中，选择“带区”单选项。

（2）单击“下一步”按钮，打开“添加磁盘”对话框，添加第 1 块、第 2 块、第 4 块、第 5 块硬盘，设置卷大小为 800 MB。

（3）按照向导提示，为新卷指派驱动器号 I，对新加卷格式化并指定卷标，直到创建完成。

5. 跨区卷实验（对现有磁盘扩容）

跨区卷是由多个物理磁盘上的磁盘空间组成的卷，可以通过向其他动态磁盘扩展来增加跨区卷的容量。这一功能是非常有用的，比如，SQL Server 安装在 D 盘，随着数据库内容的增加，磁盘的可用空间减少。在实际应用中可以使用“跨区卷”对 D 盘进行扩容。跨区卷只能在动态磁盘上创建跨区卷，同时跨区卷不能容错也不能被镜像。

下面以对 D 盘进行扩容为例，创建跨区卷。

（1）将系统硬盘转换为动态磁盘。转换完成需重新启动计算机。

（2）右击 D 盘，在弹出的快捷菜单中选择“扩展卷”选项。

（3）在向导中，添加磁盘 1、磁盘 3，设置扩展卷的大小分别为 1 000 MB 和 450 MB。

（4）单击“下一步”按钮，完成扩展。

如果服务器有硬件的 RAID 卡，但在使用 RAID 卡创建逻辑磁盘时，分配磁盘空间比较小。或者，虽然使用 RAID 卡创建逻辑磁盘时分配的空间比较大，但在安装操作系统时，却创建了多个分区，每个分区容量比较小。这两种情况，都可以使用“跨区卷”功能，对这些小的分区或者逻辑磁盘进行“合并”。

6. *磁盘阵列数据的恢复实验*

在前面所做的实验中，磁盘镜像和 RAID 5，在其中的一个硬盘损坏时，数据可以恢复。带区卷和跨区卷，在其中的一个硬盘损坏时，所有数据丢失并且不能恢复。本节将进行这方面的实验，主要步骤如下。

（1）磁盘 1、磁盘 2 创建了 RAID 1（磁盘镜像），大小为 1 GB，盘符为 G。磁盘 2、磁盘 3、磁盘 4、磁盘 5 创建了 RAID 5，每个硬盘使用了 2 GB 空间，盘符为 H。创建 RAID 5 后，大小为 m×(n−1)，其中 n 为 RAID 5 磁盘的数量，m 为磁盘使用的容量。磁盘 1、磁盘 2、磁盘 3、磁盘 4、磁盘 5 创建了带区卷，每个硬盘使用了 800 MB 空间，总大小为 4 000 MB，盘符为 I。D 盘在磁盘 1、磁盘 3 进行了扩展，在磁盘 1 上扩展了 1 000 MB 空间，在磁盘 3 上扩展了 450 MB 空间，如图 SX-15 所示。

（2）在 G、H、I、D 盘上分别复制一些文件，然后关闭虚拟机。

（3）编辑虚拟机的配置文件，删除后面添加的第 3 块硬盘（即图 SX-15 所示界面中的磁盘 2），然后再添加一块新硬盘（大小为 7 GB）。

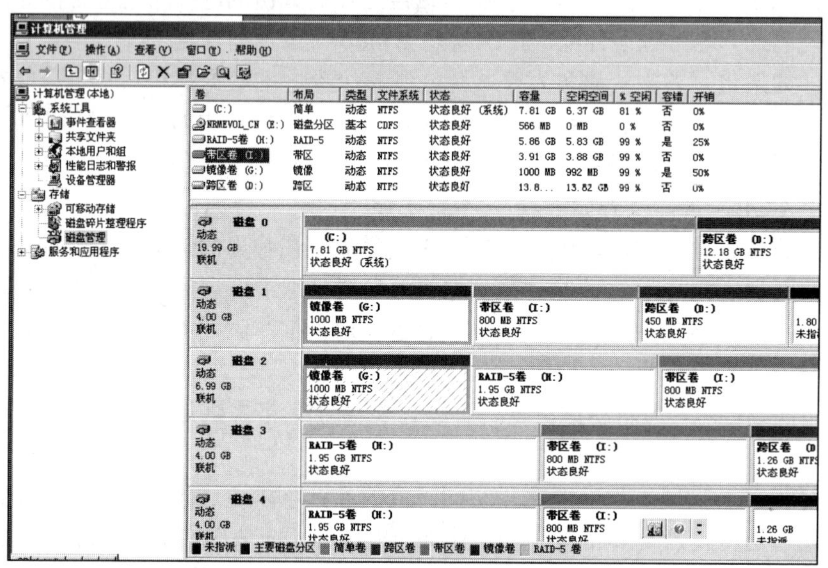

图 SX-15 计算机管理

（4）启动虚拟机，打开“资源管理器”对话框，可以看到 G、D 盘仍然可以访问，但 H、I 已经不存在，如图 SX-16 所示。

（5）带区卷无法修复，但 RAID 1、RAID 5 可以修复。在 Windows Server 2003 中修复 RAID 1 卷，需要删除失败的镜像，然后再修复 RAID。

（6）在“丢失”的磁盘上删除镜像。右击“丢失”磁盘的镜像卷在弹出的快捷菜单中，选择“删除镜像”命令，根据提示将“丢失”磁盘上的镜像卷删除，如图 SX-17 所示。

（7）右击剩下的磁盘的镜像卷，在弹出的快捷菜单中选择“添加镜像”选项，接下来选择一个磁盘代替损坏的磁盘，接着开始同步数据。同步数据完成后，镜像卷成功修复。

（8）修复 RAID 5 时，首先在“丢失”的磁盘上修复卷。右击“丢失”磁盘的 RAID5 卷，在弹出的快捷菜单中选择“修复卷”选项，接着选择一个磁盘替换损坏的 RAID5 卷，如图 SX-18 所示。同步数据完成后，RAID 5 成功修复。

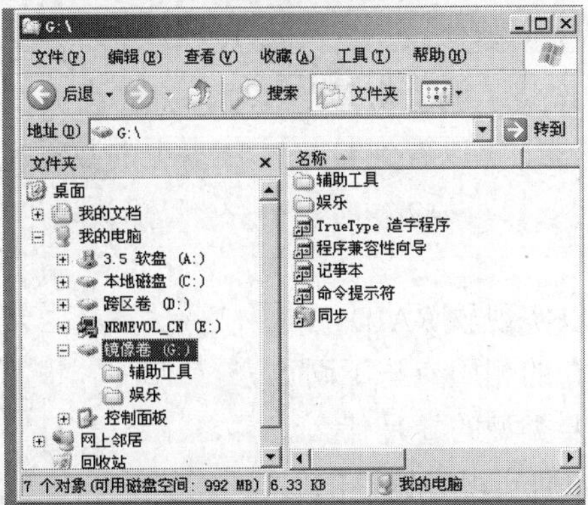

图 SX-16　资源管理器

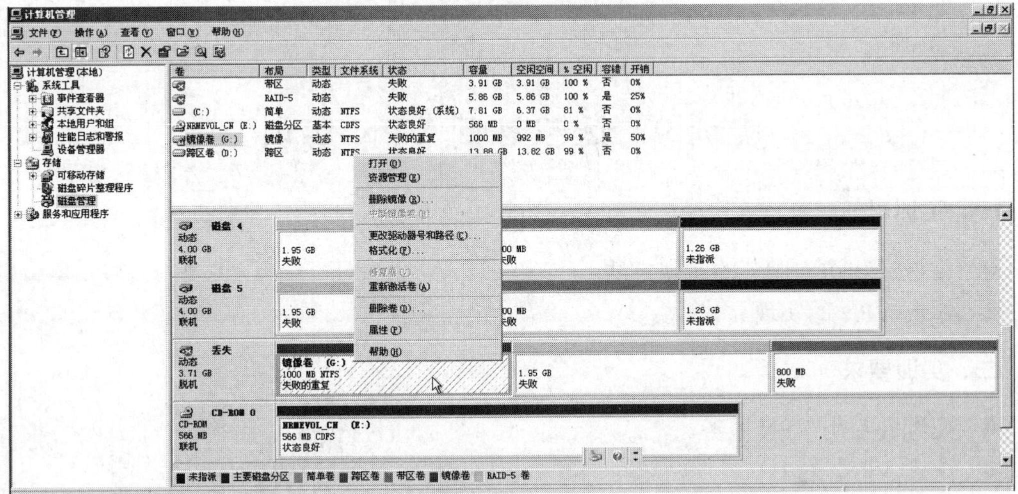

图 SX-17　删除镜像卷

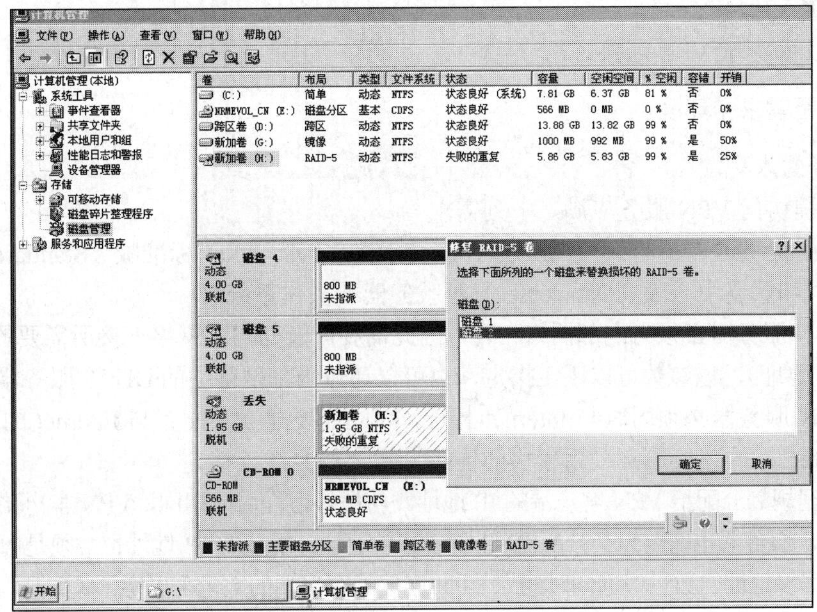

图 SX-18　修复 RAID 5 卷

（9）RAID 1、RAID 5 成功修复后，将“丢失”磁盘的带区卷删除，然后右击“丢失”磁盘，在弹出的快捷菜单中选择“删除磁盘”选项，将“丢失”磁盘删除。

（10）再次打开资源管理器，可以看到 G、H、D 盘上的数据完整无损，而 I 盘则无法恢复。

五、实训思考题

- 哪种类型的磁盘可以实现软 RAID。
- 比较跨区卷与带区卷的相同点与不同点。
- 动态磁盘中 5 种主要类型的卷是什么。
- 简述 RAID-5 卷是如何实现容错性的。

六、实训报告要求

参见实训 1。

实训 9 远程访问 VPN 实训

一、实训目的

- 掌握远程访问服务的实现方法。
- 掌握 VPN 的实现。

二、实训要求

- 配置并启用 VPN 服务。
- 配置 VPN 端口。
- 配置 VPN 用户账户。
- 配置 VPN 客户端。
- 建立并测试 VPN 连接。

三、部署需求和环境

1. 部署需求

部署远程访问 VPN 服务应满足下列需求。

（1）使用提供远程访问 VPN 服务的 Windows Server 2003 标准版（Standard）、企业版（Enterprise）和数据中心版（Datacenter）等服务器端操作系统。

（2）VPN 服务器必须与内部网络相连，因此需要配置与内部网络连接所需要的 TCP/IP 参数（专用 IP 地址），该参数可以手工指定，也可以通过内部网络中的 DHCP 服务器自动分配。

（3）VPN 服务器必须同时与 Internet 相连，因此需要建立和配置与 Internet 的连接。VPN 服务器与 Internet 的连接通常采用较快的连接方式，如专线连接。

（4）合理规划分配给 VPN 客户端的 IP 地址。与拨号远程访问相同，VPN 客户端在请求建立 VPN 连接时，服务器也需要为其分配内部网络的 IP 地址。配置的 IP 地址也必须是内部网络中不使用的 IP 地址，地址的数量根据同时建立 VPN 连接的客户端的数量来确定。本实训介绍的远程访问 VPN 部署，使用静态 IP 地址池为远程访问客户端分配 IP 地址，地址范围采用 192.168.0.41～50。

（5）客户端在请求 VPN 连接时，服务器要对其进行身份验证，因此应合理规划需要建立 VPN 连接的用户账户。

2. 部署环境

本实训将根据图 SX-19 所示的环境来远程访问 VPN。

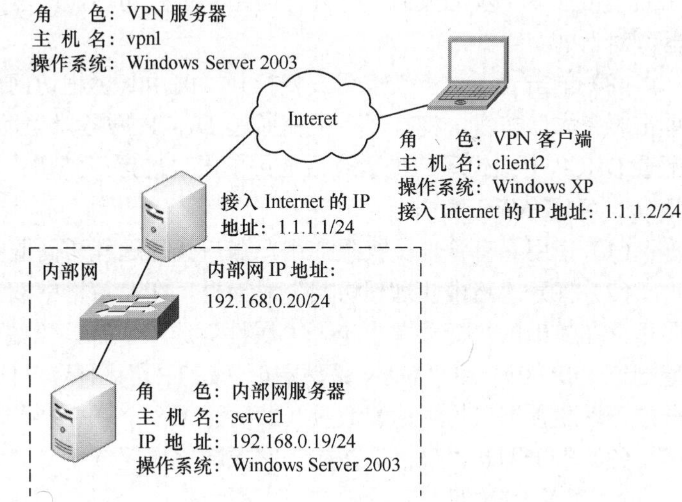

图 SX-19　远程访问 VPN 示意图

四、实训指导

1. 配置并启用 VPN 服务

（1）使用具有管理员权限的用户账户登录到要配置并启用 VPN 服务的计算机 vpnl。

（2）配置到内部网和到 Internet 的连接，确保正常连接。为了方便说明，本实训将到内部网的连接命名为 LAN，并按照部署环境将 IP 地址设置为 192.168.0.20/24；将到 Internet 的连接命名为 Internet，并按照部署环境将 IP 地址设置为 1.1.1.1/24。

（3）参考 14.2.2 的相关步骤，打开“路由和远程访问服务器安装向导—远程访问”对话框。

（4）在该对话框中选择“VPN”单选项，然后单击“下一步”按钮，打开“路由和远程访问服务器安装向导—VPN 连接”对话框。在此对话框中选择 VPN 服务器到 Internet 的连接，并清除“通过设置静态数据包筛选器来对选择的接口进行保护”复选框。

说明

选中“通过设置静态数据包筛选器来对选择的接口进行保护”选项时（默认被选中），可以通过设置数据包筛选器来限制与 Internet 接口的通信，阻止不需要的连接。由于远程访问 VPN 客户端的位置相对不固定，而数据包筛选器是静态的，这就给 VPN 的实现带来不便，因此本实训中清除了对该选项的选择，不使用数据筛选器。

如果需要设置数据包筛选器，则可以在 VPN 服务器配置并启用成功之后，打开“路由和远程访问”对话框，展开 VPN 服务器，再展开“IP 路由选择”目录树，并选择“常规”选项；然后在右窗格中右击 VPN 服务器与 Internet 连接的接口，在弹出的快捷菜单中选择“属性”选项，打开接口属性对话框；通过该对话框中的“入站筛选器”和“出站筛选器”按钮可以设置数据包筛选器。

（5）在“路由和远程访问服务器安装向导—VPN 连接”对话框中单击“下一步”按钮，打开“路由和远程访问服务器安装向导—IP 地址指定”对话框，选择“来自一个指定的地址范围”单选项。

（6）单击“下一步”按钮，打开 “路由和远程访问服务器安装向导—地址范围指定”对话框；单击“新建”按钮，打开“新建地址范围”对话框，在此对话框中指定要分配给 VPN 客户端的 IP 地址范围 192.168.0.41～50。

（7）单击“确定”按钮返回“路由和远程访问服务器安装向导—地址范围指定”对话框；然后单击“下一步”按钮，打开“路由和远程访问服务器安装向导—管理多个远程访问服务器”对话框。

（8）单击“下一步”按钮，将打开“路由和远程访问服务器安装向导—完成”对话框；单击“完成”按钮，将打开有关在通过 DHCP 服务器为远程访问客户端分配 IP 地址时必须配置 DHCP 中继代理的提示对话框；单击“确定”按钮，将启用 VPN 服务。

2. 配置 VPN 端口

（1）使用具有管理员权限的用户账户登录远程访问服务器。

（2）打开“路由和远程访问”对话框，在左窗格中双击展开服务器，然后右击“端口”图标，在弹出的快捷菜单中选择“属性”选项，打开“端口属性”对话框。双击“WAN 微型端口（PPTP）”或“WAN 微型端口（L2TP）”图标，打开“配置设备”对话框，在此对话框中可以配置端口的用途和数量（默认为 128 个 PPTP 端口和 128 个 L2TP 端口）。

（3）单击两次“确定”按钮，完成端口配置。

3. 配置 VPN 用户账户

（1）系统默认所有用户都没有拨号连接 VPN 服务器的权限，必须另行开放权限给用户。

（2）执行“管理工具”→“计算机管理”→“本地用户和组”命令，双击需要远程拨入的用户的图标，在“拨入”选项卡中开放相应的权限。如图 SX-20 所示。

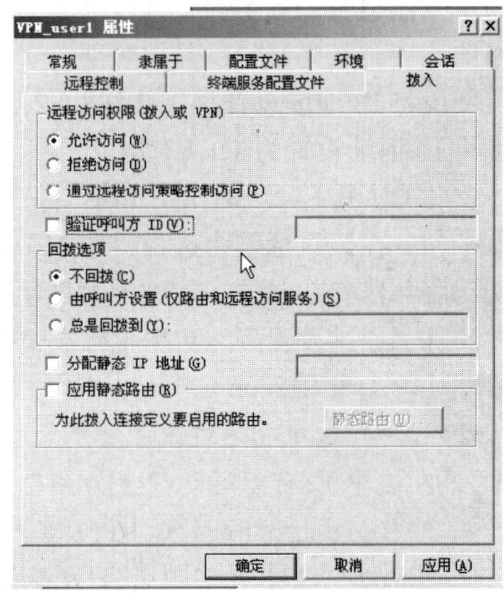

图 SX-20 “拨入”选项卡

4. 配置拨号远程访问用户账户的选项及说明

（1）在图 SX-20 中，“远程访问权限（拨入或 VPN）”选项区域用于确定用户是否可以建立远程访问连接。在默认情况下，远程访问服务器在进行身份验证时，将首先检查客户端提供的用户账户和密码是否符合远程访问策略的条件；如果不符合，则拒绝连接；如果符合，则将检查此处设置的远程访问权限。

- “允许访问”：允许用户建立远程访问连接。
- “拒绝访问”：拒绝用户建立远程访问连接。
- “通过远程访问策略控制访问”：通过远程访问策略来控制用户是否可以建立远程访问连接；如果选中此选项，服务器将再次检查符合条件的远程访问策略，根据远程访问策略来确定用户是否可以建立远程访问连接。

默认情况下，用户账户的远程访问权限被设置为“通过远程访问策略控制访问”。实训中将远程访问权限设置为“允许访问”。

（2）验证呼叫方 ID。如果启用了“验证呼叫方 ID”选项，服务器将验证呼叫客户端的电话号码。如果呼叫客户端的电话号码与此处配置的电话号码不匹配，连接尝试将被拒绝。

呼叫方 ID 必须受呼叫客户端、呼叫方与远程访问服务器之间的电话系统以及远程访问服务器支持。如果配置了呼叫方 ID 电话号码，但不支持呼叫方 ID 信息从呼叫客户端到拨号远程访问服务器的传递，则连接尝试将被拒绝。

呼叫方 ID 功能的设计给远程访问者提供了更高级别的安全性。配置呼叫方 ID 的缺点在于，用户只能从特定的电话线路拨入。

（3）回拨选项。如果启用了回拨功能，则远程访问服务器在收到用户的访问请求并通过身份验证后，将挂断连接，然后再回拨呼叫方重新建立连接。服务器回拨时使用的电话号码由呼叫方或管理员设置。

启用回拨有 2 个优点。

- 有利于控制和降低费用。回拨时，拨号费用将统一由总部来支出。如果客户端所在地的拨号费用高于服务器所在地，则通过回拨可以在一定程度上节约拨号费用。
- 提高安全性。通过回拨到设定的电话号码，可以保证此用户确实为可以远程访问的合法用户，而非未授权的用户。

回拨设置包括下列 3 个选项。

- “不回拨”：不启用回拨功能，服务器将不回拨客户端。
- “由呼叫方设置”：虽然选择此选项并不能提供真正的安全功能，但是对于从不同位置使用不同电话号码呼叫的客户端来说，它是有用的，可以控制和降低拨号费用。如果使用此选项，当远程访问服务器收到用户连接呼叫并通过身份验证之后，在发起呼叫的客户端将会出现“回拨”对话框；用户需要输入当前的回拨号码，该号码将发送到服务器；服务器收到号码后会挂断连接，然后进行回拨。
- “总是回拨到”：回拨到指定的电话号码。

（4）指派静态的 IP 地址。在以当前用户账户建立远程访问连接时，服务器可以使用此选项为请求连接的客户端指派特定的静态 IP 地址。

（5）应用静态路由。可以使用此选项定义一系列静态 IP 路由，这些路由在建立连接时被添加到运行路由和远程访问服务的服务器的路由列表中。此选项在配置请求拨号路由时使用。

5. 配置 VPN 客户端

（1）使用具有管理员权限的用户账户登录需要进行 VPN 连接的客户端。

（2）配置到 Internet 的连接，确保与 VPN 服务器正常通信。

（3）打开“新建连接向导—网络连接”对话框，选择“虚拟专用网络连接（V）”单选项。

（4）单击“下一步”按钮，打开“新建连接向导—连接名”对话框，输入连接配置文件的名称，如“To-VPN1”。

（5）单击“下一步”按钮，打开“新建连接向导—VPN 服务器选择”对话框，在此对话框中设置要连接的 VPN 服务器，可以是 IP 地址，也可以是域名。

（6）单击“下一步”按钮，打开“新建连接向导—可用连接”对话框，选择“任何人使用”单选项。

（7）单击“下一步”按钮，打开“新建连接向导—完成”对话框；单击“完成”按钮，将打开“连接”对话框，则 VPN 连接的配置文件创建完成。

6. 建立并测试 VPN 连接

（1）使用具有管理员权限的用户账户登录需要进行 VPN 连接的 VPN 客户端。

（2）打开“连接”对话框，输入建立 VPN 连接的用户账户和密码，单击“拨号”按钮，将开始建立 VPN 连接，连接成功之后，在状态栏将出现已连接的提示。

（3）单击该提示，打开连接状态对话框，单击“详细信息”按钮，可以查看 VPN 连接的详细信息。

（4）打开命令提示符对话框，对远程访问连接进行检查和测试，测试结果如下。

① 检查 VPN 连接。

```
C:\>ipconfig
Ethernet adapter 本地连接:
    Connection-specific DNS Suffix.:
    IP Address. . . . . . . . . . . . : 1.1.1.2
    Subnet Mask. . . . . . . . . . . : 255.255.255.255
    Default Gateway. . . . . . . . . :
PPP adapter To-VPN1:
    Connection-specific DNS Suffix.:
    IP Address. . . . . . . . . . . . : 192.168.0.42
    Subnet Mask. . . . . . . . . . . : 255.255.255.255
    Default Gateway. . . . . . . . . : 192.168.0.42
```

② 尝试与内部网服务器通信，以测试 VPN 连接。

```
C:\>ping 192.168.0.19
Pinging 192.168.0.19 with 32 bytes of data:
Replay from 192.168.0.19:Bytes=32 time=4ms TTL=128
…（省略部分显示信息）
```

（5）使用具有管理员权限的用户账户登录远程访问服务器，打开“路由和远程访问”对话框，双击展开远程访问服务器图标，然后选择“远程访问客户端”选项，在右窗格中可以看到已经建立的 VPN 连接。

（6）选择“端口”选项，在右窗格中可以看到正在使用的 VPN 端口（状态为“活动”）。

五、实训思考题

- 什么是 VPN？简述其工作原理。
- 如何配置 VPN 端口？
- 如何配置 VPN 用户账户？
- 如何测试 VPN 连接？

六、实训报告要求

参见实训 1。

实训 10 注册表、服务器的性能监视和优化实训

一、实训目的

- 掌握本地安全策略的设置。
- 掌握注册表编辑器的使用。
- 掌握利用“任务管理器”、“事件日志”、“系统监视器”，设置警报监视和管理系统性能。
- 掌握编制审核策略，配置审核功能设置值的方法，能够查看安全性日志条目。

二、实训要求

- 练习修改注册表。
- 练习服务器性能的监视和优化。
- 练习本地安全策略设置及编制审核策略。

三、理论基础

1. Windows 注册表

注册表是一个庞大的数据库，用来存储计算机软硬件的各种配置数据。它是针对 32 位硬件、驱动程序和应用设计的，考虑到与 16 位应用的兼容性，在 32 位系统中仍提供*.ini 文件配置方式，一般情况下，32 位应用最好不使用*.ini 文件。

注册表中记录了用户安装在计算机上的软件和每个程序的相关信息，用户可以通过注册表调整软件的运行性能，检测和恢复系统错误，定制桌面等。用户修改配置，只需要通过注册表编辑器，单击鼠标，即可轻松完成。系统管理员还可以通过注册表来完成系统远程管理。因而用户掌握了注册表，即掌握了对计算机配置的控制权，用户只需要通过注册表即可将自己计算机的工作状态调整到最佳。

Windows 注册表也是帮助 Windows 操作系统控制硬件、软件、用户环境和操作系统界面的数据信息文件，注册表文件是包含在 Windows 操作系统目录下的两个文件：system.dat 和 user.dat。通过 Windows 操作系统目录下的 regedit.exe 程序能够存取注册表数据库。在 Windows 95 以前的更早版本中，这些功能是靠 win.ini，system.ini，以及和其他应用程序有关联的.ini 文件实现的。

2. 如何访问注册表

登录注册表编辑器其实是很容易的，执行“开始”→“运行”命令，在“运行”对话框中输入“regedit”就可以进入注册表编辑器了。

注册表文件是以二进制方式存储的，所以不能使用传统的文本编辑器读写注册表中的数据。

如果在 Windows 95/98 操作系统中，我们可以用 regedit.exe 访问注册表编辑器，而在 Windows NT/2000/2003 操作系统中提供了 regedit.exe 和 regedt32.exe 两个版本的编辑器。对大多数的使用者来讲，两者基本上是一样的，只是设计的侧重点不同罢了。regedt32.exe 编辑器重点对安全程度要求较高的硬件数据进行编辑操作，而 regedit.exe 主要侧重对用户使用的方便灵活方面进行了改进。

3. 注册表的基本结构

不论是 Windows 95/98 操作系统，还是 Windows NT/2000/2003 操作系统，其注册表的结构大体上是基本相同的，都是一种层叠式结构的复杂数据库，由键、子键、分支、值项和默认值几部分组成。

注册表包括以下 5 个主要键项。

- HKEY_CLASSES_ROOT：包含启动应用程序所需的全部信息，包括扩展名、应用程序与文档之间的关系、驱动程序名、DDE 和 OLE 信息、类 ID 编号和应用程序与文档的图标等。
- HKEY_CURRENT_USER：包含当前登录用户的配置信息，包括环境变量、个人程序、桌面设置等。

● HKEY_LOCAL_MACHINE：包含本地计算机的系统信息，包括硬件和操作系统信息，如设备驱动程序、安全数据和计算机专用的各类软件设置信息。

● HKEY_USERS：包含计算机的所有用户使用的配置数据，这些数据只有在用户登录在系统上时方能访问。这些信息告诉系统当前用户使用的图标、激活的程序组、开始菜单的内容以及颜色、字体等。

● HKEY_CURRENT_CONFIG：存放当前硬件的配置信息，其中的信息是从HKEY_LOCAL_MACHINE 中映射出来的。

四、实训步骤

任务 1：注册表编辑器

1. 认识注册表

（1）执行“开始”→“运行”命令，打开“运行”对话框，在“打开”文本框中输入“regedit”。

（2）单击“确定”按扭，打开“注册表编辑器”对话框，如图 SX-21 所示。

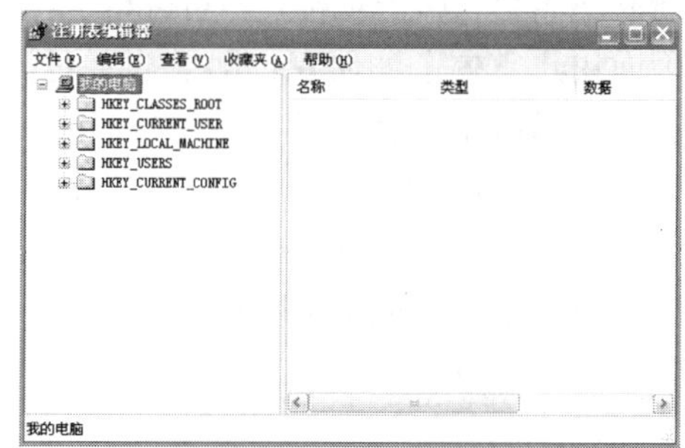

图 SX-21 注册表编辑器

（3）注意查看和区分根键、键、子键和键值。

（4）查找键值为“run”的键，直到找到为止，并把这些项备份到机器 d:\run 目录下。

2. 注册表实用技术

（1）更改登录界面的背景图形。

① 执行“开始”→“运行”命令，在“运行”文本框中输入“regedit”。单击“确定”按钮，打开“注册表编辑器”对话框。

② 依次选择以下的键：HKEY_USERS\.DEFAULT\Control Panel\Desktop。

③ 双击“WallPaper”图标，然后在“数值数据”文本框中输入要作为背景图形的.bmp 图形文件的文件名。完成后单击“确定”按钮。

④ 双击“WallPaperStyle”图标，然后在“数值数据”文本框中输入 1，以便设置将图形填满整个屏幕（若设为 0，图形只会占用屏幕中间一小块）。

⑤ 注销。将在登录界面的背景看到所设置的图形。

（2）自动登录。

① 执行“开始”→“运行”命令，打开“运行”对话框，在“打开”文本框中输入“regedit”。单击“确定”按钮，打开“注册表编辑器”对话框。

② 依次选择以下的键：HKEY_LOCAL_MACHINE\SOFTWARE\Microsoft\WindowsNT\CurrentVersion\Winlogon。

③ 新建名为“AutoAdminLogon”的键值（如果该键值已经存在，直接跳过此步骤），其目的是让系统跳过“请按 Ctrl-Alt-Delete 开始”的对话框。

④ 双击“AutoAdminLogon”图标，然后在“数值数据”文本框中输入 1。完成后单击“确定”按钮。

⑤ 双击 “DefaultUserName”图标，然后在“数值数据”文本框中输入用来自动登录的

用户账户名称，完成后单击“确定”按钮。

⑥ 右击“Winlogon”图标，在弹出的快捷菜单中选择“新建”→“字符串值”选项，然后将新数值名称改为“DefaultPassword”。

⑦ 双击“DefaultPassword”图标，然后在“数值数据”文本框输入该用户的密码。完成后单击“确定”按钮。

⑧ 如果用户的计算机未加入域，可跳过本步骤。双击“DefaultDomainName”图标，打开“编辑字符串”对话框，如果用户是域用户，则在“数值数据”文本框中输入域名；如果用户是本地用户，请在“数值数据”文本框中输入本地计算机名称。完成后单击“确定”按钮。

（3）打开登录界面的 NumLock 指示灯。

① 执行“开始”→“运行”命令，打开“运行”对话框，在“打开”文本框中输入“regedit”。单击“确定”按钮，打开“注册表编辑器”对话框。

② 依次选择以下的键：HKEY_USERS\.DEFULT\Control Panel\Keybord。

③ 双击“InitialKeyboardIndicators”图标，然后在“数值数据”文本框中输入 2 。完成后单击“确定”按钮。

④ 注销，查看设置效果。

任务 2：服务器性能的监视和优化

1. 利用“任务管理器”监测应用程序

（1）利用“应用程序”选项卡监视和管理应用程序的运行情况。

① 启动几个应用程序。

② 打开“任务管理器”对话框，查看哪些应用程序正在运行，完成思考题 3。

启动任务管理器的方法：

- 右击任务栏的空白处，在弹出的快捷菜单中选择“任务管理器”选项；
- 按 Ctrl+Alt+Del 组合键，选择“任务管理器”选项。

（2）利用“任务管理器”对话框关闭应用程序。

（3）利用“任务管理器”对话框切换应用程序。

（4）利用“任务管理器”对话框打开新的应用程序。

（5）识别与应用程序有关的进程。

在“任务管理器”对话框中右击该应用程序，在弹出的快捷菜单中选择“转到进程”选项。此时即打开“进程”选项卡，相关的进程被高亮度显示。

（6）利用“进程”选项卡监视和管理进程的运行情况。

① 结束一个进程。

② 改变进程优先级。

（7）利用“性能”选项卡监视 CPU 和内存的使用情况。

比较启动游戏“连连看”前后，CPU 和内存的使用情况。

2. 利用事件日志监视系统活动

（1）执行“开始”→“程序”→“管理工具”→“事件查看器”命令，打开“事件查看器”对话框，查看你的计算机上一次启动的时间。

（2）在“事件查看器”对话框中选择“系统日志”选项，在右窗格中查看最近的事件，并双击该事件。

每一次计算机启动时，Windows 2000/2003 都自动启动事件日志服务，事件日志服务启动的时间也差不多就是计算机的启动时间。

（3）单击“确定”按钮，关闭“事件属性”对话框，查看各个事件日志中事件的类型。

（4）归档应用程序日志。

① 打开“事件查看器”对话框，在左窗格中，右击“应用程序日志”图标，在弹出的快捷菜单中选择“另存日志文件”选项，对其进行另存（.evt）。

② 清除应用程序日志。

③ 查看另存的日志文件。

④ 以另外的文件格式（如 TXT 格式）保存系统日志文件，并查看。

为了查找特定的事件，检测每一个事件不是最有效率的方式。因为日志中有大量的事件，可以通过执行“查看”→“筛选”命令，查询需要的日志。

3. 使用系统监视器监视系统性能

运行“系统监视器”，配置分别代表处理器、内存和磁盘使用情况的计数器。

（1）执行“开始”→“控制面板”→ “管理工具”命令，然后双击“性能”图标，打开“性能”对话框，在左窗格中，确认“系统监视器”被选择。

（2）单击“添加”按钮，打开“添加计数器”对话框，分别添加用于“处理器”对象的“%Processor Time”计数器、用于“物理磁盘”对象的“%Disk Read Time”计数器和“%Disk Write Time”计数器，其实例均为“_total”；添加用于“内存”对象的“Available Bytes”计数器。

（3）对磁盘碎片进行整理。

磁盘碎片整理操作使用“%Processor Time”和“%Disk Read Time”，此外还有某些磁盘写活动。

4. 设置警报监视系统活动

设置一个性能警报，使得当打印队列中的文档超过 5 个时，就进行通报。

（1）在“性能”对话框的左窗格中，右击“警报”图标，在弹出的快捷菜单中选择“新建警报设置”选项，打开“新建警报设置”对话框，输入“打印队列”。

（2）在“打印列队”对话框中，单击“添加”按钮，打开“添加计数器”对话框。在“性能对象”下拉列表中，选择“Print Queue”，并确认“从列表中选择计数器”列表框中的人物被选择；在“从列表中选择实例”列表框中，选择“_Total”。单击“添加”按钮，将该计数器添加到“打印列队”的“计数器”列表框中。单击“关闭”按钮，返回“打印列队”对话框。

（3）设置发出警报时的限制值。

（4）设置采样间隔时间为 10s。

（5）在“操作”选项卡中，选择一种发出警告信息的方式。

（6）设置扫描时间和停止扫描时间。

五、实训思考题

- 什么是注册表？注册表中包含哪些信息？
- 简述注册表的基本结构和 5 个根键分别是什么。
- 任务管理器的“应用程序”选项卡所显示的列表中，包含有任何操作系统进程吗？为什么？
- 在任务管理器中对于进程的度量包括（CPU、CPU 时间、内存使用等），分别是什么含义。
- 任务管理器中哪个系统资源在被过量使用？它说明存在什么问题？
- 日志文件可以保存成哪 3 种文件格式？这 3 种文件格式有什么区别？

六、实训报告要求

参见实训 1。

实训 11　配置打印服务器实训

一、实训目的

- 掌握本地打印机安装。
- 掌握网络打印机安装与配置。
- 掌握共享网络打印机的方法。

二、实训要求

- 建立打印服务子系统。
- 实现打印机池的应用。

三、实训指导

1. 建立打印服务子系统

（1）在 Windows Server 2003 操作系统中建立网络打印服务器，安装打印设备和设置共享打印机。

（2）配置打印工作站（即打印客户机）。在客户机上设置、连接和使用网络共享打印机。

2. 打印机池的应用与实现

（1）打印服务器：建立起连接 3 台打印设备的打印服务器，分别使用 LPT1、LPT2 和 LPT3 物理打印端口，其打印机名为“HP4L”。

（2）分别在两台客户机上添加网络打印机，并在每台客户机中同时输出一个名为 test.doc 的文档到该打印机。

（3）打开打印机管理器，观察作业分配到打印端口的先后顺序。

四、实训思考题

- 如何使不同用户享有不同的打印机使用权限？
- 为一台打印设备创建多个打印机的目的是什么？其适用于什么场合？
- 在什么情况下选择“打印机池”的连接方式？使用此方式的优点有哪些？
- 如何建立基于 Web 方式的 Internet 打印系统？（请到网上查找资料）

五、实训报告要求

参见实训 1。

实训 12　Windows Server 2003 安全管理实训

一、实训目的

- 掌握本地安全策略。
- 掌握域的安全设置。
- 掌握编制审核策略，配置审核功能设置值的方法，能够查看安全性日志条目。

二、实训要求

- 实现安全性要求不高的基本账户策略。
- 实现“密码必须符合复杂性要求”的安全策略。
- 设置针对黑客的安全策略。
- 设置用户权力与安全选项的安全策略。
- 审核文件。
- 审核打印机。

三、实训指导

1．实现安全性要求不高的基本账户策略

在 Windows Server 2003 计算机中设立的账户策略为 “复位账户锁定计数器”10 分钟，“账户锁定时间”10 分钟，“账户锁定阈值”3 次，并测试此账户的锁定策略是否符合设定的含义。

2．实现“密码必须符合复杂性要求”的安全策略

（1）在工作组网络中，选择任何一台 Windows Server 2003 计算机，执行“开始”→“管理工具”→“本地安全策略”命令。

（2）选择“安全设置”→“账户策略”→“密码策略”选项，在打开的对话框中进行设置。

（3）在“计算机管理”对话框中，选择“本地用户和组”选项，添加一个本地用户，输入一个“123”的密码进行验证，应提示不符合密码复杂性的安全要求。为其更换一个强密码。

3．设置针对黑客的安全策略

设置安全策略中的账户策略、密码策略及其他安全策略，以减少黑客利用系统漏洞攻击的机会，增加其登录的难度。

（1）禁用 guest 账户，以防黑客利用该账户名登录。

（2）实现 Administrator 的更名，增加破获管理员账户的难度。

（3）禁止显示上次登录的用户名，以防黑客利用账户名登录。

4. 设置用户权力与安全选项的安全策略

对本地安全策略进行设置。

（1）在客户机上“取消”及“恢复”使用 Ctrl+Alt+Del 组合键的强制登录。

（2）在“Active Directory 用户和计算机”中，为管理员建立一个普通的域用户账户，使用其登录域控制器；解决不能在域控制器本地交互登录的问题。

5. 审核文件

（1）在与图 16-13 相似的对话框中，设置（开启）审核策略，同时选择“审核对象访问”的“成功”和“失败”复选框。

（2）在打开的“资源管理器”对话框的 NTFS 分区中，选中需要审核的文件，如文件 ftest.doc。

（3）设置文件的审核，达到记录 Domain Users 组成员修改该文件“成功”和“失败”操作信息的功能。

6. 审核打印机

（1）仍在与图 16-13 相似的对话框中，设置（开启）审核策略，同时选择“审核对象访问”的“成功”和“失败”复选框。

（2）选择要审核的“打印机”选项，打开其属性对话框。

（3）选择属性对话框的“安全”选项卡中，单击“高级”按钮，打开 “高级安全设置”对话框。单击“添加”按钮，在“选择用户、计算机或组”对话框中，添加 Domain Users 组，之后单击“确定”按钮。

（4）在打开的打印机“审核项目”对话框中，选择和设置需要审核的项目，例如“打印”项目的“成功”操作。单击“确定”按钮，完成审核打印机的设置。

（5）打开“事件查看器”对话框查看审核结果。

四、实训思考题

- 事件查看器有什么作用？安全性日志包含哪些内容？
- 谁有权设置审核策略？谁有权管理审核策略？
- 对于目录的审核来说，可以审核的事件有哪些？
- 常用的用户权力分配策略有哪些？
- 什么是“密码符合复杂性要求”？该策略要求的密码是什么？
- 请举例说明什么是权力？什么是权限？

五、实训报告要求

参见实训 1。

参 考 文 献

1．杨云，平寒．Windows Server 2003 组网技术与实训．北京：人民邮电出版社，2007.11

2．张晖，杨云．计算机网络实训教程．北京：人民邮电出版社，2008.11

3．唐华．Windows Server 2003 系统管理与网络管理．北京：电子工业出版社，2006.12

4．王隆杰，梁广民，杨名川．Windows Server 2003 网络管理实训教程．北京：清华大学出版社，2006.3

5．刘本军．Windows Server 2003 管理与配置．北京：机械工业出版社，2007.2

Windows Server 2003 WANGLUO CAOZUO XITONG

Windows Server 2003 网络操作系统

本书内容安排以学生能够完成中小企业建网、管网的任务为出发点，以工程实践为基础，注重工程实训，由浅入深、系统全面地介绍了Windows Server 2003的安装、使用和各种网络功能的实现。

与同类教材相比，本书有如下特色

- 本书从构建网络的实际需要出发，从高等职业教育的实际情况和培养学生实用技能的角度出发，遵循“理论够用、注重实践”的原则，采用尽可能的实际操作来阐述相关知识。
- 本书提供丰富的教学资源，方便教师教学与学生自学。本书开通学习网站：http://windows.jnrp.cn，提供电子教案、实验视频、课堂实录、学习论坛、电子文档参考资料等教学资源，其中电子文档参考资料包括虚拟机与VMware、活动目录的高级恢复、Internet打印、Web共享、证书服务应用实例、在活动目录上发布资源等。本书同时提供习题答案、测试试卷及答案，为了让学生充分学习与思考，该部分内容不放到网站上，若有老师需要，可发E-mail至darlene119@163.com索要。

本教材的结构框图

Windows Server 2003网络操作系统

第一篇	第二篇	第三篇	第四篇	第五篇
网络操作系统导论	用户账户与组的管理	DNS服务器的配置与管理	系统监测与性能优化	实训
Windows Server 2003 规划与安装	文件系统管理与资源共享	WINS服务器的配置与管理	Windows Server 2003 安全管理	
Windows Server 2003 基本设置	存储管理	DHCP服务器的配置与管理		
域与活动目录	打印服务器的配置与管理	IIS服务器的配置与管理		
		终端服务与Telnet服务		
		配置路由和远程访问		

免费提供 PPT等教学相关资料

教材服务热线：010-67170985

人民邮电出版社教学服务与资源网：www.ptpedu.com.cn

ISBN 978-7-115-19278-3

9 787115 192783

封面设计：董志桢

人民邮电出版社网址：www.ptpress.com.cn

ISBN 978-7-115-19278-3/TP

定价：32.00 元